MANUEL DE L'AMATEUR

DE

Livres du XIXᵉ siècle

1801-1893

PAR

GEORGES VICAIRE

PRÉFACE DE MAURICE TOURNEUX

TOME HUITIÈME

TABLE DES OUVRAGES CITÉS

PARIS
LIBRAIRIE A. ROUQUETTE
18, Rue La Fayette, 18
—
1920

MANUEL DE L'AMATEUR

DE

LIVRES DU XIXe SIÈCLE

TABLE

DES OUVRAGES CITÉS

A

A à Z (De). V, 1060
A. de Lamartine, le poète, l'orateur et l'homme public, le chrétien. VI, 537
— de Lamartine par lui-même. IV, 1025
— de Vigny et Charles Baudelaire, candidats à l'Académie française. II, 251, 505
— Thiers. III, 1121
A Alphonse Rabbe. IV, 439
— bas le suffrage universel ! III, 142
— bâtons rompus. III, 207
— Brizeux. II, 985
— cœur perdu. VI, 502
— coups de fusil. V, 217
— demi-mot. II, 855
— Félicia Mallet. Chanson de Paul Delmet. III, 131
— Figaro. I, 265
— fond de cale. I, 779
— George Sand. VII, 509
— grandes guides. VII, 16
— Jean Duseigneur. Ode. III, 882
— Jeanne d'Arc. V, 29

A l'Empereur Frédéric III. II, 985
— l'occasion des jours gras. II, 363
— la bonne franquette. VII, 1034
— la Bretagne. V, 24
— la chute du jour. VI, 807
— la colonne de la place Vendôme. IV, 242
— la conquête du Tchad. IV, 35
— la France. V, 28
— la Grand'Pinte. II, 310
— la jeune France IV, 256
— la porte du Paradis. III, 159
— la Provence. V, 21
— la Sirène. I, 391
— Lord Palmerston. IV, 317
— Lyon. V, 21
— mes amis d'Espagne, poésies. V, 94
— mes amis de tous pays, poésies. V, 95
— MM. Benjamin Godard & Charles Grandmougin. VII, 707
— mi-côte. I, 749 ; VII, 942
— M. Émile Barrault. III, 381

Tome VIII

TABLE DES OUVRAGES CITÉS

A M. le Curé de... III, 381
— M. Victor Hugo. Le Siècle, ode. III, 515
— pied et en wagon. III, 207
— pleines voiles. III, 1102
— propos d'Alfred de Musset. IV, 38
— propos d'autographes. V, 79
— propos d'un cheval. II, 363
— propos d'un livre à figures vénitien de la fin du XVᵉ siècle. VI, 1141
— propos de bottes. III, 1127
— propos de l'Almanach Dauphin. VII, 401
— propos de l'Assommoir. VI, 1161
— propos de l'École des beaux-arts. II, 364
— propos de Vittore Pisano de M. Aloïss Heiss. III, 580
— propos des bibliothèques populaires. VII, 145
— quelque chose malheur est bon. V, 755
— rebours. IV, 473
— Ronsard les poètes du XIXᵉ siècle. I, 817
— ses concitoyens de Seine-et-Oise Alexandre Dumas. III, 381
— Suse, journal des fouilles 1884-1886. III, 265
— tire d'aile, poésies. VI, 217
— travers champs. Boutade poétique. VII, 592
— travers l'Algérie. I, 902
— travers l'Amérique. I, 469
— travers l'Europe. Croquis de cavalerie. VII, 951
— travers l'Italie, rimes d'un touriste pressé. V, 632
— travers la vie. II, 866
— travers la vie, poésies. VI, 694
— travers les salles d'armes. VII, 7
— travers Lyon. IV, 584
— travers un vitrail. VII, 1116
— un laboureur. VII, 751
— une pièce d'or, poésie. II, 985

A vau-l'eau. II, 757
— Victor Hugo, par Auguste Lacaussade. IV, 789
— Victor Hugo, par Benoît Vacquerie. VII, 939
Abailard et Héloïse, essai historique. V, 267
Abandonné (L'). I, 719 ; II, 969
Abbaye au bois ou la femme de chambre (L'). V, 554 ; VI, 694
— de Clairvaux en 1517 et en 1709 (L'). I, 578
— de Peyssac (L'). III, 373
Abbé Constantin (L'). IV, 7
— Daniel (L'). II, 770 ; VII, 807
— et la Savante (L'). III, 585
— F. Galiani. Correspondance (L'). III, 855
— Guillon-Marie-Nicolas-Silvestre (L'). IV, 549
— Jules (L'). V, 876
— Roitelet (L'). III, 638
— , suite du Monastère (L'). VII, 447, 452, 454
— Tigrane (L'). I, 612, 725 ; III, 632
Abbés galants (Les). II, 709 ; V, 1064
Abbesse de Castro (L'). I, 460, 510 ; II, 547, 770
— de Jouarre (L'). VI, 1031
— du Paraclet (L'). V, 1109
Abd-el-Hamid-Bey, journal d'un voyage en Arabie. II, 720 ; III, 409
Abécédaire du Salon de 1861. III, 924
Abecedario de P. J. Mariette. IV, 93 ; V, 525
Abeille. II, 716
— , conte. III, 809
— des théâtres. I, 1
— , keepsake français. I, 1 ; IV, 648
Abélard. VI, 1008
Abîme, poésies (L'). VI, 1179

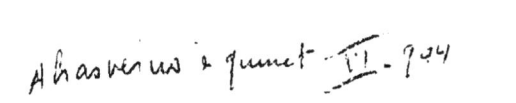

TABLE DES OUVRAGES CITÉS

Adjoint de campagne (L'). V, 421
Adolphe. I, 718, 752 ; II, 324, 932
— Adam, sa vie, sa carrière, ses mémoires artistiques. VI, 794
— de Leuven. III, 483
— Nourrit, sa vie, son talent, son caractère, sa correspondance. VI, 901
Adonis, poëme. IV, 925
Adresse au Roi. IV, 300
Adriani. VII, 251
Adrienne. V, 91
— Lecouvreur, comédie-drame. V, 171 ; VII, 460
— Lecouvreur, d'après sa correspondance. V, 68
Adultère dans les différents âges (De l'). IV, 574
Advis pour dresser une bibliothèque. II, 590
Ægri somnia. Pensées et caractères. VI, 84
A, E, I, O, U ou les rimes françaises. VII, 750
Affaire Arlequin (L'). VII, 943
— Clémenceau. Mémoire de l'accusé. III, 468
— du collier. Mémoires inédits du comte de Lamotte-Valois. V, 3
— Froideville (L'). VII, 800
— Nayl (L'). II, 504
— Scapin (L'). V, 1169
Affaires de petite ville. II, 365
— de Rome. IV, 1092, 1097
Affiches illustrées (Les). V, 458
— , professions de foi, documents officiels, clubs et comités pendant la Commune. V, 456
Afrique française, l'Empire de Maroc et les déserts du Sahara (L'). II, 397

Afrique occidentale (L'). Nouvelles aventures de chasse et de voyage chez les sauvages. III, 320
— , poème épique (L'). VI, 564
— sauvage (L'). III, 320
Agathe ou la chaste princesse. II, 639
Age du romantisme (L'). I, 20
— ingrat (L'). VI, 306
— nouveau (L'). V, 17
Agendas des théâtres de Paris. VI, 364
Agnès de Méranie. VI, 704
Agonie (L'). V, 373
Agrestes, poésies (Les). V, 91
Aïeux de Molière à Beauvais et à Paris (Les). VI, 1075
Ailes d'Icare (Les). I, 427
— d'or, poésies nouvelles (Les). VII, 510
— et fleurs. I, 23
Aimable faubourien (L'). III, 141
Aimé Millet, souvenirs intimes. III, 498
— , roman (L'). VI, 1129
Ainsi soit-il. II, 722 ; III, 416
— , histoire du cœur. I, 937
Aiol, chanson de geste. I, 57
Air (L'). I, 760
— et le monde aérien (L'). V, 485
Airs anciens et nouveaux des chansons de Béranger. I, 399
— de flûte sur des motifs graves. VI, 806
— variés. Histoire, critique, biographie musicales et dramatiques. IV, 610
Akëdisséryl. VII, 1091
A.-L. Barye. II, 474
Albert de La Fizelière, homme de lettres. Notice nécrologique. IV, 854
— Durer à Venise. VI, 41

Abondance des livres (De l'). VI, 565
Abonnés de l'Opéra (Les). I, 919
Abordage, roman maritime (L'). V, 139
Abraham Bosse. II, 483
Abrégé de l'histoire de France. VI, 465
— *de l'histoire romaine par Eutrope.* I, 695
— *de l'histoire romaine par Florus.* I, 693
— *du Dictionnaire de l'Académie française.* VI, 329
— *historique du règne d'Albert et d'Isabelle.* II, 799
Absent, drame (L'). V, 495
Absents (Les). I, 724 ; III, 34, 35
Abus de Paris (Les). III, 995
Abyssiniennes et les femmes du Soudan oriental (Les). II, 594
Académiciens, comédie (Les). II, 506 ; VII, 13
Académie, comédie satirique (L'). VI, 52
— *ou les membres introuvables (L').* VI, 51
— *des beaux-arts depuis la fondation de l'Institut de France (L').* III, 97
— *des Bibliophiles* I, 482
— *ébroïcienne.* I, 11
— *française (L').* I, 122
— *impériale de musique (L').* II, 127
— *royale de musique au XVIII° siècle (L').* II, 38
— *royale de peinture et de sculpture (L').* VII, 1114
Académies d'autrefois (Les). V, 629

Accident de Monsieur Hébert (L'). IV, 66
Accouchée (L'). III, 584
Accueil de Madame de la Gviche à Lyon (L'). I, 37 ; V, 602
Acoustique (L'). I, 760
Acrobate (L'). III, 679
Acropole de Suse (L'). III, 264
Acté. III, 347
Actes d'état - civil d'artistes français. IV, 99
— *des apôtres (Les).* VII, 467
— *et paroles.* IV, 347, 404, 417
— *normands de la Chambre des Comptes sous Philippe de Valois.* III, 127 ; IV, 132
Acteurs et actrices. V, 1049 ; VI, 637
— *et actrices du temps passé.* III, 1149
— *et les prêtres (Les).* I, 93
Actrices (Les). III, 1031
— *célèbres contemporaines. Mlle Mars.* IV, 538
— *de Paris (Les).* I, 13
Ad Comitem de Chevigné. II, 392
Adam et les Clodion (Les). VII, 831
—, *mystère du XII° siècle.* VI, 316
— *Pilinski et ses travaux.* VI, 680
Adèle. VI, 97
— *de Senange.* II, 793
Adeline Protat. V, 1199
Adieu (L'). V, 693
—, *méditation poétique.* IV, 969, 972
—, *par H. de Balzac.* I, 204
—, *par Th. de Banville.* I, 271
Adieux au monde. Mémoires de Mogador. II, 165
— *des fées (Les).* IV, 822
—, *poésies.* V, 91

Albert Dürer à Venise et dans les Pays-Bas.	III, 536	Album théâtral illustré.	VII, 670
— Dürer et ses dessins,	III, 580	— vénitien.	IV, 649
— Dürer, sa vie et ses œuvres, par Émile Galichon.	III, 858	Albums et les autographes (Les).	I, 124
		Alchimie (L').	III, 584
		Alchimiste, drame (L').	III, 348
— Dürer, sa vie et ses œuvres, par Moriz Thausing.	VII, 780	Alcibiade enfant à l'école.	II, 659
		— fanciullo a scola (L').	II, 658
— Glatigny. Sa bibliographie.	VI, 799	Alcôve et boudoir.	I, 158
		Alde Manuce et l'Hellénisme à Venise.	III, 259
— Glatigny, sa vie, son œuvre.	IV, 580	Aldo le Rimeur.	VII, 313
Albertus.	I, 727 ; III, 882	— Manuzio.	I, 333
Albine.	III, 356	Alembert (D').	III, 1119
Album.	I, 895	Alésia.	I, 152
— archéologique de l'église abbatiale de Saint-Benoît sur Loiret.	III, 778	Alexandre Dumas aujourd'hui.	II, 394
		— Dumas en manches de chemise.	VI, 666
— archéologique des Musées de province.	V, 87	— Dumas et son œuvre	III, 1006
— Béranger.	I, 412, 414	— Dumas. Mars 1871.	IV, 561
— breton.	VII, 635		
— britannique.	IV, 648	— Le Bon, prince de Moldavie.	VI, 656
— d'un pessimiste.	VI, 922		
— de l'Opéra.	I, 26	— le Grand dans la littérature française, du moyen-âge.	I, 666
— de la Comédie française.	III, 653		
— de la jeunesse.	I, 25	— Lenoir, son journal et le musée des monuments français.	II, 1038
— de la mode.	I, 25 ; IV, 648		
		Alfonse dit l'Impuissant.	II, 594
— de la Syrie et de l'Égypte.	IV, 649	Alfred de Musset.	III, 1119
— de reliures artistiques et historiques.	IV, 607	— de Musset et ses prétendues critiques contre Victor Hugo.	VII, 641
— des Dames.	I, 28		
— des théâtres.	I, 28	— de Musset. L'homme, le poète.	VI, 551
— dijonnais.	II, 161		
— dramatique.	I, 95	— de Musset. Ses poésies.	VII, 785
— du Chat noir.	II, 314		
— du Salon de 1840.	I, 26	— de Vigny.	III, 1121
— du Salon de 1841, 1842, 1843.	I, 27	— de Vigny, étude.	III, 806
		—, poëme.	V, 865
— du Salon de 1844.	I, 28	Algérie. Colonisation.	I, 866
— littéraire.	I, 29	— de la jeunesse (L').	II, 398
— romantique.	I, 828		

Algérie Histoire, conquête et colonisation. III, 846
— , landscape africain. (L'). IV, 650
Algériennes, poésies. (Les). VII, 464
Ali le Renard ou la Conquête d'Alger. VII, 180
— Pacha et Vasiliki. VI, 755
Alice, roman d'hier. IV, 204
Aline, journal d'un jeune homme. VII, 1019
— , pièce en un acte. VII, 508
— , reine de Golconde. I, 46, 488, 890
Aliscans, chanson de geste. VI, 745
Alise d'Evran. I, 739 ; V, 204
Allemagne, par H. Heine (De l'). IV, 55
— par Mme de Stael (De l'). VII, 653
— d'aujourd'hui (L'). VI, 567
— et de la Révolution (De l'). VI, 904
— et Italie. Philosophie et poésie. VI, 905
— et Pays-Bas, landscape français. IV, 650
— et Russie, études historiques et littéraires. VII, 98
— politique depuis la paix de Prague (L'). II, 370
— sous Napoléon Ier (L'). VI, 951
Allemands et Français. IV, 58
Aller et retour. I, 778
Allons-y gaîment! II, 923
Allouma. I, 512
Almanach de l'Éclipse. VII, 943
— . de la Société des aquafortistes. I, 268
— de Victor Hugo. VII, 916

Almanach des assiégés pour l'an de guerre 1871. V, 45
— des bizarreries humaines. II, 336
— des gourmands. V, 1043
— des honnêtes femmes, pour l'année 1790. II, 595
— des noms, contenant l'explication de 2800 noms. V, 47
— des rues et des bois. IV, 336 ; V, 1047
— des spectacles. VII, 586
— du Boudoir pour 1881. I, 890
— du jour de l'an. I, 38
— du travail. VII, 245
— du Trou-Madame. II, 595
— du vieux Paris pour 1884. III, 557
— fantaisiste pour 1882. III, 557
— gourmand (L'). V, 1044
— Henri Boutet. I, 912
— illustré de l'Homme qui rit. IV, 343
— parisien. III, 221
— populaire de la France pour 1849. VII, 221
— pour 1890. V, 1111
— pour 1887-1894, par Henri Boutet. I, 911
— républicain. VII, 237
Almanachs de la Révolution (Les). II, 1086 ; VII, 1160
— illustrés de la Révolution. VII, 402
Almaria. VI, 1067
Almyria ou le Dé d'or. II, 363
Aloisiæ Sigeæ Toletanæ satyra sotadica. II, 396
Alosie ou les amours de Mme de M. T. P. II, 1024

Aloysia Sygea et Nicolas Chorier. I, 38
Alpe homicide (L'). IV, 77
Alphabet de l'imperfection et malice des femmes. VI, 264
Alsace et les Alsaciens à travers les siècles (L'). V, 602
— et Lorraine. V, 800
Amadas et Ydoine. II, 899
Amaïdée. I, 308
Amans-Alexis Monteil. IV, 545
— de Murcie, drame (Les). VII, 620
Amant des danseuses (L'). II, 219
— rendu Cordelier (L'). I, 61
Amante du Christ (L'). III, 26
— et mère. IV, 828
Amants. V, 517
— de la liberté (Les). VI, 215
— du Vésuve (Les). V, 773
— et maris. II, 861
— magnifiques (Les). V, 960
—, poésies (Les). III, 264
Amarante (L'). II, 30
Amaranthe, keepsake français (L'). IV, 650
Amaryllis (L'). IV, 651
Amateurs d'autrefois (Les). II, 450
— de l'ancienne France (Les). I, 683
— de vieux livres (Les). IV, 856
Amaury. III, 362
Amazone (L'). II, 119 ; III, 380
Ambassade du duc de Créqui (L'). V, 1170
Ambassades des bartavelles du Dauphiné. VI, 453
Ambassadrice (L'). III, 906
Ame de Paris (L'). I, 280
— de Pierre (L'). VI, 261
— nue (L'). IV, 28
Amédée Rigaud et sa bibliothèque. IV, 851
Amélie ou mes dernières illusions. VII, 1130

Ameline du Bourg. III, 826
Ames du Purgatoire (Les). V, 715
— en peine (Les). IV, 948
— en peine (Les). Contes d'un voyageur. V, 535
Améthystes. I, 267, 708
Ami des enfants (L'). I, 435
— des femmes (L'). III, 467
— du château (L'). V, 1012
— Fritz (L'). III, 587
Amicis. III, 1130
Amies, sonnets (Les). VII, 989
Aminte. II, 496
Amiral Courbet (L'). II, 983
— Dupetit-Thouars, M. Guizot... III, 201
— Levacher (L'). VII, 697
Amirante de Castille (L'). I, 11
Amis. IV, 28
— de la nature (Les). II, 190
Amitié de deux jolies femmes (L'). II, 337
— des deux âges (L'). V, 1024
Ammalat-Beg. II, 723 ; III, 419
Amœnitates belgicœ. I, 351
Amors d'Helain-Pisan et d'Iseult de Savoisy (Lys). III, 875
Amour. VII, 994
— (De l'). I, 452, 462
— (L'). I, 618 ; V, 835
— . A Elle. VI, 762
— au dix-huitième siècle (L'). III, 1056
— aux colonies (L'). I, 52
— breton, poème. V, 169
— comme il est (L'). IV, 192
— d'automne. VII, 802
— des livres (De l'). VI, 510
— des livres (L'). IV, 556
— et foi. VII, 905
— et haine. I, 310
— et la mort (L'). II, 740
— et opinion. III, 1181
— et Psyché (L'), par Apulée. I, 75 ; II, 333
— et Psyché (L'), par Ern. de Calonne. II, 30

Amour et Psyché (L'), par J. de La Fontaine. II, 694
— filial. I, 776
— impossible (L'). I, 288, 712
— maternel chez les animaux (L'). I, 760
— maternel, poëme (L'). V, 864
— médecin (L'). V, 947, 958
— médecin, opéra-comique (L'). V, 1059
— qui pleure et l'amour qui rit (L'). V, 673
— qui saigne (L'). II, 758
— romantique (L'). II, 406
— sous la Terreur (L'). V, 257
— suprême (L'). II, 862
Amoureuses (Les). I, 723 ; III, 31
— occupations de Guillaume de La Tayssonnière (Les). V, 88
Amoureux brandons de Franciarque et Callixène (Les). II, 595
— d'art. III, 282
— de la préfète (L'). VII, 803
— de Mme de Sévigné (Les). I, 166
— de Sainte-Périne (Les). II, 190
— du livre (Les). III, 665
— passe-temps (L'). II, 595
Amours (Les). II, 334
— buissonnières (Les). III, 148
— d'Asnières (Les). IV, 947
— d'Olivier (Les). V, 1196
— d'Olivier de Magny (Les). I, 634 ; II, 650 ; V, 450
— de Calotin (Les). II, 845
— de Catherine de Bourbon (Les). IV, 468

Amours de ce temps-là (Les) IV, 203
— de Charlot et Toinette (Les). II, 596
— de Chéréas et Callirhoé. II, 904
— de Diderot (Les). VII, 878
— de fauves. II, 858
— de France. I, 67
— de François Ier (Les). V, 254
— de Gilles (Les). V, 1150
— de Gombaut et de Macée (Les). III, 1156
— de Henri IV (Les). V, 253
— de Mirabeau et de Sophie de Monnier (Les). III, 875
— de Paris (Les). III, 690
— de Philippe (Les). III, 679
— de Pierre-le-Long et de Blanche Bazu. II, 792
— de Psyché et de Cupidon (Les). IV, 925
— de Rhodante et Dosiclès. II, 905
— de Théagènes et Chariclée. II, 903
— de théâtre (Les). VII, 429
— des Anges (Les). V, 1125
— du chevalier de Faublas (Les). I, 599 ; V, 416, 419
— du chevalier de Fosseuse (Les). IV, 557
— du chevalier de Plénoches (Les). V, 1313
— du temps passé (Les). V, 1054
— et haines. II, 502 ; VI, 305
— et priapées. II, 41
— folastres et recreatives dv filov et de Robinette (Les). II, 596
— fragiles. II, 372

Amours françaises, poëmes. VII, 602
— *jaunes (Les).* II, 1004
— *parisiens.* III, 267
— *pastorales de Daphnis et Chloé.* I, 700 ; V, 384, 390
Amphitryon. V, 951, 959
Amschaspands et Darvands. IV, 1093
Amsterdam et Venise. IV, 42
Amulette (L'). IV, 651
Amusemens philologiques ou variétés en tous genres. VI, 449
— *sérieux et comiques de Dufresny.* II, 4
Amusette des grasses et des maigres. II, 596
Amy Robsart. IV, 370, 415, 425
An des sept dames (L'). II, 597
— *1789 (L').* III, 878
— *40 (L').* I, 155
Anabaptistes des Vosges (Les). V, 849
Anacréon et les poèmes anacréontiques. I, 54
— *. Recueil de compositions pour ses odes.* I, 53
Analectabiblion. I, 54
Analectes du Bibliophile. II, 596
— *historiques ou documents inédits pour l'histoire des faits, des mœurs et de la littérature.* V, 168
Analyse critique et littéraire du roman de Brut. V, 227
— *critique et littéraire du roman de Garin-le-Lohérain.* V, 227
— *d'une correspondance des d'Humières.* VI, 644
— *de Paquerette.* III, 909

Analyse des travaux de la Société des Philobiblon de Londres. III, 118
— *du roman de Godefroi de Bouillon.* V, 227
— *en vers des Burgraves.* V, 1027
— *-programme des Monténégrins, opéra-comique.* VI, 56
Ananga-Ranga, traité indou de l'amour conjugal. IV, 626
Anathème. III, 652
Anatomie des maîtres (L'). III, 552
Ancaeus, poème dramatique. VII, 1045
Ancêtre, légende contemporaine (L'). III, 774
Ancêtres de la Commune (Les). III, 313
Ancien (L'). II, 409
— *armorial équestre de la Toison d'or.* V, 48
— *boulevard du Temple (L').* II, 169
— *Figaro (L').* III, 845
— *hôtel de Rohan affecté à l'Imprimerie Nationale.* IV, 588
— *hôtel de ville de Paris (L').* VII, 933
— *théâtre français.* I, 645
— *Velay (L').* V, 807
Ancienne Auvergne et le Velay (L'). V, 806
— *chanson populaire en France (L').* VII, 1155
— *chevalerie lorraine (De l').* I, 914
— *et grande cité de Paris.* II, 473
Anciennes Bibliothèques de Paris (Les). III, 824 ; IV, 148
— *cronicques d'Engleterre.* IV, 120

Anciennes maisons de Paris sous Napoléon III (Les). V, 156
— tapisseries historiées (Les). IV, 604
— villes du Nouveau-Monde (Les). II, 265
Anciens almanachs illustrés (Les). II, 215
— cirques (Les). Un soir chez Astley. II, 939
— et modernes. VII, 111
— monuments de Paris (Les). IV, 766
— plans de Paris (Les). III, 827
— poètes de la France (Les). VI, 742
André. VII, 203, 302, 309, 312, 314
— Boulle. I, 123
— Chénier et les Jacobins. VII, 946
— Cornélis. I, 905
— del Sarto. V, 1261
— Gill, sa vie, bibliographie de ses œuvres. III, 980 ; V, 370
— le Savoyard. IV, 713, 718
Andréa, comédie. VII, 376
Andrée. III, 537
Androgyne (L'). VI, 504
Ane (L'), par Lucius. II, 334 ; V, 430
— (L'), par V. Hugo. IV, 362, 407, 413, 423
— mort (L'). IV, 519
— mort et la femme guillotinée (L'). IV, 518, 563
Anecdotes historiques. III, 554
— historiques, légendes et apologues tirés du recueil inédit d'Étienne de Bourbon. IV, 113
— littéraires. II, 339
— secrètes du règne de Louis XV. Portefeuille d'un petit maître. VI, 1231
— sur la comtesse Du Barry. III, 279
— sur le M^{al} de Richelieu. II, 332
Anémone (L'). I, 71
Ange de Fiesole (L'). VII, 107
— Pitou. III, 392
Angèle. III, 343
Angelica Kauffmann. VII, 1146
Angélique ou l'anneau nuptial. IV, 723
Angelo. I, 732 ; IV, 284, 382, 385, 415, 424, 436
Anges et diables. II, 222
Anglais au moyen-âge (Les). IV, 623
— chez eux (Les). VII, 1164
— et Chinois. V, 768
— mangeur d'opium (L'). V, 1236
— peints par eux-mêmes (Les). I, 64
Angleterre (De l'). IV, 58
— , Écosse, Irlande, voyage pittoresque. III, 573
Ango, drame. VI, 871
Animaux célèbres (Les). V, 1180
— célèbres, intelligents et curieux (Les). II, 20
— parlans (Les). II, 125
Anna Karénine. VII, 850
Annaïk, poésies bretonnes. VI, 873
Annales administratives des Bibliophiles contemporains. I, 515
— amusantes (Les). II, 336
— de l'imprimerie des Alde. VI, 1060
— de l'imprimerie des Elsevier. VI, 664
— de l'imprimerie des Estienne. VI, 1061
— de Saint-Bertin et de Saint-Vaast. IV, 109

Annales du théâtre et de la musique (Les), VI, 192
— *illustrées du théâtre de la Porte-Saint-Martin.* IV, 547
— *littéraires des Bibliophiles contemporains.* I, 515, 516
— *romantiques.* I, 68
Anne Boleyn. V, 1312
Anneau de César (L'). VI, 953
Année féminine (L'). V, 1113
— *littéraire (L').* III, 984
— *littéraire et dramatique (L').* VII, 966
— *terrible (L').* I, 731 ; IV, 344, 405, 413, 423
Années d'apprentissage de Wilhelm Meister (Les). III, 1020
— *de gaieté (Les).* V, 1054
— *de voyage (Les).* I, 331
— *de voyage de Wilhelm Meister (Les).* III, 1020
— *funestes (Les).* IV, 373, 408
Annette et le Criminel. I, 176
— *Fargeau.* V, 1181
Annexes aux Contes éroticophilosophiques de B. d'Auberval. I, 360
Anniversaire (L'). V, 595
— *de la Révolution de 1848...A Jersey. Discours de Victor Hugo.* IV, 318
— *de la Révolution polonaise. A Jersey. Discours de Victor Hugo.* IV, 317
— *de Messire Adrian de Bréauté (L').* I, 560
Annuaire-Bulletin de la Société de l'histoire de France. IV, 914
— *des Deux Mondes.* VI, 1091
— *du bibliophile, du bibliothécaire et de l'archiviste.* IV, 805
Annuaires de la Société des Amis des livres. I, 48
Annulaire agathopédique. I, 73
Anonymes, pseudonymes et supercheries littéraires de la Provence ancienne et moderne. VI, 965
Antar. IV, 1018
Antechrist (L'). VI, 1020
Anthologie des poètes bretons du XVIIe siècle. I, 506
— *des poètes français depuis le XVe siècle jusqu'à nos jours.* I, 708
— *des poètes français du XIXe siècle.* I, 73
— *des prosateurs français depuis le XVe siècle jusqu'à nos jours.* I, 708
— *satyrique.* II, 598
— *scatologique.* I, 74 ; II, 598
Antibel (Les). VI, 804
Antigone, par Ballanche. I, 169
—, *tragédie.* VII, 582
Anti-Misérables (Les). IV, 331
Antiquaire (L'). VII, 446, 451, 455
Antiquité, l'establissement, le lustre... de la royale abbaye de St-Pierre-de-Lyon. II, 775
Antiquités de la ville d'Harfleur. I, 573
— *de la ville de Rome aux XIVe, XVe, XVIe siècles (Les).* V, 1186

Antiquités et curiosités de la ville de Sens. V, 1071
— *et la fondation de la métropole des Gaules (Les).* II, 775
— *irlandaises (Les).* V, 564
Antiquitez de Castres de M⁰ Pierre Borel (Les). I, 493
—, *et la fondation de la Métropole des Gaules (Les).* II, 490
Antoine. VII, 174
— *Caron de Beauvais.* V, 1066
— *de Bourbon et Jeanne d'Albret.* VI, 1236
— *de Rombise, voyage à Paris.* IV, 795
— *van Dyck, sa vie et son œuvre.* III, 1155
— *Watteau.* II, 477 ; V, 493
Antonia. VII, 270
Antoniella. IV, 1021
Antonine. III, 457
Antonio Perez et Philippe II. V, 853
Antony, drame. III, 338
Août 1835. VII, 853
Apaisement. VI, 999
Aperçu de la situation financière de l'Espagne. IV, 753
— *sur les erreurs de la bibliographie spéciale des Elzévirs.* V, 1158
Aperçus parlementaires. Les Élus. Ce qu'ils sont. VI, 597
Aphrodites ou fragments thalipriapiques (Les). II, 599 ; VI, 47
Apocalypse. V, 1119
Apocoloquintose. I, 487
Apocryphes de la peinture de portrait. III, 685
Apollonide, drame (L'). V, 148
Apologie de l'École romantique. VI, 405
Apologie pour Hérodote. III, 599
Apothéose de M. Ingres (L'). VII, 542
Apothéoses de Pythagore. VI, 147
Apôtres (Les). VI, 1018
Apparition de Jehan de Meun (L'). I, 522
Apparus dans mes chemins (Les). VII, 988
Appel à l'impartiale postérité. VI, 1173
— *aux érudits.* VI, 439
Appendice à la 2ᵉ édition de la Bibliographie romantique I, 128
— *à la Muse pariétaire et la Muse foraine.* II, 654
Appréciation générale des Misérables de M. Victor Hugo. VII, 967
Approbation et confirmation par le pape Léon X des statuts... de la Confrérie de l'Immaculée-Conception. I, 550
Apres disnees du seigneur de Cholieres (Les). II, 615
Après l'amour. V, 10
— *-midi d'un faune (L').* V, 473
— *nature (D'), par Francis Enne.* II, 756
— *nature (D'), par Gavarni.* III, 16
— *-soupers (Les).* IV, 575
Aquafortistes français (Société des). I, 76
Aquarellistes français (Société des). I, 76
Aquitaine et Languedoc. II, 150
Arabesques (Les). I, 77
Arabie heureuse (L'). III, 409
Arbre de Science (L'). IV, 176
Arbres du Luxembourg (Les). V, 24
Arc-en-Ciel. VII, 975
Archéologie chrétienne (L'). I, 665
— *égyptienne (L').* I, 664
Archéologue, ou système uni-

versel et raisonné des langues. VI, 90
Archevêque et la protestante (L'). VI, 286
Archipel de la Manche (L'). IV, 366, 399
— en feu (L'). VII, 1016
Architecture (L'), de Vitruve. I, 695
— de la Renaissance (L'). I, 665
— et la sculpture à l'hôtel Carnavalet (L'). V, 1071
— gallo-romaine et architecture du moyen âge. V, 717
— gothique (L'). I, 662
— grecque (L'). I, 663
— militaire. V, 717
— monastique. II, 560
— romane (L'). I, 662
Archives administratives de la ville de Reims. II, 548
— curieuses de l'histoire de France. II, 534
— de Bretagne. I, 505
— de l'art français. IV, 93
— de la Bastille. VI, 957
— de la France, leurs vicissitudes pendant la Révolution (Les). IV, 778
— de la France pendant la Révolution (Les). IV, 778
— de Lyon (Les). VI, 72
— des arts (Les). I, 691
— historiques contenant une classification chronologique de 17.000 ouvrages. VI, 253
— législatives de la ville de Reims. II, 549
Ardennes (Les). IV, 583
Arétin, sa vie et ses écrits (L'). II, 613
Argent (L'). VII, 1214

Argent maudit (L'). V, 1045
—, par un homme de lettres devenu homme de bourse. VII, 947
Argonautique (L'). I, 694
Argot des nomades en Basse-Bretagne (L'). VI, 873
Argow le pirate. I, 208
Argus des boudoirs (Les). II, 600
Ariel, drame fantastique. V, 1028
— Sonnets et chansons. V, 568
Arise, romancero religieux (L'). VI, 569
Aristide Froissart. I, 730 ; III, 1084
Arithmétique du grand-papa (L'). V, 440
Arlequin-Pluton, III, 1152
— poli par l'amour. V, 534
— réformateur dans la cuisine des moines. II, 600
Arlésienne (L'). I, 724 ; II, 692 ; III, 40
Armance. I, 454
Armande. II, 693
— Dieudé-Defly. V, 601
Armée française (L'). I, 89
— royale en 1789 (L'). III, 537
Armes (Les). I, 664
— de la femme (Les). IV, 83
— et le Duel (Les). III, 1139
— fleuries (Les). V, 117
Arminius. II, 587
Armoiries de la ville de Paris (Les). IV, 150
Armorial des Capitouls de Toulouse. I, 915
— universel. IV, 585
Armoricaines (Les). V, 135
Arnolphe de Molière (L'). II, 998
Arrière-saison. I, 719 ; II, 985
Ars memorandi. V, 1120
— moriendi. V, 1120
Art (L'). I, 97
— à Nancy en 1882 (L'). V, 577
— à travers les mœurs (L'). IV, 45

Art arabe (L'). I, 663
— byzantin (L'). I, 661
— chinois (L'). I, 665
— contemporain (L'). II, 317
— contemporain (L'). Peintres et sculpteurs. I, 101
— dans la maison (L'). IV, 45
— dans la parure et le vêtement (L'). I, 679, 809
— d'aimer (L'). II, 323
— d'aimer les livres et de les connaître (L'). V, 212
— d'enluminer (L'). I, 765
— d'être grand-père (L'). I, 733 ; IV, 355, 407, 413, 423
— d'obtenir des étrennes et de n'en pas donner (L'). VII, 17
— de composer et de peindre l'éventail (L'). III, 793
— de connaître les hommes (L'). I, 101
— de conserver la beauté (L'). I, 773
— de dire le monologue (L'). II, 1000
— de donner à aimer (L'). I, 101 ; VII, 18
— de flâner (L'). II, 1006
— de former une bibliothèque (L'). VI, 1105
— de fumer (L'). I, 329
— de fumer et de priser sans déplaire aux belles (L'). VII, 18
— de l'émail (L'). VI, 780
— de la reliure en France aux derniers siècles (L'). II, 633 ; III, 784
— de la verrerie (L'). I, 663
— de mettre sa cravate de toutes les manières (L'). III, 573 ; VII, 17
— de ne jamais déjeuner chez soi (L'). VII, 17
— de parvenir, poëme (L'). VII, 1104

Art de payer ses dettes et de satisfaire ses créanciers (L'). I, 102 ; VII, 18
— de péter (L'). II, 601
— de promener ses créanciers (L'). I, 102
— de relever sa robe (L'). III, 1
— de rendre les femmes fidèles (L'). VII, 428
— de réussir en amour (L'). VII, 19
— de rhetoricque (L'). II, 892
— de terre chez les Poitevins (L'). III, 715
— de vivre (L'). IV, 582
— des jardins (L'). III, 590
— du dix-huitième siècle (L'). III, 1037
— du duel (L'). VII, 762
— en Alsace-Lorraine (L'). V, 667
— en exil (L'). VI, 1162
— équestre (L'). I, 321
— espagnol (L'). I, 689
— et l'idée (L'). V, 367
— et la nature (L'). II, 374
— et le Comédien (L'). II, 997
— et les artistes au Salon de 1880-1881-1882 (L'). III, 541
— et les artistes contemporains au Salon de 1859 (L'). III, 420
— et les artistes hollandais (L'). IV, 43
— et les artistes modernes en France et en Angleterre (L'). II, 380
— et science de rhétorique (L'). VI, 740
— étrusque (L'). V, 546
— flamand dans l'Est et le Midi de la France (L'). V, 850
— français depuis dix ans (L'). IV, 217
— français pendant la guerre de 1870-1871 (L'). VII, 931

Art gothique (*L'*). III, 1075
— *héraldique* (*L'*). I, 663
— *impressionniste d'après la collection privée de M. Durand-Ruel* (*L'*). V, 139
— *intime et le goût en France* (*L'*). I, 823
— *japonais* (*L'*). I, 663 ; III, 1074
—, *les artistes et l'industrie en Angleterre* (*L'*). VII, 542
— *moderne, par Théophile Gautier* (*L'*). III, 918
— *moderne* (*L'*), *par J. K. Huysmans*. IV, 473
— *national, étude sur l'histoire de l'art en France* (*L'*). III, 324
— *ochlocratique* (*L'*). VI, 507
— *pendant la Révolution*. I, 680
— *poétique de Iean Vavqvelin* (*L'*). II, 683
— *religieux du Caucase* (*L'*). I, 766
— *romantique* (*L'*). I, 349, 713
— *théâtral* (*L'*). VII, 192
— *vivant* (*L'*). *La peinture et la sculpture aux Salons de 1868 à 1877*. IV, 874
Artagnan, journal (*D'*). III, 431
Arthur, par Ulric Guttinguer. III, 1182
— , *par Sainte-Beuve*. VII, 121
— , *par Eugène Sue*. VII, 677
— *de Bretagne*. I, 428
Articles justificatifs pour Charles Baudelaire. I, 344
Artisans illustres (*Les*). III, 764
Artiste (*L'*). I, 103
— *et le philosophe* (*L'*). IV, 513
Artistes angevins, peintres, sculpteurs (*Les*). IV, 103
— *anglais contemporains*. II, 381

Artistes au XIXe siècle (*Les*). *Salon de 1861*. II, 124
— *contemporains* (*Les*). *Salon de 1831* [& *de 1833*]. V, 209
— *de mon temps* (*Les*). I, 809
— *et rapins*. VI, 638
— *français à l'étranger* (*Les*). III, 545
— *français contemporains* (*Les*). III, 774
— *français des XVIIe et XVIIIe siècles*. IV, 99
— *français, études d'après nature* (*Les*) VII, 542
— *franc-comtois au Salon de 1879* (*Les*). VI, 832
— *grenoblois* (*Les*). V, 453
— *modernes* (*Les*). V, 1116
— *orléanais, peintres, graveurs, sculpteurs, architectes*. IV, 74
Arts au moyen âge (*Les*). III, 544
— *au moyen âge et à l'époque de la Renaissance* (*Les*). IV, 846
— *décoratifs en Espagne au Moyen Age et à la Renaissance* (*Les*). III, 82
— *et les artistes dans l'ancienne capitale de la Champagne* (*Les*). I, 581
— *somptuaires du Ve au XVIIe siècle* (*Les*). VII, 476
— *somptuaires* (*Les*). *Histoire du costume et de l'ameublement*. V, 412
Ascanio. III, 358
Ascension du mont Ventoux (*L'*). VI, 564
Ascensions célèbres (*Les*). I, 761
Ashavérus. VI, 904

Asile de nuit (L').	II, 975	Attentat du deux décembre 1851 (L').	IV, 344
Aspasie, Cléopâtre, Théodora.	IV, 218	Attiffet des damoiselles (L').	II, 644 ; V, 88
Aspirations, poésies.	III, 263	Au bois joli.	VII, 1034
Assassinat d'un roi (L').	IV, 811	— bonheur des Dames.	VII, 1209
— du Pont-Rouge.	II, 711	— bord de la Bièvre.	III, 143
— (L'). Scènes méridionales.	V, 767	— fil de l'eau.	V, 694
Assemblée électorale de Paris.	II, 577	— fond du verre.	VI, 1176
— nationale comique.	V, 321	— général Bourbaki.	V, 32
Assiette dite à la guillotine (L').	III, 1079	— jardin de l'Infante.	VII, 190
Associations.	IV, 753	— jour le jour.	VII, 621
Assommoir (L').	VII, 1204	— Kurdistan, en Mésopotamie et en Perse.	I, 793
— pour rire (L').	VII, 1206	— lit de mort.	III, 497
Astarté.	V, 419	— Maroc.	I, 51 ; V, 406
Astra.	III, 568	— mois de mai.	II, 31
Astronomie pour la jeunesse.	I, 435	— Paradis des enfants.	VII, 801
Atala.	I, 716, 753 ; II, 278, 494, 691	— Parthénon.	I, 766
—, drame lyrique.	III, 455	— pays de Forez.	V, 19
Atar-Gull.	VII, 672	— pays de Manneken-Pis.	IV, 23
Atelier de Fortuny. Œuvre posthume.	III, 81	— pays des souvenirs.	VII, 521
— typographique de Wolfgang Hopyl à Paris (L').	VI, 535	— pays du mufle.	VII, 726
		— pays du Rhin.	VII, 1157
		— pays du rire.	VII, 526
		— pied de la croix.	V, 626
		— printemps de la vie.	II, 737
Athanase Robichon, candidat perpétuel à la Présidence de la République.	VI, 1103	— Roi et aux Chambres sur les véritables causes de la rupture avec Alger.	IV, 754
Athènes aux XVᵉ, XVIᵉ et XVIIᵉ siècles.	IV, 775	— Sahara.	V, 226
— décrite et dessinée par Ernest Breton.	I, 924	— soleil.	V, 611
		Aubépine et le marronnier de Sannois (L').	V, 1068
—, Rome, Paris.	IV, 217	Auber, ses commencements, les origines de sa carrière.	VI, 793
Atlas des anciens plans de Paris.	IV, 151	Auberge de Schawasbach (L').	III, 388
— historique de la France.	V, 381	— des Adrets (L'), par B. Antier.	I, 74
Attaché d'ambassade (L').	V, 641	— des Adrets, manuscrit de Robert Macaire.	VI, 919
Attaque du moulin (L').	VII, 1219	— des saules (L').	V, 371
Attendez-moi sous l'orme.	V, 812	— des trois pins (L').	I, 371

Auberge du Spessart (L').	I, 782	*Automne d'une femme (L')*.	VI, 824
— rouge (L').	I, 207	*Autour d'elles*.	V, 1113
Aucassin et Nicolette.	I, 136	— d'un clocher.	III, 694
Audacieuses (Les).	I, 64	— d'une source.	III, 296
Audran (Les).	II, 477	— de Honoré de Balzac.	VII, 647
Augusta (L').	VII, 332	— de la lune.	VII, 1011
Auguste Poulet-Malassis. Bibliographie descriptive et anecdotique des ouvrages écrits ou publiés par lui.	II, 937	— de la Méditerranée.	I, 429
		— de la table.	VII, 269
		— de la table. Florian traduit par Grandville.	III, 748
— *Poulet-Malassis. Notes et souvenirs intimes.*	VII, 882	— de Paris.	I, 323
		— des Borgia.	VII, 1188
Aujourd'hui et demain.	VII, 937	— du Concile. Souvenirs et croquis d'un artiste à Rome.	VII, 1187
Aumône (L').	IV, 255	— du divorce.	III, 1186
Auréoles (Les).	II, 318	— du drapeau.	VII, 837
Aurore (L').	I, 882	— du mariage.	III, 1186
— d'un beau jour (L').	VI, 365	— du péché.	VI, 499
Autant en emporte le vent.	V, 1132	*Autre, comédie (L')*.	VII, 277
Auteurs déguisés de la littérature française au XIXe siècle (Les).	VI, 888	— motif (L').	VI, 306
		Autrefois ou le bon vieux temps.	I, 157
— *dramatiques et la Comédie-Française à Paris aux XVIIe et XVIIIe siècles (Les).*	II, 574	*Avtres œvvres poetiqves dv sievr David Rigavd.*	VI, 1132
		Auvergne et Provence, album pittoresque.	IV, 652
Authenticité du testament politique du Cardinal de Richelieu.	IV, 24	— et Velay.	V, 807
		Aux Allemands. Aux Français.	IV, 343
Autographe, comédie (L').	V, 640	— bourgeois d'Amsterdam.	II, 978
Autographes et le goût des autographes en France (Les).	II, 646	— Canadiens français, soldats de Pie IX.	V, 26
		— électeurs de la Charente.	VII, 1067
— et manuscrits de M. G. de Pixerécourt.	VI, 697	— Enfans. Contes de E. T. A. Hoffmann.	IV, 156
		— enfants morts.	V, 590
— sérieux et comiques. — I. Les Gastronomes.— II. Les Amoureux.—III. Les Demandeurs.	III, 277	— environs de Lyon.	IV, 584
		— étudiants en droit. Épître en vers.	III, 609
		— flancs du vase.	VII, 190
		— Français d'Alger.	II, 988
		— héros des Thermopyles.	I, 288

Aux mânes de l'Empereur. VI, 36
— oiseaux de la pépinière. V, 24
— pays du soleil. III, 774
— poëtes inconnus, ode. VI, 170
— Prolétaires. VI, 579
— républicains. IV, 318
— riches. VII, 233
— vieux de la vieille! Souvenirs de Jean-Roch Coignet. II, 456
Avadoro, histoire espagnole. VI, 92
Avant l'exil. IV, 347, 404, 429
— le jour, poésies. V, 102
—, pendant et après la Terreur. V, 899
Avantures de l'abbé de Choisy habillé en femme. II, 601
Avantureulx, farce nouvelle (L'). VI, 978
Avare (L'). V, 951, 959
Avatar. II, 728
Avatars d'une œuvre de Balzac (Les). VII, 644
Avenir d'Aline (L'). III, 1135
— de la science (L'). Pensées de 1848. VI, 1035
— de la Turquie (L'). II, 264
Avent de Massillon (L'). II, 532
Aventure de Ladislas Bolski (L'). II, 370
— de la Grand'Louise (L'). I, 556
— de Paul Solange (L'). III, 196
Aventures abracadabrantes du brigadier Fleur de Verveine. VI, 17
— burlesques de Dassoucy. I, 670
— d'amour de Parthénius. II, 903
— d'Arthur Gordon Pym. I, 350, 713 ; VI, 737
— d'un chien de chasse (Les). II, 377
— d'un gamin de Paris au pays des lions. I, 909
Aventures d'un jeune cadet de famille. VII, 622
— d'un marin de la Garde impériale. III, 325
— d'un petit garçon préhistorique en France. IV, 86
— d'un petit Parisien. I, 922
— d'un ver luisant. Histoire d'un garçon de bonne foi. III, 143
— d'une famille perdue dans le désert. II, 734
— d'une poupée de Nuremberg. I, 447
— de don Juan de Vargas (Les). I, 652
— de don Quichotte. II, 157
— de Drosilla et Chariclès. II, 905
— de Hysminé et Hysminias. II, 905
— de Jean-Paul Choppart (Les). III, 226
— de John Davys. III, 350
— de Lyderic. III, 354
— de Mlle Mariette (Les). II, 182
— de maître Renart et d'Ysengrin (Les). VI, 409
— de M. Barnichon, l'aéronaute. VI, 2
— de M. de Bric-à-Brac (Les). IV, 730
— de Nigel (Les). VII, 447, 452, 455
— de quatre femmes et d'un perroquet. III, 447
— de Robert-Robert et

    de son fidèle com-
     pagnon.   III, 229
Aventures de Robin Jouet (Les).
         II, 119
— de Robinson Cru-
   soé.   III, 750
— de Saturnin Fichet.
        VII, 624
— de Télémaque. II, 424,
   432, 520, 524, 780 ;
        III, 654
— de Télémaque, par
   Fénelon... mis en
   vers français (Les).
        II, 368
— de Til Ulespiègle
   (Les). II, 744 ; V, 163
— de Tom Pouce. VI, 236
— de trois Russes et
   de trois Anglais
   dans l'Afrique
   australe. VII, 1012
— du baron de Foe-
   neste (Les). I, 646
— du baron de Mün-
   chausen. I, 160
— du capitaine Magon
   (Les).   II, 26
— du chevalier de Fau-
   blas (Les). V, 417
— du chevalier Jaufre
   et de la belle Bru-
   nissende (Les). IV, 884
— du dernier abencé-
   rage.   I, 716 ;
     II, 280, 288
— du faux chevalier
   de Warwich. II, 336
— du Gourou Para-
   marta. VII, 1038
— du grand Balzac
   (La).   IV, 824
— du petit roi saint
   Louis devant Bel-
   lesme (Les). II, 364
— du temps passé.
   Briolan. V, 912

Aventures et espiègleries de Lazarille de Tormes.
     VII, 1041
— et mésaventures de
   Joel Kerbabu. V, 1169
— et tribulations d'un
   comédien. II, 720
— extraordinaires d'un
   homme bleu. I, 910
— galantes d'un ténor
   italien. V, 140
— galantes de Margot
   (Les). IV, 174
— grassouillettes. VII, 531
— merveilleuses de
   Fortunatus. I, 160
— merveilleuses de Na-
   buchodonosor No-
   sebreaker. VII, 31
— merveilleuses... du
   capitaine Corco-
   ran (Les). I, 776
— merveilleuses et tou-
   chantes au prince
   Chènevis et de sa
   jeune sœur. III, 1084 ;
      VI, 233
— périlleuses de trois
   Français au pays
   des diamants. I, 909
— prodigieuses de Tar-
   tarin de Taras-
   con. III, 38, 39
— romanesques. VII, 429
— romanesques d'un
   comte d'Artois (Les).
      IV, 469
Aventurière (L'). I, 140
Aventurières et courtisanes. I, 374
Averroes et l'Averroisme. VI, 1011
Avertissement au pays. VI, 906
Aveugle, son varlet et vne tri-
  pière (L'). VI, 971
Aveugles (Les). V, 447
Aveux (Les). I, 714, 904
— d'un pamphlétaire (Les).
      V, 1033
Avocat des pauvres (L'). V, 792

Avocat Trouble-ménage (L').	II, 199, 201
Avril.	VI, 662
—, mai, juin.	I, 749 ; V, 692
Aye d'Avignon, chanson de geste.	VI, 744
Aymeri de Narbonne.	I, 60
Axël.	VII, 1093
Aziyadé.	V, 401
A-Z ou le salon en miniature.	IV, 880

B

Babel.	I, 163
Babolain.	III, 297
Babylone à Jérusalem (De).	III, 1184
Baccalauréat et les études classiques (Le).	V, 26
Bachelier (Le).	VII, 949
Bacon, sa vie, son temps, sa philosophie et son influence jusqu'à nos jours.	VI, 1008
Baden au Drakenfelds... Récits et divagations (De).	VII, 659
Bag o Bahar. Le Jardin et le Printemps.	VI, 852
Bagatelle. Journal de la littérature, des beaux-arts et des théâtres.	I, 168 ; IV, 592
Bagatelles.	I, 285
—. Trois eaux-fortes d'Avril.	VII, 434
— morales.	II, 337
— poétiques et dramatiques.	VI, 444
Bagnères-thermal.	VII, 725
Bagnes (Les).	I, 34
Bague d'Annibal (La).	I, 289, 712
— noire (La).	II, 1005
Bahut (Le). Album de Saint-Cyr.	V, 421
Baie de Cadix, nouvelles études sur l'Espagne (La).	V, 94
Bailliage du Palais-Royal de Paris (Le).	II, 575
Bains de Bade au XVe siècle (Les).	I, 489 ; II, 591
Bains de femmes d'Albert Durer (Les).	III, 579
— de Paris et des principales villes des quatre parties du monde (Les).	II, 1077
Baiser, comédie (Le).	I, 280
— (Le). Étude littéraire et historique.	I, 169
Baisers (Les).	IV, 80
— de Jean Second (Les).	I, 483
—, précédés du Mois de mai (Les).	III, 284
— tristes.	II, 948
Bal de Sceaux (Le).	I, 196
— du Diable (Le).	VI, 41
—, poème moderne (Le).	III, 1181
Balcon de l'Opéra (Le).	VI, 283
Baleiniers (Les).	III, 421
Balet des Andouilles, porté en guise de momon.	II, 601
Ballades allemandes tirées de Burger, Karner et Kosegarten.	III, 741
— et fantaisies.	V, 1200
— et légendes.	VI, 441
— galantes.	V, 117
—. Les rayons et les ombres.	I, 615
Ballades, mélodies et poésies diverses.	III, 754
Ballanche, sa vie et ses écrits.	V, 17

Ballets et mascarades de cours.	I, 170 ; II, 602
Ballons en 1870 (Les).	VI, 4
— *et les voyages aériens (Les).*	I, 759
— *(Les). Histoire de la locomotion aérienne.*	VII, 904
Bals d'hiver (Les). Paris masqué.	VII, 1117
— *travestis et les tableaux vivants sous le second Empire (Les).*	V, 10
Balthasar.	III, 811
Balthazar Claës ou la Recherche de l'absolu.	I, 209
Balzac alençonnais.	II, 940
— *au Collège.*	II, 205
— *en pantoufles.*	II, 728
— *et ses amies.*	III, 664
— *et ses œuvres.*	IV, 1020
— *propriétaire.*	II, 204
— *, sa méthode de travail.*	II, 205
— *, sa vie et ses œuvres, d'après sa correspondance.*	VII, 716
Bambou (Le).	II, 697
Bananier (Le).	VII, 617
Banc, idylle parisienne (Le).	II, 984
Bannière bleue (La).	II, 26
Banquet des Muses (Le).	II, 601
— *, papiers intimes (Le).*	V, 839
Baptême de la cloche (Le).	V, 16
Barbares et bandits. La Prusse et la Commune.	VII, 109
Barbe bleue, conte (La).	VI, 548
— *. La Belle au bois dormant (La).*	VI, 550
— *, opéra-bouffe.*	V, 645
Barbier de Louis XI (Le).	II, 1005
Barbier de Paris (Le).	IV, 713, 719
— *de Séville (Le).*	I, 587, 625, 774
Barbus-graves (Les).	IV, 302
Bardit lu sur la tombe de Brizeux.	VI, 874
Barnabé.	I, 725 ; III, 634
Barnave.	IV, 522, 564
Baron Brisse (Le).	V, 47
— *Charles Davillier et la collection léguée par lui au Musée du Louvre (Le).*	II, 1039
— *Charles Davillier et ses collections céramiques (Le).*	II, 209
— *de Ferriol et Mlle Aïssé (Le).*	I, 122
— *de Grogzwig (Le).*	VI, 705
— *Gros (Le).*	II, 476
Barricades, scènes historiques (Les).	VII, 1111
Barrière de Clichy, drame (La).	III, 391
Bartolomea.	IV, 874
Bas-Bleus (Les).	I, 300
— *-de-Cuir.*	VII, 294
— *-fonds de la Société (Les).*	V, 1017
Bastille (La). Histoire et description des bâtiments.	IV, 153
Bataille d'amour, opéra-comique.	VII, 366
— *d'Austerlitz, poème (La).*	V, 865
— *d'Hernani (La).*	I, 720 ; II, 974
— *fantastique des roys Rodilardus et Croacus (La).*	II, 610
— *littéraire (La).*	III, 981
Bâtard de Mauléon (Le).	III, 376
Batards de Caulx, farce nouvelle (Les).	VI, 477
Bateau de Bouille (Le).	I, 552
Bateleur, farce joyeuse (Le).	VI, 981
Bavolette (La).	V, 1319
Béatrice, poëme.	VII, 97
Béatrix.	I, 213

Béatrix Cenci.	II, 1090	Belges peints par eux-mêmes (Les).	I, 381
Beau Laurence (Le).	VII, 277	Belgique (La).	V, 196
— Léandre (Le).	I, 261	— monumentale (La).	I, 382
— Pécopin (Le).	II, 730 ; IV, 319	Bellah.	III, 671
[Beaumarchais].	IV, 537	Belle armurière (La).	III, 275
— et ses œuvres.	V, 321	— Assemblée (La).	IV, 653
— et son temps.	V, 376	— au bois dormant (La).	IV, 175
—, par P. Bonnefon.	I, 856	— au bois dormant, conte (La).	VI, 548
Beaumignon.	IV, 589	— au bois dormant, drame (La).	III, 677
Beauté (De la).	II, 652	— de jour et Belle de nuit.	VI, 567
—, des moyens de la conserver (De la).	I, 365	— Gabrielle (La).	V, 498
Beautés de l'Opéra (Les).	I, 365	— Hélène (La).	V, 644
— de lord Byron (Les).	IV, 652 ; VI, 654	— -Jenny (La).	III, 929
— de Walter Scott.	I, 366	— Maman, comédie.	VII, 383
Beaux-Arts (Les).	I, 376	— -Nivernaise (La).	III, 59
— à l'Exposition universelle de 1855 (Les).	III, 307	— -Paule (La).	II, 199
— à l'Exposition uniselle et aux Salons de 1863, 1864, 1865, 1866 et 1867 (Les).	III, 311	— Rafaella (La).	IV, 202
		— -Rose.	I, 12
		— Saïnara (La).	IV, 81
		Belles du monde (Les).	V, 684
		— et les Bêtes (Les).	III, 983
— en Europe, 1855 (Les).	III, 916	— et pieuses conceptions de François du Vauborel.	I, 572
— en province (Les).	VI, 842	— femmes de Lyon (Les).	I, 385
— et les arts décoratifs (Les).	I, 375	— femmes de Paris (Les).	I, 384
Beaux jours et jours d'orage.	II, 125	— -Mères (Les).	II, 863
		— poupées (Les).	I, 280
— Messieurs de Boisdoré (Les).	II, 738 ; VII, 258	Bellini, sa vie, ses œuvres.	VI, 793
		Belzunce ou la peste de Marseille.	V, 865
Bébés (Les).	III, 1089	Bénédiction (La).	II, 971
— et joujoux.	V, 195 ; VI, 234	Bengali (Le).	V, 200
— et papas.	VII, 465	Benjamin Fillon.	VII, 879
Bécasse.	VI, 1074	Benvenuto Cellini.	IV, 1020
Bédouine (La).	VI, 795	— Cellini, drame.	V, 790
Beethoven et ses trois styles.	V, 209	— Cellini, orfèvre, médailleur, sculpteur.	VI, 714
Bel-Ami.	V, 614		
Bel inconnu ou Giglain (Le).	II, 898	Béranger.	V, 78

Béranger à ses amis.	I, 408	*Bible des pauvres.*		V, 1119
— *des familles (Le).*	I, 415	*Bibliographe alsacien (Le).*		V, 638
— *et son temps.*	I, 764	*Bibliographie aéronautique.*		
— *littérateur et critique.*				VII, 844
	VII, 886	— *alsacienne.*		VI, 1137
Berger de Kravan (Le).	VII, 691	— *anecdotique du jeu*		
Bergues sur le Soom assiégée.		*des échecs.*		II, 636
	II, 799	— *anecdotique et rai-*		
Berlin il y a cent ans.	V, 594	*sonnée de tous les*		
Berline de l'émigré (La).	VII, 575	*ouvrages d'A. de*		
Bernard Palissy.	II, 475	*Nerciat.*		I, 478 ;
— *Prost, inspecteur gé-*				VI, 50
néral des bibliothè-		— *artistique, historique*		
ques et des Archives.		*et littéraire de Pa-*		
	VI, 833	*ris avant 1789.*		III, 330
— *van Orley.*	II, 484	— *biographique univer-*		
Bernardin de Saint-Pierre.	III, 1119	*selle.*		VI, 253
— *de Saint-Pierre et*		— *bourguignonne.*		V, 869
la Princesse Marie		— *céramique.*		II, 208
Miesnik.	III, 807	— *clérico-galante.*		V, 12
Berthe la Repentie.	I, 190	— *coréenne.*		VI, 865
Bertram ou le Château de Saint-		— *Cornélienne.*		II, 1019 ;
Aldobrand.	VII, 762			VI, 656
Bertrand de Got, pape sous le		— *curieuse.*		VI, 451
nom de Clément V.	VI, 1025	— *de l'Ain.*		VII, 561
Besançon et la vallée du Doubs.		— *de l'escrime ancienne*		
	I, 448	*et moderne (La).*		
Bestiaire d'amour (Le).	II, 898			VII, 1047
— *divin de Guillaume,*		— *de l'histoire de France.*		
clerc de Normandie				V, 1026
(Le).	II, 897	— *de l'histoire de Pa-*		
Bête (La).	II, 373	*ris pendant la Ré-*		
— *humaine (La).*	VII, 1214	*volution française.*		
Bêtes à Paris (Les).	IV, 85			VII, 881
— *d'esprit de mistress Pros-*		— *de l'œuvre de P.-J.*		
ser (Les).	VI, 236	*de Béranger.*		I, 930
— *et gens.*	II, 738 ;	— *de la France.*		I, 478
	VII, 290, 658	— *de la ville de Lyon.*		
— *et gens, fables et contes*				V, 995
humoristiques.	VII, 668	— *de Manon Lescaut.*		
Bêtise humaine (La).	VI, 212			IV, 32
— *parisienne (La).*	IV, 77	— *de Mathurin Régnier.*		
Bêtises de mon oncle (Les).	VII, 515			II, 375
— *vraies (Les).*	II, 321	— *de quelques alma-*		
Bettine, comédie.	V, 1261	*nachs du XVIIIe*		
Bhâgavata purâna (Le).	I, 979	*siècle.*		VII, 400
Bible (La).	I, 471, 477	— *des bibliographies.*		
— *de l'humanité.*	V, 836			VII, 945

Bibliographie des chansonniers français des XIIIe et XIVe siècles. VI, 960
— des chansons, fabliaux, contes. VII, 1105
— des Contes rémois. I, 891
— des croisades. V, 805
— des écrits relatifs à Mandrin. V, 454
— des éditions de Simon de Colines. VI, 1062
— des éditions originales d'auteurs français composant la bibliothèque de feu M. A. Rochebilière. II, 444
— des fous. De quelques livres excentriques. VI, 119
— des impressions microscopiques. VI, 43
— des livres à figures vénitiens de la fin du XVe siècle. VI, 1142
— des Mazarinades. IV, 127
— des œuvres d'Alfred de Musset. II, 451
— des œuvres d'Edmond Le Blant. V, 133
— des œuvres d'Hoffmann. II, 196
— des œuvres de Beaumarchais. II, 1007
— des œuvres de M. François Mignet. V, 856
— des œuvres de Voltaire. I, 389
— des ouvrages écrits en patois du midi de la France. VI, 965
— des ouvrages français contrefaits en Belgique. IV, 434 ; V, 1294

Bibliographie des ouvrages illustrés du XIXe siècle. I, 930
— des ouvrages relatifs à l'Afrique et à l'Arabie. II, 636
— des ouvrages relatifs à l'amour. I, 479
— des ouvrages relatifs à l'île Formose. II, 1008
— des ouvrages relatifs aux pèlerinages, aux miracles... II, 604
— des plaquettes romantiques. VI, 43
— des principales éditions originales d'écrivains français du XVe au XVIIIe siècle. V, 213
— des principaux ouvrages relatifs à l'amour. II, 603
— des publications faites par M. le Bon Jérôme Pichon. VI, 647 ; VII, 1037
— des travaux de M. A. de Montaiglon. I, 480 ; V, 1073
— entomologique. VI, 86
— et iconographie de tous les ouvrages de Restif de la Bretonne. IV, 852
— et iconographie des œuvres de J. F. Regnard. I, 481
— gastronomique. VII, 1036
— générale au dix-neuvième siècle (De la). VI, 897
— générale des Gaules. VI, 1237
— générale des inventaires. V, 663

Bibliographie générale des ouvrages sur la chasse. VII, 591
— *générale des travaux historiques et archéologiques publiés par les Sociétés savantes de la France.* V, 86
— *hellénique.* V, 177
— *historique de la Compagnie de Jésus.* II, 45
— *historique de la ville de Lyon pendant la Révolution française.* III, 1073
— *historique du Dauphiné pendant la Révolution française.* V, 454
— *historique et critique de la Presse périodique française.* IV, 36
— *jaune (La).* V, 13
— *lyonnaise du XVe siècle.* VI, 524
— *méthodique et raisonnée des beaux-arts.* VII, 1101
— *mistralienne.* V, 907
— *moliéresque.* II, 642 ; IV, 848 ; V, 963
— *moliéresque de Poche.* III, 206
— *moderne de la France.* VI, 879
— *parémiologique.* III, 502
— *parisienne.* IV, 795
— *raisonnée et anecdotique des livres édités par Auguste Poulet-Malassis.* II, 938
— *romantique.* I, 128
— *sportive. Les courses de chevaux en France.* II, 940

Bibliographie voltairienne. VI, 884
Bibliologue, journal (Le). VI, 884
Bibliomane (Le). VI, 179
Bibliomanie (De la). I, 482
— *en 1878-1880-1881-1882-1883-1885-1886-89 (La).* I, 943
Bibliophile amoureux (Le). V, 551
— *fantaisiste (Le).* II, 604
Bibliophiles (Société rouennaise de). I, 568
— *bretons (Société des).* I, 502
— *contemporains (Société des).* I, 509
— *dauphinois (Société des).* I, 516
— *de Reims (Société des).* I, 565
— *de Touraine (Société des).* I, 574
— *du Béarn (Société des).* I, 498
— *françois (Société des).* I, 518
— *normands (Société des).* I, 548
Bibliophilie en 1891-1892 (La). II, 446
Biblioteca scatologica. I, 576
Bibliotheca bigotiana manuscripta. I, 556 ; III, 128
— *sinica. Dictionnaire bibliographique des ouvrages relatifs à l'Empire chinois.* II, 1006 ; VI, 853
Bibliothécaire (Le). Archives d'histoire littéraire. VI, 887
Bibliothèque artistique moderne. I, 582
— *bibliophilo-facétieuse.* I, 610
— *bleue depuis Jean Oudot Ier,* I, 579

Bibliothèque champenoise. VII, 772
— choisie des Classiques latins. VI, 457
— cynégétique d'un amateur. I, 637
— d'histoire et d'art. I, 679
— d'un bibliophile. I, 395
— d'un curieux. I, 629
— d'un humaniste au XVIᵉ siècle (La). VI, 202
— de Bordeaux. Catalogue des manuscrits. III, 139
— de Charles d'Orléans à son château de Blois (La). V, 228
— de Don Quichotte (La). I, 489
— de Fontainebleau et les livres des derniers Valois (La). VI, 878
— de Jules Janin (La). IV, 853
— de l'amateur champenois. I, 578
— de l'École des Chartes. I, 643
— de l'École nationale des beaux-arts (La). V, 1164
— de l'enseignement des beaux-arts. I, 661
— de la Compagnie de Jésus. VII, 577
— de la reine Marie-Antoinette au château des Tuileries. VI, 876
— de la reine Marie-Antoinette au petit Trianon. I, 775 ; II, 605 ; IV, 843

Bibliothèque de mon oncle (La). VII, 853
— de M. G. de Pixerécourt. VI, 167, 696
— de M. Viollet Le Duc. VII, 1105
— de poche. I, 767
— des dames. I, 638
— des feuilletons (La). V, 1254
— des mémoires relatifs à l'histoire de France. I, 754
— des mémoires relatifs à l'histoire de France pendant le XVIIIᵉ siècle. II, 826
— des mémoires du dix-neuvième siècle. V, 46
— des merveilles. I, 757
— dramatique de M. de Soleinne. I, 641 ; VII, 570
— dramatique de Pont de Vesle. VII, 571
— dramatique ou Répertoire universel du Théâtre-Français. VI, 152
— du Louvre et la Collection bibliographique Motteley. VII, 931
— du Roi au début du règne de Louis XV (La). VI, 275
— du Vatican au XVIᵉ siècle (La). I, 766
— elzévirienne. I, 644
— et les papiers de Grimm pendant et après la Révolution (La). VII, 879
— facétieuse. I, 665

Bibliothèque française du moyen âge.	I, 666	Bienheureuse Christine de Stommeln, béguine (La).	VI, 1024
— gauloise.	I, 667	Bièvre (La).	IV, 474
— gothique.	I, 674	Bigarreau.	VII, 795
— héraldique de la France.	III, 1158	Bigarette.	I, 777
— illustrée.	I, 681	Bigarrures.	I, 285
— impériale (La).	III, 822	— du seigneur des Accords (Les).	II, 676
— internationale de l'art.	I, 683	Bigorne qui mange tous les hommes qui font le commandement de leurs femmes.	II, 887
— latine française.	I, 692	Bijoux de la délivrance (Les).	I, 719 ; II, 970
— Lesoufaché à l'École des Beaux-Arts (La).	V, 1188	— de Mme Du Barry (Les).	VII, 1160
— musicale de l'Opéra.	IV, 941	— des neuf sœurs (Les).	I, 792
— nationale à Paris (La).	II, 507	— indiscrets (Les).	III, 252
— nationale, son origine et ses accroissements (La).	V, 1158	— parlants (Les).	II, 739
		Bilatéral (Le).	VI, 1196
— originale.	I, 761	Billard (Le).	IV, 942
		Billet de logement (Le).	II, 362
— , portraits, dessins et autographes de feu M. Auguste Poulet-Malassis.	VI, 801	Binettes contemporaines (Les).	II, 924
		— rimées (Les).	VII, 1009
		Bio-bibliographie de la reine Marie-Antoinette.	V, 79
— protypographique.	I, 775	Biographie contemporaine.	VI, 166
— rose illustrée.	I, 776	— de Alfred de Musset.	I, 744 ; V, 1321
— royale (De la).	VI, 407	— de Charles Deburau.	V, 1023
— russienne.	I, 782	— de Mademoiselle Fernand.	VII, 290
— sacrée grecque-latine.	VI, 161	— des contemporains.	VI, 27
— spirituelle.	I, 785	— des dames de la Cour et du faubourg Saint-Germain.	I, 794
Bibliothèques anciennes et modernes de Lyon (Les).	VI, 72	— du général Daumesnil.	I, 794
— aveyronnaises - Mouton.	V, 1163	— mémoires [de A.-C. Thibaudeau].	VII, 809
— de Madrid et de l'Escurial (Les).	II, 507	— universelle.	I, 794
Bien et le mal qu'on a dit des enfants (Le).	II, 717	— universelle des musiciens.	III, 666
— qu'on a dit des femmes (Le)	II, 716		

Biographies et panégyriques. VI, 554
Biribi. III, 24
Bismarck en caricatures. III, 1093
Black. II, 722 ; III, 417
Blanche de Saint-Simon ou France et Bourgogne. VII, 838
— *et Marguerite.* IV, 195
Blancs et les bleus, drame (Les). III, 429
Blason de la Révolution (Le). VII, 901
— *de Molière (Le).* III, 716
— *des basquines et des vertugalles.* I, 818
— *des couleurs en armes,*
— *livrées et devises (Le).* VII, 894
— *héraldique (Le).* III, 976
Blasons domestiques (Lès). I, 527
—, *poésies anciennes recueillies par Méon.* I, 818
Blasphèmes (Les). VI, 1120
Bleu et le noir (Le). I, 748 ; VII, 787
Bleuet (Le). IV, 15 ; VII, 296
Bleuets (Les). IV, 653
Bleuette. II, 975
Blocus (Le). III, 588
Bluets, livre de beauté (Les). IV, 704
Bob à l'Exposition. III, 1187
— *au Salon de 1889.* III, 1186
Bohême (La). VI, 638
— *amoureuse (La).* II, 714
— *dorée (La).* IV, 224
— *galante (La).* VI, 59, 62
Bohémiens (Les). II, 218
Boieldieu, sa vie, ses œuvres, son caractère, sa correspondance. VI, 793
Boileau. III, 1121
— *et Bussy-Rabutin.* V, 637
Bois, comédie (Le). III, 1000
— *de Boulogne (Le).* III, 1081
— *de Vincennes (Le).* IV, 733

Boîte d'argent (La). III, 465
Bombardement... contre Saint-Malo en 1693. I, 506
Bon berger (Le). II, 588
— *frère (Le).* I, 778
— *genre (Le).* I, 839
— *Homme Misère (Le).* IV, 82
— *Payeur et le Sergent boiteux et borgne (Le).* VI, 978
— *varlet de chiens (Le).* II, 16
— *vieux temps (Le).* IV, 820
— *vieux temps en Champagne (Le).* I, 581
Bonaparte et leurs œuvres littéraires (Les). VI, 888
Bonaventure Despériers. Cirano de Bergerac. VI, 139
Bonheur (Le). I, 748 ; VII, 709
— *de vivre aux champs (Le).* V, 1014
— *des autres (Le).* V, 685
Bonhomme Jadis (Le). V, 1196, 1198
Bonne aventure (La). VI, 696
— *chanson (La).* VII, 991
Bonnes bêtises du temps nouveau (Les). V, 572
— *fortunes parisiennes (Les).* VII, 660
— *gens de Bretagne poésies.* V, 198
Bonnet vert (Le). V, 767
Bons cœurs et braves gens. III, 317
— *conseils (Les).* V, 1152
— *contes (Les).* I, 860
— *contes du sire de la Glotte (Les).* III, 1001, 1003
— *contes font les bons amis (Les).* II, 195
— *enfants (Les).* I, 780
— *petits enfants (Les).* III, 1089
Bonshommes. II, 405
Bord de l'eau (Le). I, 937
— *de la coupe (Le).* II, 316
Bordeaux artiste. V, 1035
— *il y a cent ans.* I, 847
B..... royal (Le). II, 605
Bords de l'Adriatique et le Monténégro (Les). II, 1185

Bords du Rhin (Les). III, 1169
Bossu (Le). II, 726 ; III, 691
— , *journal satirique français (Le).* I, 871
Bossuet. IV, 1017
— *historien du protestantisme.* VI, 963
Botanique de l'enfance (La). VII, 288
Bottes vernies de Cendrillon (Les). III, 214
Bottom. Le Songe d'une nuit d'été, d'après Schakespeare (sic). V, 794
Boubouroche. II, 1055
Bouche en cœur. I, 777
Boucles d'oreilles (Les). II, 981
Bouddha. II, 417
Boudoir d'une coquette (Le). I, 890
— , *gazette galante (Le).* I, 889
Boudoirs de verre (Les). V, 675
Bouillie de la comtesse Berthe (La). III, 372 ; VI, 232
Boulangère a des écus (La), V, 655
Boule, comédie (La). V, 654
— *de neige (La).* III, 426
Boulevard (Le). I, 896
— , *revue hebdomadaire (Le).* I, 897
Boulle (Les). II, 479
Boulotte. VI, 231
Bouquet, comédie (Le). V, 649
— *de violettes (Le).* II, 450, 543
Bouquets poétiques de Robert Angot (Les). I, 569
Bouquinistes et bouquineurs. Physiologie des quais de Paris. VII, 928
— *et les quais de Paris tels qu'ils sont (Les).* V, 14
Bourgeois aux champs (Les). II, 735

Bourgeois de Molinchart (Les). II, 184
— *de Paris (Les), par Amédée de Bast.* I, 335
— *de Paris (Les), par Henry Monnier.* V, 1013
— *de Pont-Arcy, comédie (Les).* VII, 382
— *gentilhomme (Le).* V, 949, 960
— *poli (Le).* VI, 442
Bourguignonnes (Les). V, 643
Bourguignons salés (Les). VI, 482
Bourreau du roi (Le). I, 338
Bourse (La). I, 199, 232
— , *comédie (La).* VI, 767
— , *ses abus et ses mystères (La).* V, 899
Bouscassié (Le). I, 716 ; II, 403
Boute-charge, physiologie du Quartier (Le). VI, 633
Bouteille à la mer, poème (La). VII, 1067
Bouts-rimés. III, 428
Bouvard et Pécuchet. I, 727 ; III, 733
Bracelet (Le). V, 1312
— *re turquoise (Le).* VII, 805
Braconnage et contrebraconnage. IV, 171
Brahme voyageur (Le). III, 176
Branche des royaux lignages, chronique métrique de Guillaume Guiart. II, 513
Branle des Capucins (Le). II, 607
Bras noir, pantomine en vers (Le). III, 221
Brascassat, sa vie et son œuvre. V, 527
Brasseries à femmes de Paris (Les). II, 45
Brasseur roi (Le). I, 88
Braves gens. Roman parisien. VI, 1123
Brebis de Panurge (Les). V, 642
Brésilien, comédie (Le). V, 643

Brésilienne, drame (La). V, 794
Bretagne (La). IV, 541
— à *l'Académie française au XVIIe siècle (La).* IV, 706
— à *l'Académie française au XVIIIe siècle.* IV, 707
— *ancienne et moderne (La).* VI, 690, 693
— *armoricaine (La).* VI, 875
— *et Vendée. Histoire de la Révolution française dans l'Ouest.* VI, 692
Bretons (Les). I, 715, 931
— *de Paris.* VI, 875
Brueghel (Les). II, 481
Brève histoire de l'abbaye de l'Ile Barbe. II, 775
Bréviaire de P. D. Huet (Le). VII, 885
— *du gastronome.* V, 550
— *du roi de Prusse (Le).* I, 491
Bric-à-brac. III, 425
— *(Le).* III, 1136
— *de l'amour (Le).* VII, 920
Brick, album de mer (Le). IV, 653
Brie et Pont-l'Evesque (Le). II, 685
Brief et vray récit de la prinse de Terouane et Hedin. II, 883
Brigands et les bandits célèbres (Les). I, 34
—, *opéra-comique (Les).* V, 650
Brigitte. Le Comte Alghiera. IV, 949
Brindilles. V, 764
— *rabelaisiennes.* IV, 575
Brins de lilas. V, 519
Brise du nord (La). IV, 653
Brises d'Orient ou dix perles d'Asie. I, 928 ; IV, 654
— *du soir, poésies.* IV, 736

Brocs à cidre en faïence de Rouen. I, 861
Broderies et dentelles. I, 664
Bronzes de la Renaissance (Les). I, 690
Brouillées depuis Magenta, comédie. V, 584
Bruges-la-Morte, roman. VI, 1163
Brumes, poésies (Les). VII, 773
Brun de la Montaigne. I, 56
Brunettes ou petits airs tendres. V, 446
Bûcherons et les schlitteurs des Vosges (Les). V, 848
Buches graves (Les). IV, 302
Bucoliques (Les). II, 335 ; V, 865
— *et Géorgiques, de Virgile.* I, 624
— *et le nuage messager (Les).* V, 159
Bug-Jargal. IV, 239, 374, 385, 401, 416, 425, 437
Bull Jaguar ou le fidèle Domingue. IV, 242
Bulle d'Alexandre VI (La). II, 597
Bulletin de l'Alliance des arts. I, 961
— *de l'ami des arts.* I, 963
— *de la librairie Morgand.* I, 961
— *de la République.* VII, 233
— *de la Société de l'histoire de France.* IV, 130
— *de la Société de l'histoire de l'art français.* IV, 95
— *de la Société de l'histoire de Paris et de l'Ile-de-France.* IV, 141
— *trimestriel des publications défendues en France.* I, 973
— *des Beaux-Arts (Le).* I, 964
— *du Bibliophile et du bibliothécaire.* I, 965
— *du Bouquiniste.* I, 970

Bulletin du Cazinophile. II, 1027
Bulletins de la Société de l'histoire de Normandie. IV, 137
Buonaparte, des Bourbons et de la nécessité de se rallier à nos princes (De). II, 286
— , ode. IV, 229
Bureau du Commissaire (Le). V, 909
Burgraves (Les). I, 733 ; IV, 300, 386, 415, 425, 437
Burgs infiniment trop graves (Les). IV, 303
Buses graves (Les). IV, 302
Butte des Moulins (La). V, 1159
Buveurs d'âmes. V, 400
— d'eau (Les). V, 1200
— de cendres (Les). III, 311
Byzance. V, 373

C

Cabane de l'oncle Tom (La). I, 380
Cabaret du Puits-sans-Vin (Le). V, 1149, 1150
Cabarets de Paris, ou l'homme peint d'après nature (Les). II, 1076
— de Rouen en 1556 (Les). II, 609
Cabinet d'un bibliophile rémois. II, 13
— d'un curieux. Description de quelques livres rares. III, 287
— de l'amateur (Le). VI, 682
— de l'amateur et de l'antiquaire (Le). II, 1
— de Michel Tiraqueau (Le). III, 712
— de M. Champfleury. Faïences historiques... II, 211
— de M. Gatteaux (Le). III, 505
— de vénerie. II, 15
— des antiques (Le). I, 211
— des antiques à la Bibliothèque nationale (Le). I, 165
— des manuscrits de la Bibliothèque impériale (Le). III, 127 ; IV, 149
Cabinet du Bibliophile. II, 2
— du duc d'Aumont et les amateurs de son temps (Les). III, 79
— du Roi (Le). III, 505
— historique (Le). II, 13
— satyrique (Le). II, 14
Cabinets d'amateurs à Paris (Les). III, 1149
Cachemire vert (Le). III, 387
Cacomonade (La). II, 659
Cadenas et ceintures de chasteté (Les). II, 579
Cadet (Le). VI, 1127
— Buteux au Vampire. VI, 98
— de famille (Le). II, 733
Cadio. VII, 275
Cadran de la volupté (Le). II, 609
Café concert (Le). V, 1112
— de la Régence (Le). IV, 177
— de Surate (Le). VII, 81
— du roi (Le). V, 642
— , le thé et le chocolat (Le).
— Procope (Le). I, 371
Caffiéri, sculpteurs et fondeurs-ciseleurs (Les). III, 1154
Cahier bleu de Mlle Cibot (Le). III, 296
— des charges des chemins de fer. I, 438
— rouge (Le). I, 718 ; II, 971

Cahiers d'un rhétoricien de 1815 (Les). II, 25
— *de remarques sur l'orthographe françoise.* II, 609
— *de Sainte-Beuve* (Les). VII, 148
— *des États de Normandie sous le règne de Charles IX.* IV, 136
— *des États de Normandie sous le règne de Henri III.* IV, 136
— *des États de Normandie sous le règne de Henri IV.* IV, 134
— *des États de Normandie sous les règnes de Louis XIII et de Louis XIV.* IV, 133
— *du capitaine Coignet* (Les). II, 457
Calais à Douvres (De). IV, 82 ; VI, 370
Calendal. I, 741
Calendau, pouèmo nouveu. V, 904
Calandra (La). I, 470
Calderon. Revue critique des travaux d'érudition publiés en Espagne... V, 1146
Calembourg en action (Le). II, 609
Calendrier de Vénus (Le). VII, 921
— *des confréries de Paris* (Le). II, 575
— *parisien.* I, 910
— *parisien. Douze sonnets.* IV, 85
— *parisien. Texte par Hugues Le Roux.* V, 226
— *républicain* (Le). V, 681
Caliban, par deux Ermites de Ménilmontant. II, 29
—, *suite de La Tempête, drame.* VI, 1023
Caligula, tragédie. III, 346
Callirhoé. VII, 331
Calomnie. I, 857

Calvaire (Le). V, 876
— *de la baronne Fuster* (Le). III, 635
— *des poètes* (Le). V, 1061
Camée, keepsake élégant (Le). II, 31
Camées parisiens (Les). I, 269
Camélia, keepsake français (Le). II, 31
Caméra-lucida. Portraits contemporains. VI, 73
Camice rosse (Le). V, 1029
Camille Desmoulins, Lucile Desmoulins. II, 412
Camp des bourgeois (Le). I, 353
Campagnes d'Alexandre (Les). IV, 620
— *de l'armée d'Afrique.* VI, 281
— *du général Toto* (Les). III, 195
— *hallucinées* (Les). VII, 988
Canapé (Le). III, 767
Canarien (Le). IV, 133
Canaris. Dithyrambe. III, 335
Candidat (Le). I, 727 ; III, 729
Candidature de M. Drouin. IV, 306
— *de Victor Hugo.* IV, 305
Candide. I, 497, 609 ; II, 697 ; VI, 1183 ; VII, 1134
Canettes de Jérôme Roquet (Les). I, 812
Canne de M. de Balzac (La). III, 991
— *de M. Michelet* (La). II, 416
Cannevas de Paris (Les). II, 610
Cantate pour les établissements de Saint-Joseph et de Saint-Nicolas. IV, 967
Cantica canticorum. V, 1121
Cantilènes (Les). V, 1130
Cantinière (La). *France, son histoire.* V, 1113
Cantique des Cantiques (Le). II, 42, 146 ; VI, 1014

Cantique du roi Guillaume (Le). VII, 597
Canton d'Écouché. Essai de bibliographie cantonale. II, 935 ; V, 309
— *de Briouze. Essai de bibliographie cantonale.* II, 935 ; V, 309
— *de Carrouges. Essai de bibliographie cantonale.* II, 936
— *de Domfront. Essai de bibliographie cantonale.* II, 935
— *de La Ferté-Macé..... Essai de bibliographie cantonale.* II, 935
— *de Passais. Essai de bibliographie cantonale.* II, 936
— *de Vimoutiers. Essai de bibliographie cantonale.* II, 936
Canton. Un coin du Céleste Empire. II, 741
Canzoni d'amore tratte da uno codice Carintiano. VI, 528
Canzoniere autographe de Pétrarque (Le). VI, 203
Cape et l'épée (La). I, 371
Capétiens et la France féodale (Les). V, 566
Capitaine Arena (Le). III, 354
— *Burle (Le).* VII, 1222
— *Fracasse (Le).* I, 583 ; III, 926
— *Fracasse, opéra-comique (Le).* V, 672
— *Henriot, opéra-comique (Le).* VII, 368
— *Pamphile (Le).* III, 349, 434
— *Paul (Le).* III, 347
— *Richard (Le).* II, 720 ; III, 406
— *Sauvage (Le).* VI, 214
— *Spartacus (Le).* III, 689
Capitales de l'Europe (Les). V, 481

Capitales du monde (Les). II, 44
Caprice (Le). II, 249
Caprices d'un bibliophile. VII 919
— *d'un régulier (Les).* V, 912
— *de boudoir.* VI, 1058
— *de Guignolette (Les).* IV, 83
— *de la marquise (Les).* IV, 178
— *de Manette (Les).* II, 361
— *de Marianne (Les).* V, 1261, 1294
— *et zigzags.* III, 901
Captivité de François Ier. II, 552
— *et derniers moments de Louis XVI.* VII, 565
Capucins sans barbe (Les). II, 611
Caquet des bonnes chambrières (Le). VI, 741
Caquets de l'accouchée (Les). I, 590, 647 ; II, 744
Caquire, parodie de Zaïre. II, 680
Carabinage et matoiserie soldatesque (Le). II, 611
Caractères de La Bruyère (Les). I, 627, 652 ; II, 425, 433, 517, 520, 525, 780, 786
— *de la tragédie (Les).* I, 497
— *de Théophraste (Les).* I, 652 ; IV, 787
— *et paysages.* II, 268
— *et portraits de femmes.* V, 423
— *et portraits littéraires du XVIe siècle.* III, 668
— *ou les mœurs de ce siècle (Les).* II, 764
Caractéristiques des Saints dans l'art populaire. II, 24
Caravane (La). I, 782
— *des morts (La).* III, 768
Caravanes de Scaramouche (Les). III, 1076

Cardinal Carlo Carafa (Le).
 III, 537
— de Bernis depuis son ministère (Le). V, 592
— de Retz et l'affaire du chapeau (Le).
 II, 231
— de Retz et ses missions diplomatiques à Rome (Le). II, 232
— de Richelieu, évêque, théologien et protecteur des lettres (Les). VI, 536
Carême de Cythère (Le). I, 336
Caresses (Les). I, 621 ; VI, 1114
Cariatides (Les). I, 257, 710
Caribaryé des artisans (La).
 II, 611
Caricature (La) (1830-1835). II, 46
— (La) (1880-1893). II, 112
— en France pendant la guerre, le siège de Paris et la Commune (La). VI, 878
— française (La). II, 87
— provisoire (La). II, 88
— , revue littéraire, artistique... (La). II, 101
— , revue morale, judiciaire... (La). II, 94
Caricaturiste (Le). II, 115
Carillon du boulevard Brune (Le). II, 699
Carmel de Vaugirard (Le).
 III, 634
Carmen. II, 501 ; V, 724, 752
— , opéra-comique. V, 654
Carmosine. V, 1269
Carnaval (Le). VI, 391
— ° à l'Assemblée nationale (Le). VI, 10
— de Venise (Le). VII, 976
— du dictionnaire (Le).
 VII, 1021
— et marche burlesque du bœuf gras à Paris II, 116

Carnet d'un mondain. III, 602
— d'un voyageur. II, 117
— de la comtesse de L...
 III, 276
Carnets de voyage. Notes sur la province. VII, 735
Caron, d'Érasme. III, 584
Carrosse du Saint-Sacrement (Le). VII, 976
Carrosses à cinq sols (Les). I, 521
Carte jaune (La). II, 250
Cartes à jouer et la cartomancie (Les). I, 838
— sur table, nouvelles. V, 101
Cartons d'un ancien bibliothécaire de Marseille (Les). VI, 965
Cartulaire de l'abbaye d'Orval.
 II, 507
— de l'abbaye de Beaulieu (en Limousin).
 II, 551
— de l'abbaye de Redon en Bretagne.
 II, 551
— de l'abbaye de Saint-Bertin. II, 550
— de l'abbaye de Saint-Père de Chartres.
 II, 549
— de l'abbaye de Saint-Trond. II, 507
— de l'abbaye de Saint-Victor de Marseille.
 II, 550
— de l'abbaye de Savigny. II, 551
— de l'église Notre-Dame de Paris. II, 550
— de l'église Saint-Lambert de Liège.
 II, 507
— des comtes de Hainaut. II, 508
— des fiefs de l'église de Lyon. I, 545
— général de Paris. IV, 153
Cartulaires de l'église de Grenobre (sic). II, 551

Cas de conscience (Le).	III, 677
— *de M. Guérin (Le).*	I, 8
— *des cloches soumis par Nadar à Monsieur le Ministre des Cultes (Le).*	VI, 7
— *difficiles (Les).*	VII, 519
— *du Vidame (Le).*	II, 119
Cascades de Mouchy, revue (Les).	V, 582
Case de l'oncle Tom (La).	I, 380
— *du père Tom (La).*	I, 380 ; VII, 290
Casse-Cou!	V, 219
Casteau d'amours (Le).	VI, 740
Cassette des sept amis (La).	I, 445
Catacombes (Les).	IV, 534
Catalogue abrégé de la Bibliothèque Sainte-Geneviève.	VI, 752
— *analytique des autographes... provenant du cabinet du bibliophile Jacob.*	IV, 860
— *composant la bibliothèque de MM. Alfred et Paul de Musset.*	V, 1295
— *d'un marchand libraire du XVe siècle.*	I, 492
— *d'une belle collection de livres... provenant de la bibliothèque de feu M. de Sampayo.*	VI, 171
— *d'une collection de livres et d'estampes concernant l'histoire de France.*	V, 232
— *d'une importante collection d'autographes et de dessins provenant d'Alfred de Musset.*	V, 1295
— *d'une importante collection de lettres autographes provenant en partie du cabinet de feu M. Charles Monselet.*	V, 1063
Catalogue d'une nombreuse collection de livres anciens, rares et curieux provenant de la bibliothèque de feu Gabriel Peignot.	VI, 494
— *d'une partie de livres rares et précieux dépendant de la bibliothèque de M. Charles Nodier.*	VI, 186
— *d'une partie des livres composant l'ancienne bibliothèque des ducs de Bourgogne.*	VI, 476
— *d'une petite collection de livres précieux appartenant à M. E. Q. B.*	VI, 876
— *d'une précieuse collection d'autographes et de dessins provenant d'Alfred de Musset.*	V, 1296
— *d'une très riche mais peu nombreuse collection de livres provenant de la bibliothèque de feu M. le comte de Fortsas.*	III, 763
— *de bons livres anciens et modernes... composant la bibliothèque de feu Paul de Saint-Victor.*	VII, 112
— *de beaux livres anciens et modernes... provenant de la bibliothèque de M. Feuillet de Conches.*	III, 688
— *de beaux livres anciens illustrés... provenant de la bibliothèque de M. le baron R. P****	VI, 789

Catalogue de Brienne (Le). I, 845
— de curiosités bibliographiques. V, 129
— de dessins anciens principalement des maîtres français du XVIIIe siècle... formant la collection de M. le baron R. P. VI, 790
— de dessins anciens principalement des XVIe et XVIIe siècles... provenant de la collection du marquis T... de Naples. VI, 789
— de dessins et aquarelles par Henry Monnier. II, 206
— de dessins originaux réunis en recueils... composant la collection de M. Hippolyte Destailleur. III, 234
— de faïences anciennes... provenant du grenier de Charles Cousin. II, 1057
— de l'argenterie ancienne appartenant à M. le baron J. P. VI, 647
— de l'exposition de gravures anciennes et modernes. II, 131
— de l'œuvre de Abraham Bosse. III, 504
— de l'œuvre gravé et lithographié de R.-P. Bonington. I, 915
— de l'œuvre lithographié et gravé de A. de Lemud. I, 916
— de l'œuvre lithographié et gravé de H. Daumier. II, 206
— de la bibliothèque d'un amateur, avec notes bibliographiques. VI, 1001
Catalogue de la bibliothèque de feu M. Arthur Dinaux. III, 271
— de la bibliothèque de feu M. Eugène Piot. VI, 684
— de la bibliothèque de feu M. le baron Jérôme Pichon. VI, 648
— de la bibliothèque de feu M. le professeur Jacques Adert. VII, 852
— de la bibliothèque de François Ier à Blois. V, 813
— de la bibliothèque de l'abbaye de Saint-Victor. IV, 843 ; VI, 934
— de la bibliothèque de l'École des langues orientales vivantes. VI, 866
— de la bibliothèque de Mme George Sand et de M. Maurice Sand. VII, 317
— de la bibliothèque de M. Charles Nodier. VI, 187
— de la bibliothèque de M. Ernest Renan. VI, 1038
— de la bibliothèque de M. N. Yemeniz. VII, 1180
— de la bibliothèque de M. Philippe Burty. I, 985
— de la bibliothèque de M. Van den Zande. VII, 959
— de la bibliothèque dramatique de feu le baron Taylor. VII, 771
— de la bibliothèque romantique de feu M. Ch. Asselineau. I, 131

Catalogue de la bibliothèque romantique de M. J. Noilly. VI, 433
— *de la bibliothèque théâtrale de M. Joseph de Filippi.* VII, 572
— *de la bibliothèque théâtrale de M. Léon Sapin.* VII, 573
— *de la collection de dessins et estampes..... de feu M. le baron Jérôme Pichon.* VI, 651
— *de la collection de faïences patriotiques dépendant de la succession de M. Champfleury.* II, 212
— *de la collection de pièces sur les beaux-arts.* III, 512
— *de la collection Gasnault.* III, 870
— *de la précieuse réunion de tableaux de l'École française provenant du cabinet de M. Barroilhet.* III, 917
— *de la vente après décès des tableaux et des études de Benjamin de Francesco.* III, 935
— *de lettres autographes et de documents historiques provenant de la collection de feu M. Eugène Piot.* VI, 684
— *de livres anciens et modernes... composant la bibliothèque de feu M. L. Derôme.* III, 185
— *de livres anciens et modernes... composant la bibliothèque de M. le baron T**** VII, 770

Catalogue de livres d'histoire, archéologie... formant la bibliothèque de feu M. Henri Martin. V, 567
— *de livres et manuscrits... provenant du Grenier de Charles Cousin.* II, 1057
— *de livres modernes et d'autographes provenant de la bibliothèque de M. Charles Monselet.* V, 1062
— *de livres provenant de la bibliothèque de M. L...* V, 233
— *de livres rares et précieux composant la bibliothèque de M. Hippolyte Destailleur.* III, 233
— *de livres rares et précieux et de dessins originaux provenant du cabinet de M. P**** VI, 788
— *de livres rares, la plupart reliés en maroquin ancien, provenant de la bibliothèque de M. le baron R. P***** VI, 790
— *de livres relatifs à l'histoire de France, provenant de la bibliothèque de M. de N**** IV, 860
— *de mes livres.* VII, 1179
— *de tableaux anciens, dessins... composant la collection de M. de La Beraudière.* VI, 645
— *de tableaux anciens et des marbres précieux*

dépendant de la collection de M. le comte d'Espagnac. III, 932
Catalogue de tableaux, aquarelles... offerts par tous les artistes à M. Anastasi. III, 937
— de tableaux, esquisses et études par M. Jollivet. III, 932
— de tableaux modernes dépendant de la collection du comte de *** III, 933
— de 34 aquarelles par Ziem. III, 931
— de vignettes de l'École française du XVIIIe siècle. VI, 789
— des actes de Philippe Auguste. III, 126
— des antiques érections des villes, cités, fleuves et fontaines assises ès trois Gaules. II, 776
— des aquarelles par J.-B. Jongkind. V, 580
— des autographes composant la collection Champfleury. II, 213
— des autographes et documents historiques composant le cabinet de feu M. le baron Jérôme Pichon. VI, 651
— des autographes précieux provenant de la bibliothèque de feu M. Jacques-Charles Brunet. I, 955
— des bronzes de Barye... composant la collection de M. Auguste Sichel. III, 1065
— des dessins, aquarelles et estampes de Gustave Doré. III, 286
Catalogue des dessins de la collection du Mis de Chennevières-Pointel. II, 359
— des dessins et aquarelles par Henry Monnier. V, 1022
— des dessins, tableaux, aquarelles... offerts par divers artistes à Henry Monnier. V, 1022
— des estampes & dessins, architecture théâtrale depuis l'antiquité jusqu'à nos jours... VII, 573
— des estampes gravées par Claude Gellée. V, 636
— des eaux-fortes... formant la collection Champfleury. II, 213
— des imprimés de la Bibliothèque de Reims (Le). VI, 403
— des incunables de la Bibliothèque de Toulouse. III, 192
— des incunables de la Bibliothèque Mazarine. V, 501
— des incunables de la Bibliothèque publique de Dijon. VI, 511
— des incunables des bibliothèques publiques de Lyon. VI, 512
— des incunables et des livres imprimés de MD à MDXX [Bibl. de Versailles]. VI, 512
— des lettres autographes et des documents historiques composant la collection théâtrale de M. Léon Sapin. VII, 574

Catalogue des livres anciens et modernes ayant fait partie de la bibliothèque de feu M. Louis Ulbach. VII, 917
— des livres anciens et modernes... composant la bibliothèque de feu M. F. Soleil. VII, 569
— des livres anciens et modernes composant la bibliothèque de feu M. Paulin Paris. VI, 411
— des livres anciens et modernes reliés en maroquin et de suites de dessins et de vignettes. VI, 788
— des livres composant la bibliothèque de feu M. Jean Kaulek. IV, 646
— des livres composant la bibliothèque de feu M. J.-F. Payen. VI, 440
— des livres composant la bibliothèque de feu M. Jules Taschereau. VII, 754
— des livres composant la bibliothèque de feu M. le baron James de Rothschild. VI, 657
— des livres composant la bibliothèque de feu M. Le Roux de Lincy. V, 234
— des livres composant la bibliothèque de feu M. L. J. S. E. marquis de Laborde. IV, 779
— des livres composant la bibliothèque de feu M. Théophile Gautier. III, 944
Catalogue des livres... composant la bibliothèque de M. C. Leber. V, 125
— des livres composant la bibliothèque de M. Ernest Feydeau. III, 700
— des livres composant la bibliothèque de M. Sainte-Beuve. VII, 155
— des livres composant la bibliothèque du bibliophile Jacob. IV, 861
— des livres composant la bibliothèque poétique de M. Viollet-Le Duc. VII, 1104
— des livres composant le fonds de librairie de feu M. Crozet. VI, 169
— des livres curieux, rares et précieux..... composant la bibliothèque de M. Ch. Nodier. VI, 187
— des livres de la bibliothèque d'un chanoine d'Autun, Claude Guilliaud. VI, 512
— des livres de la bibliothèque de feu M. Albert de La Fizelière. IV, 883
— des livres de la bibliothèque de feu M. Parison. I, 954
— des livres de Madame du Barry avec les prix à Versailles 1771. IV, 850
— des livres, des manuscrits et des autographes composant la bibliothèque de feu

M. Édouard Fournier. III, 789
Catalogue des livres, dessins et estampes de la Bibliothèque de feu M. J.-B. Huzard. V, 133
— *des livres et des manuscrits... composant la bibliothèque du bibliophile Jacob.* IV, 860
— *des livres et manuscrits composant la bibliothèque de M. Félix Solar.* III, 205
— *des livres grecs et latins imprimés par Alde Manuce à Venise.* VI, 274
— *des livres imprimés sur vélin de la Bibliothèque du Roi.* VII, 960
— *des livres imprimés sur vélin qui se trouvent dans les bibliothèques tant publiques que particulières.* VII, 961
— *des livres précieux composant la bibliothèque de M. Hilaire Grésy.* IV, 558
— *des livres provenant de la bibliothèque de feu M. Gabriel Peignot.* VI, 494
— *des livres rares de M. Ach. Genty.* II, 684
— *des livres rares et curieux composant la bibliothèque Champfleury.* II, 212
— *des livres rares et curieux... composant la bibliothèque de feu M. Grangier de la Marinière.* VI, 644

Catalogue des livres rares et curieux composant la bibliothèque de M. Sainte-Beuve. VII, 155
— *des livres rares et curieux en tous genres composant la bibliothèque de feu M. A. Rochebilière.* II, 444
— *des livres rares et précieux composant la bibliothèque de feu M. Jacques-Charles Brunet.* I, 954
— *des livres rares et précieux composant la bibliothèque de M. Jules Janin.* IV, 566
— *des livres rares et précieux de la bibliothèque de M. le comte de la B***.* IV, 734
— *des livres rares et précieux, des ouvrages sur les beaux-arts... composant la bibliothèque de feu M. Léon Curmer.* II, 1089
— *des livres rares et précieux, imprimés et manuscrits, composant la bibliothèque de M. le D*r* Desbarreaux-Bernard.* III, 192
— *des livres rares et précieux, imprimés et manuscrits, dessins et vignettes, composant la bibliothèque de feu M. le comte H. de la Bédoyère.* IV, 735
— *des livres rares et précieux, manuscrits et imprimés de la bibliothèque de M. le baron J. P*****.* VI, 647

Catalogue des livres rares et
    précieux et bien con-
    ditionnés du cabinet
    de M***.   I, 951
— des manuscrits celti-
    ques et basques de
    la Bibliothèque na-
    tionale.   VI, 271
— des manuscrits danois,
    islandais, norvégiens
    et suédois de la Bi-
    bliothèque nationale.
    VI, 269
— des manuscrits de la
    Bibliothèque muni-
    cipale de Caen.   V, 110
— des manuscrits des fonds
    Libri et Barrois.   III, 131
— des manuscrits grecs
    de Fontainebleau.
    VI, 270
— des manuscrits grecs
    de Guillaume Peli-
    cier.   VI, 268
— des manuscrits grecs
    de la bibliothèque de
    François Ier au châ-
    de Blois.   VI, 533
— des manuscrits grecs
    de la Bibliothèque
    royale de Bruxelles.
    VI, 267
— des manuscrits grecs
    des Bibliothèques de
    Suisse.   VI, 267
— des manuscrits grecs
    des Bibliothèques des
    Pays-Bas.   VI, 270
— des manuscrits grecs
    des Bibliothèques des
    villes hanséatiques.
    VI, 272
— des marbres, bronzes et
    terres cuites de Clé-
    singer.   III, 932, 935
— des monuments typo-
    graphiques et d'un
    choix de livres rares
    et précieux prove-
    nant du cabinet de
    feu M. Benjamin Fil-
    lon.   III, 718
Catalogue des objets antiques du
    Moyen-âge, de la Re-
    naissance, etc., dé-
    pendant de la suc-
    cession de M. le ba-
    ron Jérôme Pichon.
    VII, 651
— des objets d'art de
    la Renaissance, ta-
    bleaux composant la
    collection de feu M.
    Eugène Piot.   VI, 683
— des objets d'art... es-
    tampes, composant
    la collection de feu
    Benjamin Fillon.
    III, 718
— des objets d'art et d'a-
    meublement..... de
    la collection de M.
    Charles Jacque. V, 1056
— des objets de curiosité
    et d'ameublement...
    dépendant de la suc-
    cession de M. le ba-
    ron Jérôme Pichon.
    VI, 650
— des ouvrages, écrits et
    dessins de toute na-
    ture poursuivis, sup-
    primés ou condam-
    nés.   III, 297
— des ouvrages publiés
    par Louis Lacour.
    IV, 809
— des tableaux anciens et
    modernes... de la col-
    lection de M. le ba-
    ron P.   VI, 648
— des tableaux anciens,
    porcelaines de Sè-
    vres... provenant de
    feu M. le marquis de
    Montalto.   III, 936

Catalogue des tableaux, aquarelles, dessins... composant la collection de Théophile Gautier. III, 944
— *des tableaux, aquarelles... offerts par divers artistes à Henry Monnier.* II, 205
— *des tableaux composant la collection* C*** III, 937
— *des tableaux composant la collection Laurent-Richard.* VII, 508
— *des tableaux de l'École française, composant la collection de M. Boitelle.* III, 929
— *des tableaux de Lenain.* II, 192
— *des tableaux modernes de M. Edwards.* III, 935 ; IV, 560 ; VII, 108
— *descriptif des manuscrits de la Bibliothèque de Lille.* V, 169
— *descriptif des peintures, aquarelles... de J.-F. Millet.* V, 492
— *descriptif et analytique de l'œuvre gravé de Félicien Rops.* VI, 1164
— *détaillé, raisonné et anecdotique d'une jolie collection de livres rares... d'un homme de lettres bien connu.* V, 1062
— *du cabinet de feu M. J. Feuchère.* IV, 547
— *du cabinet des livres de Chantilly. Spécimen.* VI, 659
— *du Salon de la Rose†Croix.* VI, 509

Catalogue général de la librairie française. V, 394
— *général de la librairie française au XIXe siècle.* II, 374
— *général des manuscrits des bibliothèques publiques de France.* II, 128, 551
— *général des ouvrages édités par l'abbé Migne.* II, 837
— *illustré de l'exposition des arts incohérents.* II, 132
— *illustré de la collection des dessins... par J.-J. Grandville.* III, 1124
— *illustré des livres précieux manuscrits et imprimés faisant partie de la bibliothèque de M. Ambroise Firmin Didot.* III, 261
— *illustré des œuvres de Jean-François Raffaelli.* VI, 947
— *, par ordre alphabétique, des ouvrages imprimés de Gabriel Peignot.* V, 869
— *raisonné de l'œuvre de Claude Mellan d'Abbeville.* V, 1067
— *raisonné de l'œuvre gravé et lithographié de M. Alphonse Legros.* VI, 800
— *raisonné de l'œuvre, peint, dessiné et gravé d'Antoine Watteau.* III, 1057
— *raisonné de l'œuvre, peint, dessiné et gravé de P. P. Prud'hon.* III, 1057
— *raisonné de la bibliothèque elzévirienne.* I, 648

Chansonniers de Champagne aux XIIe et XIIIe siècles. II, 894
Chansons à dire. Histoires, contes et récits. VI, 14
— à rire. VII, 1176
— , ballades et rondeaux de J. de Lescurel. I, 654
— choisies [de G. Nadaud]. VI, 14
— complètes de P. Émile Debraux. III, 88
— complètes et poésies diverses de M. A. M. Désaugiers. III, 191
— d'autrefois (Les). II, 227
— d'hier et d'aujourd'hui. V, 795
— de bataille. IV, 596
— de Désaugiers. III, 191
— de France pour les petits Français. II, 228
— , de Frédéric Bérat. I, 419
— de Gaultier Garguille. I, 651
— de geste (Les). VI, 409
— de Gustave Nadaud. VI, 8, 10
— de Hégésippe Moreau. II, 330
— de l'année (Les). IV, 596
— de P. J. de Béranger. I, 397, 400, 402, 404, 407, 408, 417
— de Roger d'Andeli. I, 572
— de salon. I, 601 ; VI, 9
— de Thibault IV. II, 894
— des grues et des boas (Les). III, 978 ; IV, 336
— des rues et des bois (Les). I, 615, 731 ; IV, 333, 394, 406, 412, 423
— des rues sur le retour du roi Louis XV. VI, 688
— du Carrateyron (Les). II, 612
— du Chat noir. V, 443

Chansons du XVe siècle. I, 56
— du village (Les). III, 1103
— et danses des Bretons. VI, 874
— et poésies de Désaugiers. III, 191
— et poésies diverses. III, 189
— et poésies, par Clairville. II, 409
— et récits de mer. VI, 67
— et rondes enfantines. II, 228
— et saluts d'amour de Guillaume de Ferrières. VII, 891
— fin de siècle. VI, 286
— folastres et prologues. II, 602
— folles. VI, 16
— inédites, de P. J. de Béranger. I, 402
— joyeuses (Les). I, 881
— joyeuses du XIXe siècle. II, 612
— légères. I, 601
— modernes. V, 796
— morales et autres de P. J. de Béranger. I, 397
— nationales et populaires de la France. II, 229
— nouvellement composées sur plusieurs chants. I, 674
— nouvelles, par P. J. de Béranger. I, 400, 403, 408
— nouvelles [de G. Nadaud]. VI, 10
— nouvelles de M. de Piis. VI, 679
— par M. J. P. de Béranger. I, 398
— parisiennes. III, 226
— populaires de G. Nadaud. I, 601 ; VI, 10

Césara.	V, 794
Césarine.	III, 455 ; VI, 1125
— Dietrich.	VII, 277
Césette, histoire d'une paysanne.	VI, 803
Chaînes de l'esclavage (Les).	V, 502
Chair.	VII, 1000
— à plaisir.	II, 947
Chaire d'hébreu au Collège de France (La).	VI, 1014
— française au moyen âge (La).	V, 152
Chaleur (La).	I, 757
Chalon-sur-Saône pittoresque et démoli.	II, 393
Cham, sa vie et son œuvre.	II, 171 ; VI, 1104
Chambre bleue (La).	V, 737, 752
— des poisons (La).	IV, 828
Chambres comiques (Les).	III, 551
Chambrière (La).	VII, 612
— à louer à tout faire.	II, 875
Chamillac.	I, 50 ; III, 681
Champ d'oliviers (Le).	I, 513
Champavert. Contes immoraux.	I, 864
Champenois à travers les siècles (Les).	I, 579
Champfleury, sa vie, son œuvre et ses collections.	III, 614
Champs et la mer (Les).	I, 714, 924
Chancelier Maupeou et les Parlements (Le).	III, 720
Chancellor (Le).	VII, 1013
Chancre ou couvre-sein féminin (Le).	II, 664
Chandelier, comédie (Le).	V, 1256
Chandelle d'Arras, poëme (La).	III, 334
Chanoine enlevé par le diable (Le).	V, 111
Chanoinesse (La).	VII, 807
Chanson d'Antioche (La).	VI, 1188
— de Fortunio (La).	V, 1257
— de geste ancienne de Gérard de Rossillon.	I, 658 ; III, 995
Chanson de l'enfant (La).	I, 21
— de l'hiver (La).	VII, 942
— de la Bretagne (La).	V, 135
— de la croisade contre les Albigeois (La).	IV, 113
— de la figue (La).	II, 117 ; V, 969
— de la mer (La).	V, 519
— de Roland (La).	II, 222, 764
— depuis Béranger (La).	VI, 17
— des gueux (La).	VI, 1110
— des heures (La).	I, 746 ; VII, 509
— des joujoux (La).	IV, 596
— des nouveaux époux (La).	I, 14
— des roses (La).	V, 117
— des Saxons (La).	VI, 1186
— dite au dîner des Cinquante.	III, 869
— du chevalier au Cygne (La).	II, 900
— du colonel (La).	V, 858
— du printemps (La).	I, 120
— du vieux marin (La).	II, 458
— populaire (La).	VII, 1155
Chansonnier dédié aux dames et aux demoiselles pour l'an 1813.	II, 224
— des dames.	II, 224
— des gardes-nationaux.	II, 225
— du gastronome.	II, 225
— françois de Saint-Germain-des-Prés (Le).	I, 61
— historique du XVIIIe siècle.	II, 226
— huguenot du XVIe siècle (Le).	II, 227

TABLE DES OUVRAGES CITÉS

Catalogue raisonné de toutes les estampes qui forment l'œuvre d'Israël Silvestre. III, 648
— raisonné de toutes les estampes qui forment les œuvres gravés d'Estienne Ficquet, Pierre Savart... III, 649
— raisonné des livres de la bibliothèque de M. Ambroise Firmin Didot. III, 258
— sommaire d'un bon mobilier, objets d'art... (V. Hugo). IV, 440
Catalogues de livres et les bibliophiles contemporains (Les). IV, 853
— de vente et catalogues particuliers. II, 132
Catéchisme des gens mariés. II, 1084
— populaire républicain. V, 144
Catherine. VII, 339
— Blum. III, 402
— d'Overmeire. III, 698
— de Médicis expliquée. I, 219
— Howard, drame. III, 343
Catilina, drame. III, 380
Caucase. Voyage d'Alexandre Dumas (Le). III, 419
Cauchemar politique (Le). V, 432
Cauchemars. VI, 1128
Cause du peuple (La). VII, 235
Causerie sur l'Italie. III, 431
Causeries, par Al. Dumas. II, 720; III, 412
—, par E. About. I, 8, 9
— artistiques. V, 85
— d'un curieux. III, 687
— du dimanche. VII, 913
— du lundi. VII, 138

Causeries du lundi, portraits littéraires et portraits de femmes. Extraits. VII, 153
— du samedi. VI, 775
— et méditations historiques et littéraires. V, 449
— littéraires. VI, 775
— littéraires et morales sur quelques femmes célèbres. III, 203
— sur l'art et la curiosité. I, 846
— sur les artistes de mon temps. III, 977
— sur les femmes et les livres. V, 762
Causes gaies (Les). II, 917
Causeurs de la Révolution (Les). III, 303
Cavalier Miscrey (Le). IV, 75
Cazin, marchand-libraire rémois. I, 929
—, sa vie et ses éditions. I, 929
Cazzaria (La). V, 1236
C. Daubigny et son œuvre gravé. IV, 71
Ce brigand d'amour. II, 857
— qu'il y a dans une bouteille d'encre. IV, 628
— qu'on a dit de la fidélité et de l'infidélité. II, 733
— qu'on appelle la propriété littéraire est nuisible aux auteurs. II, 637
— qu'on apprenait aux foires de Troyes. I, 578
— qu'on n'ose pas dire. VII, 391
— qu'on voit dans les rues de Paris. I, 769; III, 770
— que c'est que l'exil. IV, 349
— que c'est qu'une parisienne. II, 729
— que l'on dit pendant une contredanse. VI, 41
— que l'on voit tous les jours. III, 463

Ce qui ne meurt pas. I, 306, 712
— *qui plaît aux femmes.* VI, 767
— *qui plaît aux hommes.* V, 640
Ceci n'est pas un livre. III, 543
Cécile ou les passions. II, 276
— , *par Al. Dumas.* III, 363
— , *par Eugène Sue.* VII, 676
Ceinture dorée. I, 144
Célèbre Cadet-Bitard (Le). VII, 531
Célébrités contemporaines. Auguste Vacquerie. VII, 916
— *contemporaines. Paul Meurice.* VII, 916
— *de la rue (Les).* VII, 1181
— *européennes.* II, 140
Célestine, tragi-comédie (La). II, 753 ; VI, 1172
Célibataires (Les). I, 198
Celle-ci et celle-là. II, 544, 635 ; III, 914
Celui de la Croix-aux-Bœufs. I, 717
Cendres de Napoléon (Les). II, 176
Cendrillon et les fées. VI, 549
— *ou la petite pantoufle de verre.* VI, 549
Censure sous le premier Empire (La). VII, 1160
Cent chefs-d'œuvre des collections françaises et étrangères. VII, 1170
— *chefs-d'œuvre des collections parisiennes.* VII, 1171
— *-cinq rondeaulx d'amour.* II, 151
— *contes drolatiques (Les).* I, 187
— *dessins de Watteau gravés par Boucher.* V, 493
— *-dix lettres grecques de François Filelfe.* VI, 864
— *-et-un Robert Macaire (Les).* I, 31 ; VI, 572
— *-et-un sonnets (Les).* IV, 201
— *-et-une (Les). Lettres bibliographiques à M. l'administrateur général de la Bibliothèque nationale.* IV, 833
Cent-et-une nouvelles des Cent-et-un (Les). II, 151
— *modèles inédits de l'orfèvrerie française des XVII⁰ et XVIII⁰ siècles.* I, 885
— *nouvelles nouvelles de Louis XI (Les).* I, 648, 668 ; II, 152 ; V, 414, 415
— *proverbes.* III, 1123
— *-quarante-cinq rondeaux d'amours.* II, 152
— *-quatre-vingt-six contes pour les enfants.* I, 780
— *Robert Macaire (Les).* VI, 573
— *têtes sous un bonnet.* I, 317
101⁰ régiment (Le). VI, 211
Centenaire (Le). I, 174
— *de Casimir Delavigne (Le).* V, 170
— *de l'École des langues orientales vivantes.* VI, 869
— *de Lamartine (Le).* II, 987
Céramique italienne (La). V, 662
— *italienne au XV⁰ siècle (La).* I, 765
— *japonaise (La).* I, 138
Cercle hippique de Mézières-en-Brenne (Le). VII, 313
— *ou la Société à la mode (Le).* II, 331
Cercles de Paris (Les). VII, 1182
Cérémonies des gages de bataille. II, 467
— *faites aux emmurées.* I, 561
Certains. IV, 474
Cerveau de Paris (Le). II, 218
Ces coquins d'agents de change. I, 6
— *pauvres petits.* I, 782
Césaire. Révélation. III, 1170
César Borgia, sa vie, sa captivité, sa mort. VII, 1188
— *Cascabel.* VII, 1017

Chansons populaires de l'Ain.	III, 1165	*Chansons du siècle.*	VI, 69
— *populaires de l'Alsace.*	V, 326	— *du soldat.*	I, 49 ; II, 686 ; III, 185
— *populaires des provinces de France.*	II, 247	— *et chansons de la Bohême.*	II, 233
— *pour elle.*	VII, 997	— *et chansons de Pierre Dupont.*	III, 516
— *sans gêne.*	VII, 1175	— *et chansons [par Em. Morisset].*	V, 1152
— *sur la Régence.*	II, 682	— *et chansons populaires de la France.*	II, 234
Chant arabe.	V, 1066	— *et chansons populaires des provinces de l'Ouest.*	II, 247
— *de mort du chêne (Le).*	V, 1069	— *et chansons populaires du printemps et de l'été.*	VII, 1155
— *de Virgile.*	V, 865	— *et traditions populaires des Annamites (Les).*	II, 537
— *du fou (Le).*	V, 1159	— *historiques et populaires du temps de Charles VII.*	VII, 892
— *du sacre (Le).*	I, 735 ; IV, 960	— *modernes (Les).*	III, 306
— *et poésie.*	II, 310	— *oraux du peuple russe (Les).*	V, 868
— *français sur les désastres d'Ipsara.*	VII, 171	— *populaires de l'Italie.*	II, 144
— *héroïque.*	I, 400	— *populaires de la Grèce.*	V, 868
Chante-Pleure.	VI, 804	— *populaires de la Grèce moderne.*	III, 650
Chantier, poésies nouvelles (Le).	VII, 287	— *populaires de la Provence.*	I, 80
Chantres de l'adultère (Les).	V, 1026	— *populaires des Roumains de Serbie.*	VI, 659
Chants agrestes.	V, 865	*Chauvallon.*	V, 1051
— *civils et religieux.*	I, 313	*Chapeaux de Castor (Les).*	I, 484
— *d'amour et poésies diverses.*	I, 936	*Chapelle-Musique des rois de France.*	II, 126
— *d'un montagnard.*	VII, 294	*Chapitre des accidents (Le).*	I, 34
— *d'un oiseau de passage (Les).*	III, 321	— *inédit d'histoire littéraire et bibliographique. Xavier de Maistre.*	V, 468
— *d'un prisonnier (Les).*	III, 592	*Char, opéra-comique (Le).*	III, 51
— *de divers pays.*	I, 509 ; V, 424	*Charenton au XVIIe siècle*	V, 573
— *de l'armée française (Les).*	IV, 643	*Charge (La).*	II, 259
— *de l'aube (Les).*	VI, 1104		
— *de Maldoror (Les).*	V, 102		
— *des vaincus (Les).*	II, 460		
— *du Capitole.*	V, 124		
— *du crépuscule (Les).*	I, 616, 731 ; IV, 286, 377, 384, 393, 406, 411, 421, 435		
— *du passé.*	III, 1088		

Charge ou les Folies Contemporaines (La). II, 252
Charges et bustes de Dantan jeune. VII, 1110
Chariot d'enfant, drame (Le). V, 771
Charité (La). IV, 290
— *privée à Paris (La).* III, 314, 315
Charivari (Le). II, 260
Charlatans célèbres (Les). III, 1082
Charlemagne. VII, 1023
— *et l'Empire carolingien.* V, 567
— *, poëme héroïque.* V, 865
Charles - Augustin de Sainte - Beuve. IV, 41
— *Baudelaire, sa vie et son œuvre.* I, 129
— *Blanc et son œuvre.* I, 810
— *Chaplin et son œuvre.* V, 594
— *d'Albret ou l'écuyer du Connétable de Bourbon.* VI, 762
— *Demailly.* III, 1042
— *II et l'amant espagnol.* VI, 1005
— *XII à la Narva.* III, 105
— *-Etienne Gaucher.* I, 393 ; VI, 785
— *le Brun et les arts sous Louis XIV.* IV, 588
— *le Téméraire.* II, 720 ; III, 412
— *le Téméraire ou Anne de Geierstein.* VII, 449, 453, 455
— *Monselet, sa vie, son œuvre.* V, 1027
— *Nodier. Épisodes et souvenirs de sa vie.* V, 690
— *Quint, son abdication.* V, 854
— *Schefer, membre de l'Institut.* VII, 417
— *sept à Jumiege.* III, 1182

Charles VII chez ses grands vassaux. III, 339
— *III ou l'inquisition.* III, 578
— *Varlet de la Grange et son registre.* IV, 935
Charlet. II, 480
— *et son œuvre.* III, 87
— *, sa vie, ses lettres.* IV, 794
Charlot s'amuse. I, 859
Charlotte Corday. III, 592
— *Corday, drame en cinq actes.* VI, 1005
— *Corday et Fualdès.* V, 80
— *Corday et Madame Roland.* II, 460
— *Corday, tragédie.* VI, 765 ; VII, 180
— *de Corday et les Girondins.* VII, 970
Charme dangereux. VII, 806
Charmettes (Les). Jean-Jacques Rousseau et Mme de Warens. IV, 195
Charmeuses (Les). I, 738 ; V, 201
Charrette. I, 425
Chartes des libertés anglaises. II, 908
Chartreuse de Parme (La). I, 458, 462
Chasse à courre, notes et croquis (La). II, 1066
— *à tir, notes et croquis (La).* II, 1065
— *au chastre (La).* II, 546
— *au chastre, fantaisie (La).* III, 388
— *au lion (La).* III, 971
— *au mouflon (La).* I, 425
— *au roman (La).* I, 142, 622 ; VII, 344
— *au succès (La).* V, 1023
— *au tir, poëme (La).* II, 276
— *aux mouches d'or (La).* I, 747 ; VII, 598
— *aux nègres, souvenirs de voyage.* IV, 761

Chasse du cerf des cerfs (*La*). II, 873	*Chateau d'Eu illustré* (*Le*). VII, 973
— *du cerf en rime françoise* (*La*). II, 276	— *d'Issy* (*Le*). II, 725
— *du lievre* (*La*). IV, 2	— *de Chambord* (*Le*). V, 72
— *du loup* (*La*). V, 150	— *de Chantilly pendant la Révolution* (*Le*). VII, 585
— *du loup nécessaire à la maison rustique* (*La*). II, 16, 410	— *de Clagny et Madame de Montespan* (*Le*). I, 855
— *du loup, poëme* (*La*). IV, 2	
— *et l'amour* (*La*). III, 335	— *de Crécy et Madame de Pompadour* (*Le*). VI, 1006
— *et la pêche* (*La*). II, 384	
— , *poeme* (*La*). VI, 550	— *de Kermaria* (*Le*). II, 713
— , *poëme en deux chants*. II, 384	— *de la Malmaison* (*Le*). V, 255
— *royale composée par le Roy Charles IX* (*La*). II, 261	— *de la Pétaudière* (*Le*). I, 780
— , *son histoire et sa législation* (*La*). IV, 617	— *de Montsabrey* (*Le*). VII, 347
Châsse de saint Cormoran (*La*). I, 851	— *de Saint-Cloud, son incendie en 1870* (*Le*). VII, 932
Chassé-croisé d'amour, opéra-bouffe. VII, 523	— *de Vaux-le-Vicomte* (*Le*). III, 810
*Chasses de François I*er (*Les*). IV, 879	— *de Versailles au temps de Marie-Antoinette* (*Le*). VI, 208
— *exceptionnelles*. IV, 171	— *de Versailles, histoire et description* (*Le*). III, 546
Chasseur à la bécasse (*Le*). VI, 756	
— *au chien courant* (*Le*). I, 819	— *de Walstein* (*Le*). VII, 615
— *aux filets*. I, 819	— *des Carpathes* (*Le*). VII, 1018
— *bibliographe* (*Le*). II, 277	— *des Désertes* (*Le*). VII, 243, 313
— *conteur* (*Le*). I, 819	— *des Pyrénées* (*Le*). VII, 617
— *de sauvagine* (*Le*). II, 722 ; III, 416	— *du Bois de Boulogne dit Chateau de Madrid* (*Le*). IV, 776
— *rustique* (*Le*). IV, 170	
Chasseurs (*Les*). III, 1186	— *fortifié* (*Le*). I, 572
— *de girafes* (*Les*). I, 782	— *périlleux* (*Le*). VII, 449, 454
Chassomanie, poëme (*La*). III, 238	*Chateaubriand*. III, 1121
Chastel d'amors. VI, 536	— *et son groupe littéraire sous l'Empire*. VII, 141
Chat de grand'mère (*Le*). II, 943	
— *du bord, histoire maritime* (*Le*). V, 211	
— *noir* (*Le*). II, 311	
Chateau à Toto (*Le*). V, 647	
— *d'Eppstein* (*Le*). II, 724 ; III, 362	— *et son temps*. V, 506

Tome VIII

Chateaubriand illustré. II, 302
— , *sa vie publique, ses œuvres.* VII, 938
Chateaux de mon enfance (Les). IV, 479
— *en France (Les).* III, 1083
— *et ruines historiques de France.* V, 116
— *historiques de la France (Les).* III, 625 ; VI, 552
Châtiment (Le). V, 680
Chatiments (Les). I, 616, 731 ; IV, 311, 405, 412, 421
Chats (Les). II, 199
— , *extraits de pièces rares et curieuses (Les).* II, 613
Chatterton. I, 751 ; VII, 1061
Chattes et renards. II, 949
Chauffeurs (Les). II, 712
Chaumière incendiée (La). II, 970
— *indienne (La).* II, 332, 793 ; VII, 79
V. aussi *Paul et Virginie.*
Chauve-souris de sentiment (La). II, 614
Chauves-Souris (Les). V, 1106
Chauvin romantique. II, 319
Chef-d'œuvre de papa Schmeltz. II, 149
— *inconnu (Le).* I, 207
— *poétique de Robert Angot (Le).* I, 569
Chef des odeurs suaves (Le). V, 1107
Chefs-d'œuvre antiques. II, 332
— *d'art au Luxembourg (Les).* II, 321
— *de Crébillon.* VI, 154
— *de Desportes (Les).* III, 231
— *de Diderot.* II, 745
— *de l'Art au XIXe siècle (Les).* III, 1075
— *de la littérature française.* II, 339

Chefs-d'œuvre de la peinture italienne (Les). V, 490
— *de P. Corneille.* II, 423, 779, 1012 ; VI, 153
— *de Regnard.* II, 534
— *de Thomas Corneille.* II, 423
— *des arts industriels.* I, 981
— *des théâtres étrangers.* VI, 162
— *dramatiques de Voltaire.* II, 430, 436 ; VI, 154
— *du théâtre espagnol.* V, 392
— *inconnus (Les).* II, 335
— *littéraires de Buffon.* II, 341
— *poétiques des dames françaises.* II, 346
— *du roman contemporain (Les).* II, 347
Chemin de fer (Le). Ballade. VII, 592
— *de France (Le).* VII, 1017
— *de la croix, poème (Le).* V, 143
— *de Rome, s'il vous plaît (Le).* III, 120
— *de traverse (Le).* IV, 531
— *des bois (Le).* I, 748 ; VII, 785
— *des écoliers (Le) par J. de Prémaray.* II, 546
— *des écoliers (Le). Promenade de Paris à Marly-le-Roi* VII, 175
— *des étoiles (Le).* VII, 518
— *du rire, poésies (Le).* V, 543
— *faisant, poésies.* V, 94
— *le plus court (Le).* IV, 627
— *perdu.* V, 201
Cheminée de Madame de la Poupelinière (La). II, 36
Chemins de fer (Les). I, 758
Chemises rouges (Les). V, 1029
Chêne (Le). L'Immortalité. IV, 1064

Chercheurs d'amour (Les).	I, 918	Chez grand'mère.	I, 778
Chercheuse d'esprit (La).	II, 326	— les passants.	VII, 1093
Chérie.	I, 730 ; III, 1063	— Victor Hugo.	II, 393
Cheval bleu (Le).	VI, 804	Chic à cheval (Le).	VII, 950
Chevalerie (La).	III, 880	Chien après les moines (Le).	II, 614
— Ogier de Danemarche (La).	VI, 1187	— -Caillou.	II, 177
Chevalier Beau-Temps (Le).	V, 216	— courant, poëme (Le).	VI, 428
— d'Aï (Le).	I, 387	— et chat.	I, 777
— d'Harmental (Le).	III, 355	— perdu et la femme fusillée (Le).	IV, 200
— de Corny (Le).	VI, 216	Chiens d'arrêt (Les).	II, 28
— de Chaville (Le).	IV, 829	— de chasse (Les).	IV, 740
— de Clermont (Le).	V, 1011	— de chasse (Les). Récits d'automne.	VI, 774
— de Maison-Rouge (Le).	III, 373	— et les chats d'Eugène Lambert (Les).	II, 379
— de Saint-Georges (Le).	I, 372	Chiffonnier de Paris, drame (Le).	VI, 872
— de Saint-Pons (Le).	V, 1190	Chih louh Kouoh Kiang yuh tchi. Histoire géographique des seize royaumes.	VI, 863
— de Sapinaud (Le).	I, 494	Chimère.	V, 1168
— déliberé (Le).	II, 890	— (La).	II, 381
— des Touches (Le).	I, 303, 583, 711 ; II, 700	Chimères, par Alfred Delvau (Les).	III, 146
— Dorat et les poètes légers au XVIIIe siècle (Le).	III, 221	— , par Albert Mérat (Les).	V, 692
— du cœur saignant (Le).	III, 310	Chine familière et galante (La).	I, 81
— noir (Le).	IV, 885	— ouverte (La).	III, 757
— sans cheval (Le).	III, 584	Chinois pendant une période de 4.458 années.	II, 319
— Trumeau (Le).	VI, 307	Chirurgien du Roi s'amuse (Le).	IV, 278
Chevaliers de l'esprit (Les).	V, 791, 794	Chirurgiens (Les).	III, 830
— de Malte et la marine de Philippe II (Les).	IV, 622	Chœurs d'Ulysse.	VI, 766
Chevauchée d'Yeldis (La).	VII, 1045	Choix d'oraisons funèbres de Fléchier, Mascaron, Massillon, Bourdaloue et La Rue.	II, 424
Cheveu blanc (Le).	III, 675	— d'ouvrages mystiques.	VI, 321
— du diable (Le).	I, 442	— de cartes et de mappemondes des XIVe et XVe siècles.	VI, 991
— du diable (Le). Voyage fantastique au Japon.	II, 22, 855	— de chansons mises en musique par M. de Laborde.	IV, 757
Cheveux de la Reine (Les).	II, 715		
Chevilles de maître Claude Michu (Les).	V, 850		
Chèvre jaune (La).	V, 1320		
Chevrier (Le).	I, 725 ; III, 631		

Choix de chroniques et mémoires sur l'histoire de France. VI, 352
— *de contes de Ch. Nodier.* I, 620
— *de documents inédits sur l'histoire de la Ligue en Bretagne.* I, 504
— *de farces, sorties & moralités des XVᵉ et XVIᵉ siècles.* II, 614
— *de lettres morales de Mesdames de Sévigné, Grignan, Maintenon et Simiane.* VII, 487
— *de Mazarinades.* IV, 127
— *de monuments primitifs de l'église chrétienne.* VI, 320
— *de moralistes français.* VI, 328
— *de pièces désopilantes dédié aux Pantagruélistes.* II, 614
— *de pièces inédites relatives au règne de Charles VI.* IV, 118
— *de poésies contemporaines.* VI, 106
— *de poésies de P. de Ronsard.* VI, 1191
— *de testamens anciens et modernes.* VI, 475
— *des historiens grecs.* VI, 347
— *des petits traités de morale de Nicole.* I, 788
— *des poésies de Ronsard, Dubellay...* VI, 53
— *des poésies originales des troubadours.* VI, 961
— *des traités de morale chrétienne de Duguet.* I, 786
Chouchette. VI, 823
Chorea ab eximio macabri versibus alemanicis edita. III, 6
Choses du nord et du midi. V, 1094
— *vues.* IV, 368, 402

Chouans (Les). I, 179
Chrestomathie persane. VI, 858
Chrétien Legouais et autres traducteurs ou imitateurs d'Ovide. VI, 400
Christ au Vatican (Le). IV, 327
Christianisme et la Révolution française (Le). VI, 907
Christine à Fontainebleau, drame. VII, 603
—, *roi de Suède.* V, 1319
Christophe Colomb, par A. de Lamartine. IV, 1008
— *Colomb par le Cᵗᵉ Roselly de Lorgues.* VI, 1195
— *Colomb, par le Mⁱˢ de Belloy.* I, 388
— *Colomb, découverte de l'Amérique.* VI, 237
— *Colomb, son origine, sa vie, ses voyages, sa famille & ses descendants.* IV, 33 ; VI, 987
— *Plantin, imprimeur anversois.* VI, 1192
Chronique Arétine. II, 616
— *bordeloise.* I, 536
— *d'Arthur de Richemont.* IV, 119
— *d'Enguerran de Monstrelet (La).* IV, 117
— *d'Ernoul et de Bernard le Trésorier.* IV, 112
— *d'Étienne de Cruseau.* I, 536
— *de Bertrand Du Guesclin.* II, 554
— *de Bretagne.* I, 504
— *de Charles VII.* I, 648
— *de Chypre.* VI, 856
— *de Gargantua (La).* II, 3
— *de J. de Lalain.* II, 516
— *de Jean de Stavelot.* II, 513

Chronique de Jean Le Fèvre.
　　　　　　　　　IV, 119
— *de la conquête de Constantinople.*
　　　　　　　　　II, 515
— *de la maison de Beaujeu.* II, 775
— *de la prise de Constantinople par les Francs.* II, 514
— *de la Pucelle.* I, 669
— *de la Régence.* I, 316
— *de Mathieu d'Escouchy.* IV, 120
— *de Moldavie depuis le milieu du XIVe siècle.* VI, 852
— *de Ramon Montaner.*
　　　　　　　　　II, 515
— *de Robert de Thorigni.* IV, 132
— *des ducs de Bourgogne.* II, 516
— *des ducs de Normandie.* II, 549
— *des événements les plus remarquables arrivés à Bruxelles de 1780 à 1827.*
　　　　　　　　　II, 801
— *des marionnettes (La).*
　　　　　　　　　II, 399
— *des quatre premiers Valois.* IV, 116
— *dite de Nestor.* VI, 859
— *du Bec et Chronique de François Carré.* IV, 135
— *du bon duc Loys de Bourbon (La).* IV, 118
— *du Mont-Saint-Michel.* I, 58
— *du Parlement de Bordeaux.* I, 536
— *du règne de Charles IX.* I, 41
— *du religieux de Saint-Denys.* II, 553

Chronique du siège de Paris 1870-1871. VII, 1165
— *du temps de Charles IX.* V, 706
— *en vers de Jean van Heelu.* II, 513
— *et geste de Jean des Preis dit d'Outremeuse.* II, 512
— *latine de Guillaume de Nangis.* IV, 116
— *métrique de Godefroy de Paris.* II, 515
— *normande de Pierre Cochon.* IV, 132
— *normande du XIVe siècle.* IV, 116
— *rimée de Philippe Mouskes.* II, 511
— *scandaleuse, par E. Vermersch (La).*
　　　　　　　　　VII, 1009
— *scandaleuse publiée par Octave Uzanne (La).* III, 279

Chroniques contemporaines.
　　　　　　　　　VII, 1103
— *, contes et légendes.*
　　　　　　　　　I, 389
— *d'Amaldi et de Strambaldi.* II, 548
— *d'Enguerrand de Monstrelet.* II, 515
— *de Brabant et de Flandre.* II, 508
— *de France.* VII, 760
— *de France. Isabel de Bavière.* III, 344
— *de France. La Comtesse de Salisbury.*
　　　　　　　　　III, 348
— *de Jean d'Auton.*
　　　　　　　　　IV, 576
— *de Jean Froissart (Les).* II, 515 ; III, 837 ; IV, 117 ; VI, 351
— *de la Canongate (Les).* VII, 449, 453

Chroniques de Louis XII.	IV, 122
— *de Saint-Martial de Limoges.*	IV, 111
— *des Comtes d'Anjou.*	IV, 110
— *des ducs de Brabant.*	II, 509
— *des églises d'Anjou.*	IV, 111
— *des petits théâtres de Paris.*	I, 922
— *des religieux des Dunes.*	II, 508
— *des Tuileries et du Luxembourg.*	VII, 869
— *du château de Coucy. Thomas de Marle.*	V, 154
— *du château de Gironville.*	II, 399
— *du Palais-Royal (Les).*	VII, 26
— *et légendes.*	IV, 654
— *et légendes des rues de Paris.*	III, 783
— *et traditions surnaturelles de la Flandre.*	I, 441, 442
— *étrangères relatives aux expéditions françaises pendant le XIIIe siècle.*	VI, 351
— *françaises de Jacques Goular.*	III, 1071
— *impériales.*	I, 318
— *italiennes.*	I, 464
— *parisiennes.*	VII, 148
— *pittoresques et critiques de l'Œil de Bœuf.*	VII, 869
— *relatives à l'histoire de la Belgique sous la domination des ducs de Bourgogne.*	II, 508
— *rimées.*	V, 101

Chroniques secrètes et galantes de l'Opéra.	VII, 870
— *Siennoises.*	III, 272
Chroniqueurs de l'histoire de France (Les).	VII, 1168
Chronographia regum Francorum.	IV, 116
Chronologie moliéresque.	V, 962
Chrysis ou la cérémonie matinale.	V, 420
Chute d'un ange (La).	I, 735 ; IV, 980, 1049, 1052, 1061, 1066
— *de l'Empire. Histoire des deux Restaurations.*	VII, 978
— *de miss Topsy (La).*	II, 758
— *de Satan (La).*	V, 497
— *en chute (De).*	I, 836
Cicatrice, comédie (La).	V, 584
Cicéron.	IV, 1017
— *et ses amis.*	I, 835
Ciel et l'Enfer, féerie (Le).	IV, 319
—, *notions d'astronomie (Le).*	III, 1164
—, *rue et foyer.*	VI, 1104
Cigale (La).	II, 401
—, *comédie (La).*	V, 655
Cigarette, comédie (La).	V, 656
Cigarettes, poésies (Les).	V, 437
Cigognes, légende rhénane (Les).	III, 55
Ciguë (La).	I, 139, 140
Cimetière d'Ivry ou le cadavre (Le).	VI, 795
Cinq anniversaires de Molière.	IV, 86
— *ballades.*	VII, 1033
— *cents millions de la Bégum (Les).*	VII, 1014
— *cordes du luth (Les).*	VII, 592
— *doigts de Birouk (Les).*	VII, 915
5 et 6 juin 1832 (Le).	V, 1136
— *livres de Rabelais (Les).*	I, 604, 628
— *Mars.*	I, 622, 750 ; VII, 1053, 1070, 1072

*Cinq mois au Caire et dans la
 Basse-Égypte.* II, 204
— *octaves de sonnets.* VI, 781
— *semaines en ballon.* VII, 1010
— *sous d'Isaac Laquedem
 (Les).* III, 996
Cinquante ans de vie littéraire.
 IV, 886
*Cinquantenaire belge 1830-1880.
 Poésies de Victor Hugo.* IV, 362
Circé. IV, 557
*Ci sensieût un trettie de mora-
lite qui sappelle le temple
donnour.* II, 890
[*Circulaires politiques d'Edgar
 Quinet à ses électeurs.*] VI, 914
Cirque Franconi (Le). II, 402
Citadelle lyonnoise (La). I, 545
Citateur (Le). VI, 671
Cité antique (La). III, 842
— *des hommes (La).* III, 334
Citrons de Javotte (Les). II, 616
Civilisateur (Le). IV, 995
Civilisateurs et conquérants.
 IV, 1020
*Civilisation au cinquième siè-
 cle (La).* VI, 296
— *chrétienne chez les
 Francs (La).* VI, 297
— *des Arabes (La).* V, 134
Civilisations de l'Inde (Les). V, 134
*Civilité en images et en action
 (La).* VII, 398
— *puérile (La).* II, 586
— *puérile et honnête ex-
 pliquée par l'oncle
 Eugène.* II, 402
Clair de lune. II, 859 ; V, 609
Claire d'Albe. II, 1036
— *Stévart.* II, 716
Clarisse Harlowe. IV, 542
Classiques de la table (Les). II, 437
— *en miniature.* II, 431
— *français ou biblio-
 thèque portative
 de l'amateur.* II, 421
Claude et Marianne. V, 1197

Claude Gelée (dit le Lorrain).
 III, 181
— *Gueux.* IV, 283, 399,
 416, 426
— *Lorrain.* I, 688
Claudie, drame. VII, 242, 315, 316
Claudine. III, 4
Claudius Bombarnac. VII, 1018
Clavijo. II, 323
Clé d'or (La). III, 680
— *de Metella (La).* V, 642
— *du Caveau (La).* II, 43
Clef d'amour (La). II, 447
— *des trente-six ballades
 joyeuses.* I, 273
Clémence Hervé. II, 739
— *(La). Ouvrage qui a
 remporté le prix de
 poésie.* VII, 170
*Clément le Turc, roman anec-
 dotique.* II, 450
— *Marot à Genève.* V, 1137
— *XIV et Carlo Berti-
 nazzi. Correspon-
 dance inédite.* V, 89
Cléopâtre, drame. VII, 383
— *, reine d'Égypte.* II, 737 ;
 VII, 14
— *, tragédie.* VII, 630
*Cléopolis, description et éloge
 de Paris.* IV, 796
Clercs du Palais (Les). III, 629
— *vagabonds à Paris et
 dans l'Ile-de-France
 (Les).* IV, 141
Clients d'un vieux poirier (Les).
 VI, 237
Cloche du Rhin (La). V, 1113
*Clocher de Saint-Marc, poème
 (Le).* V, 160
*Cloches de Saint-Jean de Lyon
 (Les).* II, 872
— *, poëme (Les).* VI, 738
Cloître Saint-Méry (Le). VI, 1100
Clos des fées (Le). VII, 1035
Closerie des genêts, drame (La).
 VII, 624
— *des lilas (La).* VI, 829
Clotilde de Lusignan. I, 173

Clotilde, drame.	VII, 604
Clou au couvent (Le).	IV, 16
— d'or, la Pendule (Le).	II, 503
Clouet et Corneille de Lyon (Les).	II, 475
Clovis Gosselin.	IV, 640
Coblenz et Quiberon. Souvenir du comte de Contades.	II, 934
Cochin (Les).	II, 482
Cochon (Le).	IV, 204
— de Saint Antoine (Le).	II, 730 ; IV, 224
— mitré (Le).	II, 452
Cocodès par une Cocotte (Les).	II, 453
Cocottes de mon grand-père (Les).	III, 152
— et petits crevés.	VI, 638
Cocquebins.	VII, 899
Cocu (Le).	IV, 714, 719
— en herbe et en gerbe (Le).	II, 626
Cocue imaginaire (La).	II, 846
Code civil dévoilé (Le).	II, 923
— de la chasse.	VI, 949
— de la cravate.	II, 453
— des amans, ou l'art de faire une connaissance honnête.	V, 4
— des boudoirs.	II, 453
— des gens honnêtes.	I, 178
— du commis-voyageur.	I 181 ; II, 453
Codex dunensis.	II, 508
Cœur (Le).	II, 218
— de Paris, revue (Le).	V, 584
— double.	VII, 432
— en peine.	VI, 504
— et le monde (Le).	V, 421
Cœurs russes.	VII, 1126
— vaillants.	VI, 45
Coffret d'ébène (Le).	II, 717
— de santal (Le).	II, 622, 1071
Coin du feu (Le).	I, 158
Col d'Anterne (Le).	VII, 856
Colère d'un franc-tireur (La).	V, 670
— de Jésus (La).	V, 15
Colères.	VI, 759
Colifichets, jeux de rimes.	VI, 759
Colin Tampon.	V, 220
Collage (Le).	I, 31 ; II, 755
Collection Auguste Dutuit.	III, 547
— Basilewsky. Catalogue raisonné précédé d'un essai sur les arts industriels du Ier au XVIe siècle.	III, 20
— -Bijou.	II, 493
— Calmann Lévy.	II, 497
— choisie.	II, 505
— Cimber et Danjou.	II, 534
— complète des pamphlets et opuscules littéraires de P. L. Courier.	II, 1041
— d'opuscules dauphinois.	II, 870
— d'opuscules en vers et prose.	II, 873
— de chroniques belges inédites.	II, 507
— de contes et chansons populaires.	II, 536
— de costumes dessinés d'après nature par C. Vernet.	II, 538
— de documents inédits sur l'histoire de France.	II, 547
— de documents pour servir à l'histoire de l'ancien théâtre français.	II, 577
— de documents rares ou inédits relatifs à l'histoire de Paris.	II, 573
— de documents relatifs à l'histoire de Paris pendant la Révolution française.	II, 576
— de matériaux pour	

l'histoire de la Révolution de France. III, 209
Collection de mémoires et documents sur la Révolution française. II, 817
— de mémoires relatifs à l'histoire de Belgique. II, 794
— de mémoires relatifs à la Révolution d'Angleterre. II, 831
— de mémoires sur l'art dramatique. II, 833
— de petits classiques françois. II, 879
— de pièces fugitives pour servir à l'histoire de France. II, 882
— de poésies, romans, chroniques. II, 884
— de portraits des Français célèbres. II, 900
— de reproductions de manuscrits. VI, 273
— de textes pour servir à l'étude et à l'enseignement de l'histoire. II, 905
— des anciennes descriptions de Paris. II, 471
— des anciens monumens de l'histoire et de la langue françoise. II, 463
— des artistes célèbres. II, 474
— des auteurs latins. II, 484
— des bibliophiles lyonnais. II, 490
— des Cent-quinze. I, 542
— des chroniques nationales françaises. II, 514

Collection des Classiques français. II, 516, 519
— des classiques français du Prince impérial. II, 529
— des classiques françois. II, 522
— des curiosités historiques et littéraires. II, 1085
— des empreintes de sceaux des Archives de l'Empire. (La). IV, 778
— des grands et petits voyages. I, 954
— des livrets des anciennes expositions depuis 1673 jusqu'en 1800. II, 771
— des meilleures dissertations, notices et traités particuliers, relatifs à l'histoire de France. II, 776
— des meilleurs ouvrages de la langue françoise dédiée aux dames. II, 786
— des meilleurs ouvrages de la langue françoise dédiée aux amateurs de l'art typographique. II, 777
— des meilleurs romans françois dédiée aux dames. II, 789
— des mémoires historiques des dames françaises. II, 793
— des mémoires relatifs à l'histoire de France (Guizot). II, 801
— des mémoires relatifs à l'histoire de France (Petitot). II, 803

TABLE DES OUVRAGES CITÉS

Collection des mémoires relatifs à la Révolution française. II, 818
— des moralistes. II, 866
— des moralistes anciens. II, 868
— des opuscules lyonnais. II, 871
— des poètes champenois. II, 893
— des poètes français du moyen âge. II, 897
— des romans de chevalerie. II, 901
— des romans grecs. II, 902
— des tableaux anciens et modernes de Son Exc. Khalil-Bey. III, 930
— des uniformes des armées françaises. II, 909
— des vases grecs de M. le comte de Lamberg. IV, 746
— des voyages des souverains des Pays-Bas. II, 508
— Desoer. II, 539
— Diamant. II, 543
— du Bibliophile français. II, 487
— Eugène Piot. Antiquités. VI, 683
— Gay. II, 593
— générale des documents français qui se trouvent en Angleterre. III, 139
— Genty. II, 682
— Guillaume. II, 685
— Hetzel. II, 707
— intégrale et universelle des orateurs sacrés. II, 843
— internationale de la tradition. II, 742
— Jannet-Picard. II, 743
— J. Sieurin. Suites de vignettes pour illustrations. VII, 499
Collection Kistemaeckers. II, 755
— Lahure. II, 758
— Lemaire (Classiques latins). II, 760
— Lemerre. II, 763
— Lemerre illustrée. II, 769
— lyonnaise. II, 774
— méridionale. II, 835
— Migne. II, 837
— moliéresque. II, 845
— Monnier et de Brunhoff. II, 854
— Sauvageot, dessinée et gravée à l'eau-forte. VII, 394
— Walferdin et ses Fragonard (La). VI, 786
Collectionneurs de l'ancienne France (Les). I, 845
— de l'ancienne Rome (Les). I, 845
Collections d'antiquités de Fulvio Orsini (Les). VI, 203
— de Bastard d'Estang à la Bibliothèque nationale. III, 130
— des Médicis au XVe siècle (Les). I, 688
— et collectionneurs. III, 613
— Spitzer. Les émaux peints. VI, 782
Collier (Le). V, 477
— de la Reine (Le). III, 386
— de perles (Le). IV, 654
Colloques (Les). III, 583
Colomba. I, 618 ; II, 734 ; V, 719, 752
Colombes et couleuvres. I, 374
Colombine et Clément Marot (La). IV, 34
Colombo de France et d'Italie (Les). IV, 31

Colonel Chabert (Le).   I, 199, 237 ;
                        II, 498
— Ramollot (Le).   V, 234
Colonne (La).   V, 596
— française et le vrai pa-
    triote (Le).   IV, 242
— Trajane (La),   III, 834
— Trajane au Musée de
    Saint-Germain (La).
                        I, 766
Colosses anciens et modernes
    (Les).   I, 759
Combat de la fabrique Bergon-
    nier (Le).   III, 635
— des rats et des grenouil-
    les (Le).   VI, 706
— des trente Bretons con-
    tre trente Anglois (Le).
                        II, 464
Comédie à cheval (La). II, 450
— à la Cour (La).   IV, 614
— à la Cour de Louis XVI
    (La).   IV, 608
— à la fenêtre (La).   IV, 188
— après Molière et le
    théâtre de Dancourt.
                        V, 182
— au boudoir (La).   VI, 717
— au coin du feu (La).
                        IV, 210
— de J. de La Bruyère
    (La).   III, 785
— de l'apôtre (La).   II, 209
— de la mort (La).   I, 727 ;
                        III, 894
— de Molière, l'auteur et
    le milieu (La).   V, 61
— de notre temps (La).
                        I, 438, 439
— de seigne Peyre et sei-
    gne Ioan.   II, 877
— de société au XVIIIe
    siècle (La).   III, 303
— des animaux (La).   V, 775
— des jouets (La).   V, 197
— du jour sous la Répu-
    blique Athénienne
    (La).   V, 859

Comédie en France au XVIIIe
    siècle (La).   V, 207
— enfantine (La).   VI, 956
— espagnole du XVIIe
    siècle (La).   V, 1147
— et la galanterie au
    XVIIIe siècle (La).
                        IV, 611
— et les mœurs en France
    au moyen âge (La).
                        VI, 559
— française (La).   IV, 207
— française pendant les
    deux sièges (La).
                        VII, 820
— française racontée par
    un témoin de ses
    fautes (La).   I, 267
— humaine (La). I, 239, 246
— satirique au XVIIIe
    siècle (La).   III, 221
— scandaleuse (La). VII, 291
Comédien (Le).   V, 874
Comédienne (La).   IV, 208
Comédiennes d'autrefois (Les).
                        II, 730
— de Molière (Les).
                        IV, 266
Comédiens, comédie en cinq
    actes et en vers
    (Les).   III, 106
— de province (Les).
                        II, 179
— du Roi, de la troupe
    française (Les).
                        II, 36
— du Roi, de la troupe
    française pendant
    les deux derniers
    siècles (Les). IV, 139
— du Roi, de la troupe
    italienne (Les). II, 36
— en France au moyen
    âge (Les).   VI, 559
— et comédiennes.
                        VII, 357
— hors la loi (Les). V, 603
— par un comédien
    (Les).   V, 875

Comédiens sans le savoir (Les). IV, 210	*Comment on devient mage.* VI, 308
— sans le savoir (Les). Dédié à M. le comte Jules de Castellane. I, 225	— on s'aime lorsqu'on ne s'aime plus. III, 1101
Comédies. II, 20	— on se débarrasse d'une maîtresse. II, 545
— bourgeoises. II, 735	— on se marie. II, 729
— de Pierre de Larivey (Les). I, 653	— on vient et comment on s'en va. II, 729
— de salon. V, 583	— se fait une pièce de théâtre. III, 290
— de Térence. I, 694, 706	*Commentaire géographique sur l'exode et les nombres.* IV, 763
— de Th. de Banville. I, 275, 710	*Commentaires d'un soldat (Les).* V, 912
— en vers. III, 288	— de Bernardino de Mendoça sur les événements de la guerre des Pays-Bas. II, 796
— et proverbes. I, 619, 742 ; V, 1248	
— et proverbes [par M. de St-Rémy]. V, 1154	
— et proverbes recueillis... par E. Rasetti. V, 1016	— de César, revue (Les). V, 582
— sociales et scènes dialoguées. VII, 689	— de Napoléon Ier. VI, 33
Comic Almanack (Le). II, 921	— et lettres de Blaise de Monluc. IV, 124
Comité des travaux historiques et scientifiques (Le). II, 552	— sur les meilleurs ouvrages de la langue françoise. VI, 185
Commandement de Dieu et du dyable (Les). II, 922	
Commandeur de Malte (Le). VII, 679	*Commis et demoiselles de magasin.* VI, 638
Comme il vous plaira. VII, 257, 315, 316	— et la grande dame (Le). V, 421
— on dîne à Paris. I, 78	*Commission de la Correspondance de Napoléon Ier. Rapport à Sa Majesté.* VI, 31
— on dîne partout. I, 78	
Commencements d'une conquête (Les). L'Algérie de 1830 à 1840. VI, 1228	*Commune de Paris (La).* VII, 237
	Compagnon du tour de France (Le). VII, 214, 310, 312
Comment furent écrites par Rodolphe Darzens les Nuits à Paris. III, 27	*Compagnons de Jéhu (Les).* II, 720 ; III, 411
— la trouves-tu ?, comédie-vaudeville. III, 465	— du silence (Les). II, 726
— les patois furent détruits en France. VI, 117	*Compatriotes (Les).* V, 1012
— on devenait patron. III, 829	*Complainte de la grosse cloche de Troyes en Champagne (La).* VI, 741
— on devient fée. VI, 508	

Complainte de la veuve Colnet.	II, 175
— sur la mort de François Luneau dit Michaud.	VII, 220
Complaintes (Les).	IV, 934
Complément aux Fleurs du mal.	I, 344
— de l'Encyclopédie moderne.	III, 576
Complet! monocoquelogue.	VI, 1120
Compliment à Molière (Le).	III, 1004
— poissard composé par Piron.	VI, 478
Composition décorative (La).	I, 664
Compte-rendu d'un habitué de réunions publiques non politiques.	III, 278
— du livre de M. Armand sur les médailleurs italiens des XVᵉ et XVIᵉ siècles.	III, 717
Compter sans son hôte.	I, 934
Comptes amoureux.	II, 633
— d'un budget parisien.	III, 278
— de dépenses de la construction du château de Gaillon.	II, 553
— de l'argenterie des Rois de France au XIVᵉ siècle.	IV, 115
— de l'hôtel des Rois de France aux XIVᵉ et XVᵉ siècles.	IV, 115
— des bâtiments du Roi (Les).	IV, 97, 779
— des bâtiments du Roi sous le règne de Louis XIV.	II, 553
— du monde aventureux (Les).	I, 631
— fantastiques d'Haussmann.	III, 664
Comptes rendus des échevins de Rouen.	IV, 136
Comte d'Orsay (Le). Physiologie d'un roi de la mode.	II, 940
— de Cavour (Le).	V, 633
— de Caylus d'après sa correspondance (Le).	VI, 76
— de Clermont et sa cour (Le).	I, 488
— de Clermont (Le), sa cour et ses maîtresses.	I, 486
— de Foix (Le).	VII, 625
— de Gisors (Le).	VI, 1226
— de Landevès (Le).	II, 714
— de Lavernie (Le).	V, 497
— de Monte-Christo (Le).	III, 365
— de Morcerf, drame (Le).	III, 367
— de Raousset-Boulbon, sa vie et ses aventures (Les).	IV, 948
— de Sallenauve (Le).	I, 234
— de Toulouse (Le).	VII, 605
— de Vermandois (Le).	IV, 841
— Hermann, drame (Le).	III, 385
— Kostia (Le).	II, 369
— Rœderer (Le).	VII, 139
Comtesse, comédie (La).	II, 618
— d'Albany (La).	VII, 99
— d'Egmont (La).	II, 731 ; IV, 548
— d'Escarbagnas.	V, 961
— de Bruges (La).	VI, 216
— de Chalis (La).	III, 699
— de Charny (La).	III, 397
— de Choiseul-Praslin (La).	IV, 829
— de Lavallette et l'hôtel de la rue de La Rochefoucauld (La).	IV, 480
— de Mouriou. La Lionne. Julie (La).	VII, 623
— de Ponthieu (La).	II, 927

TABLE DES OUVRAGES CITÉS

Comtesse de Rochefort et ses
    amis (La).   V, 376
— de Rudolstadt (La).
         VII, 220, 313
— de Verrue et la Cour
    de Victor-Amédée II
    de Savoie (La).   V, 223
—   Hortensia (La).   V, 708
—   Romani (La).   III, 479
—   Sarah (La).   VI, 258
Conciles et synodes dans leurs
    rapports avec le tradition-
    nisme.   II, 743
Concours pour la composition
    d'un poème destiné
    au concours musi-
    cal de la Ville de
    Paris.   VI, 1127
— pour le prix décerné
    à la meilleure com-
    position en vers
    français sur Joseph-
    Marie Jacquard.   V, 19
Concubins (Les).   II, 858 ; V, 196
Confédérés vérolés (Les).   II, 618
Conférence des fauconniers.   II, 17
— entre Luther et le
    Diable (La).   II, 589
Conférences aux femmes chré-
    tiennes.   III, 501
— d'Angleterre.   VI, 1024
— de Notre-Dame de
    Paris.   IV, 796,
         801, 802
— de Toulouse.   IV, 801
— du R. P. Lacor-
    daire prêchées à
    Lyon et à Gre-
    noble.   IV, 797
— par Stéphane Mal-
    larmé.   V, 475
— parisiennes.   V, 172
Confession (La).   IV, 521
— d'un amant (La).
         VI, 824
— d'un enfant du siè-
    cle (La).   I, 619, 743 ;
         V, 1241

Confession d'un lion devenu
    vieux.   IV, 38
— d'une jeune fille (La).
         VII, 273
— de Claude (La).
         VII, 1195
— de Marie-Antoinette
    à M. de Talley-
    rand-Périgord.   II, 618
— de Nazarille (La).
         VI, 288
— de Sainte-Beuve.   VI, 68
— générale.   VII, 611
— générale d'Audinot
    (La).   II, 1083
— posthume (La).   V, 516
Confessions d'un ouvrier.   VII, 637
— de Jean-Jacques Bou-
    chard.   I, 879
— de J.-J. Rousseau
    (Les).   I, 604 ;
     VI, 1210 ; VII, 287
— de l'abbesse de Chel-
    les (Les).   V, 252
— de Marion Delorme
    (Les).   V, 876
— de saint Augustin.
         I, 150
— du comte de *** (Les).
         II, 337
— , notes autobiogra-
    phiques.   VII, 1000
— poétiques.   III, 294
— , souvenirs d'un de-
    mi-siècle (Les).
         IV, 209
Confidences (Les).   I, 736 ; IV, 991
— à propos de ma bi-
    bliothèque.   II, 416
— d'un prestidigita-
    teur.   VI, 1146
— de La Mennais.
         IV, 1094
— de Mlle Mars.   I, 369
Confiteor. Poésies.   VI, 263
Congo (Le).   II, 26
Congrès de Vérone, Guerre d'Es-
    pagne...   II, 289

Congrès de Vienne.	VII, 829
— des femmes (Le).	I, 484
— des Sociétés savantes. Discours prononcés à la séance générale du Congrès...	VI, 1034
— littéraire international. Discours de Victor Hugo.	IV, 357
Conjuration d'Ambroise (La).	I, 894
— des Espagnols contre la République de Venise.	VII, 96
— du comte de Fiesque.	II, 881
Connaissances nécessaires à un bibliophile.	VI, 1229
Connétable de Chester (Le).	VII, 453
Conque (La).	II, 927
Conqueste de Constantinople (De la).	IV, 113
Conquête d'Alger (La).	VI, 1227
— de Constantinople (La).	II, 769
— de Jerusalem (La).	II, 899
— de l'Algérie (La).	VI, 1228
— de Plassans (La).	VII, 1203
Conscience.	III, 393
—, drame (La).	III, 401
Conseil municipal de Paris peint par lui-même (Le).	II, 864
Conseiller d'État (Le).	VII, 606
— du bibliophile (Le).	II, 929
— du peuple (Le).	IV, 993
— Krespel (Le).	VI, 705
— rapporteur (Le).	III, 112
Conseils à une amie.	II, 331
— aux voyageurs archéologues en Grèce.	I, 766
— du Roi sous Louis XIV.	I, 835
Conservateur littéraire (Le).	II, 929
Considérations d'estat sur le traicté de la paix avec les sérénissimes archiducs d'Austriche.	II, 799
Considérations historiques et artistiques sur les monnaies de France.	III, 712
— philosophiques sur l'art.	VI, 905
— politiques et militaires sur la Suisse.	VI, 35
— sur la France.	V, 459
— sur la Révolution française et sur Napoléon Ier.	VI, 83
— sur le gouvernement des Pays-Bas.	II, 795
— sur les causes de la grandeur des Romains.	I, 628 ; II, 427, 782 ; V, 1097
— sur les principaux événements de la Révolution française.	VII, 654
Consolation et espérance.	IV, 655
Consolations (Les).	I, 745 ; VII, 118
Conspiration des poudres (La).	III, 141
— des quarante (La).	VII, 543
Conscrit (Le).	II, 928
Constance Verrier.	VII, 266
Constant Troyon.	II, 479
Constantinople, par Ed. de Amicis.	I, 40
—, par Théophile Gautier.	III, 915
— et la mer Noire.	V, 773
—, Smyrne et Athènes.	III, 613
Constituants (Les).	IV, 1006
Constitution de l'hôtel du Roule (La).	II, 618
Constitutions de la Rose† Croix ; Le Temple et le Graal.	VI, 510

Construction d'une Notre-Dame au XIIIe siècle. I, 578
Consuelo. VII, 217, 313
Consultation grammaticale sur le mot marchandise. VI, 137
Consultations du docteur Noir (Les). I, 750 ; VII, 1058, 1071, 1072
Contagion (La). I, 146
Conte d'avril, comédie. III, 285
— de l'archer (Le). II, 758
— de la rose (Le). V, 446
— Point du lendemain, notice bibliographique (Le). III, 179
— prouvençau e li cascareleto (Li). VI, 1206
Contemplations (Les). I, 616, 731 ; IV, 320, 393, 406, 412, 422
Contemporaine aux nombreux lecteurs de ses Mémoires (La). VII, 11
— en Egypte (La). VII, 11
Contemporaines ou aventures des plus jolies femmes de l'âge présent (Les). II, 752 ; VI, 1058
—, recueil de chansons inédites pour 1825 (Les). II, 941
Contemporains, par Eugène de Mirecourt (Les). V, 878
—, par F. Champsaur (Les). II, 215
— chantés par eux-mêmes (Les). V, 304
— de Molière (Les). III, 772
—, études et portraits littéraires (Les). V, 182

Contes à faire peur. II, 741
— à la brune. VII, 528
— à la Comtesse. VII, 519
— à la paresseuse. II, 856
— à ma sœur. V, 1141
— à Madame. VI, 218
— à mon perroquet. VI, 24
— à Ninon. I, 624 ; VII, 1195
— à nos jeunes amis. IV, 651
— à rire et aventures plaisantes ou récréations françaises. II, 942
— albanais. II, 536
— allemands. I, 782
— allemands du temps passé. II, 941
— anglais. I, 782
— arabes. II, 537
— audacieux. II, 530
— aux étoiles. II, 942
— bleus. IV, 784
— bourgeois. I, 279
— brabançons. III, 95
— bruns. II, 943
— célèbres de la littérature anglaise. II, 944
— chinois. VI, 1130
— choisis de Alphonse Daudet. I, 583, 612
— choisis de Charles Nodier. VI, 183
— choisis (La Fontaine et l'histoire). III, 50
— choisis, par Andersen. I, 781
— choisis, par Champfleury. II, 211, 713
— choisis, par C. Mendès. I, 617
— choisis, par Guy de Maupassant. I, 511 ; V, 616, 623
— choisis, par les frères Grimm. I, 782
— contadins. IV, 948
— cruels. VII, 1091
— d'Andersen. I, 62

Contes d'animaux dans les romans du Renard (Les).
II, 742
— d'automne. II, 183
— d'Espagne et d'Italie. I, 742 ; V, 1238
— d'été. II, 182
— d'Hamilton. II, 327, 425, 786 ; IV, 21
— d'un buveur de bière. III, 236
— d'un coureur des bois. II, 379
— d'un vieil enfant. III, 686
— d'une grand'mère. VII, 279
— d'une vieille fille à ses neveux. III, 989
— danois. I, 62
— de Augustin-Paradis de Moncrif. II, 957
— de Boccace. I, 824
— de bonne humeur. II, 205, 208
— de bord. II, 1002
— de Boufflers. II, 420
— de Bretagne. III, 689
— de Charles Nodier. VI, 123
— de Charles Perrault (Les). II, 750
— de Charles Pinot Duclos. II, 956
— de derrière les fagots. VII, 520
— de fées (Les). V, 222
— de fées en prose et en vers (Les). VI, 548
— de fées [par Mme Le Lasseur]. V, 178
— de fées, par Perrault. I, 781
— de Figaro. II, 856
— de Gil Blas. II, 944
— de Godard d'Aucour. II, 956
— de Hégésippe Moreau. II, 330
— de J. Cazotte. II, 955
— de l'abbé de Colibri (Les). II, 27

Contes de l'abbé de La Marre. IV, 1087
— de l'abbé de Voisenon. II, 957
— de l'atelier (Les). V, 598
— de la bécasse. V, 609
— de la famille, par Eug. de Mirecourt (Les). V, 899
— de la famille par Edouard Ourliac (Les). VI, 291
— de La Fontaine. I, 597 ; II, 433, 521 ; IV, 913, 919
— de la forêt. I, 622 ; VII, 801
— de la mer et des grèves. II, 40
— de la Méridienne. IV, 809
— de la montagne. III, 586
— de la veillée. VI, 126
— de la vie de tous les jours. VII, 800
— de la vie intime. VII, 802
— de ma campagne (Les). II, 379
— de ma mère (Les). I, 440
— de ma mère l'Oye (Les). III, 236
— de M. le baron de Besenval. II, 954
— de Noël, par Charles Dickens (Les). III, 248
— de Noël, par F. Coppée (Les). II, 990
— de nos pères (Les). III, 690
— de Paris et de Provence. I, 82
— de Perrault (Les). I, 602, 682 ; VI, 539, 542, 545
— de Pogge (Les). I, 636 ; VI, 751
— de printemps. II, 181
— de Restif de la Bretonne. II, 957
— de Robert mon oncle. I, 923
— de Saint-Lambert. II, 339
— de Saint-Santin. II, 360, 361, 362, 363
— de Samuel Bach (Les). III, 662

Tome VIII 5

Contes de tante Judith (Les). VI, 236
— *de tous pays.* II, 267
— *de Vasselier.* II, 579
— *de Voisenon.* II, 593
— *des fées, par Charles Perrault.* VI, 538, 542, 545
— *des fées (Les) de Mme d'Aulnoy.* I, 638
— *des fées, par R. de Bonnières.* I, 860
— *des grands mères.* V, 537
— *désopilants.* VII, 538
— *dialogués de Crebillon fils.* II, 955
— *divertissants.* VII, 536
— *domestiques.* II, 181
— *drolatiques (Les).* I, 190
— *du bibliophile Jacob à ses enfants.* IV, 815
— *du bibliophile Jacob à ses petits-enfants.* IV, 816
— *du Bocage.* VI, 289
— *du chalet (Les).* IV, 552
— *du chanoine Schmid.* VII, 423
— *du chat noir.* VII, 179
— *du chevalier de Boufflers.* II, 954
— *du chevalier de La Morlière.* II, 956
— *du docteur Sam.* I, 443
— *du gay scavoir (Les).* II, 945
— *du jour et de la nuit.* V, 615
— *du lundi.* I, 722 ; III, 41
— *du Palais (Les).* II, 946
— *du petit chateau.* V 439
— *du temps passé.* VI, 541
— *en prose.* I, 720 ; II, 977
— *en prose et en vers.* VI, 177
— *en vers.* I, 719
— *en vers érotico-philosophiques.* I, 359
— *en vers et chansons.* IV, 715
— *en vers et poésies diverses.* II, 977
— *en vers et satires.* II, 430
— *en vers extraits des manuscrits du révérend Père Grisbourdon.* II, 1028

Contes en vers imités du Moyen de parvenir. I, 434
— *et apologues.* VI, 1131
— *et discours d'Eutrapel.* II, 961
— *épiques.* V, 671, 678
— *et études. Bêtes et gens.* II, 738 ; VII, 290, 658
— *et facéties d'Arlotto (Les).* I, 630
— *et facéties.* VI, 58
— *et fantaisies.* IV, 162
— *et histoires pour les enfants.* V, 1206
— *et légendes.* V, 98
— *et légendes de Basse-Bretagne.* I, 508
— *et nouvelles de La Fontaine.* I, 671, 699 ; II, 425, 747, 951, 958 ; IV, 914, 923
— *et nouvelles, par Al. Dumas fils.* III, 462
— *et nouvelles, par G. de Maupassant.* I, 617
— *et nouvelles [par Jules Janin].* IV, 564
— *et nouvelles [par Méry].* V, 772
— *et nouvelles en vers par Grécourt.* II, 951
— *et nouvelles en vers par Grécourt, Saint-Lambert, etc.* II, 959
— *et nouvelles en vers par Voltaire.* II, 950
— *et nouvelles en vers par Voltaire, Vergier, etc.* II, 959
— *et poèmes de la Grèce moderne* V, 747
— *et poésies de La Chaussée.* II, 337
— *et poésies de Prosper Jourdan.* IV, 590
— *et récits.* III, 42
— *et récits en prose.* II, 981

Contes et romans de l'Égypte. II, 537
— extra-galants. V, 250
— fantastiques de Hoffmann. I, 596 ; IV, 157, 160
— fantastiques par Charles Nodier. VI, 125
— fantastiques et contes littéraires. IV, 527
— féeriques. I, 276
— flamands et wallons. V, 195
— français II, 537
— franc-comtois. I, 884
— gaillards et nouvelles parisiennes. II, 947
— grassouillets. VII, 515
— guépins. II, 949
— héroïques. I, 278
— hilarants. VII, 537
— incongrus et fantaisies galantes. VII, 521
— indiens. II, 537
— inédits d'Edgar Poe. VI, 737
— inédits de J.-B. Rousseau. VI, 1207
— invraisemblables. VI, 69
— juifs. VII, 2
— ligures, traditions de la Rivière. II, 538
— macabres. VI, 18
— merveilleux. I, 781
— misanthropiques. I, 442
— moralisés de Nicole Bozon (Les). I, 61
— mythologiques. V, 118
— nocturnes. IV, 161
— noirs (Les). VI, 680
— non estampillés. IV, 554
— normands. II, 356
— nouveaux [par A. de Nerciat]. VI, 49
— nouveaux. IV, 528
— nouveaux et nouvelles en vers. II, 618 ; VI, 314
— orientaux dans la littérature française du moyen age (Les). VI, 398
— , ornés d'un portrait de l'invalide à la tête de bois. V, 1166

Contes ou les nouvelles recréations et joyeux devis de Bonaventure Despériers. III, 230
— pantagruéliques et galants. VII, 516
— , par Alfred de Musset. V, 1266
— , par Champfleury. II, 180
— , par Ernest Prarond. VI, 806
— , par L. Ackermann. I, 13
— parisiens en vers. I, 882
— percherons. II, 365
— physiologiques. III, 204
— populaires berbères. II, 537
— populaires de Basse-Bretagne. V, 327
— populaires de l'Allemagne. III, 1139 ; V, 1205
— populaires de l'Égypte ancienne (Les). V, 324
— populaires de l'île de Corse (Les). V, 326
— populaires de la Gascogne. V, 327
— populaires des provençaux de l'Antiquité et du Moyen-âge. II, 537
— populaires du Poitou (Les). II, 538
— populaires malgaches. II, 538
— posthumes d'Hoffmann. IV, 159
— pour les enfants. I, 62
— pour les femmes. I, 276
— pour les femmes. Eaux-fortes et illustrations par Hanriot de Solar. IV, 208
— pour les grandes personnes IV, 81
— pour les grands et les petits enfants. II, 724

Contes pour les jeunes et les vieux.	VII, 799
— pour les jours de pluie.	VII, 289
— pour les soirs d'hiver.	VII, 803
—, proverbe, scène et récits en vers.	VI, 11
— rapides.	I, 721 ; II, 986
—, récits et scènes en vers.	VI, 12
— rémois (Les).	I, 592 ; II, 385
— russes.	II, 949
— salés.	VII, 532
— salés. Illustrations de J. Roy.	II, 860
— sceptiques et philosophiques.	VI, 290
— secrets russes.	II, 949
— tourangeaux (Les).	II, 950
— vieux et nouveaux.	II, 181
Conteur moraliste (Le).	II, 950
Conteurs du XVIIIᵉ siècle.	II, 950
— français.	II, 958
— français (Les).	II, 960
— ouvriers (Les).	VII, 289
Continuateurs de Loret (Les).	V, 397
Contrat de mariage de Marie Touchet (Le).	VI, 535
Contre l'oisiveté.	VII, 645
— la musique.	V, 32
— la peine de mort.	IV, 968
— les médisants de la France.	VII, 1096
Contrée merveilleuse. Voyage dans l'Arizona et le Nouveau Mexique (La).	II, 1064
Contributions au Folklore de la Belgique.	II, 743
Controverse à propos du feu grégeois.	IV, 943
Convalescence du vieux conteur.	IV, 818
Conventionnels (Les).	IV, 143
Conversation, poëme (La).	III, 124
Conversations littéraires et morales.	VI, 1133
Conversations religieuses de Napoléon.	VI, 29
Conversion d'un romantique (La).	III, 137 ; IV, 573
— de Monsieur Gervais (La).	VI, 558
Convictions (Les).	III, 308
Convoi d'Isabeau de Bavière (Le).	VI, 1066
Convulsions de Paris (Les).	III, 313
Copiste, comédie (Le).	V, 639
Coq aux cheveux d'or (Le).	VII, 332
Coquelicot, opéra-comique	VII, 512
Cora.	VII, 312
Corbeau (Le).	VI, 738
Corbeille d'or (La).	I, 72
— de fruits (La).	V, 479
— de roses (La).	II, 1002
Corde au cou, comédie (La).	III, 979
Corinne ou l'Italie.	VII, 651
Corisande de Mauléon ou le Béarn au XVᵉ siècle.	VII, 189
Cornaro, tyran pas doux, parodie.	IV, 285
Corneille Agrippa, sa vie et ses œuvres.	VI, 832
— à la butte Saint-Roch.	III, 782
— et la poétique d'Aristote.	V, 184
— et ses contemporains.	VII, 99
— et son temps.	III, 1172
— inconnu.	V, 304
Corneilles, roman (Les).	VI, 1197
Cornes du faune (Les).	VI, 960
Corona di Cazzi (La).	II, 620
Corot.	II, 482
—, souvenirs intimes.	III, 497
Corporations ouvrières de Paris du XIIᵉ au XVIIIᵉ siècle (Les).	III, 827
Corps humain (Le).	I, 759
— sans âme.	IV, 810
Correctionnelle (La).	II, 1025
Correspondance administrative	

sous le règne de
Louis XIV. II, 554
Correspondance complète de la
Marquise du Def-
fand avec ses amis.
III, 326
— complète de Mme Du
Deffand avec la du-
chesse de Choiseul.
III, 327
— complète de Madame,
duchesse d'Orléans.
VI, 280
— d'Edgar Quinet. VI, 913
— de Béranger. I, 416
— de C. A. Sainte-Beuve.
VII, 148
— de Fénelon. III, 659
— [de George Sand].
VII, 286
— de Gustave Flaubert.
III, 735
— de H. de Balzac. I, 236
— de Henri d'Escou-
bleau de Sourdis.
II, 554
— de Henri Regnault.
VI, 998
— de J. H. Bernardin
de Saint-Pierre. VII, 81
— [de Jules Janin]. IV, 564
— de l'empereur Maxi-
milien Ier et de Marguerite d'Autriche.
IV, 122
— de Lamartine. IV, 1023
— de Louis Veuillot.
VII, 1026
— de Mme de Pompadour avec son père.
VI, 760
— de Madame, duchesse
d'Orléans. VI, 281
— de Madame Elisabeth
de France. III, 568
— de M. de Rémusat
pendant les pre-
mières années de

la Restauration.
VI, 1009
Correspondance de Napoléon
Bonaparte avec le
comte Carnot. VI, 25
— de Napoléon Ier. VI, 30
— de Peiresc avec plu-
sieurs missionnai-
res et religieux de
l'ordre des Capu-
cins. VI, 495
— de P. J. Proudhon.
VI, 841
— de Sainte-Beuve avec
Hermann Reuchlin.
VII, 149
— [de Victor Hugo]. IV, 373
— de Victor Jacquemont.
IV, 511
— 1847-1892 [de E. Re-
nan et M. Berthe-
lot]. VI, 1036
— des directeurs de l'A-
cadémie de France
à Rome avec les
Surintendants des
bâtiments du Roi.
III, 98
— des Saulx-Tavannes.
VII, 393
— du cardinal de Gran-
velle. II, 510
— du Mis et de la M^{ise}
de Raigecourt. VII, 564
— du R. P. Lacordaire.
IV, 798
— entre Boileau-Des-
préaux et Bros-
sette. I, 832 ; IV, 550
— entre Gœthe et Schil-
ler. VII, 422
— et documents inédits
relatifs à... quinze
jours en Hollande.
VII, 1000
— générale de Carnot.
II, 572

Correspondance inédite de Buffon. III, 1115
— inédite de Charles Nodier. VI, 146
— inédite de Collé. II, 462
— inédite de Grimm et de Diderot. III, 1137
— inédite de Henri Heine. IV, 58
— inédite de Henri IV. IV, 67
— inédite de la comtesse de Sabran et du chevalier de Boufflers. VII, 1
— inédite de Mme Campan avec la reine Hortense. II, 33
— inédite de Mme Du Deffand. III, 326
— inédite de Mallet du Pan avec la Cour de Vienne. V, 478
— inédite de Marie-Antoinette. V, 520
— inédite de Maurice Quentin de la Tour. IV, 104 ; V, 97
— inédite de Stendhal. I, 466
— inédite de Victor Jacquemont. IV, 513
— inédite du comte de Caylus avec le P. Paciaudi. II, 141
— inédite du P. Lacordaire. IV, 799
— inédite entre Lamennais et le baron de Vitrolles. IV, 1094
— inédite officielle et confidentielle de Napoléon Bonaparte. VI, 25
— intime de l'armée d'Egypte. I, 763
— intime du comte de Vaudreuil et du comte d'Artois. VII, 977
Correspondance littéraire inédite de Louis Racine avec René Chevaye. VI, 944
— littéraire, philosophique et critique par Grimm, Diderot... II, 1026 ; III, 1137, 1138
— politique de MM. de Castillon et de Marillac. IV, 500
— politique de Odet de Selve. IV, 501
— secrète du comte de Mercy-Argenteau avec l'Empereur Joseph II. II, 572
— secrète entre Marie-Thérèse et le Cte de Mercy-Argenteau. V, 521
Correspondants d'Alde Manuce (Les). VI, 207
— de Michel-Ange (Les). I, 687
Corricolo (Le). III, 356
Corridor du puits de l'Ermite (Le). II, 395
Corsaire (Le). Lara. II, 690
Corsaires barbaresques et la marine de Soliman le Grand (Les). IV, 621
Corset à travers les âges (Le). V, 211
Cortège historique (Le). I, 18
Corte-Real et leurs voyages au Nouveau-Monde (Les). IV, 33 ; VI, 985
Coryphée des salons (Le). II, 1077
Cosaques d'autrefois (Les). V, 736
— , souvenirs de Sébastopol (Les). VII, 850
Cosima ou la haine dans l'amour. VII, 213, 315
Cosmographie, d'Éthicus. I, 695
— . moscovite. I, 785
Cosmopolis. I, 908

Cosmopolite (Le).	II, 620	Cotillon (Le).	IV, 780
Costal l'indien ou le dragon de la Reine.	VII, 298	— II.	II, 44
		— III.	IV, 52
Costume au moyen-age d'après les sceaux (Le).	III, 163	Cotillons célèbres (Les).	III, 845
		Coucaratcha (La).	VII, 673
— de guerre et d'apparat d'après les sceaux du moyen-âge (Le).		Couleuvres (Les).	VII, 1026
	III, 163	Coulisses de l'Opéra (Les).	VI, 1195
— en France (Le).	I, 665	Coup d'œil rétrospectif sur la vente Bignon.	VI, 439
— historique (Le).	VI, 945	— d'œil sur les almanachs illustrés du XVIIIᵉ siècle.	VII, 400
Costumes anciens et modernes.	VII, 985		
—, de l'Opéra.	II, 1030	— d'œil sur Rouen.	VI, 40
— de la Comédie française.	II, 1028	— d'ongle (Le).	II, 942
		— de grâce (Le).	III, 694
— des ballets du Roi.	II, 1031	— de tampon (Le).	II, 988
— des femmes de Hambourg, du Tyrol...		Coupe (La).	VII, 282
	IV, 1362	— du Val de Grâce (La).	II, 852
— des femmes du pays de Caux.	IV, 1362	— enchantée (La).	II, 328
		Coups d'épingle.	VII, 16
— des XIIIᵉ, XIVᵉ et XVᵉ siècles.	I, 848	— de pinceaux.	II, 264
		— de plume sincères.	V, 320
— du Directoire.	II, 1031	Cour de Charles X (La).	IV, 483
— du Directoire, tirés des Merveilleuses.	VII, 376	— de l'impératrice Joséphine (La).	IV, 482
— du XVIIIᵉ siècle.	II, 1031	— de Louis XVIII (La).	IV, 483
— du temps de la Révolution.	II, 1033	— de Louis XIV et la Cour de Louis XV (La).	IV, 482
— français depuis Clovis jusqu'à nos jours.		— de Marie-Antoinette (La).	IV, 482
	II, 1033	— de Ninon (La).	II, 916
— historiques de la France.	IV, 839, 840	— des miracles (La).	III, 272
— historiques des XIIᵉ, XIIIᵉ, XIVᵉ et XVᵉ siècles.	I, 848	— des miracles, chronique de 1450 (La).	IV, 440
		— du Dragon (La).	II, 1059
— historiques des XVIᵉ, XVIIᵉ et XVIIIᵉ siècles.	I, 849	— du duc de Bretagne en 1305 (La).	IV, 780
		— et l'Opéra sous Louis XVI (La).	IV, 611
— militaires français des premières troupes régulières.	VI, 201	— et la ville de Madrid (La).	I, 150
— parisiens de la fin du 18ᵉ siècle.	IV, 1360	— littéraire de Don Juan II, roi de Castille (La).	VI, 870
		Courbezon (Les).	III, 630
— strasbourgeois (Les).	I, 423	Coureur des bois (Le).	III, 663 ; VII, 295
Côte d'azur (La).	V, 318	Couronne de bluets (La).	IV, 173
		— de Flore (La).	II, 1044

Couronne, histoire juive. VII, 1156
— *littéraire ou beautés des auteurs contemporains.* II, 1044
— *poétique de Béranger.* VI, 53
Couronnement de Louis (Le). I, 60
Courrier d'Italie. V, 307
— *extraordinaire des f....... ecclésiastiques (Le).* II, 261
— *français (Le).* II, 1045
Courriers de la Fronde (Les). I, 659
Cours d'histoire de la sculpture du moyen-âge et de la Renaissance. II, 1039
— *d'histoire moderne.* III, 1172
— *de danse fin de siècle.* II, 1053
— *de langue et de littérature françaises au moyen age. Discours d'ouverture.* VI, 408, 410
— *de littérature ancienne et moderne.* IV, 938
— *de littérature dramatique.* VII, 27
— *de littérature française.* VII, 1085
— *de littérature française du moyen âge.* II, 470
— *de M. Michelet.* V, 831
— *des langues et littératures de l'Europe méridionale.* V, 797
— *et les Salons au dix-huitième siècle (Les).* VI, 68
— *familier de littérature.* IV, 1011
— *galantes (Les).* III, 217
— *historique de langue française.* V, 575
— *professé au Collège de France par J. Michelet.* V, 830
— *sur l'histoire du journal en France.* IV, 529
Course à la mort (La). VI, 1161
— *en Italie.* VI, 962

Course en voiturin. V, 1313
Courses archéologiques et historiques dans le département de l'Ain. VII, 560
— *dans les Pyrénées.* VI, 69
— *de chevaux en France (Les).* VII, 8
— *de taureaux (Les).* III, 85
Courtisanes de l'ancienne Rome (Les). IV, 860
— *de la Grèce (Les).* II, 642
— *du monde (Les).* IV, 199
— *et la police des mœurs à Venise (Les).* II, 1055
— *grecques (Les).* II, 716
Cousin du roi (Le). I, 919
— *Pons (Le).* I, 226
Cousine Bette (La). I, 226 ; II, 347
— *Laura.* VI, 824
Coutumes de Beauvoisis (Les). IV, 115
— *de Lorris et leur propagation aux XIIe et XIIIe siècles (Les).* VI, 833
— *populaires de la Haute-Bretagne.* V, 327
Coutumiers de Normandie. IV, 135
Couvent du Dragon vert (Le). II, 622
Couvents (Les). V, 432
Couvre-feu, dernières poésies (Le). V, 161
Crac! pchcht! baound!! ou le manteau d'un sous-lieutenant. IV, 577
Craneries et dettes de cœur. VI, 759
Crapaud, roman espagnol (Le). III, 83
Créanciers, œuvre de vengeance (Les). V, 1050
Création (La). VI, 911
— *et le Paradis perdu (La).* VI, 448
— *et rédemption.* III, 432

Credo de Joinville.	III, 259	Cromwell, drame.	I, 732 ; IV, 242, 380, 385, 415, 424, 436
Crépuscule, propos du soir (Le).	III, 317	—, par A. de Lamartine.	IV, 1017
Crête-Rouge.	II, 405	Croquis à la plume.	II, 735
Crime de Sylvestre Bonnard (Le).	III, 808	— de voyage.	III, 85
— du deux-décembre (Le).	IV, 343	— maritimes.	VII, 6
— du vieux Blas (Le).	II, 758	— parisiens.	IV, 472
Crimée (La).	III, 169	— parisiens. Les Plaisirs du dimanche.	V, 1113
Crimes célèbres.	III, 349	Croyances et légendes de l'Antiquité.	V, 628
Criquette.	IV, 11	— et légendes du centre de la France.	IV, 941 ; VII, 296
Cris de paon (Les).	VII, 429	Cruche cassée, comédie (La).	IV, 711
— de Paris (Les).	I, 676	Cruelle énigme.	I, 714, 904 ; II, 701
— de Paris au seizième siècle.	II, 1060	Crucifié de Kéraliès (Le).	V, 170
Crise (La).	III, 672	Crucifix (Le).	IV, 957
Crispi, Bismarck et la Triple-Alliance en caricatures.	III, 1093	— d'argent (Le).	IV, 559
Critique de l'Escole des femmes (La).	V, 949, 957	Cry et proclamation publicque (Le) pour jouer le mistere des actes des apostres.	II, 873
— de la Révolution.	VI, 911	Cryptographie (La).	I, 773
— dramatique par J. Janin].	IV, 564	Csàrdàs, notes et impressions d'un français en Autriche (La).	VII, 917
— du prince d'Aurec (La).	V, 115	Cuckoldiana, ou recueils de bons mots.	II, 644
— du Tartuffe (Le).	II, 846	Cuisine (La).	III, 829
— littéraire, par C. Fl.	II, 1095	Cuisinière poétique (La).	II, 736
—, portraits et caractères contemporains.	IV, 552	Cuirassier blanc (Le).	V, 517
Critiques et portraits littéraires.	VII, 119	Culte de Priape (Le).	II, 641
— et récits littéraires.	VII, 778	Curé de campagne (Le).	II, 1080
— ou les juges jugés (Les).	I, 300	— de village (Le).	I, 216
Crocodile, pièce (Le).	VII, 382	Curée (La).	VII, 1202
Croisade autrichienne, française, napolitaine, espagnole contre la République romaine.	VI, 908	Curieuse.	VI, 501
		Curieuses (Les).	V, 644
		Curieux (Le).	VI, 43
		Curiosa.	I, 856
— contre les Albigeois (La).	II, 1071	Curiosité littéraire et bibliographique (La).	II, 1084
Croix de Berny (La).	II, 1071 ; VII, 340	Curiosités anecdotiques.	I, 768
		— bibliographiques.	II, 1080
— rouge de France (La).	III, 317	— bibliographiques par L. Lalanne.	I, 767

Curiosités bibliographiques et artistiques.	II, 608
— *biographiques.*	I, 767
— *de l'archéologie et des beaux-arts.*	I, 768
— *de l'économie politique.*	I, 772
— *de l'étymologie française.*	VI, 75
— *de l'histoire (Les).*	II, 1080
— *de l'histoire de France.*	I, 770
— *de l'histoire des arts.*	I, 771
— *de l'histoire du vieux Paris.*	I, 770
— *de Paris (Les).*	VII, 1110
— *des inventions et découvertes.*	I, 768
— *des Parlements de France d'après leurs registres.*	II, 624
— *des sciences occultes.*	I, 771
— *des traditions, des mœurs et des légendes.*	I, 767
Curiosités dramatiques et littéraires.	V, 423
— *esthétiques.*	I, 349, 713
— *historiques.*	I, 768
— *historiques de la Picardie d'après les manuscrits.*	III, 216
— *judiciaires.*	I, 772
— *littéraires.*	I, 767
— *littéraires et bibliographiques.*	V, 1061
— *militaires.*	I, 768
— *musicales et autres.*	VII, 831
— *philologiques, géographiques et ethnologiques.*	I, 767
— *théâtrales.*	I, 770
— *théologiques.*	I, 769
Curiosités de Paris (Les).	II, 1087
Cyclope (Le).	III, 585
Cygnes (poésies) (Les).	VII, 1045
Cymbalum mundi (Le).	I, 631, 670 ; III, 229
Cythères parisiennes (Les).	III, 149

D

Dahlia, heures de loisir (Le).	III, 1
Dalila, drame.	III, 673
Dalilah.	VII, 13
Damas et le Liban.	VI, 397
Dame à l'œillet rouge (La).	IV, 562
— *à la plume noire (La).*	VI, 213
— *aux camélias (La).*	II, 725 ; III, 450
— *aux perles (La).*	III, 462
— *blanche (La).*	I, 923
— *blanche de Blacknels (La).*	IV, 946
— *d'Entremont (La).*	IV, 84
— *de Bourbon (La).*	IV, 885
— *de Gai-Fredon (La).*	V, 220
Dame de Monsoreau (La).	III, 375
— *de Saint-Bris (La).*	V, 1157
— *de volupté (La).*	III, 410
Dames de Croix-mort (Les).	VI, 260
— *et demoiselles.*	I, 279
— *vertes (Les).*	VII, 271
Damnation de Faust (La).	VI, 54
Damné (Le).	I, 828
Damné de Java (Les).	II, 734
Danaë.	III, 1126
Dance des aveugles (La).	III, 3
— *macabre des SS. Innocents de Paris (La).*	II, 574
— *macabre des SS. Innocents de Paris (La).*	III, 7

Dance macabre peinte sous les charniers des Saints Innocents de Paris (La). III, 8
Danemark en 1867 (Le). III, 772
Danicheff, comédie (Les). III, 481
Daniel. I, 779
— , étude. III, 697
— le lapidaire ou les contes de l'atelier. V, 598
— Manin. V, 563
— Rochat, comédie. VII, 378
— Valgraive. VI, 1197
— Vlady, histoire d'un musicien. VII, 470
Daniella (La). VII, 257
Dans la fournaise. I, 281
— la rue. I, 938
— les bois. IV, 38
— les brandes. VI, 1179
— les herbages. V, 308
— les limbes. VII, 999
— les nuages. I, 432
— mille ans. II, 30
Danse (La). I, 422
— des morts dessinée par Hans Holbein (La). III, 5
— des noces par Hans Scheufelein (La). III, 8
— des ours, monologue. VII, 509
— des salons (La). II, 149
— et les ballets depuis Bacchus (La). II, 126
— macabre. V, 1121
— macabre composée par Jehan Gerson (La). III, 7
— macabre de Kermaria-an-Isquit (La). III, 7
— macabre, histoire fantastique (La). IV, 817
Danses des morts (Les). IV, 643
Danseuse (La). V, 449
Dante et Gœthe. VII, 664
— et l'Italie nouvelle. V, 799
— et la philosophie catholique au treizième siècle. VI, 298

Daphnis et Chloé. II, 334, 495, 706; V, 386, 388, 390
Daurel et Beton. I, 58
David Copperfield. III, 249
— d'Angers et ses relations littéraires. IV, 588
— d'Angers, sa vie, son œuvre, ses écrits et ses contemporains. IV, 587
— Séchard. I, 221
« *De Viris illustribus* » *de Pétrarque* (Le). VI, 209
Débâcle (La). VII, 1215
Débâcles (Les). VII, 987
Débat de deux demoyselles (Le). III, 87
— de l'hiver et de l'été (Le). VI, 740
— des hérauts d'armes de France (Le). I, 57
— des lavendières de Paris avec leur caquet (Le). II, 874
— du vieux et du jeune (Le). VI, 740
— entre deux dames sur le passe-temps des chiens. II, 16
Débats de la Convention nationale. II, 825
Deburau. Histoire du théâtre à quatre sous. IV, 524
Débuts de César Borgia (Les). I, 509
— de l'imprimerie à Mayence et à Bamberg. IV, 763
— de l'imprimerie à Strasbourg. IV, 762
Décadence esthétique (La). VI, 507
— latine (La). VI, 500
Décameron de Boccace (Le). II, 583, 696, 825
— du Salon de peinture. I, 11
Decamps. II, 476
— et son œuvre. V, 1132
— , sa vie, son œuvre, ses imitateurs. II, 317

Décoration appliquée aux édifices (De la). I, 689
— & l'art industriel à l'Exposition de 1889 (La). VII, 996
— et l'art industriel à l'Exposition universelle de 1889. Conférence (La). V, 579
Découverte de la terre. VII, 1014
Découvertes de Monsieur Jean (Les). III, 194
Dédicaces. VII, 995
Dédié à M. et Mme Léonce de Gastines. VI, 527
— à M. Lafayette, député. V, 1134
Défense de l'Essai sur l'indifférence en matière de religion. IV, 1090, 1095
— de Tarascon (La). I, 723 ; III, 58
— du Cid (La). I, 558
— du Génie du Christianisme. II, 282
Deffaicte des Tartares et Turcs. I, 783
Défilé (Le), par F. Champsaur. II, 218
— , par François Coppée (Le). II, 984
Dégel, comédie (Le). VII, 367
Dégringolade impériale (La). I, 790
Déidamia. I, 274
Délateur, drame (Le). VI, 150
Deleytar. VII, 678
Délicatesse dans l'art (La). V, 546
Delices ou discours joyeux et recréatifs..... (Les). II, 680
Delie, objet de plus haute vertu. VII, 478
Déliquescences, poèmes décadents d'Adoré Floupette (Les). VII, 1031
Della Robbia (Les), par Barbet de Jouy. I, 286
Della Robbia (Les), par J. Cavallucci. I, 684
— , leur vie et leur œuvre (Les). V, 968
Delphine. VII, 650
Démagogie en 1793 à Paris (La). III, 30
Demain. I, 777
Demandes faites par le roi Charles VI (Les). II, 469
Demi-monde (Le). III, 465
Demi-teintes. VII, 934
Demoiselle qui voulait voler (La). VII, 957
Demoiselles Chit-Chit du Palais-Royal (Les). II, 623
— de Saint-Cyr (Les). III, 356
— de Verrières (Les). II, 501
— Goubert (Les). V, 1130
— Tourangeau (Les). II, 195
Démon du foyer (Le). VII, 246, 314, 316
Démonialité (De la). II, 592 ; VII, 560
Démonstrations évangéliques de Tertullien, Origène, etc. II, 844
Denise, historiette bourgeoise. VII, 427
— , pièce en quatre actes. III, 484
Départ (Le). VI, 305
Département de l'Orne archéologique et pittoresque (Le). V, 78 ; VI, 796
— des Affaires étrangères pendant la Révolution (Le). V, 591
— des estampes à la Bibliothèque nationale (Le). III, 96, 504
Dépit amoureux. V, 948, 955

Déploration de Robin. VI, 741
— *des troubles et misères advenus en France.* I, 563
Depuis l'exil. IV, 348, 404, 430
Député d'Arcis (Le). I, 229
— *Leveau, comédie (Le).* V, 186
Dernier abbé (Le). V, 1322
— *Abencérage (Le).* I, 753
— *amour.* VI, 261
— *amour (Le).* VII, 275
— *amour de Ronsard (Le). Hélène de Surgères.* VI, 202
— *amour. Vers inédits.* III, 1184
— *banquet des Girondins (Le).* VI, 177
— *chant (Le).* VII, 29
— *chant du pélerinage de Child-Harold.* I, 735 ; IV, 964
— *chapitre de mon roman (Le).* VI, 87, 178, 181
— *Chouan (Le).* I, 179
— *crime de Jean Hiroux (Le).* II, 377
— *des Mohicans (Le).* II, 965
— *homme (Le).* VI, 148
— *jour, poème (Le).* VI, 964
— *jour d'un condamné (Le).* II, 730 ; IV, 241, 248, 374, 386, 399, 416, 426, 437
— *jour d'un employé (Le).* III, 183 ; IV, 250
— *jour de l'Institution Pompéi (Le).* V, 219
— *journal du docteur David Livingstone.* V, 333
— *mot sur l'art dentaire.* IV, 87
— *quartier (Le).* VI, 304
— *rendez-vous (Le).* V, 1200
— *roi (Le).* III, 394
— *Scapin (Le).* V, 249
Dernière Aldini (La). VII, 209, 303, 310, 313

Dernière année de Marie Dorval (La). III, 406
— *bataille (La).* III, 300
— *fée (La).* I, 175 ; VII, 335
— *feuille, poëme (La).* IV, 163
— *idole (La).* I, 724 ; III, 34 ; V, 213
— *incarnation de Vautrin (La).* I, 230
— *mode, revue (La).* V, 473
Dernières amours de Madame Du Barry (Les). III, 29
— *années d'Alexandre Dumas (Les).* III, 664
— *années de lord Byron (Les).* IV, 41
— *années de Madame d'Épinay, son salon et ses amis.* VI, 521
— *années de Marie-Antoinette (Les).* IV, 482
— *armes de Richelieu (Les).* IV, 886
— *aventures du jeune d'Olban (Les).* VI, 162
— *causeries du samedi.* VI, 775
— *causeries littéraires.* VI, 775
— *chansons de P. J. Béranger.* I, 415
— *chansons, par L. Bouilhet.* I, 713, 894
— *élégances.* II, 1001
— *études historiques et littéraires.* II, 1096
— *glanes.* V, 537
— *lettres d'un bon jeune homme.* I, 8
— *lettres d'un passant.* I, 836
— *nouvelles. Brigitte.* VI, 293
— *nouvelles de Prosper Mérimée.* V, 740
— *pages.* VII, 283

Dernières paroles, poésies. III, 200	*Derniers Valois, les Guise et Henri IV.* IV, 548
— *poésies à'Olivier de Magny.* I, 633	— *vers de Jules Lafargue (Les).* IV, 934
— *poésies [de Jean Reboul].* VI, 964	— *vestiges du vieux Paris (Les).* II, 1060
— *poésies du comte Jules de Rességuier.* VI, 1067	*Des Alpes aux Pyrénées.* I, 82
— *polémiques.* I, 308	— *amours charmantes.* VI, 565
— *scènes de la comédie enfantine.* VI, 956	— *Andelys au Havre.* VII, 761
— *semaines littéraires.* VI, 776	— *Annales de l'imprimerie des Aldes.* VI, 118
Derniers bohêmes (Les). V, 457	— *apocalypses figurées manuscrites et xylographiques.* III, 258
— *Bourbons (Les).* VI, 44	— *aristocraties représentatives.* IV, 747
— *Bretons (Les).* VII, 633	— *artifices que certains auteurs ont employés pour déguiser leurs noms.* VI, 118
— *chapitres de mon Louis XVII (Les).* II, 233	
— *contes bleus.* IV, 785	
— *contes de Jean de Falaise.* II, 360	— *arts et des artistes en Espagne jusqu'à la fin du XVIIIe siècle.* IV, 933
— *enchantements de Prudence.* VII, 191	— *auteurs du seizième siècle qu'il convient de réimprimer.* VI, 117
— *essais de critique et d'histoire.* VII, 735	
— *jansénistes depuis la ruine de Port-Royal (Les).* VII, 461	— *chansons populaires chez les anciens et chez les Français.* VI, 75
— *jours de Henri Heine (Les).* II, 504	— *comestibles et des vins de la Grèce et de l'Italie.* VI, 466
— *jours de Jérusalem (Les).* VII, 390	— *conflits entre chasseurs, fermiers et propriétaires.* III, 996
— *jours de la Semaine Sainte à Jérusalem (Les).* IV, 755	— *critiques faites sur les Salons depuis 1699.* V, 1066
— *mémoires des autres (Les).* VII, 550	— *destinées de l'âme.* IV, 206
— *portraits littéraires.* VII, 139	— *destinées de la poésie.* IV, 972
— *samedis.* VI, 778	— *différentes combinaisons typographiques pour l'impression de la musique.* IV, 763
— *souvenirs d'un musicien.* I, 14	
— *souvenirs du comte d'Estourmel.* III, 600	— *exilés.* VI, 94
— *souvenirs et portraits.* IV, 3	— *gravures en bois dans les livres d'Anthoine Verard.* VI, 1064
— *troubadours de la Provence (Les).* V, 797	— *gravures sur bois dans les*

TABLE DES OUVRAGES CITÉS

livres de Simon Vostre. VI, 1065
Des habitudes intellectuelles de l'avocat. V, 15
— idées napoléoniennes. VI, 35
— Jésuites. V, 826
— livres modernes qu'il convient d'acquérir. I, 887
— maîtres de pierre et des autres artistes gothiques de Montpellier. VI, 1063
— matériaux dont Rabelais s'est servi pour la composition de son ouvrage. VI, 117
— nomenclatures scientifiques. VI, 119
— pensées de Pascal. II, 1061
— petits chiens de ces dames. I, 854
— poésies de Sainte-Radegonde. VI, 76
— portraits d'auteurs dans les livres du XVᵉ siècle. VI, 1065
— progrès de la Révolution et de la guerre contre l'Église. IV, 1091, 1095, 1096
— vers. V, 605
Dés sanglants (Les). I, 39
Descarnado ou Paris à vol de diable. III, 25
Descartes, par Alfred Fouillie. III, 1120
— , par Louis Liard. V, 314
Descouverture du style impudique des courtisannes de Normandie (La). II, 1083
Description bibliographique des livres choisis en tous genres composant la librairie J. Techener. VII, 771
— d'un atlas sino-coréen. VI, 990
— d'un pavé en mosaïque découvert dans l'ancienne ville d'Italica. IV, 741
Description de l'Afrique, tierce partie du monde. VI, 989
— de l'Vkranie. I, 783
— de la ville de Paris au XVᵉ siècle. VII, 889
— de six espèces de pets. II, 623
— des antiquités et singularités de la ville de Rouen. I, 569
— des fêtes populaires données à Valenciennes les 11, 12, 13 mai 1851. III, 270
— des îles de l'Archipel. VI, 868
— des monuments de Paris. II, 472
— des nouveaux jardins de la France. IV, 745
— des obélisques de Louqsor figurés sur les places de la Concorde et des Invalides. IV, 755
— des objets d'art qui composent le cabinet de feu M. le baron V. Denon. III, 181
— des peintures et autres ornements contenus dans les manuscrits de la Bibliothèque nationale. I, 862
— du trésor de Guarrazar. V, 85
— historique des maisons de Rouen. V, 36
— méthodique du Musée céramique de la manufacture royale de porce-

laine de Sèvres. I, 935
Description naïve et sensible de
 la fameuse église
 d'Albi. I, 487
— raisonnée d'une jolie collection de livres. VI, 143
— topographique et historique de Boukhara. VI, 864
Désert de Félicien David (Le).
 III, 210
— des Muses (Le). II, 624
Déshabillés au théâtre (Les).
 V, 1113
Désirs de Jean Servien (Les).
 III, 809
Desniaisé (Le). II, 638
Dessinateurs d'illustrations au dix-huitième siècle (Les). VI, 785
Dessins d'ornements de Hans Holbein. IV, 93
— de décoration des principaux maîtres. III, 1153
— de la collection His de La Salle (Les). III, 580
— de maîtres anciens (Les).
 II, 366
— de Victor Hugo gravés par Paul Chenay.
 III, 925
— du Louvre (Les). II, 355
— du siècle (Les). VI, 1169
— , gouaches, estampes et tableaux du dix huitième siècle. I, 902
Dessous de Paris (Les). III, 146
— du panier (Le). V, 1200
Dessus du panier (Le). VII, 518
Destinées, poëmes philosophiques (Les). VII, 1067
Destins (Les). I, 748 ; VII, 706
— de la Vendée, ode (Les).
 IV, 226
Destruction de l'église de St-Just... par les protestants. II, 774
Détails historiques sur le chateau de Dijon. VI, 481

Dette de Ben Aïssa (La). I, 779
— de haine. VI, 262
— de jeu (La). IV, 833
Dettes de cœur. II, 733
Deuil. Poésies. VII, 884
Deux âges du poète (Les). III, 1184
— amies. V, 468
— amis. I, 469
— anges (Les). III, 832
— anges, poème (Les). III, 516
— anges tombés. II, 716
— années au Brésil. I, 468
— ans de vacances. VII, 1017
— apprentis (Les). V, 766
— articles de M. Silvestre de Sacy. VII, 544
— biscuits (Les). II, 624
— cabarets d'Auteuil (Les).
 II, 185
— cadavres (Les). VII, 603
— campagnes au Soudan français. III, 865
— causeries. III, 429
— contre un. IV, 84
— côtés du mur (Les). VI, 231
— destinées. III, 759
— dialogues du nouveau langage françois italianizé.
 III, 599
— Diane (Les). III, 376 ; V, 789
— discours de M. Jules Janin à l'Académie française. IV, 562
— douleurs. I, 719 ; II, 968
— enfants de Saint-Domingue (Les). I, 778
— époques. V, 484
— esprits français (Les). V, 21
— essais de poésie. VII, 1089
— étoiles (Les). III, 905
— farces inédites attribuées à la reine Marguerite de Navarre. V, 513
— femmes. VI, 166
— fous, histoire du temps de François Ier (Les).
 IV, 814

Deux France, histoire d'un siècle (Les). V, 258
— frères, par George Sand (Les). VII, 281
— frères, par H. de Balzac (Les). I, 219
— frères, par Mme L. Bernard (Les). I, 429
— Gallans et une femme qui se nomme Saucte. VI, 971
— gougnottes. V, 1020
— héritages (Les). V, 733
— histoires 1772-1810. VII, 678
— jardiniers (Les). I, 273
— lettres inédites de P. Corneille à Huyghens de Zuilychem. III, 784
— lignes parallèles (Les). III, 83
— maîtresses (Les). I, 743 ; V, 1244
— mariages. II, 500
— masques (Les). Tragédie-comédie. VII, 110
— miroirs (Les). VII, 424
— modistes. I, 976
— mots à M. de Chateaubriand sur la Duchesse de Berry. VI, 35
— mots sur quelques tableaux exposés au musée Rath en 1829. VII, 853
— nigauds (Les). I, 780
— nouvelles. Les funérailles de Francine Cloarec. Benjamin Rozes. II, 757
— océans (Les). II, 710
— opuscules de Montesquieu. I, 537
— petits Robinson de la Grande Chartreuse (Les). I, 781
— pièces inédites de J. B. P. Molière. V, 915
— Pierrots (Les). II, 180
— plaisanteries. IV, 78
Deux prisonniers (Les). VII, 856
— rédactions du roman des sept sages de Rome. I, 56
— registres de prêts de manuscrits de la Bibliothèque de Saint-Marc à Venise. VI, 270
— reines (Les). I, 781
— reines, opéra-comique (Les). VII, 606
— reines, suite et fin des Mémoires de Mlle de Luynes (Les). III, 411
— réputations. V, 437
— Rêves (Les). I, 206
— rhytmes oubliés. I, 298
— saisons (Les). I, 919
— séjours. Province et Paris. VII, 607
— sœurs. VII, 803
— sœurs (Les). III, 988
— sotties jouées à Genève. II, 625
— Soupiers, farce nouvelle (Les). VI, 980
— souvenirs. V, 213
— testaments de Villon (Les). I, 484
Deuxième centenaire de Corneille. II, 1020
— centenaire de Pierre Corneille célébré à Rouen. VII, 708
— mystère de l'incarnation (Le). II, 407
— supplément à la notice bibliographique sur Montaigne. VI, 436
— voyage du dieppois Jean Ribaut à la Floride. I, 568
Devinettes ou énigmes populaires de la France. VI, 1177
Devoir (Le). VII, 545
— de punir (Le). V, 1168
Devotes epistres de Katherine d'Amboise. I, 575

Dévotion à Saint-André (La).
I, 883
Dévotions de Madame de Beth-
zamooth (Les). II, 627
Dévouée (La). IV, 65
Dévouement (Le). I, 760 ; V, 600
— , *dithyrambe (Le).*
VII, 749
— *de Lamoignon de*
Malesherbes.
III, 335
Diable à Paris (Le). III, 241, 244
— *amoureux (Le).* I, 590, 752 ;
II, 147, 324, 691, 745
— *au corps (Le).* VI, 48
— *aux champs (Le).* VII, 258
— *boiteux (Le).* I, 598, 700 ;
II, 747, 790 ; V, 245 ;
VI, 1181
— *en Champagne (Le).* I, 579
— *médecin (Le).* II, 739 ;
VII, 699
Diables bleus, nouvelles poé-
sies. VII, 596
— *noirs, drame (Les).* VII, 367
Diaboliques (Les). I, 305, 711
Diadème, album des salons (Le).
IV, 655
Dialogue. VII, 959
— *d'un vieux grenadier*
de la Garde impé-
riale. I, 193
— *de Jean Rigoleur et*
de Corniculot. VII, 957
— *de l'Arétin ou sont des-*
duites les vies et dé-
portements de Laïs
et de Lamia. II, 599
— *de M. Bernardin Ochin.*
VI, 251
— *du jardinier, de la*
gouvernante et de
Jean Rigoleur. VII, 258
Dialogues (Les) de J. Tahureau.
I, 637
— *de Luisa Sigea (Les).*
II, 584 ; V, 234

Dialogues des courtisanes. II, 334 ;
V, 429
— *des morts composés*
pour l'éducation
d'un prince. II, 780
— *du divin Pietro Are-*
tino (Les). II, 581
— *et entretiens philo-*
sophiques de Vol-
taire. II, 754
— *et fragments philo-*
sophiques. VI, 1021
— *extravagants.* V, 215
Diamant de famille (Le). II, 710
— , *souvenirs de littéra-*
ture contemporaine
(Le). III, 246
Diamants et pierres précieuses.
I, 758
— , *souvenirs d'art et*
de littérature (Les).
IV, 656
Diane. I, 143
— *au bois.* I, 268
— *de Chivri, drame.* VII, 609
— *de Lys, comédie.* III, 460
— *de Lys et Grangette.* III, 459
— *de Poitiers et son goût*
dans les arts. V, 1071
Dianes et les Vénus (Les). IV, 203
Dichtungen von Alfred de Mus-
set. V, 1294
Dick Moon en France. VII, 1164
Dictionnaire annamite-français.
VI, 869
— *bibliographique choi-*
si du quinzième
siècle. V, 77
— *bibliographique, his-*
torique et critique
des livres rares...
I, 946
— *biographique de l'an-*
cien département
de la Moselle. VI, 364
— *biographique et bi-*
bliographique, al-
phabétique et mé-

thodique des hommes les plus remarquables dans les lettres, les sciences et les arts chez tous les peuples. III, 15

Dictionnaire biographique et bibliographique portatif. VI, 455
— critique de biographie et d'histoire. IV, 515
— critique, littéraire et bibliographique des principaux livres condamnés au feu. VI, 447
— d'argot moderne. VI, 1132
— de bibliographie et de bibliologie. I, 940
— de biographie générale depuis les temps les plus anciens jusqu'en 1870. IV, 585
— de géographie ancienne et moderne à l'usage du libraire et de l'amateur de livres. III, 205
— de l'Académie des Beaux-Arts. III, 250
— de l'Académie française. III, 250
— de l'ameublement et de la décoration. IV, 48
— de l'ancienne langue française. III, 1008
— de l'art, de la curiosité et du bibelot. I, 870
— de la conversation et de la lecture. III, 323
— de la langue écrite. VI, 91

Dictionnaire de la langue française. V, 329
— de la langue verte. III, 157
— de la langue verte typographique. I, 913
— de la musique appliquée à l'amour. V, 72
— de la noblesse. IV, 792
— de phrénologie et de physiognomonie. VII, 833
— de poche des artistes contemporains. I, 774 ; VI, 518
— des amateurs français au XVIIe siècle. I, 847
— des amoureux. VI, 215
— des antiquités grecques et romaines. III, 21
— des antiquités romaines et grecques. VI, 1105
— des architectes français. V, 5
— des émailleurs depuis le moyen-âge. V, 967
— des immobiles. I, 450
— des lieux communs. VI, 1132
— des marques et monogrammes de graveurs. III, 514
— des ménages. IV, 828
— des métaphores de Victor Hugo. III, 551
— des noms contenant la recherche étymologique des formes anciennes de 20200 noms. V, 46
— des noms, surnoms et pseudonymes latins de l'histoire littéraire du moyen âge. III, 825

Dictionnaire des ouvrages anonymes. I, 311, 945 ; VI, 891
— *des ouvrages anonymes et pseudonymes du Dauphiné.* V, 454
— *des ouvrages anonymes et pseudonymes publiés par des religieux de la Compagnie de Jésus.* VII, 577
— *des pièces autographes volées aux bibliothèques de la France.* IV, 943
— *des précieuses (Le).* I, 659
— *des proverbes français.* IV, 1361
— *des pseudonymes.* IV, 53
— *des romans anciens et modernes.* VI, 678
— *des romans anciens et modernes ou méthode pour lire les romans.* V, 503
— *des sciences occultes.* II, 914
— *du jargon parisien.* VI, 1132
— *encyclopédique des marques & monogrammes.* VI, 1136
— *encyclopédique des ordres de chevalerie.* I, 772
— *érotique latin-français.* I, 822
— *érotique moderne.* II, 622 ; III, 150
— *étymologique, historique et anecdotique des proverbes.* VI, 918
— *féodal.* VII, 429
— *français illustré et encyclopédie universelle.* III, 501

Dictionnaire géographique et administratif de la France et de ses colonies. IV, 579
— *héraldique.* III, 1101
— *historique d'argot.* V, 41
— *historique de l'ancien langage françois.* IV, 862
— *historique de la France.* IV, 944
— *historique de la langue française.* III, 250
— *historique des institutions, mœurs et coutumes de la France.* II, 376
— *historique et pittoresque du théâtre.* VI, 794
— *historique et raisonné des peintres de toutes les écoles.* VII, 562
— *historique, étymologique et anecdotique de l'argot parisien.* V, 41
— *infernal.* II, 913
— *portatif de formules et recettes.* I, 774
— *raisonné de bibliologie.* VI, 446
— *raisonné de l'architecture française du XIe au XVIe siècle.* V, 734 ; VII, 1106
— *raisonné des onomatopées françoises.* VI, 90
— *raisonné du mobilier français de l'époque Carlovingienne à la Renaissance.* V, 735 ; VII, 1107
— *topographique du département de la Marne.* V, 382

TABLE DES OUVRAGES CITÉS

Dictionnaire turc-français. VI, 857
— *universel d'histoire et de géographie.* I, 894
— *universel de la langue française* VI, 103, 115
— *universel des contemporains.* VII, 963
— *universel des littératures.* VII, 967
— *universel du théâtre en France.* III, 1021
Dicts & faicts du chier Cyre Gambette le Hutin. VI, 5
Diderot, étude. VII, 419
Dieu. IV, 372, 408
— *Bibelot (Le).* III, 985
— *dispose.* III, 390
— *le veut.* I, 882
—, *Patrie, Liberté.* VII, 548
— *Pepetius (Le).* IV, 851
Dieux antiques (Les). V, 474
— *et les demi-dieux de la peinture (Les).* III, 828
— *qu'on brise (Les).* III, 138
Dijon, monuments et souvenirs. II, 164
Diligence de Lyon (La). V, 250
— *de Ploermel (La).* V, 219
Diloy le chemineau. I, 780
Dimanches et fêtes. VII, 903
Dimitri, opéra. VII, 509
Dinah Samuel. II, 216
Dindons de la farce (Les). V, 1058
Dîner du comte de Boulainvilliers (Le). II, 593
Diogène d'Hégésippe Moreau (Le). V, 1136
—, *fantaisies poétiques.* V, 1135
— *le chien.* IV, 77
Diorama anglais ou promenades pittoresques à Londres. III, 564
Diplomates de la Révolution (Les). V, 592
Diplomatie vénitienne (La). I, 331

Directoire, Consulat et Empire. Mœurs et usages, lettres, sciences et arts. France 1795-1815. IV, 859
— *(Le). Portefeuille d'un incroyable.* VI, 1231
Disciple (Le). I, 906
— *de Pantagruel (Le).* II, 7
Disciples d'Eusèbe (Les). III, 532
Discours académiques. VI, 310
— *académiques et universitaires.* VI, 83
— *d'inauguration pour l'ouverture de la salle de spectacle du Havre.* III, 107
— *de ce qu'a fait en France le héraut d'Angleterre.* I, 565
— *de l'antagonie du chien et du lièvre.* I, 378; II, 15
— *de l'entrée de Louis XIV en sa ville de Rouen.* I, 549
— *de l'exil.* IV, 318
— *de l'origine des Russiens.* I, 783
— *de la méthode.* II, 324
— *de la navigation de Jean et Raoul Parmentier, de Dieppe (Le).* VI, 986
— *de M. François Coppée... à l'occasion du centenaire de Casimir Delavigne.* II, 989
— *de M. Guttinguer.* III, 1181
—, *de M. Victor Hugo... aux funérailles de M. Casimir Delavigne.* IV, 303
— *de M. le comte de Montalembert.* V, 1089
— *de M. Nodier fils, âgé de douze ans.* VI, 85

Discours de M. C. A. Sainte-Beuve... le... jour de l'inauguration du monument à la mémoire de J. Fr. Dübner. VII, 146
— *de Napoléon sur les vérités et les sentiments qu'il importe le plus d'inculquer aux hommes.* VI, 27
— *de réception à la porte de l'Académie française.* IV, 555
— *de réception de M. Gustave Mouravit [à l'Académie des sciences, agriculture et belles-lettres d'Aix].* V, 1162
— *de Victor Hugo dans la discussion du projet de loi électorale.* IV, 307
— *de Victor Hugo dans la discussion du projet de loi sur l'enseignement.* IV, 307
— *de Victor Hugo dans la discussion du projet de loi sur la Presse.* IV, 307
— *de Victor Hugo dans la discussion du projet de loi sur la transportation.* IV, 307
— *de Victor Hugo jeudi 14 juin au meeting de Jersey pour Garibaldi et l'Italie.* IV, 327
— *de Victor Hugo sur la tombe de la citoyenne Louise Julien.* IV, 316
— *de Victor Hugo sur la tombe du citoyen Jean Bousquet.* IV, 316

Discours des causes pour lesquelles le sieur de Civille... se dit avoir été mort. I, 549
— *du batonnat, par J. Favre.* III, 653
— *du comte Albert de Mun.* V, 1182
— *et conférences.* VI, 1032
— *et mélanges littéraires par M. Patin.* VI, 432
— *et mélanges littéraires par M. Villemain.* VII, 1084
— *facetieux des hommes qui font saller leurs femmes.* II, 875
— *joyeux des friponniers et friponnières.* II, 876
— *merveilleux... de la conqueste faite par le ievne Demetrivs.* I, 782
— *parlementaires de M. Thiers.* VII, 829
— *particulier contre les femmes desbraillées de ce temps.* II, 641
— *philosophiques.* VI, 1033
— *pour Voltaire (Le).* IV, 357
— *prononcé à l'inauguration de la statue de Jules Bastien-Lepage à Damvillers par M. Gustave Larroumet.* V, 63
— *prononcé à l'inauguration du monument élevé aux mobiles de la Dordogne à Bergerac, par M. Gustave Larroumet.* V, 64
— *prononcé à l'ouverture du Cours de poésie latine... par*

M. Sainte-Beuve. VII, 140
Discours prononcé à la distribution des récompenses [de l'École des Beaux-Arts] le 25 novembre 1888 [22 décembre 1890], par M. Gustave Larroumet. V, 62, 64
— prononcé à la séance d'ouverture [de la réunion des Sociétés des Beaux-Arts des départements] le 11 juin 1889, par M. Gustave Larrouroumet. V, 62
— prononcé à la Société des Amis de la Constitution de Besançon. VI, 85
— prononcé au banquet de l'association générale des étudiants. VII, 1223
— prononcé au nom de l'Académie française par M. Charles Nodier, le 23 août 1835, jour de l'inauguration de la statue de Cuvier à Montbéliard. VI, 120
— prononcé le 18 mai 1891 aux funérailles de M. Théodore Deck. V, 66
— prononcé le 19 janvier 1891 aux funérailles de M. Léo Delibes. V, 65
— prononcé le 8 mai 1891 aux funérailles de M. Robert-Fleury. V, 66
— prononcé le 12 janvier 1891 aux funérailles de M. Eugène Delaplanche, statuaire. V, 65
Discours prononcé le 16 janvier 1891 aux funérailles de M. Aimé Millet, statuaire. V, 65
— prononcé le 23 avril 1891 aux funérailles de M. Henri Chapu, statuaire. V, 66
— prononcé par Mademoiselle Perrette de la Babille. II, 625
— prononcé par M. Edouard Thierry... pour l'inauguration de la statue de Ponsard. VII, 819
— prononcé par M. le Directeur des Beaux-Arts [à la séance publique annuelle du Conservatoire du samedi 3 août 1889] [3 août 1890] [3 août 1891]. V, 62, 63, 66
— prononcé par M. le directeur des Beaux-Arts [au Conservatoire national de musique, 4 août 1888]. V, 61
— prononcé sur la tombe d'Émile Augier par M. François Coppée. II, 986 ; VI, 1126
— prononcés à l'Académie française sur les prix de vertu par MM. :
— de Laprade, V, 22
— Nodier, VI, 122
— Edouard Pailleron, VI, 309
— E. Renan, VI, 1025
— Victorien Sardou, VII, 379
— Sully Prudhomme, VII, 709

Discours prononcés à la Chambre par M. de Lamartine.	IV, 980
— prononcés aux obsèques de M. Octave Feuillet.	V, 64, 803
— prononcés dans la séance publique tenue par l'Académie française pour la réception de MM. :	
— Cherbuliez,	VI, 1027
— Jules Claretie,	VI, 1034
— François Coppée,	II, 980
— Cuvillier-Fleury,	VI, 81
— Camille Doucet,	VII, 349
— Maxime du Camp,	III, 314
— Alexandre Dumas fils,	III, 477
— Octave Feuillet,	III, 676
— Halévy,	IV, 12 ; VI, 310
— Victor Hugo,	IV, 297
— Jules Janin,	IV, 560
— Jurien de la Gravière,	IV, 622
— Lacordaire,	IV, 797
— de Lamartine,	IV, 968
— de Laprade,	V, 20
— Ernest Lavisse,	V, 120, 121
— Leconte de Lisle,	III, 484 ; V, 147
— Ernest Legouvé,	V, 172
— de Lesseps,	V, 263 ; VI, 1029
— Littré,	V, 331
— de Loménie,	V, 376 ; VII, 351
— Pierre Loti,	V, 408, 803
— X. Marmier,	V, 537
— Henri Martin,	V, 566
— de Mazade-Percin,	V, 633
— Henry Meilhac,	V, 660
— Mérimée,	V, 724
— Mézières,	V, 801
— Mignet,	V, 852
— de Montalembert,	V, 1086
— Alfred de Musset,	V, 1263 ; VI, 80
— Nisard,	VI, 80
— Charles Nodier,	VI, 114
— Pailleron,	VI, 308
— Pasteur,	VI, 1026
— Patin,	VI, 432
— Perraud,	VI, 536
— Ponsard,	VI, 767
— Prévost-Paradol,	VI, 827
— E. Renan,	V, 801 ; VI, 1023
— Rousset,	VI, 1227
— Sainte-Beuve,	VII, 134
— Saint-Marc Girardin,	IV, 304
— Saint-René Taillandier,	VI, 82 ; VII, 100
— de Salvandy,	VII, 188
— Jules Sandeau,	VII, 348
— Victorien Sardou,	VII, 377
— Silvestre de Sacy,	VII, 543
— Jules Simon,	VII, 547
— Sully Prudhomme,	VII, 707
— Taine,	VII, 734
— Thiers,	VII, 825
— Alfred de Vigny,	VII, 1067
— L. Vitet,	VII, 1112
— le vicomte de Vogüé,	VII, 1124
— prononcés le 18 septembre 1890 aux obsèques de Madame Samary-Lagarde.	V, 64
— prononcés le 24 décembre 1889, au cimetière Montmartre sur la tombe de M. Ernest Havet.	VI, 1035
— qui a obtenu le prix d'éloquence.... par M. de Lescure.	V, 258
— sur l'histoire de France.	V, 1170
— sur l'histoire universelle.	I, 626, 873, ; II, 422, 431, 520, 523, 530, 778

Discours sur l'impuissance de l'homme et de la femme. VII, 724
— *sur la vie de la campagne.* IV, 746
— *sur la vie et les œuvres de Jacques-Auguste de Thou.* II, 267
— *sur le proverbe 99 moutons et 1 Champenois.* IV, 75
— *sur les duels de Brantôme* II, 1085
— *sur les lettres françaises au moyen âge.* V, 1160
— *sur les passions de l'amour.* II, 330
— *, toasts, opuscules divers* [de Lamartine]. IV, 1026
Dis-moi qui tu hantes, proverbe. III, 652
Discussions critiques et pensées diverses sur la religion. IV, 1093
Disparition du grand Krause (La). I, 777
Dissertation étymologique, historique et critique sur les diverses origines du mot cocu. II, 625
— *sur l'Alcibiade fanciullo a scola.* II, 602
— *sur l'usage des antennes dans les insectes.* VI, 86
— *sur les idées morales des Grecs.* II, 1081
Dissertations archéologiques sur les anciennes enceintes de Paris. I, 853
— *bibliographiques.* II, 641
— *sur quelques points curieux de l'his-toire de France.* IV, 825
Distiques de Dionysius Cato. I, 695
— *moraux.* I, 490
Distraction. III, 742
Distribution des prix (La). II, 363
Dit de droit, pièce en vers du XIIIe siècle (Le). III, 273
— *de la panthère d'amours.* I, 59
— *de ménage (Le), pièce en vers du XIVe siècle.* III, 274
— *des trois pommes, légende en vers du XIVe siècle (Le).* III, 274
Dithyrambe sur la mort de lord Byron. III, 1181
Dithyrambes (Les). II, 318
Dits de Hue Archevesque (Les). (Les). I, 573
Ditz et ventes damours (Les). II, 877
Diva, opéra-bouffe (La). V, 650
Divers jeux rustiques et autres œuvres poétiques de Joachim du Bellay. II, 585
Diverses poésies de Jean Vauquelin (Les). VII, 980
— *petites poésies du chevalier d'Aceilly.* II, 880
Diversités extraites d'un cahier bleu écrit dans une solitude des Pyrénées. IV, 803
Divine aventure (La). II, 221
— *comédie (La).* I, 698 ; III, 10, 14, 199
— *épopée (La).* VII, 632
— *Odyssée (La).* VI, 441
Divinités génératrices (Des). III, 331
Divo. A Jules Janin. VII, 600
Divorce de Juliette (Le). III, 682
— *de Napoléon (Le).* VII, 1161
Divorçons ! comédie. VII, 379
Dix années du Salon de peinture et de sculpture. IV, 875
— *ans d'études historiques.* VII, 815

Dix ans de l'histoire d'Allemagne. VII, 100
— *contes.* V, 186
— *dizaines des Cent nouvelles nouvelles (Les).* I, 592 ; V, 414
— *journées de Jean Boccace (Les).* I, 588
— *journées de la vie d'Alphonse Van-Worden.* VI, 93
— *mois de révolution.* VI, 805
Dixains réalistes. III, 275
1802. Dialogue des morts. VI, 1031
1812. Campagne de Russie. I, 132
1814. IV, 218
1814. Cent jours. 1815. VII, 978
1815. La première restauration. IV, 219
18 fructidor. Documents pour la plupart inédits. VII, 565
18ᵉ siècle (Le). IV, 177
Dix-huitième siècle en Angleterre (Le). II, 269
— *siècle et la critique contemporaine (La).* V, 68
— *siècle. Études littéraires.* III, 643
— *siècle. Institutions, usages et costumes. France 1700-1789.* IV, 851
— *siècle. Lettres, sciences et arts. France 1700-1789.* IV, 854
XIXᵉ siècle (Le). VI, 1150
— *siècle (en France). Mœurs, usages.* III, 1094
Dix-neuvième siècle, satire (Le). V, 555
1789 et 1889. IV, 856
Dix-sept gravures sur acier pour les œuvres de Rabelais. VI, 930
XVIIᵉ siècle. Institutions, usages et costumes. France 1590-1700. IV, 856
— *siècle. Lettres, sciences et arts. France 1590-1700.* IV, 858
Docteur Blanc (Le). V, 687
— *Egra (Le).* VII, 583
— *Festus (Le).* VII, 866
— *Herbeau (Le)* I, 621 ; VII, 337
— *mystérieux (Le).* III, 432
— *Ox (Le).* VII, 1012
— *Pascal (Le).* VII, 1216
— *Rameau (Le).* VI, 261
— *Servans (Le).* III, 456
Doctorat ès-lettres (Le). V, 61
— *impromptu (Le).* VI, 49
Documens authentiques et détails curieux sur les dépenses de Louis XIV. VI, 471
Document inédit concernant Vasco de Gama. VI, 531
— *relatif au patriarcat moscovite.* I, 784
Documents arabes relatifs à l'histoire du Soudan Tarikh-es-Soudan. VI, 867, 869
— *concernant l'histoire de Neufchatel-en-Bray.* IV, 135
— *concernant la Normandie, extraits du « Mercure français ».* IV, 135
— *historiques inédits tirés des collections manuscrites de la Bibliothèque royale.* II, 555
— *historique sur la Comédie française.* V, 98
— *inédits ou peu connus sur l'histoire et les antiquités d'Athènes.* IV, 775
— *inédits ou peu connus sur Montaigne.* VI, 436

Documents inédits sur J.-B. Poquelin Molière. II, 34
— *inédits sur le règne de Louis XV.* III, 1276
— *inédits sur les Champmeslé.* V, 1124
— *littéraires, études et portraits.* VII, 1221
— *manuscrits de l'ancienne littérature de la France.* V, 797
— *nouveaux sur André Chénier.* I, 378
— *parisiens sur l'iconographie de S. Louis.* IV, 139
— *positifs sur la vie des frères Le Nain.* II, 196
— *pour servir à l'étude des dialectes roumains.* VI, 655
— *pour servir à l'histoire de la Révolution française.* IV, 73
— *pour servir à l'histoire de nos mœurs.* III, 276
— *pour servir à l'histoire des libraires de Paris.* VI, 646
— *pour servir à la biographie de Balzac.* II, 204
— *relatifs à l'administration financière en France.* II, 907
— *relatifs à l'histoire du Cid.* V, 423
— *relatifs à la fondation du Havre.* IV, 133
— *relatifs à la marine normande et à ses armements.* IV, 136
— *relatifs à la vente de la bibliothèque du Cardinal de Mazarin.* IV, 645
Documents relatifs aux rapports du clergé avec la Royauté. II, 908
— *relatifs aux troubles du pays de Liège.* II, 509
— *sur l'histoire de la Révolution en Bretagne.* I, 503
— *sur le Malade imaginaire.* VII, 819
— *sur les fabriques de faïence de Rouen.* III, 127
— *sur les mœurs du XVIIIe siècle.* III, 279
Dodecaton ou le livre des douze. III, 280
Dolorès. I, 893
Dom Garcie de Navarre. V, 956
— *Gigadas.* I, 213
— *Juan.* V, 957
Domaine public payant (Le). IV, 357
Domenico Campagnola peintre-graveur du XVIe siècle. III, 859
Domination française en Allemagne (La). VI, 951
Dominique. III, 840
Dominotiers de Dantan jeune (Les). III, 8
Don Alonso ou l'Espagne, histoire contemporaine. VII, 187
— *Juan d'Autriche ou la vocation.* III, 110
— *Juan de Marana.* III, 344
— *Juan de village (Les).* VII, 274
— *Martin Gil. Histoire du temps de Pierre le Cruel.* V, 1157
— *Quichotte de F. Avellaneda.* I, 158
— *Quichotte de la Manche.* I, 777 ; II, 161, 162
— *Quichotte, féerie.* VII, 383

Don Quichotte, pièce. VII, 367
— *Quichotte romantique (Le).* II, 919
Dona Olimpia. III, 116
— *Sirène.* V, 1203
Donaniel, poëme. III, 1101
Donatello. II, 481
Donation de Constantin Valla (La). II, 593
— *du baron Charles Davillier. Catalogue des objets exposés au Musée du Louvre.* II, 1039
Donnez! poésie. VII, 534
Donnons tout. I, 272
Doon de Maïence, chanson de geste. VI, 743
Dora, comédie. VII, 382
Dorci ou la bizarrerie du sort. VII, 4
Dosia. III, 1134
Dossier 127 (Le). V, 585
Dossiers du procès criminel de Charlotte de Corday. VII, 970
Dot de Suzette (La). I, 47 ; II, 326, 789
Double almanach gourmand (Le). V, 1043
— *cocu (Le).* II, 607
— *conversion (La).* III, 33
— *méprise (La).* V, 712
— *vie (La).* I, 125
Doute de Montaigne (Le). V, 18
Doutes amoureux ou cas de conscience et points de droit. II, 580
Doux entretien des bonnes compagnies (Le). II, 625
— *larcins.* II, 948
Douze (Les). VI, 231
— *apôtres, émaux de Léonard Limosin (Les).* III, 504
— *dames de rhétorique (Les).* III, 289
— *discours.* IV, 308
— *étoiles (Les),* IV, 657

Douze histoires pour les enfants. I, 777
— *journées de la Révolution.* I, 326
— *mois (Les).* III, 955
— *nations (Les).* III, 768
— *nouvelles nouvelles (Les).* IV, 208
— *sonnets.* VI, 782
— *statues de la Vierge.* I, 855
Drac, drame fantastique (Le). VII, 272
Drageoir à épices (Le). IV, 470
Dragon impérial (Le). III, 879
— *normand et autres poëmes (Le).* IV, 135
Dramaturges et romanciers. V, 1095
Drame amoureux de Célestin Nanteuil (Le). II, 210
— *de Quatre-vingt-treize (Le).* III, 392
Drames. II, 21
— *de l'Amérique du Nord. La Huronne.* II, 383
— *de la grève (Les).* VII, 934
— *de la mer (Les).* III, 399
— *de la mort (Les).* III, 399
— *de village (Les).* I, 337
— *du peuple.* VI, 1059
— *et fantaisies.* IV, 57
— *galants. La marquise d'Escoman (Les).* III, 424
— *inconnus (Les).* VII, 621
— *sacrés, poème dramatique.* VII, 537
Drapeau (Le). II, 413, 498
Dresde-Paris-Rome-Montpellier. II, 1087
— *-Paris-Rome-Florence-Montpellier.* II, 1088
Drevet (Pierre, Pierre-Imbert et Claude) (Les). III, 260
Droit au vol (Le). VI, 4 ; VII, 293
— *chemin (Le).* VII, 637
— *de la femme dans l'antiquité (Le).* I, 167
— *du seigneur au moyen âge (Le).* VII, 1024

Droit du seigneur de Villejésus (*Le*). II, 872
— *du seigneur et la rosière de Saleney* (*Le*). IV, 737
— *et la Loi* (*Le*). IV, 349
Droits du seigneur (*Les*). II, 1081
Drôleries végétales. VI, 244
Dryade de Clairefont (*La*). II, 712
Du Barry (*La*). III, 1058
Du catholicisme dans ses rapports avec la société politique. IV, 1097
— *Caucase aux Indes.* I, 860
— *Cerceau* (*Les*). I, 686
— *commentaire de Proclus sur le Timée de Platon.* VII, 545
— *Contrat social.* II, 332
— *dandysme et de G. Brummel.* I, 290, 712
— *Dictionnaire de l'Académie françoise.* VI, 118
— *Dictionnaire de l'Académie françoise et des satires publiées à l'occasion de la première édition de ce dictionnaire.* VI, 119
— *droit d'aînesse.* I, 177
— *génie des religions.* VI, 906
— *génie français.* V, 1091
— *génie littéraire de la France.* V, 16
— *langage factice appelé macaronique.* VI, 117
— *Louvre au Panthéon.* VI, 807
— *luxe de Cléopâtre dans ses festins.* VI, 472
— *neuf et du vieux, contes et mélanges.* IV, 577
— *Pape.* V, 459
— *pont des arts au pont de Kehl.* III, 157
— *prêtre, de la femme, de la famille.* V, 826
— *principe moral dans la République.* V, 18
— *rôle de Pétrarque dans la Renaissance.* VI, 211
— *rôle des coups de bâton dans les relations sociales.* I, 773 ; III, 770

Du rondeau, du triolet, du sonnet. III, 876
— *sentiment de la nature dans la poésie d'Homère.* V, 17
— *silence, poésies.* VI, 1162
— *suffrage universel et de la manière de voter.* VII, 732
— *théâtre italien et de son influence sur le goût musical français.* VI, 284
— *Traité de fauconnerie composé par l'empereur Frédéric II.* VI, 643
— *vandalisme et du catholicisme dans l'art.* V, 1086
Dubois cardinal. II, 139
Duc d'Antin et Louis XIV (*Le*). I, 493
— *d'Enghien* (*Le*). I, 66
— *d'Enghien, 1772-1804* (*Le*). VII, 1160
— *d'Orléans, prince royal* (*Le*). I, 925
— *de Guise (Henri de Lorraine)* (*Le*). V, 751
— *de Lauzun et la Cour intime de Louis XV* (*Le*). V, 604
— *de Nemours et Mademoiselle de Rohan* (*Le*). VI, 1236
— *de Nivernais* (*Le*). VI, 523
— *de Saint-Simon* (*Le*). I, 333
— *Job, comédie* (*Le*). V, 123
Duchesse d'Hanspar (*La*). II, 740
— *de Berry* (*La*). VI, 44
— *de Berry en Vendée* (*La*). IV, 483
— *de Chateauroux* (*La*). III, 957
— *de Chateauroux et ses sœurs* (*La*). III, 1060
— *de Choiseul et le patriarche de Ferney* (*La*). II, 301
— *de Lauzun* (*La*). II, 715

Duchesse Martin (La).	V, 659	Duel de La Tour (Le).	IV, 191
Ducs de Bourgogne (Les).	IV, 769	Duels célèbres (Les).	VII, 983
— de Guise et leur époque (Les).	III, 761	— de maîtres d'armes.	VII, 1048
		— et duellistes.	I, 375

E

Eau (L'), par G. Tissandier.	I, 761	Échantillons curieux de statistique.	VI, 118
—. 23 compositions par A. de Sézanne.	III, 01, 555	Échéance, comédie (L').	V, 642
— de Jouvence (L').	VI, 1025	Échec et mat, drame.	III, 669
— de mélisse des Carmes déchaussés...	III, 438	Échos du bord (Les).	VI, 773
Eau-forte en 1874 — en 1875 — en 1878 (L').	I, 983	Éclair. Keepsake français (L').	III, 555
— en 1877 (L').	II, 380	—, revue hebdomadaire (L').	III, 555
—, pointe sèche et vernis mou.	III, 104	Éclairage électrique (L').	I, 758
Eaux de Saint-Ronan (Les).	VII, 448, 453	Éclaircissement de la langue française (L').	II, 566
Eaux-fortes de Antoine van Dyck.	III, 507	Éclaircissements tirés des langues sémitiques sur quelques points de la prononciation grecque.	VI, 1010
— de Claude le Lorrain.	III, 508	Éclairs et tonnerres.	I, 758
— de J. Ruysdael.	III, 510	Éclectiques (Société des).	III, 557
— de Jules de Goncourt, notice et catalogue.	I, 983	Éclipse (L').	III, 558
— de Paul Potter.	III, 507	École (L').	VII, 546
— et rêves creux.	V, 1002	— de la chasse aux chiens courants (L').	V, 311
—, gravures en couleurs, panneaux...	V, 580	— des beaux-arts dessinée et racontée par un élève (L').	V, 180
— pour les œuvres de Alfred de Musset.	V, 1293	— des biches ou mœurs des petites dames de ce temps (L').	III, 563
Ébauches.	VI, 1199	— des femmes (L').	V, 956
—. Poésies.	VI, 1169	— des filles ou la philosophie des dames (L').	II, 621
Eccelenza (L').	I, 370		
Ecclésiaste (L').	VI, 1026		
Ecclésiastiques de France (Les).	II, 585	— des journalistes (L').	III, 991
Échafaud (L').	I, 791	— des maris (L').	V, 956
Échanges entre les Bibliothèques de Paris.	V, 736	— des maris jaloux (L').	II, 627
		— des ménages (L').	I, 211
		— des princes (L').	V, 1141

École des Robinsons (*L'*).	VII, 1015
— *des vieillards* (*L'*).	III, 107
Écoles et collèges.	III, 830
Écolier de Cluny (*L'*).	I, 369
Économie de l'amour (*L'*).	II, 862
— *rurale de Columelle*.	I, 604
— *rurale de Palladius*.	I, 695
— *rurale de Varron*.	I, 695
Écorcheurs (*Les*).	I, 88
— *sous Charles VII* (*Les*).	VII, 903
Écossais en France, les Français en Écosse (*Les*).	V, 812
Écosse pittoresque (*L'*).	I, 355
Écran (*L'*).	III, 29
Écrevisses, fantaisie en vers (*Les*).	VI, 218
Écrin d'Ariel (*L'*).	II, 546
— *d'une reine* (*L'*).	IV, 658
— *, recueil de douze gravures* (*L'*).	IV, 657
Écrits et pamphlets de Rivarol.	VI, 1139
— *inédits de Saint-Simon*.	III, 1117
— (*Quelques*) *sur* :	
— *Balzac*,	I, 252
— *Barbey d'Aurevilly*,	I, 309
— *Charles Baudelaire*,	I, 352
— *Béranger*,	I, 418
— *Henry Beyle*,	I, 467
— *Petrus Borel*,	I, 868
— *Brizeux*,	I, 933
— *Champfleury*,	II, 213
— *Chateaubriand*,	II, 303
— *Ph. de Chennevières*,	II, 368
— *le comte de Chevigné*,	II, 392
— *Jules Claretie*,	II, 418
— *François Coppée*,	II, 995
— *Alphonse Daudet*,	III, 70
— *Alfred Delvau*,	III, 162
— *Maxime Du Camp*,	III, 318
— *Alexandre Dumas*,	III, 438 441
— *Alexandre Dumas fils*,	III, 492

Écrits (*Quelques*) *sur* :	
— *Ferdinand Fabre*,	III, 641
— *Octave Feuillet*,	III, 683
— *Ernest Feydeau*,	III, 701
— *Gustave Flaubert*,	III, 736
— *Anatole France*,	III, 813
— *Théophile Gautier*,	III, 945
— *Gavarni*,	III, 956
— Mme *Émile de Girardin*.	III, 993
— *Albert Glatigny*,	III, 1006
— *les Goncourt*,	III, 1069
— *Henri Heine*,	IV, 59
— *Arsène Houssaye*,	IV, 213
— *Henry Houssaye*,	IV, 219
— *Victor Hugo*,	IV, 440
— *Jules Janin*,	IV, 566
— *Lamartine*,	IV, 1067
— *Lamennais*,	IV, 1099
— *Victor de Laprade*,	V, 34
— *Leconte de Lisle*,	V, 148
— *Jules Lemaître*,	V, 187
— *Pierre Loti*,	V, 411
— *Maupassant*,	V, 625
— *Prosper Mérimée*,	V, 755
— *Michelet*,	V, 840
— *Eugène de Mirecourt*,	V, 900
— *Henry Monnier*,	V, 1024
— *Charles Monselet*,	V, 1064
— *Hégésippe Moreau*,	V, 1143
— *Eugène Muntz*,	V, 1188
— *Henry Murger*,	V, 1203
— *A. de Musset*,	V, 1298
— *Nadar*,	VI, 8
— *Gérard de Nerval*,	VI, 63
— *Charles Nodier*,	VI, 187
— *P. de Nolhac*,	VI, 211
— *Philothée O'Neddy*,	VI, 277
— *Édouard Ourliac*,	VI, 293
— *Édouard Pailleron*,	VI, 311
— *Eugène Paillet*,	VI, 313
— *Gaston Paris*,	VI, 402
— *Gabriel Peignot*,	VI, 494
— *Gustave Planche*,	VI, 701
— *Ponsard*,	VI, 770
— *le baron Roger Portalis*,	VI, 788
— *Poulet-Malassis*,	VI, 802

Écrits (Quelques) sur :
— Edgar Quinet, VI, 914
— Ernest Renan, VI, 1038
— Jean Richepin, VI, 1129
— Madame Roland, VI, 1174
— J.-J. Rousseau, VI, 1224
— le marquis de Sade, VII, 5
— Sainte-Beuve, VII, 157
— B. de Saint-Pierre, VII, 92
— Paul de Saint-Victor, VII, 112
— George Sand, VII, 317
— Jules Sandeau, VII, 352
— Victorien Sardou, VII, 384
— Armand Silvestre, VII, 539
— Jules Simon, VII, 552
— Joséphin Soulary, VII, 600
— Frédéric Soulié, VII, 627
— Stendhal, I, 467
— Eugène Sue, VII, 701
— Sully Prudhomme, VII, 712
— Hippolyte Taine, VII, 735
— André Theuriet, VII, 808
— R. Töpffer, VII, 867
— Édouard Turquety, VII, 906
— Auguste Vacquerie, VII, 939
— Paul Verlaine, VII, 1002
— Gabriel Vicaire, VII, 1035
— Alfred de Vigny, VII, 1074
— Auguste de Villiers de l'Isle-Adam, VII, 1094
— Émile Zola, VII, 1224
Écrivains anglais contemporains (Les). VII, 729
— critiques et historiens littéraires de la France. XV. Charles Labitte. VII, 137
— d'aujourd'hui (Les). VII, 773
— de l'histoire auguste. I, 694
— de la mansarde (Les). III, 563
— et hommes de lettres. VII, 912
— juifs français du XIVe siècle (Les). VI, 1036
— modernes de l'Angleterre. V, 1094

Écrivains modernes de la France (Les). II, 316
— pseudonymes et autres mystificateurs de la littérature française (Les). VI, 883
— sacrés du dix-septième siècle (Les). VII, 97
— sur le trône (Les). III, 784
Écureuil, comédie (L'). VII, 363
Écuyer Dauberon (L'). VII, 1148
Écuyers et écuyères. Histoire des cirques d'Europe. VII, 985
Eddas (Les). II, 690
Edel. I, 714, 904
E. Delacroix et son œuvre. V, 1132
Edgar Quinet avant l'exil. VI, 916
— depuis l'exil. VI, 916
Edith de Falsen. V, 171
Édition nationale [de Victor Hugo]. IV, 420
Éditions belges de H. de Balzac. I, 238
— illustrées de Racine (Les). VI, 761
— illustrées des Fables de La Fontaine (Les). III, 232
— originales des oraisons funèbres de Bossuet (Les). I, 873
— originales des romantiques (Les). III, 184
Éd. Manet. Étude biographique et critique. VII, 1199
Édouard. II, 325 ; III, 535
— Detaille et son œuvre. V, 592
— Turquety, bibliophile. VII, 392
Éducateurs et moralistes. VII, 462
Éducation (De l'). II, 32
— de Timoléon Jobert (L'). VI, 558
— des femmes par les femmes (L'). III, 1128
— des filles. I, 627, 641

Éducation du maréchal de Castellane (L'). I, 499
— homicide (L'). V, 25
— libérale (L'). L'hygiène, la morale, les études. V, 29
— par les voyages (De l'). IV, 754
— rationnelle de la première enfance II, 636
— sentimentale. I, 726 ; III, 720
Effets de théâtre. VII, 975
Effigies d'inconnus. II, 409
Effroi des bégueules (L'). VII, 532
Effrontés (Les). I, 145
Égale de l'homme (L'). III, 988
Églantine, souvenirs de littérature contemporaine (L'). IV, 658
Églantines (Les). V, 522
Église (L'). I, 205
— catholique et la puissance temporelle des Papes (Les). III, 540
— chrétienne (L'). VI, 1024
— et l'État sous la monarchie de Juillet (L'). VII, 839
— et l'Opéra en 1735 (L'). IV, 610
— et la chasse (L'). II, 18
— et le commun, moralité (L'). VI, 971
— gallicane dans son rapport avec le Souverain Pontife (De l'). V, 459
— , Noblesse et Pourete qui font la lésive (L'). VI, 973
Églises de la Terre Sainte (Les). VII, 1127
— de Paris (Les). III, 567
— et monastères de Paris (Les). VII, 891
Églogues. VI, 566
Égrillardes (Les). III, 666

Égypte au XIXe siècle (L'). III, 1079
— , Nubie, Palestine et Syrie. III, 305
Einerley. IV, 628
Elaine, poème. VII, 774
Eldorado (L') et Fortunio. I, 42 ; III, 890
Élection et la réception de Marivaux à l'Académie française (L'). V, 60
Élections et les cahiers de Paris en 1789 (Les). II, 576
Élégie sur la mort du général Foy. III, 335
Élégies. VII, 998
— de Jean Doublet (Les). I, 554 ; II, 5
— de la belle fille lamentant sa virginité (Les). I, 632 ; IV, 618 ; VII, 899
— de Properce. I, 693 ; II, 334
— de Tibulle. I, 694
— et poésies nouvelles. III, 197
— nationales et satires politiques. VI, 52
— , suivies d'Emma et Eginard. V, 865
Élémens de morale. VI, 452
Élément historique de Huon de de Bordeaux (L'). V, 381
Éléments de paléographie. II, 571
Elën, drame. VII, 1090
Éléonore ou l'heureuse personne. III, 567
Élévations (Les). III, 211
Elie de Saint-Gille. I, 58
— Mariaker. I, 895
— Tobias. II, 164
Elisa de Rialto. II, 316
— et Widmer. VII, 855
— Mercœur..... II, 487
Elisabeth de France, tragédie. VII, 631
— et Henri IV. VI, 825
— ou les exilés en Sibérie. II, 789, 1035

Tome VIII   7

Élite des contes (L') du sieur d'Ouville. I, 635 ; II, 962
—, livre des Salons (L'). III, 569
Élixir de longue vie (L'). I, 204
— du docteur Cornélius (L'). V, 647
— du R. P. Gaucher (L'). III, 61
Elle et Lui. VII, 263
Elmira. IV, 481
Eloa, ou la sœur des anges. VII, 1051
Éloge burlesque de la seringue. II, 1082
— de Gresset. I, 489
— de la folie d'Érasme. III, 583
— de Lancret, peintre du Roi. IV, 100
— de M. de Saulcy. VII, 390
— de M. Poitevin-Peitavi. VI, 1066
— de Montesquieu. V, 503
— de Paris composé au XVIe siècle. IV, 794
— du sein des femmes. V, 697
— historique du lieutenant-général Foy. IV, 812
Éloges académiques. VII, 1152
— de la ville de Rouen (Les). I, 555
— historiques. V, 855
Élomire hypocondre. II, 588, 847
Elvire de Lamartine (L'). III, 812
Élysée-Bourbon (L'). III, 569 ; IV, 528
Elzevier, histoire et annales typographiques (Les). VII, 1166
Émail des peintres (L'). VI, 780
Émaillerie (L'). V, 969
Émaux bressans. VII, 1031
— cloisonnés anciens et modernes (Les). I, 982
— de Petitot du musée impérial du Louvre (Les). III, 570
— et camées. I, 613, 727 ; II, 544 ; III, 910

Embellissemens de Paris (Les). V, 865
Embellissements de Paris (Les). VII, 629
Embranchement de Mugby (L'). VI, 232
Émeraude. VII, 1156
— (L'). I, 72
Émeraudes, littérature mêlée (Les). IV, 658
Émigrant alsacien, récit (L'). VI, 217
Émigrants (Les). II, 712
Émile Augier. VI, 311
—. Fragments. III, 987
— ou de l'éducation. VII, 1210
— Zola, par P. Alexis. I, 31
— Zola, par Guy de Maupassant. V, 608
Émotions. I, 72
—, par J. Lesguillon. V, 259
— de Polydore Marasquin (Les). I, 730
Empédocle, vision poétique. IV, 736
Empereur et la Garde impériale (L'). VI, 420
— est mort ! (L'). V, 595
Empereurs romains, caractères et portraits historiques. VII, 1191
Empire, c'est la paix (L'). IV, 188
— des légumes (L'). VI, 243
— et les avocats (L'). V, 590
Empirique (L'). I, 486
Emplacement de l'Ilion d'Homère (L'). III, 312
En Bourbonnais et en Forez. V, 1092
— campagne. VI, 1106
— causant avec la lune. III, 566
— ce temps-là, contes. V, 12
— chemin de fer, triolets. III, 325
— congé. I, 777
— Corse. I, 903
— France XVIIIe et XIXe siècles. V, 802

En Hollande. Lettres à un ami. III, 309
— *karriole à travers la Suède et la Norwège.* VII, 954
— *ménage.* IV, 473
— *18.....* III, 1024
— *pleine fantaisie.* VII, 517
— *pleine mer, keepsake maritime.* IV, 659
— *province.* II, 982
— *quarantaine.* I, 781
— *rade.* IV, 474
— *Sèvre, notes de voyage.* IV, 625
— *train express. A mes amis de la Société littéraire de Lyon.* VII, 594
— *visite, un acte.* V, 114
— *voiturin.* V, 1314
— *voyage. Alpes et Pyrénées.* IV, 371, 410
— *voyage. France et Belgique.* IV, 373, 410
— *voyage. Le Rhin.* IV, 410
Encaustique (L') et les autres procédés de peinture chez les anciens. I, 690
Enchantements de la forêt (Les). VII, 791
— de Mme *Prudence de Saman Lesbatx.* VII, 190
— de *Prudence (Les).* VII, 191, 295
Encore adieu, dernières poésies. V, 91
— *des galipettes.* III, 859
— *un!* V, 1059
— *un an de sans titre.* III, 760
Encouragement au bien (L'). VII, 751
Encyclopédie céramique-monogrammatique. III, 170
— *d'armurerie avec monogrammes.* III, 170
— *des gens du monde.* III, 575

Encyclopédie du bibliothécaire et de l'amateur de livres français. VI, 893
— *du dix-neuvième siècle.* III, 575
— *historique, archéologique... des Beaux-Arts plastiques.* III, 171
— *moderne.* III, 576
— *pittoresque du calembour.* III, 577
— *progressive. Law.* VII, 825
— *théologique.* II, 838
Enfance (L'). IV, 1005
— *d'une parisienne.* I, 724 ; III, 73
— *de Henri Beyle (L').* VII, 670
— *et la jeunesse de Lysis (L').* IV, 530
Enfans et les anges, poésies (Les). VII, 818
Enfant (L'), par Gustave Droz. III, 297
— *(L'), par Jules Vallès.* VII, 949
— *de chœur (L').* I, 335
— *de Dieu (L').* VII, 838
— *de la balle (L').* II, 978
— *de ma femme (L').* IV, 713, 720
— *du guide (L').* I, 778
— *du naufrage (L').* I, 169
— *Jésus, mystère (L').* III, 1103
— *maudit (L').* I, 206
Enfantines, moralités. VI, 284
— *, poésies à ma fille.* VII, 464
Enfants (Les). II, 202
— *(Les). Le Livre des mères, par V. Hugo.* IV, 323
— *bretons, poésies.* V, 199
— *d'Alsace et de Lorraine.* II, 118

Enfants d'aujourd'hui (Les).	I, 781
— d'Édouard (Les).	III, 110
— de Grand-Pierre (Les).	V, 1181
— de l'amour (Les).	VII, 696
— de la Bible (Les).	VII, 476
— de la ferme (Les).	I, 778
— du capitaine Grant (Les).	VII, 1011
— du peuple (Les).	VII, 948
— et les mères (Les).	I, 725
— & mères.	III, 74
— et parents.	I, 781
— pendant la guerre (Les).	IV, 595
— pendant la paix (Les).	IV, 595
Enfer (L').	VI, 759
— burlesque (L').	II, 846
— de Joseph Prudhomme (L').	V, 1021
— de l'esprit (L').	VII, 934
— du bibliophile (L').	I, 126
— du Grenier.	II, 1058
— mis en vieux langage françois et en vers (L').	II, 14
— , poëme du Dante (L').	III, 9, 12
— , satire, d'Agrippa d'Aubigné (L').	II, 6
Enguerrande.	I, 424
Énide, poëme.	VII, 776
Énigmes des rues de Paris.	III, 781
— et découvertes bibliographiques.	II, 642
Enjollement de Covla et de Miqvelle (L').	I, 627
Enlèvement de la redoute (L').	V, 752
— innocent (L').	VII, 894
Ennemis de Voltaire (Les).	VI, 73
— des livres (Les).	V, 1182
Enquête sur la politique des deux ministères.	I, 184
Enseigné, conte (L').	III, 577
Enseignement de notre langue (De l').	V, 575
Enseignement des langues anciennes considéré comme base des études classiques (De l').	V, 18
— du peuple (L').	VI, 908
— supérieur en France (L').	V, 315
Enseignes de Paris (Les).	I, 422
Ensorcelée (L').	I, 295, 710
Enterrement (L').	III, 585
Entr'actes.	III, 480
Entre Aubure et Dambach.	V, 48
— cour et jardin.	III, 765
— deux paravents.	II, 148
— frères et sœurs.	I, 468
— nous.	III, 296
— nous, revue intime.	V, 583
— onze heures et minuit.	VII, 20
Entrée à Rouen du Roi et de la Reine, Henri II et Catherine de Médicis.	I, 561, 573
— de clowns.	II, 217
— de Danton aux Enfers (L').	VII, 181
— de François Iᵉʳ, roi de France, dans la ville de Rouen (L').	I, 553
— de Henri II à Rouen (L').	I, 554
— de la duchesse de Montmorency à Montpellier (L').	I, 540
— de Louis XII à Lyon.	II, 872
— de Madame de Montmorency à Montpellier.	I, 546
— du roy nostre sire en la ville et cité de Paris (L').	I, 565
Entrées de Éléonore d'Autriche et du Dauphin.	I, 551
Entretien des musiciens (L').	III, 868

Entretien des vieillards (L'). III, 585
Entretiens de la grille ou le moine au parloir (Les). II, 628
— *de la Truche* (Les). II, 628
— *de Magdelon et de Julie* (Les). II, 628
— *de village*. II, 1011
— *mémorables de Socrate* (Les). II, 868
— *sur l'église catholique*. VI, 554
— *sur l'histoire*. VII, 1191
— *sur la peinture*. V, 667
Envers d'une conspiration (L'). III, 423
— *du théâtre* (L'). I, 760
— *et l'endroit* (L'). II, 734
Environs de Paris (Les). I, 321
— *de Paris* (Les). *Paysage, histoire...* III, 577 ; VI, 172
Ennuye, Estats et Simplesse, moralite. VI, 971
Epave (L'). I, 514
— , *poème* (L'). II, 976
— *du Cynthia* (L'). VII, 1016
Epaves (Les), *de Ch. Baudelaire*. I, 347
— (Les), *par Auguste Lacaussade*. IV, 790
Epée et les femmes (L'). I, 363
Ephémères (Les). III, 530
— , *poésies-sonnets*. VII, 593
Ephéméride de l'expédition des Allemands en France. IV, 1124
Ephémérides Daces ou chronique de la guerre de quatre ans. VI, 854, 856
Epicurien (L'). V, 1125
Epicuriens et lettrés XVIIe et XVIIIe siècles. III, 220
Epigrammes. VII, 999
— *de Martial*. I, 693

Epigrammes dites de J. Ogier de Gombauld. II, 638 ; III, 1024
Epigraphie lyonnaise. II, 871
Epis et bleuets. V, 174
Episodes (*poèmes 1886-1888*). VI, 999
— *miraculeux de Lourdes* (Les). V, 83
— . *Sites et sonnets*. VI, 1000
Epistre composée par l'autheur au nom des rossignols du parc d'Alençon. V, 224
— *de Cleriande la Romayne à Reginus*. V, 441
— *de Guillaume le Rouillé*. I, 570
Epistres amoureuses d'Aristenet (Les). II, 582
Epithalame. A Henri Bouchot & Claire Chevalier. VI, 531
Epitaphes en rondeaux de la royne. I, 676
Epitaphier du vieux Paris. IV, 153
Epitre à Barthélemy sur le juste milieu. III, 237
— *à Casimir Delavigne*. III, 291
— *à la postérité et testament*. VI, 563
— *à Messieurs de l'Académie française*. III, 105
— *à Monsieur Bouniol de Saint-Geniez*. VII, 956, 957
— *à M. A. de Lamartine*. III, 108
— *à M. de Saintine*. I, 325
— *à M. Gérard, auteur des Elégies nationales*. VII, 748
— *à Monsieur Grille*. VII, 958
— *à Monsieur Guichardot*. VII, 957
— *à Monsieur l'abbé L*****. VII, 956
— *à M. le Vicomte S. de La Rochefoucauld*. IV, 812

Épître à M. Sainte-Beuve.	VII, 1104
— à Simier.	V, 261
— à quelques poètes panégyristes.	III, 291
— à Thémire.	VII, 957
— à Thouvenin.	V, 261
— adressée à Robert Gaguin.	III, 131 ; IV, 140
— au démoncule Corniculot.	VII, 958
— aux anti-romantiques.	VI, 73
— aux Français.	VII, 170
— aux Grecs.	VII, 170
— d'un dettier à Barthélemy.	III, 582
— d'un jeune homme qui a remporté le prix de vertu à sa mère.	IV, 812
— en vers à Bouffé.	I, 93
Épîtres, par Alphonse Lamartine.	IV, 966
— de M. Viennet.	VII, 1046
— et satires.	VII, 1047
— rustiques.	I, 156
— , stances et odes.	II, 430
Épouse d'outre-tombe, conte chinois (L').	II, 629
Épousée (L').	V, 448
Épouvantail des rosières (L').	VII, 529
Épreuves (Les).	I, 747 ; VII, 705
— de Raïssa (Les).	III, 1134
Équitation des gens du monde	VI, 1134
— et des haras (De l').	VII, 395
— puérile et honnête (L').	II, 1065
Érard du Chatelet. Esquisses du temps de Louis XIV.	VI, 429
Érasme en Italie.	VI, 206
Éreintés de la vie (Les).	II, 220
Erinnerungen episoden und charaktere aus zeit der Revolution.	VI, 109
Érinnyes, tragédie antique (Les).	V, 145
Ernani, grand opéra.	IV, 254
Ernest d'Hervilly - Caprices.	IV, 82
— , ou le travers du siècle.	III, 292
Ernestine, ou l'Épreuve.	VII, 15
Érostrate, poëme.	IV, 736
Erotika biblion.	V, 874
Errants de nuit (Les).	II, 726
Eschyle. Traduction nouvelle.	III, 590
Esclavage dans les colonies (De l').	VII, 1149
Esclave russe (L').	IV, 506
Esclaves, poème dramatique (Les).	VI, 909
Escole de l'interest et l'Vniversité d'amour (L').	II, 662
— des femmes (L').	V, 948
— des maris (L').	V, 949
Escoliers (Les).	II, 661
Esmeralda (La).	I, 733 ; IV, 287, 386, 415, 425, 436
Ésope.	I, 281
Espace céleste et la nature tropicale (L').	V, 313
Espadon satyrique (L').	II, 629
Espagne (L').	III, 80
— contemporaine (L').	VII, 777
— et beaux-arts. Mélanges.	VII, 1030
— et Portugal, notes et impressions.	VI, 916
— et ses comédiens en France au XVIIe siècle (L').	III, 783
— pittoresque, artistique et monumentale (L').	II, 1074
— politique (L').	II, 371
— religieuse et littéraire (L').	V, 94
— , traditions, mœurs et littérature.	V, 96
Espagnole (L').	I, 425
Espérances (Les).	I, 734 ; IV, 868
Espion (L').	II, 966

Espionne, épisode de 1808 (L').
V, 704
Esprit au théâtre (L'). II, 917
— *d'Alphonse Karr (L').*
IV, 642
— *d'association dans tous les intérêts de la communauté (De l').* IV, 751
— *dans l'histoire (L').* III, 780
— *de Diderot (L').* II, 717
— *de nos aïeux (L').* V, 153
— *de tout le monde (L').*
V, 572
— *de tout le monde..... Joueurs de mots (L').*
V, 49
— *de Voltaire.* II, 741
— *des affaires (L').* VI, 624
— *des autres (L').* III, 780
— *des bêtes (L').* VII, 883
— *des femmes de notre temps (L').* VII, 470
— *des femmes et les femmes d'esprit (L').* VII, 658
— *des lois.* II, 427, 782 ; V, 1099
— *des oiseaux (L').* I, 444
— *des voleurs (L').* II, 917
— *du grand Corneille.* II, 779
— . *Miroir de la presse périodique (L').* III, 591
— *moderne en Allemagne (L').* VII, 470
— *nouveau (L').* VI, 912
Esquisse d'une philosophie.
IV, 1093
Esquisses, croquis, pochades ou Tout ce qu'on voudra. IV, 514
— *d'un voyage dans la Russie méridionale et la Crimée.* III, 165
— *des principaux faits de nos annales nationales du 13ᵉ au 17ᵉ siècles.* VI, 350
— *et croquis parisiens.*
III, 773

Esquisses historiques et littéraires. V, 377
— *littéraires.* V, 1095
— *morales et politiques.*
VII, 663
— *morales. Pensées, réflexions et maximes*
VII, 664
— *parisiennes.* I, 265, 266
— *poétiques, par Émile Diaz de la Pena.*
III, 246
— *poétiques [par Xavier Marmier].* V, 534
— *poétiques, par Édouard Turquety.* II, 882
Essai analytique sur l'origine de la langue française.
VI, 482
— *bibliographique sur la destruction volontaire des livres.* III, 298
— *bibliographique sur les différentes éditions des Icones veteris testamenti d'Holbein.* III, 513
— *bibliographique sur les différentes éditions des œuvres d'Ovide.* III, 514
— *bibliographique sur les publications de la proscription française.* V, 198
— *bibliographique sur M. T. Cicéron.* III, 205
— *chronologique sur les hivers les plus rigoureux.*
VI, 466
— *chronologique sur les mœurs, coutumes et usages anciens.* VI, 472
— *critique sur le gaz hydrogène.* VI, 102, 652
— *d'un catalogue des artistes originaires des Pays-Bas.* IV, 770
— *d'un Dictionnaire historique de la langue française.* VI, 407

Essai d'une bibliographie des ouvrages publiés en Chine par les Européens. II, 1006
— *d'une bibliographie des ouvrages relatifs à l'histoire religieuse de Paris.* IV, 794
— *d'une bibliographie générale des beaux-arts.* III, 505
— *d'une bibliographie générale du théâtre.* VII, 572
— *d'une bibliographie historique de la Bibliothèque nationale.* VI, 663
— *d'une bibliographie raisonnée de l'Académie française.* IV, 706
— *de bibliographie céramique.* II, 208
— *de bibliographie contenant l'indication des ouvrages relatifs à l'histoire de la gravure.* III, 504
— *de curiosités bibliographiques.* VI, 447
— *de manuel pratique de la langue Mandé.* VI, 864
— *de physiognomonie.* VII, 860
— *de traduction en vers burlesques d'une pièce de poésie latine.* I, 562
— *historique, anecdotique sur le parapluie.* II, 143
— *historique et archéologique sur la reliure des livres.* VI, 482
— *historique et bibliographique sur les rébus.* III, 118
— *historique et descriptif sur la peinture sur verre ancienne et moderne.* V, 7
— *historique, philosophique et pittoresque sur les danses des morts.* V, 9
Essai historique, politique et moral sur les révolutions anciennes et modernes. II, 286
— *historique sur la liberté d'écrire chez les anciens.* VI, 479
— *historique sur la lithographie.* VI, 464
— *phytographique d'une Chloris Vichyssoise.* VII, 295
— *politique d'un cousin de Charlotte Corday.* II, 365
— *satirique sur les vignettes, fleurons, culs-de-lampe et autres ornements des livres.* III, 593
— *sur Hermann et Dorothée de Gœthe.* VII, 1157
— *sur l'architecture religieuse du moyen age.* V, 715
— *sur l'art de restaurer les estampes.* I, 850
— *sur l'étude de l'histoire en France, au dix-neuvième siècle.* V, 92
— *sur l'histoire de la littérature française.* VII, 1157
— *sur l'histoire du parchemin et du velin.* VI, 455
— *sur l'histoire du théâtre.* I, 283
— *sur l'histoire naturelle de quelques espèces de moines.* III, 594
— *sur l'indifférence en matière de religion.* IV, 1088, 1095, 1096
— *sur la calligraphie des manuscrits du moyen âge.* V, 8
— *sur la décoration extérieure des livres.* V, 528

Essai sur la géographie féodale de la Bretagne. IV, 783
— *sur la guerre sociale.* V, 718
— *sur la langue de La Fontaine.* V, 573
— *sur la littérature anglaise.* II, 289
— *sur la métaphysique d'Aristote.* VI, 959
— *sur La Mettrie, sa vie et ses œuvres.* VI, 363
— *sur la restauration des anciennes estampes.* I, 850
— *sur la vie et l'œuvre des Lenain.* II, 179
— *sur la vie et les œuvres de Jean Vauquelin de la Fresnaie.* VII, 886
— *sur la vie et les ouvrages de Gabriel Peignot.* VII, 559
— *sur la vie et les ouvrages de Marguerite d'Angoulême.* V, 231
— *sur le comte de Caylus.* VI, 1159
— *sur le duel.* II, 278
— *sur le feu grégeois.* IV, 943
— *sur le génie et le caractère de lord Byron.* VI, 652
— *sur les bibliothèques imaginaires.* I, 939
— *sur les classiques et les romantiques.* III, 214
— *sur les débuts de la typographie grecque à Paris.* VI, 274
— *sur les énervés de Jumièges.* V, 8
— *sur les Fables de La Fontaine.* VII, 726
— *sur les légendes pieuses du moyen âge.* V, 626
— *sur les libertés de l'église gallicane.* IV, 26
— *sur les nielles, gravures des orfèvres florentins du XVe siècle.* III, 322
Essai sur les poésies inédites de Paul Reynier. V, 1160
— *sur les satires de Mathurin Régnier.* VI, 1200
— *sur li romans d'Eneas.* VI, 567
— *sur Tite-Live.* VII, 727
— *typographique et bibliographique sur l'histoire de la gravure sur bois.* III, 258
Essais d'études bibliographiques sur Rabelais. I, 939
— *d'histoire et de critique. Metternich, Talleyrand.* VII, 584
— *d'un jeune Barde.* VI, 89
— *de bibliographie contemporaine I. Charles Baudelaire.* IV, 881
— *de critique et d'histoire, par Léo Joubert.* IV, 585
— *de critique et d'histoire, par H. Taine.* VII, 728
— *de critique idéaliste.* V, 33
— *de gravure pour servir à une histoire de la gravure en bois.* IV, 759
— *de littérature et de morale.* VII, 27
— *de Montaigne.* I, 536, 628 ; II, 342, 518, 527, 540, 766 ; V, 1074, 1128
— *de morale et de critique.* VI, 1013
— *de politique et de littérature.* VI, 826
— *de psychologie contemporaine.* I, 904
— *en prose et poésies [de Marie-Laure].* V, 523
— *historiques et littéraires.* VII, 1114
— *historiques sur les bardes, les jongleurs et les trouvères normands.* V, 70

Essais littéraires, par une société de jeunes gens. VI, 86
— *orientaux.* III, 25
— *poétiques de P. Lachambeaudie.* IV, 790
— *poétiques, par Max Buchon.* I, 959
— *poétiques, par Mlle Delphine Gay.* III, 989
— *sur l'Allemagne impériale.* V, 120
— *sur l'école romantique.* VI, 84
— *sur l'époque actuelle. Libres opinions morales et historiques.* V, 1091
— *sur l'organisation des arts en province.* II, 358
— *sur la littérature anglaise.* V, 1093
— *sur le génie de Pindare.* VII, 1007
Estampe originale (L'). III, 594
Estampes de Freudeberg pour le Monument du Costume. VI, 1070
— *de Moreau le jeune pour le Monument du Costume.* VI, 1069
— *du XVIIIe siècle (Les).* I, 901
— *en couleurs du XVIIIe siècle (Les).* II, 382
— *et livres.* I, 396
— *pour les œuvres de Molière.* V, 935
Estat de l'Empire de Russie et grand duché de Moscovie. V, 746
— *de la Perse en 1660.* VI, 861
— *, noms et nombre de toutes les rues de Paris, en 1636.* II, 573
Esthétique à l'Exposition nationale des beaux-arts (L'). VI, 497

Esthétique au Salon de 1883 (L'). VI, 497
— *de la tradition.* II, 743
— *de Schiller.* VII, 423
Estienne Dolet, sa vie, ses œuvres, son martyre. I, 898
Est-il bon? est-il méchant? II, 324
Estoc et de taille (D'). V, 436
Estourdy (L'). V, 948
Estreine de Pierrot à Margot. II, 630
Estrenes des filles de Paris (Les). I, 676
Établissements de Saint Louis (Les). IV, 114
Étangs (Les). III, 297
Étapes d'un mobile parisien. VI, 1074
— *d'un réfractaire (Les).* VI, 1110
— *d'une conversion (Les).* III, 693
— *du cœur (Les).* III, 182
— *maritimes sur les côtes d'Espagne.* III, 169
État actuel de la langue française (De l'). VI, 473
— *de la langue française (De l').* II, 466
— *de Paris en 1789 (L').* II, 576
— *de siège (L').* VI, 908
— *des beaux-arts en France (De l').* III, 1172
— *réel de la presse et des pamphlets depuis François Ier jusqu'à Louis XIV.* V, 124
État-civil d'artistes français. IV, 97
— *de quelques artistes français.* VI, 682
— *des peintres & sculpteurs de l'Académie royale.* IV, 98
États d'Orléans, scènes historiques (Les). VII, 1113
— *de Blois ou la mort de MM. de Guise (Les).* VII, 1111

États provinciaux dans la France centrale sous Charles VII (Les).	VII, 832
Été à Bade (L').	III, 1168
— *à Paris (L').*	IV, 540
— *de la Saint-Martin (L').*	V, 652
Éternel contraste (L').	VII, 647
— *féminin (L').*	III, 958
Éternelle chanson (L').	I, 358
Étienne de la Boëtie, ami de Montaigne.	III, 668
— *Marcel, prévôt des marchands, par Élie Cabrol.*	II, 21
— *Marcel, prévost des marchands, par F. T. Perrens.*	IV, 150
Étincelle (L'). Album mosaïque.	IV, 686
— *, comédie (L'), par M. Henri Meilhac.*	V, 641
— *, comédie, par Edouard Pailleron (L').*	VI, 307
— *électrique (L').*	I, 757
— *, souvenirs de littérature contemporaine (L').*	IV, 659
Etna (L').	I, 695
Étoile, drame (L').	III, 979
— *du sud (L').*	VII, 1016
Étoiles (Les).	II, 220
— *, dernière féerie (Les).*	V, 770
— *du monde (Les).*	III, 603
— *. Nouveau magazine (Les).*	III, 603
Étourdi ou les Contretemps (L').	V, 955
Étrangère (L'), par d'Arlincourt.	I, 87
— *, comédie par Alexandre Dumas fils (L').*	III, 479
Étrangers à Paris (Les).	III, 603
Étranges aventures de Robinson Crusoé.	III, 752
— *histoires.*	V, 750
Étrennes aux dames.	III, 604
— *aux grisettes pour l'année 1790.*	II, 630
— *aux sots.*	V, 864
— *gratuites aux dames abonnées de la Gazette des femmes.*	IV, 660
— *pittoresques. Contes et nouvelles.*	III, 606 ; IV, 661
Étude bibliographique sur le Ve livre de Rabelais.	IV, 857
— *bibliographique sur les livres illustrés par Sébastien Leclerc.*	V, 637
— *bibliographique sur les œuvres de George Sand.*	VII, 640
— *biographique & bibliographique sur Symphorien Champier.*	I, 37
— *biographique sur François Villon.*	V, 379
— *céramique sur une vue du port de Rouen.*	III, 1079
— *critique et bibliographique des œuvres de Alfred de Musset.*	V, 1280
— *critique et historique sur Jean le Houx.*	III, 874
— *d'histoire privée contenant des détails inconnus sur le premier jansénisme.*	VII, 157
— *de critique scientifique. Écrivains francisés.*	IV, 64
— *et récits sur Alfred de Musset.*	IV, 572
— *historique et topographique sur le plan de Paris de 1540.*	III, 824
— *historique sur Louise de Lorraine.*	V, 638
— *sur Bayle.*	V, 206
— *sur des maximes d'État... du cardinal de Richelieu.*	IV, 24

Etude sur Étienne de La Boétie. VI, 827
— *sur Francisco Goya, sa vie et ses travaux.* I, 940
— *sur François premier, roi de France.* VI, 411
— *sur Hamlet et sur W. Shakspeare.* III, 430
— *sur Jean Cousin.* III, 259
— *sur l'une des origines de la monarchie prussienne.* V, 119
— *sur le libraire parisien du XIIIe au XVe siècle.* III, 100
— *sur le langage populaire ou patois de Paris.* VI, 75
— *sur le pouvoir royal au temps de Charles V.* V, 119
— *sur le seizième siècle. Rabelais, Montaigne, Calvin.* III, 878
— *sur le songe de Poliphile.* III, 581
— *sur le tryptique d'Albert Durer dit le tableau d'autel de Heller.* III, 579
— *sur les chansons de geste et sur Garin le Loherain.* VI, 410
— *sur les ex-dono et dédicaces autographes.* V, 552
— *sur les fontes du Primatice.* I, 287
— *sur les monuments de l'architecture militaire des Croisés en Syrie...* II, 570
— *sur les sarcophages chrétiens antiques de la ville d'Arles.* II, 560
— *sur Linguet.* V, 563
— *sur Madame Roland et son temps.* III, 30
— *sur Mirabeau.* IV, 281
— *sur Nicolas de Grouchy.* III, 1142

Etude sur Olivier Basselin et les compagnons du Vau de Vire. III, 874
— *sur quelques documents inédits relatifs à l'arrestation de Louis XVI à Varennes.* III, 770
— *sur Vauvenargues.* III, 1179
— *sur Virgile.* VII, 140
Etudes à l'eau-forte par Francis Seymour Haden. Notice et descriptions. I, 981
— antiques. VI, 766
— archéologiques sur les anciens plans de Paris. I, 853
— bibliographiques sur les périodiques publiés à Dijon. V, 868
— biographiques et littéraires. IV, 41
— comparées des maîtres des diverses écoles. IV, 545
— contemporaines. Voyages, philosophie et beaux-arts. II, 275
— critiques sur l'administration des beaux-arts en France. III, 859
— critiques sur l'histoire de la littérature française. I, 956
— critiques sur la littérature contemporaine. VII, 417, 419
— critiques sur le feuilleton-roman. VI, 65
— d'après Fromentin. III, 970
— d'après nature. V, 307
— d'archéologie celtique. V, 565
— d'art. Le Salon de 1852. La peinture à l'Exposition de 1855. III, 1068
— d'histoire et de critique dramatique. V, 68

TABLE DES OUVRAGES CITÉS

Études d'histoire et de littérature. VI, 81
— *d'histoire militaire sur la Révolution & l'Empire.* III, 337
— *d'histoire religieuse.* VI, 1012
— *de bibliographie dauphinoise.* III, 606
— *de critique littéraire.* VI, 80
— *de langue française (XVIe et XVIIe siècles).* V, 576
— *de littérature ancienne et étrangère.* VII, 1086
— *de littérature et d'art, par V. Cherbuliez.* II, 370
— *de littérature et d'art, par Gustave Larroumet.* V, 69
— *de littérature et d'histoire.* VI, 1006
— *de mœurs au XIXe siècle.* I, 196
— *de mœurs et de critiques sur les poètes latins de la décadence.* VI, 77
— *de mœurs. La Clef des champs.* IV, 738
— *de philologie comparée sur l'argot et sur les idiomes analogues.* V, 811
— *et glanures.* V, 331
— *et portraits, par P. Bourget.* I, 906
— *et portraits, par Cuvillier-Fleury.* II, 1097
— *et portraits, par Oscar de Vallée.* VII, 946
— *et souvenirs* III, 645
— *françaises et étrangères.* III, 202
— *grecques de Pétrarque (Les).* VI, 207
— *historiques bretonnes.* IV, 782
— *historiques et diplomatiques.* II, 264

Études historiques et littéraires. II, 1096
— *historiques, littéraires*
— *historiques, littéraires et morales sur les proverbes français.* VI, 918
— *historiques sur le XVIe et le XVIIe siècles.* IV, 26
— *historiques sur les cartes à jouer.* V, 125
— *iconographiques et archéologiques sur le moyen âge.* I, 766
— *iconographiques sur la topographie ecclésiastique de la France.* V, 970
— *littéraires et morales de Racine.* VI, 942
— *littéraires sur l'Espagne contemporaine.* V, 95
— *littéraires sur le dix-neuvième siècle.* III, 643
— *littéraires sur les chefs-d'œuvre des Classiques français.* V, 763
— *littéraires. Un poète comique du temps de Molière.* VII, 101
— *morales sur l'Antiquité* V, 546
— *ou discours historiques sur la chute de l'Empire romain.* II, 288
— *philosophiques.* I, 203
— *philosophiques et littéraires.* VII, 1115
— *sur Aristophane.* III, 207
— *sur Blaise Pascal.* VII, 1099
— *sur Georges Michel.* VII, 474
— *sur Gilles Corrozet.* I, 852
— *sur Gœthe.* V, 535
— *sur l'Allemagne.* V, 848
— *sur l'Allemagne ancienne et moderne.* II, 273
— *sur l'Allemagne au XIXe siècle.* II, 273

Études sur l'Antiquité. II, 270
— *sur l'Ecole française (1831-1852). Peinture et sculpture.* VI, 701
— *sur l'Espagne, par Ph. Chasles.* II, 271
— *sur l'Espagne, par A. Morel-Fatio.* V, 1147
— *sur l'Espagne. Séville et l'Andalousie.* V, 93
— *sur l'histoire de l'art.* VII, 1114
— *sur l'histoire de la peinture et de l'iconographie chrétiennes.* I, 691 ; V, 1183
— *sur l'histoire de Metz.* VI, 831
— *sur l'histoire de Prusse.* V, 119
— *sur l'histoire romaine.* V, 723
— *sur la condition de la classe agricole et l'état de l'agriculture en Normandie.* III, 125
— *sur la littérature contemporaine.* VII, 418
— *sur la littérature et les mœurs des Anglo-Américains au XIX⁰ siècle.* II, 272
— *sur la littérature française à l'époque de Richelieu.* V, 332
— *sur la littérature française au XIX⁰ siècle.* VII, 1099
— *sur la littérature française moderne et contemporaine.* VII, 661
— *sur la nature.* VII, 33
— *sur la politique religieuse du règne de Philippe le Bel.* VI, 1036
— *sur la reliure des livres.* I, 942
— *sur la Renaissance.* VI, 80

Études sur la révolution en Allemagne. VII, 98
— *sur la théodicée de Platon.* VII, 545
— *sur la vie et les œuvres de Molière.* III, 788
— *sur la vie et les travaux de Jean, sire de Joinville.* III, 259
— *sur la vie privée de Bernardin de Saint-Pierre.* V, 636
— *sur le XIXᵉ siècle.* VI, 1160
— *sur le passé et l'avenir de l'artillerie.* VI, 36
— *sur le seizième siècle en France.* II, 271
— *sur les arts.* VI, 701
— *sur les arts au moyen âge.* V, 743
— *sur les beaux-arts.* VII, 1112
— *sur les beaux-arts en général.* III, 1174
— *sur les hommes et les mœurs du XIX⁰ siècle.* II, 272
— *sur les moralistes français.* VI, 827
— *sur les orateurs parlementaires.* II, 1008
— *sur les poëtes allemands.* VI, 53
— *sur les premiers temps du Christianisme et sur le Moyen Age.* II, 270
— *sur les révolutions de Paris.* VI, 136
— *sur les tragiques grecs.* VI, 431
— *sur Molière.* IV, 807
— *sur Pascal.* II, 1061
— *sur Victor Hugo.* VII, 1027
— *traditionnistes.* II, 743
— *sur W. Shakspeare, Marie Stuart et l'Aretin.* II, 273

Étudians à Paris (Les). III, 609
— *, drame (Les).* VII, 622

Étudiant (L'). V, 830
Étudiants d'Heildelberg (Les).
         II, 717
—   *de Paris (Les).* I, 159
Étui de nacre (L'). III, 811
Eudore Cléaz. I, 271
Eugène Delacroix. II, 483
—   *Delacroix à l'Exposition du boulevard des Italiens.* IV, 948
—   *Delacroix devant ses contemporains.* I, 692
—   *Delacroix. Documents nouveaux.* VII, 543
—   *Delacroix. Sa vie et ses œuvres.* III, 97
—   *Fromentin. Conférence.* VII, 419
—   *Fromentin, peintre et écrivain.* III, 841
—   *Giraud.* V, 601
—   *Renduel, l'éditeur de l'École romantique.* IV, 616
Eugénie de Pierre Corneille Blessebois (L'). II, 1022
—   *de Guérin.* I, 296
—   *Grandet.* I, 43, 197, 211
Eulalie Pontois. VII, 615
Euménides. I, 67
Eunuque ou la fidèle infidélité (L'). II, 630
Euphrosine. II, 729
Eureka. I, 350, 713 ; VI, 737
Euripide. Traduction nouvelle par Leconte de Lisle. III, 614
Europe et la Révolution française (L'). VII, 584
—   *littéraire, journal de la littérature nationale et étrangère (L').* III, 614
Eusèbe Lombard. VII, 796
Eustache Le Sueur, sa vie et ses œuvres. VII, 1113
Œuvres de Louise Labé. IV, 728
—   *en rime de Ian Antoine de Baïf.* VI, 711

Eux, drame contemporain en un acte et en prose. III, 281
—   *et Elles. Histoire d'un scandale.* V, 251
Eva, pièce en trois actes. III, 463
Evangeline. I, 778 ; V, 378
Évangéliste (L'). I, 723 ; II, 689 ; III, 55
Évangile d'une grand'mère. VII, 466
Évangiles (Les). IV, 1097
—   *apocryphes (Les).* III, 616
—   *de Notre-Seigneur Jésus-Christ.* III, 617
—   *des dimanches et fêtes de l'année (Les).* III, 622
—   *des quenouilles (Les).* I, 650
—   *et la seconde génération chrétienne (Les).* VI, 1022
Évasion de La Valette (1815) (L'). IV, 54
—   , *drame (L').* VII, 1093
Évasions célèbres (Les). I, 757
Ève et ses incarnations. V, 1003
—   *ressuscitée ou la belle sans chemise.* II, 631
Événement de Varennes (L'). III, 776
Évenor et Leucippe. II, 738 ; VII, 255
Éventail (L'). VII, 922
—   *brisé (L').* IV, 206
—   *et l'ombrelle (L'). Essai de classification bibliographique.* VII, 923
Évêque d'Autun (L'). II, 318
—   *Goslin ou le Siège de Paris par les Normands (Le).* III, 622
Évocations, poésies (Les). IV, 467
Évolution naturaliste (L'). III, 232
Examen critique des Dictionnaires de la langue française. VI, 105

Examen critique... des lettres à Julie sur l'entomologie. VI, 114
— *de la philosophie de Bacon.* V, 460
— *de la question de savoir si Le Sage est l'auteur de Gil Blas.* IV, 438
— *des vies des hommes illustres de Plutarque.* V, 814
Excentricités américaines. II, 725
— *de la langue française en 1860 (Les).* V, 39
— *du langage français (Les).* V, 40
Excentriques (Les). II, 180
Excerpta Colombiniana. IV, 34
Excommunié (L'). I, 209
Excursion à travers un manuscrit inédit de Victor Hugo. VII, 928
— *dans l'Oberland.* VII, 864
— *dans les Alpes.* VII, 863
— *en Italie.* V, 4
— *sur les bords de l'Euphrate.* II, 27
Excursions dans le Maine. V, 78
— *sur les bords du Rhin.* III, 352
Exécution de fragments de l'opéra (inédit) de Samson. III, 408
Exil de Rama (L'). II, 697
Exilée, par François Coppée (L'). II, 972
— , *par Pierre Loti (L').* V, 409
Exilés (Les). I, 270, 709
— , *drame (Les).* VII, 381
Ex libris de Dominique-Barnabé Turgot. II, 939
— *de Jacques-Charles-Alexandre Lallemant, évêque de Sées.* II, 937

Ex libris de Mr. Serais, avocat. II, 939
— *du canton de Carrouges (Les).* II, 940
— *et les marques de possession du livre (Les).* I, 887
— *français depuis leur origine jusqu'à nos jours (Les).* VI, 797
Exorcisée (L'). IV, 79
Expédition de Charles VIII en Italie (L'). III, 97
— *des Deux-Siciles. Souvenirs personnels.* III, 309
— *du Duc de Guise à Naples (L').* V, 372
— *du Mexique (L').* VI, 910
— *nocturne autour de ma chambre.* I, 740; V, 466
Expiation. II, 499
— *(L').* IV, 360
Explication de la Danse des morts de la Chaise-Dieu. IV, 606
Exploits d'un Arlequin (Les). VI, 24
— *de Mario (Les).* VI, 236
— *des jeunes Boers (Les).* VI, 235
Exposition bibliographique de Sées. V, 81
— *de la Société des amis des arts (L').* I, 981
— *des beaux-arts (Salon de 1880-1881-1882) (L').* III, 622
— *des œuvres de Édouard Manet.* VII, 1223
— *des peintures, aquarelles... des maîtres de la caricature et de la peinture de mœurs au XIXe siècle.* V, 492

TABLE DES OUVRAGES CITÉS

Exposition des peintures et dessins de H. Daumier. II, 206
— *générale de la lithographie.* I, 395
— *Jules Chéret.* V, 578
— *universelle de 1851. Travaux de la Commission française sur l'industrie des nations.* IV, 776
— *universelle internationale de 1889 à Paris. Rapports du Jury.* IV, 876
Expositions de Paris (Salon de 1857) (Les). III, 922
Expression dans les Beaux-Arts (L'). VII, 712
Exstinction du paupérisme. VI, 36
Extraction des cercueils royaux à Saint-Denis en 1793. IV, 52
Extrait abrégé des vieux mémoriaux de l'abbaye de St-Aubin-du-Bois en Bretagne. I, 650

Extrait d'un rapport fait à l'Académie des Inscriptions et belles-lettres. IV, 753
— *d'un rapport sur les monuments historiques du département de l'Orne.* V, 78
— *d'un voyage en Orient.* IV, 975
— *de mon Journal du mois de mars 1815 [par Louis-Philippe d'Orléans].* V, 416
— *du Moniteur du 9 août 1830.* III, 437
Extraits des auteurs grecs concernant la géographie et l'histoire des Gaules. IV, 108
— *des Causeries du lundi.* VII, 153
Extravagants et originaux du XVIIᵉ siècle. V, 1315
Extrême-Orient (L'). I, 859

F

Fabienne. V, 645
Fabiola ou l'Église des Catacombes. VII, 1168
Fables, anecdotes et contes. III, 188
— *choisies de La Fontaine.* IV, 889, 911
— *choisies mises en vers par M. de La Fontaine.* I, 699
— *choisies tirées des Métamorphoses d'Ovide.* V, 668
— *composées pour l'éducation du duc de Bourgogne.* II, 326; III, 658

Fables, contes et autres poésies. III, 182
— *d'Avianus.* I, 695
— *de F.-E.-A. Charpentier.* II, 266
— *de Fénelon.* I, 777; II, 881
— *de Florian.* I, 593; III, 742
— *de La Fontaine.* I, 596, 627; II, 425, 433, 518, 521, 531, 747, 780; IV, 887, 890, 893, 895, 906, 912
— *de La Fontaine annotées par Buffon.* IV, 906
— *de La Fontaine filtrées*

TABLE DES OUVRAGES CITÉS

  par Aurélien Scholl.
        VII, 429
Fables de Phèdre. I, 693
— de S. Lavalette. V, 107
— [de Van den Zande].
        VII, 956
— du très ancien Ésope
  (Les).   II, 10
— et méditations. III, 1182
— et poésies, par Benoît-
  Champy.   I, 391
— et poésies de Théophile-
  Conrad Pfeffel. VI, 571
— inédites des XIIe et XIIIe
  siècles et Fables de
  La Fontaine. IV, 912
— morales et politiques.
        V, 107
— morales et religieuses. II, 28
— , par Pierre Lachambeaudie.   IV, 791
— par Ernest Prarond. VI, 805
— , par Anatole de Ségur.
        VII, 465
— , par C. G. Sourdille de
  La Valette. V, 107
— , par M. Viennet. VII, 1046
— -proverbes, par Berlot-
  Chapuit.   I, 426
Fabliaux et contes des poètes
  françois des XIe,
  XIIe, XIIIe, XIVe
  et XVe siècles. V, 690
— gaillards. VII, 526
— ou contes, fables et
  romans du XIIe et
  du XIIIe siècles.
        III, 627
Fabrique de mariages (La). II, 727
— de romans. Maison
  Alexandre Dumas et
  compagnie. V, 876
Facéties de Pogge (Les). II, 591
— du comte de Caylus.
        II, 954
— lyonnaises. II, 492
— , raretés et curiosités

littéraires tirées à
 76 exemplaires. IV, 597
Facéties révolutionnaires sur
 Madame de Poli-
 gnac.   II, 631
Facétieuses nuits (Les) de Stra-
 parole. I, 608, 659
Fâcheux (Les). V, 950, 956
Facino Cane. I, 206
Fac-similés de l'écriture de Pétrarque. VI, 204
— de manuscrits grecs
  des XVe et XVIe
  siècles. VI, 269
— des manuscrits grecs
  datés de la Bi-
  bliothèque natio-
  nale du IXe au
  XIVe siècle. VI, 272
— des plus anciens
  manuscrits grecs
  en onciale et mi-
  nuscule de la Bi-
  bliothèque natio-
  nale du IVe au
  XIIe siècle. VI, 273
Fa dièse, roman. IV, 627
Faicts merveilleux de Virgille
 (Les). II, 631, 876
Faïence (La). I, 662
Faïences d'Oiron (Les). III, 715
— , porcelaines et biscuits.
        I, 680
Fais ce que dois. I, 719 ; II, 969
Faiseur (Le). I, 231
Faits et paroles mémorables par
 Valère-Maxime. I, 694
— mémorables de l'histoire
  de France. V, 813
Falaise d'Houlgate (La). VI, 216
Falot (Le). VII, 518
— cosmopolite (Le). III, 1006
Fameuse comédienne (La) ou
 Histoire de la Guérin. II, 846
Famille Alain (La). IV, 640
— Aubry (La). V, 790
— Beauvisage (La). I, 234

Famille Benoiton, comédie (*La*). VII, 369
— *Cardinal* (*La*). II, 500 ; IV, 9
— *Coquelicot* (*La*). I, 782
— *d'Orléans depuis son origine* (*La*). V, 506
— *de Beyle-Stendhal* (*La*). V, 454
— *de Germandre* (*La*). VII, 268
— *de Jeanne d'Arc* (*La*). I, 910
— *de Lusigny*, drame, (*La*). VII, 603
— *de Molière et ses représentants actuels* (*La*). VI, 1075
— *de Ronsart* (*La*). I, 658
— *des Juste en Italie* (*La*). IV, 101
— *du duc de Popoli* (*La*). VI, 185
— *Guizot, monographie bibliographique* (*La*). VI, 895
— *Harel* (*La*). I, 778
— *improvisée* (*La*). V, 1009
— *Jouffroy* (*La*). II, 739 ; VII, 698
— *Lambert* (*La*). II, 729
— *Mirliton, parodie-vaudeville* (*La*). VII, 369
— *-sans-nom*. VII, 1017
Familles d'outre-mer (*Les*). II, 555
Fanchette. Lettre de Blaise Bonnin à Claude Germain. VII, 220
Fandango (*Le*). V, 655
Fanfan-Latulipe. II, 717
— *la Tulipe*, drame. V, 792
— *le troubadour à la représentation de Hernani*. III, 645 ; IV, 255
Fanfares et corvées abbadesques des Roule-Bontemps (*Les*). II, 631
Fanfreluches, contes et gauloiseries (*Les*). VII, 498

Fanfreluches, poétiques. VII, 956
Fange (*La*). III, 1146
Fanny. IV, 175
— , *étude*. III, 696
— *Lear*, comédie. V, 648
— *Minoret*. II, 208
Fantaisies. VI, 292
— , *avec un précepte d'Horace*. V, 1167
— *bibliographiques*. I, 940 ; II, 607
— *de Bruscambille* (*Les*). II, 608
— *de Cadet-Bitard* (*Les*). VII, 529
— *de Claudine* (*Les*). I, 232 ; II, 543
— *de jeunesse*. V, 857
— *lyonnaises*. VII, 1102
— *multicolores*. I, 854
— *politiques, morales, critiques et littéraires*. VI, 21
Fantaisiste, magazine bibliographique (*Le*). II, 632
Fantasia. VI, 1160
Fantasio, comédie. V, 1269
Fantôme d'Orient. I, 51 ; V, 408
Farandole de pierrots. VII, 1116
Farce de deux amoureux recreatifs et ioyeux (*La*). VI, 975
— *de l'arbalestre a 11 personnages*. VI, 970
— *de la bouteille* (*La*). VI, 977
— *de la pipée* (*La*). VI, 742
— *de maître Pathelin* (*La*). II, 325 ; III, 645
— *des brus* (*La*). VI, 975
— *des Quiolards* (*La*). III, 647
— *des veaulx jouée devant le Roy* (*La*). VI, 975
— *du cuvier* (*La*). III, 646
— *du mari refondu* (*La*). VII, 1034
— *du meunier de qui le diable emporte l'âme en enfer* (*La*). VI, 741

Farce du pâté et de la tarte (La). III, 646
— *du Poulier* (La). VI, 976
— *du raporteur* (La). VI, 974
— *du Savatier* (La). VI, 982
— *ioyeuse à II personnages*. VI, 970
— *ioyevse a III personnages*. VI, 976
— *novvelle à V personnages*. VI, 972
— *novvelle a VI personnages*. VI, 973
Farces de mon ami Jacques (Les). VII, 511
— *et moralités*. V, 306
Farfadets (Les). I, 421
— , *conte breton* (Les). V, 662
Fariboles. II, 999
Fastes de Rouen (Les). I, 552
— *de Versailles* (Les). III, 762
— *des gardes nationales de France*. I, 25
Faulx Sauluiers (Les). VI, 56, 62
Faune populaire de la France. VI, 1177
Fausses antiquités de l'Assyrie (Les). I, 765
— *envies, parade* (Les). III, 1152
Faust, drame en trois actes. VI, 105
— *et le second Faust de Gœthe*. VI, 61
— *moderne* (Le). I, 881
— , *par Gœthe*. I, 728
— , *Préface... par A. Dumas fils*. III, 476
— , *tragédie*. III, 1013
Faustin (La). I, 729 ; III, 1062
Faustine. I, 893
Faute de l'abbé Mouret (La). II, 707 ; VII, 1203
Fauvette du docteur (La). VII, 312, 314
— (La). *Souvenirs de littérature contemporaine*. III, 650 ; IV, 661

Faux bonshommes (Les). I, 321
— *Démétrius* (Les). V, 733
— *Louis XVII* (Les). V, 80
— *ménages* (Les). VI, 304
Fayence, poëme (La). III, 831
F.-D. Froment-Meurice, argentier de la ville. I, 985
Fédération parisienne du 14 juillet 1790 (La). VII, 880
Fédérations de 1790 (Les). V, 839
Fedora, drame. VII, 382
Fée, comédie (La). III, 673
— *aux miettes, ou les camarades de classe* (La). VI, 111, 176
— *des Cévennes* (La). I, 74
Féeries de la science (Les). I, 444
Fées de la famille (Les). VI, 235
— *de la mer* (Les). IV, 640
— *du moyen âge* (Les). V, 626
Félicia ou mes fredaines. VI, 49
Félix Arvers. III, 1007
— *Buhot, dessinateur et aquafortiste*. VII, 927
— *et Thomas Platter à Montpellier*. I, 548
Fellah (Le). I, 10
Femme (La). I, 618 ; V, 835
— *abandonnée* (La). I, 198
— *au collier de velours* (La). III, 387
— *au dix-huitième siècle* (La). III, 1045
— *bookmaker, opérette* (La). VII, 523
— *dans l'art* (La). VII, 934
— *dans les temps anciens* (La). II, 710
— *de Claude* (La). III, 476
— *de Diomède* (La). III, 924
— *de feu* (La). I, 388
— *de l'avocat* (La). II, 942
— *de Roland* (La). II, 756
— *de soixante ans* (La). I, 229
— *de trente ans* (La). I, 197
— *du vingtième siècle* (La). VII, 551

Femme en Allemagne (La). III, 1091
— -enfant (La). V, 685
— et le badin, farce nouvelle (La). VI, 977
— jugée par l'homme (La). V, 38
— jugée par les grands écrivains. I, 449
— jugée par les grands écrivains des deux sexes (La). V, 37
— , le mari et l'amant (La). IV, 714, 719
— , poésies (La). VII, 464
— selon mon cœur (La). V, 313
— supérieure (La). I, 210
— vertueuse (La). I, 199
— veuve, farce (La). VI, 972

Femmes. VII, 995
— (Les). II, 711
— antiques. I, 440
— artistes à l'Académie royale de peinture (Les). IV, 103
— bibliophiles de France (Les). VI, 877
— blondes (Les). I, 332
— célèbres de 1789 à 1795 (Les). IV, 940
— célèbres de l'ancienne France (Les). V, 230
— chasseresses (Les). IV, 171
IV, 171
— comme elles sont (Les). IV, 191
— dans la société chrétienne (Les). III, 15
— dans les temps modernes (Les). II, 710
— d'amis (Les). II, 1054
— d'après les auteurs français (Les). V, 1179
— d'artistes (Les). I, 722 ; II, 700 ; III, 43, 47
— de Brantôme (Les). I, 886
— de Gœthe (Les). VII, 108

Femmes de H. de Balzac (Les). III, 654 ; IV, 837
— de la Bible (Les). III, 16
— de la Régence. V, 1313
— de la Révolution (Les). V, 832
— de Murger (Les). I, 367
— de Paul de Kock (Les). I, 368
— de sport (Les). VII, 983
— de théâtre (Les). V, 194
— de Versailles (Les). IV, 482
— de Victor Hugo (Les). I, 367
— des Goncourt (Les). III, 967
— des Tuileries (Les). IV, 482
— du diable (Les). IV, 197
— du quartier latin (Les). VI, 197
— du temps passé (Les). IV, 194
— entretenues dévoilées dans leurs fourberies galantes (Les). II, 1075
— et les fleurs (Les). V, 481
— excentriques (Les). VII, 1019
— fortes, comédie (Les). VII, 362
— honnêtes ! II, 862 ; VI, 499
— illustres (Les). II, 733
— jugées par les bonnes langues (Les). V, 39
— jugées par les méchantes langues (Les). V, 571
— . Keepsake des Keepsakes (Les). III, 654 ; IV, 661
— peintes par elles-mêmes (Les). V, 571
— philosophes (Les). V, 257
— poètes au XVIe siècle (Les). III, 668
— poètes bretonnes (Les). I, 508

Femmes qui font des scènes (Les). V, 1045
— *qui tuent et les femmes qui votent (Les).* III, 481
— *savantes (Les).* V, 952, 961
Fénelon, par Paul Janet. III, 1120
— *, par A. de Lamartine.* IV, 1007
Féodalité, des institutions de St Louis (De la). V, 851
Fer (Le). I, 758
— *rouge (Le).* III, 1002
Ferblande ou l'abonné de Montmartre, parodie. VII, 373
Ferdinand Denis. II, 1008
Ferme (journée d'été), symphonie (La). VI, 11
— *du Choquard (La).* II, 372
Fernand. VII, 338
— *Colomb, sa vie et ses œuvres.* IV, 31
— *Duplessis.* VII, 697
Fernande. III, 359
— *, pièce en quatre actes.* VII, 373
Fernandinette ou la Rosière d'en face, parodie. VII, 373
Ferréol, comédie. VII, 382
Festons et astragales. I, 713
Fête annuelle de la Macédoine. VII, 708
— *des martyrs (La).* V, 865
— *donnée le 13 février 1881 par les élèves du cours de Vaise.* V, 1110
— *votive de Saint-Bartholomée porte glaive.* I, 716; II, 403
Fêtes célèbres de l'Antiquité, du Moyen Age et des temps modernes. I, 757
— *de Madrid à l'occasion du mariage de S. A. R. le duc de Montpensier (Les).* III, 903
— *galantes.* VII, 990

Fêtes nationales à Paris (Les). III, 299
Feu Bressier. IV, 638
— *& flamme.* VI, 276
— *Miette.* II, 177
— *Séraphin. Histoire de ce spectacle depuis son origine.* III, 667
Feuille à l'envers (La). II, 860
Feuilles au vent, poésies par Louis de Courmont. II, 1043
— *au vent, poésies, par Eugène Lemouël.* V, 198
— *d'automne (Les).* I, 731; II, 731; IV, 271, 377, 384, 392, 406, 411, 421, 435
— *de lierre.* III, 629
— *détachées faisant suite aux Souvenirs d'enfance et de jeunesse.* VI, 1028
Feuilleton d'Aristophane (Le). I, 918
Feux-follets, poésies. VI, 755
F. Halévy, écrivain. VI, 792
— *, sa vie et ses œuvres.* IV, 4
Fiammina, comédie (La). VII, 909
— *contre Odette (La).* VII, 379
Fiancé de Mlle Saint-Maur (Le). II, 371
Fiancée de Bénarès (La). II, 268
— *de Lammermoor (La).* VII, 447, 452, 455
Fiancés, histoire milanaise du XVIIe siècle (Les). V, 497
— *, ou le Connétable de Chester (Les).* VII, 448
Fiasque, mêlé d'allégories. III, 701
Fidèles Ronins (Les). VII, 747
Fidelle, moral a V personnages (Le). VI, 975
Fiel et miel, poésies. III, 609

Fierabras, chanson de geste.
　　　　　　　　　　　VI, 744
— , *légende nationale.*
　　　　　III, 704 ; IV, 885
Fifre, journal hebdomadaire (Le).
　　　　　　　　　　　III, 704
Figaro-Salon.　　VII, 1171, 1189
Figulines (Les).　　　VII, 595
Figures d'artistes. Léontine Beaugrand.　　　　　　III, 769
— *d'hier et d'aujourd'hui.*
　　　　　　　　　　　III, 774
— *de femmes.*　　　III, 208
— *des Contes de La Fontaine.*　　　　　　IV, 919
— *des Fables de La Fontaine.*　　　　　　IV, 892
— *littéraires.*　　　III, 209
Figurines parisiennes.　V, 1034
— , *plâtres poétiques (Les).*
　　　　　　　　　　　VI, 805
Filiales (Les).　　　　III, 2
Fille aux mains coupées, mystère (La).　　　VI, 901
— *aux pieds nus (La).*　I, 138
— *bastelière (La).*　　VI, 969
— *de Mme Angot (La).*　II, 410
— *de Molière, comédie (La).*
　　　　　　　　　　　III, 782
— *de Roland (La).*　　I, 869
— *du Cid (La).*　　　III, 111
— *du garde (La).*　　II, 729
— *du marchand (La).*　II, 543
— *du marquis (La).*　III, 432
— *Elisa (La).*　　　III, 1058
— *Elisa, scène d'atelier (La).*
　　　　　　　　　　　III, 712
— *ennemie du mariage (La).*
　　　　　　　　　　　I, 485
Filles d'Ève (Les).　　IV, 187
— *de minuit (Les).*　VII, 1019
— *du feu (Les).*　　　I, 586 ;
　　　　　　　　　　VI, 58, 62
— *du professeur (Les).* I, 778
— , *lorettes et courtisanes.*
　　　　　　　　　　　III, 358
— *publiques de Paris (Les).*
　　　　　　　　　　　I, 421

Filles Sainte-Marie (Les).　I, 820
Filleul d'un marquis (Le). VII, 788
— *de Pompignac (Le).* III, 471
— *du docteur Trousse-Cadet (Le).*　　VII, 513
Filleule (La).　II, 738 ; VII, 247
Fils (Le).　　　　　　VII, 936
— *de famille (Les).*　VII, 699
— *de Giboyer (Le).*　I, 145
— *de l'ex-maire (Le).*　II, 713
— *de l'homme (Le).*　I, 325
— *de l'homme ou Souvenirs de Vienne (Le).*　V, 767
— *de l'homme, souvenirs de 1824 (Le).*　　VII, 671
— *de la folle (Le).*　VII, 610
— *de Pierre le Grand (Le).*
　　　　　　　　　　VII, 1123
— *du brasseur roi (Le).* III, 272
— *du diable (Le).*　　III, 691
— *du maquignon (Le).* I, 780
— *au notaire (Le).*　IV, 831
— *du rajah (Le).*　　IV, 530
— *du Titien (Le).*　　II, 770
— *Maugars (Le).*　　VII, 790
— *naturel (Le).*　　III, 400
Filz et l'Examynateur, farce nouvelle (Le).　　VI, 979
Fin d'un monde (La).　III, 300
— *d'un monde et du neveu de Rameau (La).*　IV, 553
— *de Don Juan (La).*　I, 352
— *de l'orgie (La).*　　V, 1049
— *de Lucie Pellegrin (La).* I, 30
— *de Satan (La).*　IV, 367, 408
— *du dix-huitième siècle (La).*
　　　　　　　　　　　II, 117
— *du fin (Le).*　　　V, 676
— *du monde, histoire du temps présent et des choses à venir (La).*　　　VI, 1099
— *du vieux temps (La).*　I, 902
Finesses du mari (Les).　V, 1154
Fior d'Aliza.　　　　IV, 1016
Flagellans, roman historique (Les).　　　　III, 720
Flamandes, poésies (Les). VII, 987
Flamarande.　　　　VII, 281

Flambeaux noirs.	VII, 988
Flaminio.	VII, 254, 315, 316
Flandre à vol d'oiseau (La).	IV, 45
— pendant les trois derniers siècles (La).	IV, 709
Flavie.	VII, 274
Flèches d'or (Les).	I, 728 ; III, 998
Fleur de blé noir, missel d'amour.	V, 199
— de coca, pantomime (La).	III, 1010
— de poésie françoyse (La).	II, 633
— de serre et fleur des champs.	IV, 662
— des antiquitez de la noble et triumphante ville et cité de Paris (La).	II, 574
— des belles épées.	I, 363
— des chansons amoureuses (La).	II, 632
— des pois (La).	I, 196
— des proverbes français (La).	III, 502
— du panier (La).	I, 330
— lascive orientale (La).	III, 740
Fleurettes (Les).	IV, 38
Fleurs à Marie.	VII, 906
— à Paris (Les).	V, 225
— animées (Les).	III, 133
— d'avril, comédie.	VII, 1033
— d'ennui.	V, 403
— d'hiver. Fruits d'hiver.	V, 173
— de Castille et d'Andalousie, poésies.	V, 95
— de France.	I, 816, 817
— de pommier, vers.	III, 104
— des ruines.	V, 204
— du bitume.	III, 1077
— du ciel (Les).	II, 399
— du mal (Les).	I, 341, 343, 349, 712
— du soir.	V, 205
— et ruines.	I, 739
Fleurs historiques (Les).	I, 36 ; IV, 662
— historiques des dames et des gens du monde.	V, 57
— religieuses, album du monde chrétien.	IV, 662
— religieuses, loisirs des âmes chrétiennes.	IV, 663
— sur une tombe.	V, 1107
Fleuve (Le).	II, 1072
Fleuves de France (Les).	I, 322
Flibustier (Le).	VI, 1126
Flipote, comédie.	V, 187
Flirt.	IV, 78
Flocons (Les).	V, 542
Floire et Blanceflor.	I, 650
Floovant, chanson de geste.	VI, 743
Flore latine des dames et des gens du monde.	V, 56
Floréal.	VII, 533
—, revue.	V, 585
Florence. L'histoire, les Médicis, les Humanistes, les Lettres, les Arts.	VII, 1186
Floride (La).	V, 769
Florise.	I, 271
Flotille de l'Euphrate (La).	IV, 621
Flûte de Pan (La).	V, 159
Foi, espérance et charité.	I, 815, 816, 817
Foire aux artistes (La).	VII, 428
— aux idées (La), journal-vaudeville.	V, 302
— de Francfort (La).	II, 586
— de la Brière (La).	II, 362
— Saint-Laurent, son histoire (La).	IV, 88
Folammbo ou les cocasseries carthaginoises.	III, 726
Folies-amoureuses (Les).	V, 672
— d'un grand seigneur (Les).	V, 1030
— de Daniel Sage (Les).	I, 542
— -Marigny, prologue (Les).	III, 1005
— -Nouvelles (Les).	I, 260

Folk-lore. VI, 871
— de l'île Maurice (Le). V, 328
— du pays basque (Le). V, 326
— du Poitou (Le). II, 538
Folle d'Orléans (La). IV, 821
— querelle ou la Critique d'Andromaque (La). II, 852
Folles ballades (Les). V, 545
— de leur corps. II, 45, 864
— et sages, poésies. III, 833
Fond de la mer (Le). I, 761
— de la Société sous la Commune (Le). III, 31
— du sac de la grand'mère. I, 386
— du sac (Le) ou recueil de contes en vers et en prose. II, 952, 960
Fondation d'un nouveau théâtre à Paris. V, 1052
— et les antiquités de la basilique collégiale... de S. Paul de Lyon. II, 491, 776
Fontaine de toutes sciences du philosophe Sidrach (La). VI, 1035
— des amoureux de science (La). II, 683
Fontainebleau. III, 753
— , Versailles, Paris. IV, 531
Force des choses (Les). V, 517
Forces perdues (Les). III, 311
— physiques (Les). I, 757
Forest nuptiale (La). II, 615
Foresteries de Jean Vauquelin de la Fresnaie. VII, 979
Forêt bleue (La). V, 399
— de Rennes (La). III, 690
— enchantée ou Tranquille et Vif-Argent. VI, 523
— , son histoire (La). V, 1180
Forêts de la Gaule et de l'ancienne France (Les). V, 627

Forgeron (Le). I, 279
Formation de l'unité française (De la). V, 382
— française des anciens noms de lieu (De la). VI, 900
Formosa. VII, 938
Formulaire des magistrats. II, 624
— fort recreatif de tovs contracts... II, 493
Fort comme la mort. V, 620
Fortune d'Angèle (La). VII, 787
— des Rougon (La). VII, 1201
Fortunes et adversitez de feu noble homme Jehan Regnier (Les). II, 671
Fortunio. I, 613 ; III, 892
Fortuny. II, 484
— , sa vie, son œuvre, sa correspondance. III, 80
Fossiles (Les). I, 761
Fou du Palais-Royal (Le). II, 41
— Yégof (Le). III, 586
Fourberies de Nérine (Les). I, 268
— de Scapin (Les). V, 951, 961
Fourchambault (Les). I, 148
Fourchette harmonique (La). IV, 88
Fourmis (Les). I, 757
Fous littéraires (Les). I, 944
Foutaizes de Jéricho (Les). II, 634
F.....manie (La). II, 673
Foyer breton (Le). VII, 634
— de l'Opéra (Le). I, 216 ; III, 790 ; VII, 613
— et les champs, poésies (Le). VI, 1162
Foyers du peuple (Les). IV, 999
F. Ponsard, 1814-1867. IV, 561
Fragmens de divers mémoires pour servir à l'histoire de la Société polie en France. VI, 1166
— historiques 1688 et 1830. VI, 36
— , Naples et Venise. III, 793

Fragmens sur les institutions républicaines.	VII, 24	*France, de son génie et de ses destinées* (De la).	V, 562
Fragments, par Lucilius.	I, 695	— devant l'Europe (La).	V, 837
— d'un livre inédit.	III, 73	— et Allemagne.	VI, 911
— d'une vie de saint Thomas de Cantorbéry.	I, 59	— et Allemagne. Littérature, critique, voyages.	V, 570
— de Molière (Les), comédie.	II, 845	— et la Sainte Alliance en Portugal (La).	VI, 907
— du livre gnostique intitulé : Apocalypse d'Adam.	VI, 1012	— et Marie.	V, 90
		— *J.....* (La).	II, 634
— et mélanges.	VII, 1112	— guerrière, élégies nationales (La).	VI, 50
— littéraires.	II, 1061	— guerrière. Récits historiques (La).	IV, 72
Fragmentum Petronii.	II, 662		
Fragoletta, Naples et Paris en 1799.	V, 89	— juive devant l'opinion (La).	III, 300
Fragonard.	II, 482	— juive (La). Essai d'histoire contemporaine.	III, 300
Frais de guerre (Les).	I, 712		
Fra Bartolomeo della Porta et Mariotto Albertinelli.	II, 478	— littéraire (La).	III, 814
Français dans l'Inde (Les). *Dupleix et Labourdonnais.*	VI, 865	— littéraire ou Dictionnaire bibliographique (La).	VI, 880
— de la décadence (Les).	VI, 1160	— littéraire au XVe siècle (La).	I, 940
— peints par eux-mêmes (Les).	III, 794	— maritime (La).	III, 818
— sous la Révolution (Les).	II, 167	— nouvelle (La).	VI, 828
		— parlementaire (La).	IV, 1018
— sous Louis XIV et Louis XV (Les).	III, 805	— pendant la guerre de cent ans (La).	V, 427
— sur le Rhin (Les).	VI, 951	— Protestante (La).	IV, 1
Française du siècle (La).	VII, 924	— . Son histoire.	V, 1113
Françaises du XVIIIe siècle (Les).	III, 1125	— , sonnets (La).	VII, 706
France (La).	I, 748	— sous l'Empire (La).	VII, 700
— (De la).	IV, 54	— travestie (La).	V, 631
— ancienne et moderne (La).	IV, 886	*Franche-Comté* (La).	I, 886
		Francia. Un bienfait n'est jamais perdu.	VII, 278
— artistique et monumentale (La).	IV, 47	*Francillon.*	III, 484
— au temps des croisades (La).	VII, 974	*Franciscus Columna.*	VI, 143
		Franc-maçonnerie des femmes (La).	V, 1035
— aux croisades (La).	I, 122	*François Boucher.*	II, 480
— avant les Francs (La).	VI, 235	— Boucher, Lemoyne et Natoire.	V, 491

François Coppée, l'homme, la vie et l'œuvre. V, 259
— le bossu. I, 780
— le Champi. II, 687 ; VII, 240, 312, 314, 315, 316
— les Bas-bleus, drame. V, 793
— Perrin, poète français du seizième siècle. II, 911
— Ier. V, 256
— Ier chez Mme de Boisy. VI, 1201
— Rabelais, par Guillaume Colletet. II, 617
— Rabelais, par M. Delescluze. III, 116
— Rabelais Tourangeau. V, 1071
— Ranchin. V, 1169
— Rude. II, 474
— Soleil. V, 1048
— Villon et ses légataires. V, 379
Françoise, chapitre inédit de l'histoire des quatre sergents de la Rochelle. III, 154
—, comédie. VII, 257, 314, 316
— de Rimini dans la légende et dans l'histoire. VII, 1186
— de Rimini, drame. III, 292
Francs-Taupins (Les). IV, 820
Frantz, scènes pastorales. V, 20
Fraulein von Marsan. VI, 111
Frédéric et Bernerette. I, 743 ; II, 770 ; V, 1245
Frégate l'Espérance (La). II, 723
— l'Incomprise (La). VII, 6
French illustrators. V, 1151
Frère aîné (Le). I, 724 ; III, 35
— et la sœur (Le). I, 779
— et sœur. V, 428
— Jacques. IV, 712, 719

Frère Philibert, farce nouvelle. VI, 980
Frères Chantemesse (Les). V, 1051
— Corses (Les). III, 371
— d'armes (Les). III, 140 ; IV, 327
— de bait (Les). I, 781
— van Ostade (Les). II, 483
— Zemganno (Les). III, 1060
Fréron ou l'illustre critique. I, 762
Fresques (Les). I, 335
Friquassée crotestillonnée (La). I, 550 ; II, 12, 634
Froissart. Étude littéraire sur le XIVe siècle. IV, 709
Froment-Meurice. Rapports officiels des jurys. IV, 319
Fromont jeune et Risler aîné. I, 722 ; III, 44, 46
Fronsac à la Bastille. V, 584
Frontière Sino-Annamite (La). VI, 861
Froufrou. V, 650
Fruit de mes lectures (Le). VI, 470
Fumée. V, 749, 876
Fumier d'Ennius (Le). III, 152
Funérailles de Charles Nodier (Les). III, 1184
— de Georges d'Amboise. I, 550
— de l'Empereur Napoléon. III, 841 ; V, 6
— de l'honneur (Les). VII, 935
— de Louis XVIII, ode. IV, 439
— de M. Cuvillier-Fleury. VI, 1032
— de M. Defrémery. VI, 1029
— de M. Élie Delaunay. V, 67
— de M. E. Desjardins. VI, 1031
— de M. Droz. VII, 137
— de M. Octave Feuillet. V, 803

Funérailles de M. de Mazade...
  Discours de M.
  François Coppée.
                              II, 989
— de M. Alfred de
  Musset.   VII, 1113
— de M. Pavet de Cour-
  teille.   VI, 1035
— de M. Léon Renier.
                            VI, 1030
Funérailles de M. Jules San-
  deau.   VII, 795
— de M. Serret. VI, 1030
— du roy Henri II. I, 576
Furetière.   I, 124
Furoncle (Le).   I, 445
Fusains et eaux-fortes. III, 941
Fusées.   I, 352
Fusil chargé.   V, 1168
Futura.   VII, 938

G

Gabriel.   VII, 304, 310
— Lambert.   III, 363
Gabrielle.   I, 142
Gaëtan il Mammone, drame.
                          VII, 616
Gaietés bourgeoises (Les).   V, 910
— champêtres (Les). IV, 545
— de Béranger (Les). I, 416 ;
                             II, 603
— de l'année (Les). III, 1140
— de l'escadron (Les). II, 1053
Gaillardes, poésies du capitaine
  Lasphrise (Les).   II, 643
Galante aventure, opéra-comique.   VII, 513
Galanterie sous la sauvegarde
  des lois (La).   II, 1075
Galanteries du XVIIIᵉ siècle
  (Les).   V, 1044
Galaor.   V, 303
Galerie bretonne historique et
  littéraire.   V, 781
— d'originaux.   II, 735
— de femmes célèbres ti-
  rée des Causeries du
  lundi.   VII, 150
— de la presse, de la littérature et des beaux-
  arts.   III, 848
— de M. G. Rothan. V, 490
— de M. Schneider (La).
                          III, 1073
Galerie de portraits.   IV, 179
— de portraits du XVIIIᵉ
  siècle.   IV, 179
— de portraits forésiens.
                           III, 103
— de portraits historiques.
                           VII, 152
— de portraits littéraires,
  écrivains politiques
  et philosophes. VII, 153
— de portraits réunie au
  château de Saumur
  (La).   III, 716
— des artistes dramatiques
  de Paris.   III, 849
— des contemporains il-
  lustres.   V, 374
— des curieux (La).   II, 605
— des femmes de George
  Sand.   IV, 830
— des femmes de Shaks-
  peare.   III, 852 ;
                           VII, 210
— des femmes de Walter
  Scott.   III, 852
— des gens de lettres au
  XIXᵉ siècle.   VI, 1153
— des grands écrivains
  français tirée des
  Causeries du lundi.
                           VII, 151

Galerie des personnages de Shakspeare. VI, 654
— des poëtes vivans. III, 230
— des portraits de Made-
  moiselle de Montpen-
  sier (La). III, 853
— dramatique ou Acteurs
  et actrices célèbres.
  III, 853
— du XVIIIe siècle. IV, 180
— flamande et hollandaise.
  IV, 183
— française de femmes cé-
  lèbres par leurs ta-
  lens, leur rang ou
  leur beauté. III, 854 ;
  IV, 1361 ; VI, 474
— historique de la Comé-
  die française. V, 488
— historique des acteurs
  du Théâtre français.
  V, 190
— historique des acteurs
  français, mimes et
  parodistes. V, 489
— historique des Comé-
  diens de la troupe
  de Nicolet. V, 488
— historique des Comé-
  diens de la troupe
  de Talma. V, 487
— historique des comé-
  diens français de la
  troupe de Voltaire.
  V, 487
— historique des portraits
  des comédiens de la
  troupe de Molière. IV, 92
— historique des portraits
  des comédiens de la
  troupe de Voltaire.
  V, 487
— Lebrun, collection de
  M. George (La). VII, 107
— morale de M. le comte
  de Ségur. VII, 468
— morale et politique.
  VII, 467

Galerie pittoresque de la jeunesse. VII, 396
— rabelaisienne. V, 809
— théâtrale ou collection
  des portraits en pied
  des principaux ac-
  teurs des trois pre-
  miers théâtres de la
  Capitale. III, 854
Galeries historiques de Versailles. III, 951 ; IV, 533
— publiques de l'Europe. I, 91
— souterraines (Les). I, 759
Galilée, drame. VI, 768
Galileo Galilei. II, 274
Galipettes. III, 859
Gallet et le Caveau. I, 879
Gambara. I, 207
Gamiani ou deux nuits d'excès.
  II, 635 ; III, 866 ; V, 1241
Ganmes (vers) (Les). V, 764
Ganaches, comédie (Les). VII, 365
Garçons de café et de restau-
  rant de Paris (Les). IV, 804
Garde du corps (Le). III, 537
— nationale à cheval pen-
  dant le siège de Pa-
  ris (La). V, 137
— -toi, je me garde ! V, 640
Gardes forestiers (Les). III, 428
Gargantua dans les traditions
  populaires. V, 325
Garibaldi. VII, 264
Garibaldiens (Les). III, 425
Garin le Loherain, chanson de
  geste. VI, 410
Garnaches (Les). VI, 290
Gaspar Corte-Real. La date
  exacte de sa deuxième expé-
  dition au Nouveau-Monde.
  VI, 986
Gaspard de la nuit. I, 447
Gastronomie. V, 1053
— (La). I, 422 ; II, 323
Gâteau des rois (Le). IV, 543
Gatine historique et monumen-
  tale (La). V, 154

Gaucher Myrian, vie aventureuse d'un escholier féodal. III, 976
Gaufrey, chanson de geste. VI, 743
Gaule et France. III, 341
— poétique (La). V, 507
Gaulois et parisiens. IV, 803
Gauloiseries nouvelles. VII, 527
Gavarni, par Georges Duplessis. III, 509
—, par Eugène Forgues. II, 477
—, l'homme et l'œuvre. III, 1054
Gaydon, chanson de geste. VI, 744
Gayetez (Les) d'Olivier de Magny. I, 634 ; II, 649 ; V, 450
— et les épigrammes de Pierre de Ronsard. II, 672
Gazetiers et gazettes. VII, 976
Gazette anecdotique, du règne de Louis XVI. Portefeuille d'un talon rouge. VI, 1231
— bibliographique. III, 966
— de Champfleury. II, 185
— de Cythère (La). III, 279
— des beaux-arts. III, 959
— des salons, journal des dames et des modes. IV, 1106
— universelle des beaux-arts. III, 966
Gazettes de Hollande et la Presse clandestine aux XVIIe et XVIIIe siècles (Les). IV, 36
G. Courbet et son œuvre. V, 195
Géant et l'oiseau (Le). V, 1180
Gemma, ballet. III, 915
Gemmes et joyaux de la Couronne (Les). I, 287
Gendarmes de Canisy (Les). III, 1004
—, poème en deux chants (Les). VI, 252
Gendre de M. Poirier (Le). I, 143

Généalogie de la maison de Bourbon de 1256 à 1871. III, 546
Général Camou (Le). I, 501
— comte de Flahaut (Le). V, 591
— Fricassier (Le). VI, 6
— Jomini (Le). VII, 146
— Marceau (Le). VI, 365
— Philippe de Ségur, sa vie et son temps (Le). VII, 100
Généraux morts pour la Patrie 1792-1871 (Les). IV, 144
Généreuse jeunesse (La). I, 304
Geneviève de Brabant. VI, 706
—, histoire d'une servante. IV, 997
Génie Bonhomme (Le), VI, 146
— du Christianisme. II, 281, 283
—, ode (Le). IV, 228
Génies de la liberté (Les). VII, 292
Genièvre, poème. VII, 775
Gens de Bohême et têtes fêlées. III, 758
— de mer. II, 1004
— de Paris (Les). VI, 215
— nerveux, comédie (Les). VII, 361
— singuliers. V, 45
Gentilhomme campagnard (Le). I, 428
— de la montagne (Le). III, 422
Gentlemen de grands chemins (Les). II, 710
Géographie abrégée de la France. VI, 481
— de la Gaule au VIe siècle. V, 380
— de Mecklembourg. VI, 398
— de Pomponius Mela. I, 695
— illustrée de la France et de ses colonies. VII, 1011

Géographie statistique et spéciale de la France. VI, 482	*G. Garibaldi. Vie et aventures.* III, 144
George Dandin. V, 851, 859	*Ghetto ou le quartier des juifs (Le).* IV, 832
— *de Guérin.* VII, 313	*Ghiberti et son école.* I, 689
— *Sand, par Elme Caro.* III, 1119	*Gibet de Montfaucon (Le).* V, 456
	Gibier à poil (Le). II, 378
— *Sand, par le Cte Théobald Walsch.* VII, 1154	— *de Saint-Lazare.* V, 439
— *Sand aux riches.* VII, 233	*Giboulées d'avril.* V, 661
Georges. III, 357	*Gifle, comédie en un acte (La).* III, 290
— *Hermonyme de Sparte maître de grec à Paris.* VI, 267	*Gilbert. Chronique de l'Hôtel-Dieu.* VII, 30
	— *et Gilberte.* VII, 698
Georgette, comédie. VII, 382	*Gilblas du théâtre (Le).* V, 847
— *ou la nièce du tabellion.* IV, 711, 718	— *illustré.* III, 978
	Gilles et Pasquins. I, 728 ; III, 1004
Gérard de Nerval, sa vie et ses œuvres. II, 488 ; III, 155	*Gill-revue.* III, 980
— *Edelinck.* II, 477	*Giovanni Battista del Porto dit le Maître à l'oiseau.* III, 857
— *Terburg (Ter Borch) et sa famille.* II, 480	
Gerbe (La). Album mosaïque. IV, 686	— *Lorenzi, bibliothécaire d'Innocent VIII.* VI, 207
— *d'or (La). Keepsake des demoiselles.* III, 973	— *Sbogarro.* VI, 95
— *poétique.* VII, 290	*Giralda (La).* III, 986
Gerbes glanées. VII, 885	*Girard de Roussillon dans l'histoire.* V, 380
Gerfaut. I, 427 ; II, 348	
Géricault, étude biographique et critique. II, 448	*Girolamo Mocetto, peintre et graveur vénitien.* III, 857
Germain (Les). I, 282	*Giselle ou les Wilis.* III, 895
— *Barbe-Bleue, histoire édifiante.* IV, 947	*Gismonda, drame.* VII, 383
	Gisors. I, 16
Germaine. I, 4	— . *La Tour du prisonnier.* IV, 770
Germains avant le Christianisme (Les). VI, 297	*Gitanos (Les).* V, 313
Germanie (La). II, 592	*Giulietta et Romeo.* II, 506 ; VI, 791
Germinal. VII, 1210	
Germinie Lacerteux. I, 729 ; II, 349 ; III, 1048	*Giulio Campagnola, peintre-graveur du XVIe siècle.* III, 859
Germy. III, 639	*Gladiateurs de la République des lettres aux XVe, XVIe et XVIIe siècles (Les).* VI, 74
Gertrude et Véronique. VII, 791	
Gesta Pontificum cameracensium. IV, 110	*Glanes.* I, 446
Gestes des ducs de Brabant (Les). II, 510	— , *album (Les).* IV, 663
	Glenarvon ou les Puritains de Londres. V, 476

Gleyre, étude biographique et critique.	II, 448
Gloire du souvenir (La).	I, 746 ; VII, 507
— du verbe (La).	VI, 902
— et malheur.	I, 196
Gloires de la France (Les).	V, 179
Gloriana.	VII, 912
Glorieuses antiquitez de Paris (Les).	II, 472
Glorieux (Le).	II, 324
Glossaire de la langue romane.	VI, 1193
— français des locutions et mots peu usités qui se rencontrent dans la correspondance de Marie Stuart.	IV, 725
— français du moyen âge à l'usage de l'archéologue.	IV, 779
Glu (La).	VI, 1116
G........ royal (Le).	II, 638
Gœthe et Diderot.	I, 305
— et la musique, ses jugements, son influence, les œuvres qu'il a inspirées.	IV, 613
— et ses deux chefs-d'œuvre classiques.	VII, 661
— , ses mémoires et sa vie.	III, 1017
Goffin ou les héros liégeois.	V, 865
— ou les mineurs sauvés.	III, 1179
Gomme (La).	II, 221
Gomorrhe.	I, 84
Goncourt (Les).	III, 162
Gothon du passage Delorme.	IV, 271
Goupillon (O Hyssope)... poëme héroï-comique (Le).	III, 271
Gourmandises de Charlotte (Les).	VII, 191
Goûters de la grand'mère (Les).	I, 776

Gouvernement de M. Thiers (Le).	VII, 548
— , les mœurs et les conditions en France avant la Révolution (Les).	II, 817 ; VII, 471
Gouverneurs anciens et modernes du Languedoc (Les).	I, 546
— du Languedoc (Les).	I, 540
Goya.	VII, 1183
Grain de sable (Le).	VI, 213
Grammaire des arts décoratifs.	I, 810
— des arts du dessin.	I, 808
— élémentaire.	V, 575
— historique.	V, 575
Grand Alcandre frustré (Le).	II, 639
— Carême de Massillon.	II, 532
— Corneille (Le).	V, 31
— dictionnaire de cuisine.	III, 433
— dictionnaire universel du XIXe siècle.	V, 57
— erratum.	III, 1090
— et le petit trottoir (Le).	III, 159
— et vrai art de pleine rhétorique (Le).	I, 562
— Frédéric avant l'avènement (Le).	V, 121
— frère (Le).	I, 844
— Godard, histoire d'un homme fort (Le).	III, 868
— monde et salons politiques de Paris après la Terreur.	IV, 805
— Napoléon des petits enfants (Le).	V, 547
— œuvre (Le).	II, 370
— parangon des nouvelles nouvelles (Le).	I, 656 ; II, 639

Grand testament du sieur Vermersch (Le). VII, 1008
Grande armée de 1813 (La). VI, 1226
— *bleue (La).* V, 469
— *Bohême (La).* VI, 1160
— *Bretèche (La).* I, 198
— *danse macabre des hommes et des femmes (La).* III, 6
— *diablerie (La).* I, 40
— *duchesse de Gérolstein (La).* V, 647
— *encyclopédie (La).* III, 1095
— *et excellente cité de Paris (La).* II, 472
— *falaise (La).* VII, 583
— *Maguet.* V, 683
— *Marnière (La).* VI, 259
— *mascarade parisienne (La).* VI, 1148
— *mythologie tintamarresque.* I, 791
— *Pauline (La).* II, 180
— *symphonie héroïque des punaises (La).* VI, 4
— *ville (La).* III, 1096 ; IV, 722
Grandes amoureuses. Sapphô — Sophie Monnier. VI, 1122
— *chasses (Les).* I, 760
— *chasses au XVIe siècle (Les).* II, 18
— *chroniques de France (Les).* II, 400
— *croniques de Bretaigne (Les).* I, 507
— *Dames (Les).* IV, 197
— *épouses (Les).* V, 258
— *et inestimables cronicques du grant et enorme geant Gargantua (Les).* II, 891 ; VI, 931
— *et recreatives pronostications pour ceste présente année.* II, 645

Grandes figures d'hier et d'aujourd'hui. II, 192
— *manœuvres (Les).* VI, 1106
— *manœuvres de l'armée russe (Les).* III, 236
— *nuits de Sceaux (Les).* IV, 609
— *pêches (Les).* I, 760
— *scènes historiques du XVIe siècle (Les).* III, 1099
Grandeur des Romains. II, 434
— *et décadence d'une serinette.* II, 186
— *et décadence de la Colombine.* IV, 34
— *et décadence de M. Joseph Prudhomme.* V, 1013
— *et décadence des grisettes.* III, 140
— *et décadence des Romains.* II, 533
Grands écrivains de la France (Les). III, 1103
— *écrivains français (Les).* III, 1118
— *écuyers et la grande Écurie de France (Les).* I, 488
— *épisodes de la monarchie constitutionnelle (Les).* III, 74
— *et petits.* I, 778
— *Guignols (Les).* III, 719
— *hommes de l'Orient (Les).* IV, 1019
— *hommes de la France (Les).* VI, 1231
— *hommes du ruisseau (Les).* II, 185
— *hommes en robe de chambre (Les).* II, 719
— *hommes en robe de chambre (Les). Henri IV — Richelieu — César.* III, 407

Grands jours du petit Lazari (Les).	III, 278
— maîtres de la Renaissance (Les).	III, 1123
— maitres du dix-septième siècle (Les).	III, 643
— navigateurs du XVIIIe siècle (Les).	VII, 1014
— peintres français et étrangers.	I, 76
— traités de la guerre de cent ans (Les).	II, 907
— traités du règne de Louis XIV (Les).	II, 908
— vins de Bordeaux (Les).	I, 468
— voyageurs du XIXe siècle (Les).	VII, 1014
Grandville.	I, 807
Grangeneuve.	V, 90
Grans régretz et complainte de Madamoyselle du pallais.	II, 889
Grant blason des faulces amours (Le).	II, 594
— dance macabre des femmes (La).	III, 6
— danse macabre des hommes et des femmes.	II, 892 ; III, 6
— Testamêt Villon et le petit.	I, 675
Grapillons (Les).	III, 1127
Grassot en Italie. Lettres familières et romanesques.	III, 135
Gratieuses amours de Pierre Dupuis et de la grosse Guillemette (Les).	II, 639
Grave imprudence.	I, 984
Graveur lorrain François Briot (Le).	IV, 105
Graveurs amateurs du XVIIIe siècle (Les).	VI, 787
— de portraits en France (Les).	III, 260
— du dix-huitième siècle (Les).	VI, 786
— du XIXe siècle (Les).	I, 394
Graveurs sur bois contemporains (Les).	III, 503
Gravure (La).	I, 662
— à l'eau-forte (La).	VII, 10
— de portrait en France (De la).	III, 508
— en Italie (La).	I, 685
— française au Salon de 1855 (La).	III, 503
Gravures françaises du XVIIIe siècle (Les).	I, 826
Graziella.	I, 584, 736 ; IV, 1004, 1062
— , drame lyrique.	IV, 1005
Grèce à l'Exposition universelle (La).	IV, 215
— contemporaine (La).	I, 2
— moderne et de ses rapports avec l'Antiquité (De la).	VI, 903
— pittoresque et historique (La).	VII, 1172
Grecs modernes (Les).	III, 306
Grenadier de l'île d'Elbe (Le).	I, 318
Grenadière (La).	I, 198
Grenoblo malherou.	I, 812 ; VII, 292
Grève des forgerons (La).	I, 718 ; II, 967
Grillon du foyer (Le).	II, 692
Grimaces parisiennes (Les).	VII, 1021
Grimod de la Reynière et son groupe.	III, 220
Grimpeurs de rocher (Les).	I, 779
Gringoire.	I, 269
Griseldis, poème dramatique.	IV, 16
Grisélidis, conte.	VI, 563
— , opéra.	VII, 531
Griseries (Les).	V, 400
Grisette et l'étudiant (La).	V, 1020
Gros et ses ouvrages.	III, 121
Grotesques (Les).	III, 897
— de la musique (Les).	I, 426
Grotte d'Isturitz (La).	V, 409

Grottes de Plémont (Les). VI, 233
Guêpes (Les). IV, 629
— *à la Bourse (Les).* IV, 633
— *hebdomadaires (Les).* IV, 633
— *illustrées (Les).* IV, 633
Guerre, par Erckmann-Chatrian (La). III, 588
—, *par George Sand (La).* VII, 264
— *à coups d'épingles (La).* V, 217
— *à toutes les époques (La).* I, 680
— *comique (La) ou la défense de l'École des femmes.* II, 847
— *d'Espagne, ode (La).* VII, 630
— *de Cent ans (La).* I, 720 ; II, 974
— *de trois jours (La).* I, 318
— *des femmes (La).* III, 373
— *des masles contre les femelles (La).* II, 615
— *des paysans (La).* VII, 1155
— *du Nizam (La).* V, 769
— *et la paix (La).* VII, 850
— *et le debat entre la langue, les membres et le vêtre.* I, 521 ; II, 888
— *pendant les vacances (La).* VI, 234
Guerrero ou la Trahison. V, 171
Guerres civiles en France pendant la Révolution (Les). V, 591
— *des Vendéens et des Chouans contre la République française.* II, 822
Gueux de Lyon (Les). VII, 1109
— *de marque.* II, 408
— *de mer (Les).* IV, 623
Gui de Bourgogne, chanson de geste. VI, 743
Guibollard et Ramollot. V, 235

Guide de l'amateur au Musée du Louvre. III, 942
— *de l'amateur de livres à vignettes du XVIIIe siècle.* II, 454
— *de l'École nationale des beaux-arts.* V, 1186
— *descriptif du Mont Saint-Michel.* II, 1027
— *des fumeurs (Le).* V, 192
— *du libraire-antiquaire et du bibliophile.* I, 356 ; V, 213
— *sentimental de l'étranger dans Paris.* VII, 915
Guido-Reni. I, 420
Guienne militaire (La). III, 294
Guignol. I, 51
— *des Champs-Élysées (Le).* VII, 762
Guilbert de Pixérécourt. IV, 845
Guillaume de Nogaret, légiste. VI, 1021
— *de Palerne.* I, 56
— *du Tillot, ministre des infants ducs de Parme.* VI, 76
— *Fichet, sa vie, ses œuvres.* VI, 581
— *Tell. Bernard de Palissy.* IV, 1016
Guimard, d'après les registres des Menus-Plaisirs de la Bibliothèque de l'Opéra (La). III, 1068
Guionvac'h. I, 507
Guirlande de Flore. V, 478
— *de Julie (La).* II, 881 ; III, 1171 ; V, 1090 ; VI, 746
Guise au XVIIIe siècle. VI, 643
— *et Riom.* V, 1312
Gustave Courbet, notes et documents sur sa vie et son œuvre. IV, 479
— *Doré. 25 janvier 1883.* III, 483
— *Doré, peintre, sculpteur,*

dessinateur et graveur. III, 137
Gustave Levavasseur. Bibliographie de ses œuvres. V, 310
— Morin et son œuvre. IV, 51
— ou le mauvais sujet. IV, 712, 720
— III et la Cour de France. III, 966

Gutenberg, drame. III, 785
—, inventeur de l'imprimerie. IV, 1007
Guy Mannering ou l'Astrologue. VII, 446, 451, 455
Guyane française (La). I, 917
Guzla ou choix de poésies illyriques (La). V, 705
Gwendoline. V, 678
Gynandre (La). VI, 505

H

Habit d'Arlequin, chronique d'hier (L'). IV, 481
— vert (L'). I, 142 ; V, 1258
Habitants de Suriname (Les). I, 838
Habitation du désert (L'). I, 779
Habitude (De l'). VI, 960
Habrocome et Anthia. II, 904
Haine, drame (La). VII, 377
Halifax, comédie. III, 355
Hall, célèbre miniaturiste du XVIIIe siècle. VII, 1096
Halles (Les). VI, 391
Hamlet. VII, 313
—, prince de Danemark, drame. III, 380
Han d'Islande. IV, 236, 375, 386, 400, 416, 425, 437
Han-Wen, le lettré. IV, 530
Hans, fantaisie allégorique pour tous les âges. IV, 618
— Holbein. V, 490
— Sbogar. VI, 96
Hara-Kiri. IV, 34
Harangues et lettres inédites du roi Henri IV. IV, 68
Harem (Le). IV, 81
Harlan des églises de Montpellier. I, 546
Harmodius. I, 737 ; V, 28

Harmonie (Arme-au-nid), charade. VI, 767
Harmonies de la nature. VII, 34
— du son et l'histoire des instruments de musique (Les). VI, 953
— poétiques et religieuses. I, 735 ; IV, 969, 1046, 1052, 1060
— providentielles (Les). I, 759
Harnali, ou la contrainte par cor. IV, 255 ; V, 104
Hasard du coin du feu (Le). II, 585
Haschich, contes en prose (Le). V, 1003
Haute messe de l'abbé Perchel (La). I, 569
— -Savoie, récits de voyage et d'histoire. VI, 1164
Hautot père et fils. I, 512
Hauts faits de M. de Ponthau (Les). IV, 65
— faits des Jésuites (Les). VI, 51
H. B. V, 729
H. de B. 26 juin 1854. I, 918
Hecatelegium ou les Cent élégies satiriques et gaillardes. V, 590

Hector Berlioz. La vie et le combat. Les œuvres. IV, 614
— Berlioz, sa vie et ses œuvres. IV, 615
— Servadac. VII, 1013
Hégésiaques (Les). I, 19
Hélène. VII, 799
—, drame. VI, 306
— Brunet, mœurs parisiennes. V, 1145
— Gillet. VI, 109
— Peyron. I, 893
Héliogabale. IV, 64
Hellas. V, 525
Hellénisme en France (L'). III, 565
Héloïse et Abélard. IV, 1008
— Paranquet. III, 470
Henri Beyle. II, 652
— de France. VI, 520
— de Gissey de Paris. V, 1067
— Martin, sa vie, ses œuvres, son temps. IV, 25
— Martin, ses œuvres, sa vie, son temps. V, 567
— IV. V, 256
— IV et la princesse de Condé. II, 799
— IV et Montaigne ou lettre du philosophe Que Sais-je? IV, 606
— IV. Le roi, l'amoureux. IV, 880
— Regnault, par Roger Marx. II, 480
— Regnault 1843-1871, par G. Larroumet. V, 62
— Regnault, notice par Théophile Gautier. III, 936
— Regnault, sa vie et son œuvre. II, 145
— III et sa cour. III, 337
Henriade (La). II, 429, 436, 522, 784, 788
Henrico Svsoni Denifle lustra sex in ordine fratrum prædicatorum..... VI, 529
Henriette. I, 721 ; II, 986

Henriette Dumesnil. II, 739
— Maréchal. III, 1051, 1061
— Renan. Lettres intimes. VI, 1016
— Renan. Souvenir pour ceux qui l'ont connue. VI, 1015
Henry VIII, opéra. VII, 514
— Monnier. V, 1014
— Monnier, sa vie, son œuvre. II, 206
— Murger. VI, 518
— Murger et la Bohême. II, 488 ; III, 155
Heptaméron de la reine Marguerite de Navarre (L'). II, 589
— (L') des nouvelles de très haute et très illustre princesse Marguerite d'Angoulême, royne de Navarre. I, 524, 672, 701 ; II, 748, 961 ; V, 511
— ou histoire des amants fortunés. V, 509
Herbagère (L'). I, 89
Herbes folles (Les). III, 878
Herbier (L'). V, 225
—, poésies (L'). III, 981
Herculanum et Pompéi. I, 319
— ou l'orgie romaine. V, 767
Hercule guepin (L'). VI, 1232
Heresie et l'Eglise, morallite. VI, 979
Héritage, par G. de Maupassant (L'). V, 620
—, par R. Topffer (L'). VII, 855
— de Charlemagne (L'). III, 214
Héritière de Birague (L'). I, 171
— de Maurivèze (L'). I, 779

Héritiers d'Alfred de Musset contre Charpentier (Les). V, 1288
— Rabourdin (Les). VII, 1217
Hermann et Dorothée. II, 693
Hermaphrodite de Panormita (L'). IV, 76
Herminie & Marianna. II, 723 ; III, 380
— . L'Amazone. II, 499
Hernani. I, 732 ; IV, 250, 380, 385, 415, 424, 435
Héro et Léandre, par Musée. II, 334 ; V, 1208
— & Léandre, poème dramatique par E. Haraucourt. IV, 29
Hérodias. I, 726 ; III, 731
Héroïnes de Shakespeare (Les). IV, 704
Héroïsme (L'). I, 760 ; VI, 1059
Héros et pantins. II, 407
— légendaires. IV, 86
— modernes (Les). IV, 65, 66
Hégésippe Moreau, sa vie et ses œuvres. II, 489
Hesperus. V, 671, 677
Hetman, drame (L'). III, 186
Heure du berger (L'). II, 645
— du spectacle (L'). VI, 193 ; VII, 378
— enchantée (L'). VII, 1033
Heures à l'usage de Rome. IV, 90
— choisies ou recueil de prières pour tous les besoins de la vie. VI, 467
— d'amour. II, 649 ; V, 422
— d'histoire. VII, 1127
— de l'enfance, poésies. VI, 283
— de poésies. VII, 900
— de prison. IV, 864
— de récréation. IV, 663
— de travail. VI, 513
— du maréchal de Boucicaut (Les). I, 532
— du moyen âge. IV, 91

Heures du soir. Livre des femmes. VII, 198
— gothiques et la littérature pieuse aux XVe et XVIe siècles (Les). VII, 569
— grises. II, 867
— marseillaises (Les). I, 446
— nouvelles. IV, 91
— parisiennes (Les). III, 155
— perdues d'un cavalier françois (Les). II, 587
— , poésies (Les). VI, 1190
Héva. V, 768
Hexameron rustique. II, 588
Hier. VI, 663
Hieronymi Morlini Parthenopei novellæ. I, 655
Hippolyte Bellangé et son œuvre. I, 18
— Flandrin esquissé par son ancien élève. III, 721
Hirondelles (Les), par Alphonse Esquiros. III, 592
— (Les), par Ferdinand Fabre. III, 629
Histoire amoureuse des Gaules. I, 647, 668
— anecdotique de la jeunesse de Mazarin. V, 1133
— anecdotique des barrières de Paris. III, 154
— anecdotique des cafés et cabarets de Paris. III, 147
— anecdotique des contemporains. II, 46
— anecdotique du duel dans tous les temps et dans tous les pays. II, 917
— anecdotique du tribunal révolutionnaire. V, 1031
— anecdotique et critique

TABLE DES OUVRAGES CITÉS

      de la Presse parisienne. V, 455
Histoire anecdotique et critique des 159 journaux parus en... 1856. V, 455
— anecdotique et pittoresque de la danse chez les peuples anciens et modernes. III, 664
— anecdotique, politique et militaire de la Garde impériale. VII, 22
— artistique du métal. V, 669
— artistique et archéologique de la gravure en France. I, 852
— artistique industrielle et commerciale de la porcelaine. IV, 508
— aussi intéressante qu'invraisemblable de l'intrépide capitaine Castagnette. V, 214
— chronologique... du très noble... pain d'épice de Reims. I, 566
— civile et militaire de Neufchatel-en-Bray. IV, 136
— comique des Etats et Empires de la Lune et du Soleil. I, 670
— d'Albert. VII, 867
— d'Alcibiade et de la République Athénienne. IV, 216
— d'Alexandre Ier. VI, 921
— d'Alexandre le Grand. I, 693
— d'Allemagne. VII, 1192
— d'Allemagne, de Suisse et des Pays-Bas. V, 554
— d'amour. III, 188
— d'Angleterre. III, 1022 ; VI, 349
— d'Angleterre depuis les temps les plus reculés (L'). III, 1178 ; VI, 1204
Histoire d'Apelles. IV, 215
— d'Attila et de ses successeurs. VII, 812
— d'avant-hier. VI, 782
— d'Ecosse racontée par un grand-père à son petit-fils. VII, 449
— d'Elisabeth de Valois, reine d'Espagne. III, 532
— d'Esther (L'). IV, 107
— d'Hélène Gillet. VI, 475
— d'Héloïse et d'Abailard. V, 1108
— d'Héloïse Paranquet. III, 533
— d'Henriette d'Angleterre. IV, 867
— d'Italie de l'année 1492 à l'année 1532. VI, 348
— d'un bonnet à poil. V, 547
— d'un braconnier. IV, 789
— d'un cabanon et d'un chalet. II, 724
— d'un casse-noisette. III, 371
— d'un chien. V, 600
— d'un conscrit de 1813. III, 587
— d'un crime. IV, 353, 401, 414, 429
— d'un dessinateur. VII, 1109
— d'un enfant de Paris. V, 178
— d'un forestier. II, 321
— d'un homme du peuple. III, 588
— d'un homme enrhumé. VII, 659
— d'un hôtel de ville et d'une cathédrale. VII, 1109
— d'un livre. IV, 885
— d'un merle blanc. V, 1264
— d'un modèle. II, 545
— d'un paquebot. VII, 842
— d'un pauvre petit. I, 777

Histoire d'un paysan — 1789 — La Patrie en danger — 1793 — Le Citoyen Bonaparte. III, 589
— *d'un petit homme.* IV, 17
— *d'un pion.* IV, 641
— *d'un trop bon chien.* II, 378 ; VI, 232
— *d'un voyage faict en la terre de Brésil.* I, 633
— *d'une bibliographie clérico-galante.* V, 12
— *d'une bonne aiguille.* VI, 233
— *d'une bouchée de pain.* V, 440
— *d'une colombe.* III, 391
— *d'une famille bourgeoise.* IV, 547
— *d'une fille de ferme.* V, 621
— *d'une forteresse.* VII, 1108
— *d'une grande dame au XVIIIe siècle. La Princesse Hélène de Ligne. — La Comtesse Hélène Potocka.* VI, 522
— *d'une grand'mère et de son petit-fils.* I, 779
— *d'une maison.* VII, 1108
— *d'une parisienne.* III, 680
— *d'une promenade en Suisse et en France.* III, 282
— *d'une tourte aux pommes.* III, 994
— *de Béarn et Navarre.* IV, 123
— *de Beaumarchais.* III, 1144
— *de Bertrand Duguesclin.* V, 425
— *de César.* IV, 1011
— *de Charles XII, roi de Suède.* II, 431, 436, 765
— *de Charles VII, roi de France.* VII, 952
— *de Cromwell.* VII, 1084
— *de deux siècles.* III, 393
— *de deux sœurs.* II, 165

Histoire de dix ans. I, 810
— *de dix-huit ans, depuis l'avènement de Louis-Philippe.* III, 395
— *de don Pablo de Segovie.* II, 751 ; VI, 898
— *de don Pèdre Ier* V, 728
— *de Don Quichotte de la Manche (L').* I, 591 ; II, 154, 158 ; V, 704, 746
— *de Flandre.* IV, 708
— *de France d'Anquetil :* VI, 358
par H. Bordier, I, 861
par Th. Burette, I, 976
par J. Michelet, I, 740 ; V, 817
— *Histoire de France à l'usage de la jeunesse.* V, 398
— *de France depuis 1789 (L').* III, 1177 ; V, 561
— *de France depuis les Gaulois.* V, 856
— *de France depuis les origines jusqu'à nos jours.* III, 23
— *de France depuis les temps les plus reculés (L').* III, 1177 ; V, 556
— *de France pendant la minorité de Louis XIV.* II, 376
— *de France populaire depuis les temps les plus reculés.* V, 560
— *de France sous le ministère de Mazarin.* II, 377
— *de France tintamarresque.* I, 790
— *de Gaston IV.* IV, 121
— *de Gil Blas de Santillane.* I, 597, 700 ; II, 341, 426, 433, 525, 781, 791 ; V, 236 ; VI, 1182

Histoire de Guillaume le Maréchal. IV, 112
— *de huit bêtes et d'une poupée.* V, 196 ; VI, 234
— *de Jean-l'ont-pris.* II, 586
— *de Joseph (L').* IV, 131
— *de Jules.* VII, 857
— *de Jules César.* VI, 38 ; VII, 273
— *de l'abbaye de St-Michel du Tréport.* IV, 134
— *de l'abbaye royale de Saint-Pierre de Jumièges.* IV, 135
— *de l'administration de la ville de Paris.* IV, 757
— *de l'Algérie ancienne et moderne.* III, 856
— *de l'archiduc Albert.* II, 800
— *de l'art byzantin.* I, 686
— *de l'art dans l'antiquité.* VI, 556
— *de l'art décoratif du XVIe siècle.* I, 30
— *de l'art dramatique en France.* III, 921
— *de l'art français (Société d').* IV, 93
— *de l'art français au dix-huitième siècle.* IV, 194, 212
— *de l'art monumental.* I, 337
— *de l'art pendant la Renaissance.* V, 1187
— *de l'art pendant la Révolution.* VI, 1066
— *de l'Asie centrale depuis les dernières années de Nadir Chah.* VI, 850
— *de l'école anglaise de peinture.* III, 688
— *de l'école d'Alexandrie.* VII, 545
— *de l'Ecole navale et des institutions qui l'ont précédée.* IV, 106

Histoire de l'Ecole polytechnique. VI, 681
— *de l'Ecole spéciale militaire de Saint-Cyr.* IV, 107
— *de l'émigration.* III, 76
— *de l'Empereur.* I, 193
— *de l'Empereur Napoléon.* IV, 224 ; V, 98
— *de l'Empire.* VII, 828
— *de l'empire de Constantinople.* II, 514
— *de l'enseignement des arts du dessin au XVIIIe siècle.* II, 1038
— *de l'esclavage dans l'Antiquité.* VII, 1150
— *de l'escrime dans tous les temps.* V, 700
— *de l'habitation humaine.* VII, 1168
— *de l'hôtel de ville de Paris.* V, 229
— *de l'imagerie populaire.* II, 201
— *de l'imagerie populaire et des cartes à jouer.* III, 873
— *de l'imprimerie.* III, 515
— *de l'imprimerie et des arts et professions qui se rattachent à la typographie.* IV, 835
— *de l'imprimerie et des arts et professions qui s'y rattachent.* III, 779
— *de l'imprimerie impériale de France.* III, 531
— *de l'instrumentation depuis le seizième siècle.* V, 122
— *de l'instruction publique en Europe.* VII, 951
— *de l'invalide à la tête de bois.* V, 1168
— *de l'Opéra-Comique.* VII, 590

Histoire de l'orfèvrerie depuis les temps les plus reculés jusqu'à nos jours. V, 86
— *de l'orfèvrerie-joaillerie.* IV, 834
— *de l'origine et des progrès de la gravure dans les Pays-Bas.* VI, 1065
— *de l'ornementation des manuscrits.* III, 177
— *de la Bastille.* I, 95
— *de la Bibliophilie. Reliures.* VII, 772
— *de la Bibliothèque de l'abbaye de Saint-Victor à Paris.* III, 823
— *de la Bibliothèque Mazarine.* III, 821
— *de la butte des moulins.* III, 787
— *de la campagne de 1815* VI, 910
— *de la caricature antique.* II, 196
— *de la caricature au moyen âge.* II, 202
— *de la caricature et du grotesque dans la littérature et dans l'art.* VII, 1173
— *de la caricature moderne.* II, 197
— *de la caricature sous la Réforme et la Ligue.* II, 207
— *de la caricature sous la Répulbique, l'Empire et la Restauration.* II, 204
— *de la céramique.* III, 871 ; IV, 509
— *de la céramique en planches phototypiques.* III, 172
— *de la chanson populaire en France.* VII, 840

Histoire de la charpenterie. IV, 835
— *de la chasse en France.* III, 500
— *de la chaussure depuis l'Antiquité.* IV, 836
— *de la chute du roi Louis-Philippe.* III, 1126
— *de la civilisation contemporaine en France.* VI, 952
— *de la civilisation française.* VI, 952
— *de la coiffure, de la barbe et des cheveux postiches.* IV, 834
— *de la conquête de l'Angleterre par les Normands.* VII, 813
— *de la Convention nationale, par M. de Barante.* I, 284
— *de la Convention nationale, par Durand de Maillane.* II, 821
— *de la conversation.* II, 716
— *de la Cour des Comptes de Montpellier.* I, 547
— *de la crinoline au temps passé.* IV, 880
— *de la croisade contre les hérétiques albigeois.* II, 557
— *de la découverte et de la conquête de l'Amérique.* II, 38
— *de la dentelle.* I, 986
— *de la faïence de Delft.* IV, 43
— *de la faïence de Rouen.* VI, 791
— *de la folie humaine.* III, 875
— *de la fondation des hôpitaux du Saint-Esprit de Rome et de Dijon.* VI, 486

Histoire de la France racontée au peuple écrite sous la dictée de Blaise Bonnin. VII, 234
— *de la Franche-Comté ancienne et moderne.* VI, 1202
— *de la Garde nationale.* IV, 732
— *de la Gaule sous l'administration romaine.* VII, 811
— *de la grande guerre des paysans.* VII, 1156
— *de la grandeur... de César Birotteau.* I, 210
— *de la gravure en France.* III, 504
— *de la gravure en Italie, en Espagne...* III, 511
— *de la gravure en manière noire.* IV, 761
— *de la guerre civile en Amérique.* VI, 397
— *de la guerre de Crimée.* VI, 1227
— *de la guerre de Navarre en 1276 et 1277.* II, 548
— *de la guerre de trente ans.* VII, 421
— *de la Jacquerie.* V, 425
— *de la jeune Allemagne.* VII, 98
— *de la langue française.* V, 329
— *de la littérature anglaise.* VII, 728
— *de la littérature dramatique.* IV, 547
— *de la littérature en Danemark et en Suède.* V, 535
— *de la littérature française.* VI, 79
— *de la littérature française au dix-huitième siècle.* VII, 1100
Histoire de la littérature française sous la Restauration. VI, 66
— *de la littérature française sous le gouvernement de juillet.* VI, 66
— *de la littérature indoue.* II, 146
— *de la loterie.* III, 459
— *de la maison de Nicolay.* I, 834
— *de la maison militaire du Roi de 1814 à 1830.* VII, 849
— *de la maison royale de Saint-Cyr.* V, 110
— *de la marine française.* VII, 674
— *de la marine militaire de tous les peuples.* VII, 679
— *de la mère Michel et de son chat.* IV, 731 ; VI, 234
— *de la mode en France, par Aug. Challamel.* II, 169
— *de la mode en France, par Ém. de La Bédollière.* II, 732
— *de la monarchie de juillet.* VII, 839
— *de la monarchie de juillet de 1830 à 1848.* III, 303
— *de la musique.* I, 663 ; V, 122
— *de la musique depuis les temps anciens jusqu'à nos jours.* II, 449
— *de la Passion de Jésus-Christ.* II, 465
— *de la peinture au moyen-âge.* III, 571

Histoire de la peinture décorative. II, 175
— *de la peinture en Italie.* I, 451, 462
— *de la peinture flamande.* V, 849
— *de la peinture flamande et hollandaise.* IV, 182
— *de la peinture hollandaise.* I, 663
— *de la peinture militaire en France.* I, 679
— *de la peinture sur verre d'après ses monuments en France.* V, 84
— *de la philosophie en Angleterre.* VI, 1009
— *de la philosophie morale et politique.* IV, 517
— *de la poésie française à l'époque impériale.* IV, 617
— *de la poésie provençale.* III, 650
— *de la poste aux lettres et du timbre-poste.* VI, 1200
— *de la prostitution chez tous les peuples du monde.* IV, 837
— *de la prostitution en Chine.* II, 1082
— *de la querelle des anciens et des modernes.* VI, 1133
— *de la Réformation à Dieppe.* I, 571
— *de la République de Venise.* III, 857
— *de la République française.* VII, 586
— *de la Restauration, par E. Daudet.* III, 75
— *de la Restauration, par A. de Lamartine.* IV, 1002
— *de la réunion du Dauphiné à la France.* I, 490

Histoire de la Révolution d'Angleterre. II, 832
— *de la Révolution de février.* III, 142
— *de la Révolution de 1848.* IV, 992
— *de la Révolution de 1870-71.* II, 412
— *de la Révolution française, par L. Blanc.* I, 811
— *de la Révolution française, par H. Martin.* V, 565
— *de la Révolution française, par J. Michelet.* V, 827
— *de la Révolution française, par A. Thiers.* VII, 821
— *de la Révolution française depuis 1789.* V, 851
— *de la Russie.* IV, 1010
— *de la Russie depuis les origines jusqu'à l'année 1877.* VI, 952
— *de la sculpture antique.* III, 572
— *de la sculpture française.* III, 572
— *de la Société française pendant la Révolution.* III, 1028
— *de la Société française pendant le Directoire.* III, 1029
— *de la table.* VI, 68
— *de la tapisserie depuis le moyen âge.* III, 1157
— *de la tapisserie en France.* III, 1155
— *de la tapisserie en Italie, en Allemagne.* V, 1183
— *de la Turquie.* IV, 1008
— *de la verrerie.* III, 871
— *de la vie et des ouvra-*

ges de J. de La Fontaine. IV, 929 ; VII, 1146
Histoire de la vie et des ouvrages de J.-J. Rousseau. VI, 1220
— de la vie et des ouvrages de Molière. VII, 753
— de la vie et des ouvrages de M. de Chateaubriand. V, 526
— de la vie et des ouvrages de P. Corneille. I, 660 ; VII, 753
— de la vie et des poésies d'Horace. VII, 1147
— de la vie et du règne de Nicolas Ier. IV, 844
— de la vie politique et privée de Louis-Philippe. III, 395
— de la vie privée des François. V, 178
— de la vie privée des Français depuis les temps les plus reculés. IV, 839
— de la ville de Montpellier. I, 543
— de la ville de Noyon et de ses institutions jusqu'à la fin du XIIIe siècle. V, 162
— de la ville et de tout le diocèse de Paris. V, 126
— de Law. VII, 829
— de Léonard de Vinci. IV, 199
— de Louis-Philippe. I, 889
— de Louis XVI et de Marie-Antoinette. III, 389
— de Louvois. VI, 1226
— de ma jeunesse. II, 709
— de ma mort. V, 1176
— de ma vie. VII, 252
— de Madame de Maintenon. VI, 84

Histoire de Madame du Barry. VII, 971
— de Madame Henriette d'Angleterre. IV, 866
— de Manon Lescaut. I, 603, 621, 682 ; II, 751, 791 ; VI, 814
— de Marcoussis. V, 483
— de Marie-Antoinette. III, 1035
— de Marie-Louise d'Orléans. III, 958
— de Marie Stuart, par J.-M. Dargaud. III, 24
— de Marie Stuart, par Mignet. V, 854
— de Marlborough. V, 547
— de mes amis. I, 776
— de mes bêtes. II, 722 ; III, 415
— de M. Crepin. VII, 864
— de M. Jabot. VII, 863
— de M. Vieux Bois. VII, 864
— de mon temps. II, 833
— de Montesquieu, sa vie et ses œuvres. VII, 1028
— de Mürger. IV, 131
— de Murger pour servir à l'histoire de la vraie Bohême. V, 1203
— de Napoléon, par H. de Balzac. I, 193
— de Napoléon, par A. Karr. IV, 628
— de Napoléon, par de Norvins. VI, 219
— de Napoléon II. III, 819
— de Napoléon et de la Grande Armée. VII, 468
— de Notre-Dame de Boulogne. V, 224
— de notre petite sœur Jeanne d'Arc. VI, 433
— de Notre-Seigneur Jésus-Christ. III, 501
— de Paris depuis le temps des Gaulois jusqu'en 1850. V, 109

Histoire de Paris et de ses monuments. III, 333
— *de Paris racontée à la jeunesse.* III, 235
— *de Philippe II.* III, 761
— *de Pierre Ayrault.* V, 1322
— *de Pierre du Marteau.* IV, 571
— *de Pologne, avant et sous le roi Jean Sobieski.* VII, 187
— *de Richard Loyauté et de la belle Soubise.* II, 714
— *de Robespierre.* IV, 18
— *de Sainte Élisabeth de Hongrie.* V, 1084, 1089
— *de Saint-Just.* IV, 17
— *de Saint Louis.* IV, 114
— *de Saint Louis, Credo et Lettre à Louis X.* IV, 581
— *de Saint-Martin du Tilleul.* V, 221
— *de Saint Vincent de Paul.* VI, 283
— *de Sibylle.* III, 676
— *de Soissons.* V, 561
— *de soixante ans.* II, 127
— *de Tobie (L').* IV, 146
— *de tout le monde (L').* VI, 1003
— *de trois maniaques.* V, 1321
— *des Albigeois. Les Albigeois et l'Inquisition.* VI, 569
— *des artistes vivans français et étrangers.* VII, 541
— *des arts industriels au moyen âge et à l'époque de la Renaissance.* IV, 725
— *des ballons et des aéronautes célèbres.* VII, 844
— *des beaux-arts illustrée.* V, 667

Histoire des bêtes parlantes. III, 1076
— *de bêtes parlantes.*
— *des cocus.* II, 648
— *des comtes de Flandre.* V, 169
— *des conspirations et attentats contre le gouvernement et la personne de Napoléon.* VII, 21
— *des conspirations royalistes du Midi sous la Révolution.* III, 75
— *des Constituants.* IV, 1006
— *des cordonniers.* IV, 836
— *des croisades.* V, 804
— *des deux Restaurations.* VII, 977
— *des ducs de Bourgogne.* I, 283
— *des ducs de Normandie.* IV, 112
— *des ducs et des comtes de Champagne.* V, 378
— *des enseignes de Paris.* III, 788
— *des environs du nouveau Paris.* IV, 733
— *des éventails chez tous les peuples.* I, 822
— *des fabriques de faïence et de poterie de la haute Picardie.* V, 138
— *des faïences et porcelaines de Moustiers et autres fabriques méridionales.* III, 78
— *des faïences hispano-moresques à reflets métalliques.* III, 78
— *des faïences patriotiques sous la Révolution.* II, 198
— *des Français.* VII, 555
— *des Français depuis le temps des Gaulois jusqu'en 1830.* V, 108.

*Histoire des Français des divers
  états.* V, 1095
— *des Francs de Grégoire
  de Tours.* II, 906, 908
— *des Gaulois depuis les
  temps les plus reculés.* VII, 811
— *des Girondins.* IV, 985
— *des grandes forêts de
  la Gaule.* V, 627
— *des Grecs depuis les
  temps les plus reculés.* III, 539
— *des hôtelleries, cabarets, hôtels garnis...*
  III, 779 ; V, 810
— *des inhumations.* I, 304
— *des institutions monarchiques de la France.*
  V, 428
— *des institutions politiques de l'ancienne
  France.* III, 843
— *des jouets et des jeux
  d'enfants.* III, 789
— *des journaux.* VII, 778
— *des journaux de Lyon.*
  VII, 1101
— *des journaux et des
  journalistes de la Révolution française.*
  III, 865
— *des joyaux de la Couronne.* I, 282, 534
— *des livres populaires.*
  VI, 73
— *des marionnettes en
  Europe.* V, 449
— *des martyrs de la liberté.* III, 593
— *des mœurs et de la vie
  privée des Français.*
  IV, 731
— *des mœurs & du costume des Français
  dans le dix-huitième
  siècle.* VI, 1069
— *des Montagnards.* III, 593

*Histoire des mystificateurs et
  des mystifiés.* IV, 841
— *des œuvres de H. de
  Balzac.* VII, 641
— *des œuvres de Théophile Gautier.* VII, 643
— *des origines du Christianisme.* VI, 1016, 1028
— *des origines du gouvernement représentatif
  en Europe.* III, 1173
— *des parents pauvres.* I, 226
— *des pasteurs du désert
  depuis la révocation
  de l'édit de Nantes.*
  VI, 569
— *des peintres de toutes
  les écoles.* I, 798
— *des peintres français au
  dix-neuvième siècle.*
  I, 798
— *des pirates et corsaires
  de l'Océan et de la
  Méditerranée.* II, 398
— *des plantes.* III, 706
— *des plus célèbres amateurs étrangers.* III, 499
— *des plus célèbres amateurs français.* III, 499
— *des plus célèbres amateurs italiens.* III, 498
— *des poteries, faïences
  et porcelaines.* V, 543
— *des princes de Condé.*
  I, 153
— *des quarante fauteuils
  de l'Académie française.* VII, 760
— *des quatre fils Aymon.*
  IV, 142
— *des races maudites de
  la France et de l'Espagne.* V, 810
— *des règnes de Charles
  VII et de Louis XI.*
  IV, 120
— *des relations de la Chine
  avec l'Annam-Viêt-*

nam du XVIe au XIXe siècle. VI, 854
Histoire des religions de la Grèce antique. V, 628
— des révolutions de l'esprit français. I, 257
— des révolutions de la République romaine. VII, 1022
— des révolutions de Portugal. VII, 1022
— des révolutions du langage en France. VII, 1164
— des Romains depuis les temps les plus reculés. III, 538
— des roses. V, 479
— des sculpteurs français (de Charles VIII à Henri III). V, 543
— des seigneurs de Gavres. IV, 146
— des sociétés secrètes de l'armée. VI, 94
— des treize. I, 199
— des troubles advenues (sic) à Valenciennes. II, 796
— des troubles des Pays-Bas. II, 513
— des troubles religieux de Valenciennes. II, 797
— des troupes étrangères au service de la France. III, 702
— des tulipes. V, 480
— des usages funèbres et des sépultures des peuples anciens. III, 695
— des villes de France. III, 1159
— des villes de France. Vezelay. V, 727
— diplomatique de la guerre franco-allemande. VII, 583
— du baron des Adrets. II, 870

Histoire du cardinal de Richelieu. IV, 27
— du château et des sires de Saint-Sauveur-le-Vicomte. III, 127
— du chatelain de Coucy (L'). II, 467
— du chevalier des Grieux et de Manon Lescaut. Bibliographie. IV, 32
— du chevalier Paris et de la belle Vienne. IV, 106
— du chien chez tous les peuples du monde. I, 820
— du chien de Brisquet. VI, 145, 183
— du Christianisme. VI, 324
— du Collège de France. V, 162
— du Consulat. VII, 827
— du Consulat et de l'Empire. VII, 825
— du costume au théâtre depuis les origines du théâtre en France. IV, 612
— du costume en France. VI, 901
— du dépôt des archives des Affaires étrangères. I, 333
— du 2e régiment d'infanterie légère. III, 357
— du XIXe siècle. V, 837
— du gentil seigneur de Bayard. IV, 130
— du journal en France. IV, 35
— du Khanat de Khokand. VI, 862
— du lied. VII, 432
— du livre d'Alfred Delvau intitulé « Heures parisiennes ». III, 156
— du livre depuis son origine jusqu'à nos jours. III, 566

Histoire du livre en France. VII, 1162
— *du Long-Parlement convoqué par Charles Ier en 1640.* II, 832
— *du luminaire.* I, 36
— *du marquis de Cressy.* II, 788
— *du massacre des Turcs à Marseille en 1620.* VI, 702
— *du meurtre de Charles le Bon.* II, 907
— *du mobilier.* IV, 509
— *du moyen âge.* V, 146
— *du Palais de Compiègne.* VI, 510
— *du Pérou.* I, 656
— *du peuple d'Israël.* VI, 1033
— *du Pont-Neuf.* III, 782
— *du portrait en France.* V, 543
— *du protectorat de Richard Cromwell.* III, 1175
— *du 41{e} fauteuil de l'Académie française.* IV, 190, 212
— *du réalisme et du naturalisme dans la poésie et dans l'art.* V, 208
— *du règne de Pierre le Grand.* V, 736
— *du roi de Bohême et de ses sept châteaux.* VI, 107
— *du romantisme.* III, 938
— *du romantisme en France.* VII, 868
— *du seizième siècle en France.* IV, 819
— *du sentiment de la nature.* V, 33
— *du siège de Paris 1870-1871.* VI, 214
— *du sieur abbé-comte de Bucquoy.* I, 763

Histoire du sonnet. I, 125
— *du sultan Djelal ed-Din Mankobirti, prince du Kharezm.* VI, 863
— *du Supplice d'une femme.* III, 468
— *du théâtre de Madame de Pompadour.* IV, 608
— *du théâtre en France.* VI, 559, 665
— *du théâtre en Picardie.* V, 139
— *du travail à l'Exposition universelle (L').* V, 86
— *du travail en Gaule.* I, 766
— *du Tribunal révolutionnaire.* V, 1031
— *du tribunal révolutionnaire de Paris, par E. Campardon.* II, 33
— *du tribunal révolutionnaire de Paris, par H. Wallon.* VII, 1152
— *du véritable Gribouille.* VI, 236 ; VII, 242
— *du vieux temps, comédie.* V, 604
— *du 24{e} régiment d'infanterie de ligne.* III, 368
— *du 23{e} régiment d'infanterie de ligne.* III, 353
— *ecclésiastique depuis la création jusqu'au pontificat de Pie IX.* II, 844
— *ecclésiastique des Francs.* IV, 108
— *ecclésiastique du diocèse de Coutances.* IV, 133
— *élémentaire et critique de Jésus.* VI, 568
— *et critique.* III, 313
— *et cronicque du petit Jehan de Saintré.* IV, 154
— *et description de l'église Sainte-Marguerite.* V, 492

Histoire et descrition de l'église Saint-Germain-des-Prés. VII, 109
— et description de l'église Saint-Thomas d'Aquin. VII, 109
— et description des principales villes de l'Europe. VI, 78
— et description du musée de Lisieux. V, 1073
— et description du nouvel Opéra. VI, 242
— et légende de Marion de Lorme. VI, 496
— et littérature. I, 957
— et mémoires. VII, 468
— & miracles de Notre-Dame de Bonnes-Nouvelles des Célestins de Lyon. II, 776
— et plaisante chronique du petit Jehan de Saintré. II, 793
— étrange d'une fille du monde. IV, 204
— fantastique du célèbre Pierrot. I, 131
— générale de l'abbaye du Mont-St-Michel. IV, 132
— générale de la musique depuis les temps les plus anciens. III, 666
— générale de Paris. IV, 146
— générale des émigrés pendant la Révolution française. III, 762
— générale des guerres de Savoie, de Bohême, du Palatinat & des Pays-Bas. II, 799
— générale du costume civil, religieux et militaire du IVe au XIXe siècle. IV, 510
— générale du IVe siècle à nos jours. V, 121

Histoire générale et système comparé des langues sémitiques. VI, 1012
— illustrée du second Empire. III, 136
— impartiale des Jésuites. I, 177
— intellectuelle de Louis Lambert. I, 194, 205
— journalière de Paris. I, 531
— joyeuse et récréative de Tiel l'Espiègle. V, 164
— lithographiée du Palais-Royal. VII, 972
— littéraire de la Convention nationale. V, 539
— littéraire de la France au quatorzième siècle. VI, 1018
— littéraire de la Révolution. V, 539
— littéraire des fous. III, 117
— littéraire du dix-neuvième siècle. V, 13
— maccaronique de Merlin Coccaie. I, 669
— maritime de France. III, 1146
— merveilleuse de Pierre Schlémihl. II, 174
— moderne. Discours d'ouverture prononcé à la Faculté des lettres. V, 825
— monumentale de la ville de Lyon. V, 995
— morale, civile, politique et littéraire du Charivari. VI, 481
— morale des femmes. V, 172
— -Musée de la République française. II, 166
— naturelle de Pline. I, 693
— naturelle des familles végétales. V, 189
— naturelle des mammifères. III, 975

Histoire naturelle des oiseaux. V, 189
— *naturelle en action (L').* II, 378
— *naturelle pour la jeunesse.* I, 435
— *notable de la Floride.* I, 653
— *parlementaire de France.* III, 1175
— *philosophique, anecdotique et critique de la cravate et du col.* IV, 142
— *philosophique et littéraire du Théâtre français depuis son origine.* V, 423
— *physiologique et anecdotique des chiens de toutes les races.* VI, 1076
— *physique, civile et morale de Paris.* III, 332
— *physique, civile et morale des environs de Paris.* III, 333
— *pittoresque de l'Angleterre.* VI, 1203
— *pittoresque de la Franc-maçonnerie.* II, 445
— *pittoresque de la Révolution française.* I, 420
— *pittoresque des religions, doctrines... de tous les peuples du monde.* II, 446
— *pittoresque, dramatique et caricaturale de la Sainte Russie.* III, 286
— *pittoresque du Mont-Saint-Michel.* VI, 954
— *pittoresque et dramatique des Jésuites.* I, 880
— *poétique de Charlemagne.* VI, 398
— *politique, anecdotique et littéraire du Journal des Débats.* VI, 65

Histoire politique, anecdotique et populaire de Napoléon III. IV, 840
— *politique et littéraire de la Presse en France.* IV, 35
— *politique et militaire du peuple de Lyon.* I, 170
— *populaire, anecdotique et pittoresque de Napoléon.* VII, 22
— *populaire contemporaine de la France.* III, 538
— *populaire de la campagne d'Italie.* III, 144
— *populaire de la France.* III, 538
— *populaire de la garde nationale de Paris.* VI, 949
— *populaire de la Révolution française.* V, 145
— *populaire du Christianisme.* V, 145
— *prodigieuse d'une invasion d'oiseaux ravageurs en Normandie.* I, 571
— *romaine, par Michelet.* V, 816
— *romaine, par Tite Live.* I, 694
— *romaine, par Velleius Paterculus.* I, 693
— *secrète du prince Croqu'étron et de la princesse Foirette.* II, 649
— *sérieuse d'une Académie qui ne l'est pas.* VI, 438
— *sur les troubles advenus en la ville de Tolose l'an 1562.* II, 606
— *tintamarresque de Napoléon III.* I, 789

Histoire universelle, par Agrippa
  d'Aubigné. IV, 125
— universelle, par Étienne
  Acogh'ig de Daron.
  VI, 855
— universelle, par Justin. I, 693
— universelle de Marius
  Fontane. III, 753
— universelle du théâtre.
  VI, 1234
— véridique de Madame
  Angot. III, 138
— véritable de l'embrase-
  ment d'un vaisseau.
  I, 568
— véritable de la guerre
  des Grecs et des
  Troyens (L'). III, 22
— véritable, facétieuse...
  de M. Mayeux. IV, 154
Histoires abracadabrantes. VII, 538
— belles et honnestes.
  VII, 515
— buissonnières. VI, 5
— cavalières. I, 372
— conjugales. VII, 391
— d'amour. V, 670
— d'autrefois. V, 1149
— d'hiver. II, 505
— d'une minute. V, 576
— de mariages. IV, 83
— de mon village. V, 1177, 1181
— débraillées. II, 857
— divertissantes. IV, 82
— émouvantes. I, 286
— et aventures du baron
  de Münchausen. I, 159
— et leçons de choses. I, 781
— et récits militaires. V, 912
— extraordinaires. I, 350, 713 ; VI, 735
— extravagantes. VII, 537
— inconvenantes. VII, 522, 535
— insolites. VII, 1092
— joviales. VII, 532

Histoires joyeuses et funèbres.
  II, 861
— naturelles. Civils et
  militaires. III, 533
— naturelles par un mem-
  bre de plusieurs so-
  ciétés savantes. IV, 155
— orientales. VII, 1123
— poétiques. I, 715, 932
— réjouissantes. VII, 538
— scandaleuses. VII, 529
— sérieuses et grotesques.
  VI, 737
Historial du jongleur (L'). IV, 155
Historiens de la Champagne et
  de la Brie (Les). I, 582
— de la Révolution fran-
  çaise (Les). VI, 65
— des croisades (Les).
  VI, 408
— et les critiques de
  Raphaël (Les). I, 690
— , poètes et roman-
  ciers. II, 1096
— politiques et litté-
  raires (Les). I, 299, 301
Historiettes baguenaudières. II, 356
— de Tallemant des
  Réaux (Les). VII, 743
— et images. VII, 397
— , légendes et tradi-
  tions du pays de
  Reims. VI, 1007
Historique du 2º régiment de
  dragons. I, 957
— du 9º régiment de
  dragons. V, 572
— du 82º régiment d'in-
  fanterie. I, 121
— du 22º régiment de
  dragons. III, 530
Hitopadesa. I, 651 ; V, 324
Hobbema et les paysagistes de
  son temps, en Hollande. II, 481
Holbein d'après ses derniers historiens. V, 1182
Hollande à vol d'oiseau (La).
  IV, 44

Homère et Socrate.	IV, 1015
— , ou la poésie épique.
	IV, 530
— , poëme.	VI, 765
Hommage à la mémoire de Madame la maréchale de Beauvau.	IV, 166
Hommages poétiques à La Fontaine.	IV, 928
Homme à bonnes fortunes (L').
	II, 744
— à l'oreille cassée (L').	I, 7
— à la blouse, drame (L').
	VII, 627
— à la clé (L').	V, 650
— -Affiche (L').	II, 988
— au bracelet d'or (L').
	III, 310
— au masque de fer (L').
	IV, 824
— aux cinq louis d'or (L').
	II, 740
— aux contes (L').	II, 721 ; III, 411
— aux pigeons, vaudeville (L').	VII, 381
— de fer (L').	II, 726
— de la Croix-aux-Bœufs (L').	II, 404
— de la nature et l'homme policé (L').	IV, 714, 721
— de lettres (L').	VII, 608
— de neige (L').	VII, 263
— depuis cinq mille ans (L').	I, 444
— des champs ou les Géorgiques françaises (L').
	III, 123
— et la Femme (L').	III, 988
— -Femme (L').	III, 475
— fragile, moralité à IV personnages.	VI, 978
— jaune (L').	IV, 85
— -machine (L').	VII, 559
— noir, drame (L').	III, 759
— -oiseau, ou la manie du vol (L').	I, 854
— primitif (L').	III, 707

Homme propre (L').	II, 1072
— qui a voyagé (L'). II, 1072
— qui pleure (L').	IV, 342
— qui ri...gole (—').	IV, 343
— qui rit (L').	IV, 341, 400, 417, 428
— qui rit, nouveau roman de Victor Hugo. Édition tintamarresque (L').	IV, 342
— qui s'ennuie (L'). VII, 855
— qui tue et l'homme qui pardonne (L').	IV, 478
— sauvage (L').	I, 759
— tout nu (L').	V, 681
Hommes célèbres de l'Italie (Les).
	VI, 144
— d'épée (Les).	VII, 982
— de cheval depuis Baucher (Les).	VII, 984
— de fer (Les).	III, 429
— de l'exil (Les).	IV, 225
— de la Révolution (Les).
	IV, 1020
— de lettres (Les).	III, 1042
— de 1889 (Les).	IV, 27
— de sport (Les).	VII, 985
— divins. L'abbé Carron (Les).	IV, 195
— du jour (Les).	VII, 1008
— du 14 juillet (Les). III, 776
— et choses d'Allemagne.
	II, 371
— et choses du temps présent.	II, 372
— et Dieux, études d'histoire et de littérature.
	VII, 108
— et les idées (Les). IV, 218
— et livres, causeries morales et littéraires.
	V, 763
— jugés par les femmes (Les).	V, 38
Hongrie ancienne et moderne (La).	IV, 166

*Hongrie (La). De l'Adriatique
  au Danube.* VII, 848
Honnête femme (L'). VII, 1023
— *homme (L').* I, 443
Honneur d'artiste, III, 682
— *est satisfait (L').* III, 414
— *et l'argent (L').* VI, 766
Honoré Daumier. I, 30
— *de Balzac.* I, 331
— *de Balzac, sa vie &
  ses œuvres.* III, 921
— *Fragonard.* VI, 312
— *Fragonard, sa vie et
  son œuvre.* VI, 787
Honorine. I, 223.
*Hôpital des Bretons à Saint-
  Jean d'Acre.* I, 504
— *général de Villepinte
  (L'),* III, 315
Horace, par V. de Laprade. V, 31
— , *par G. Sand.* VII, 215,
  311, 312
— *éclairci par la ponctua-
  tion.* VI, 185
— *et Lydie.* VI, 765
— *et son temps.* IV, 551
— *Vernet. Notice biogra-
  phique.* VII, 142
Horizontales (Les). I, 359
Horla (Le). V, 617
Horoscope (L'). II, 722 ; III, 415
*Hors-d'œuvre de Pierre Lacham-
  beaudie (Les).* IV, 792
— *de France, Italie, Espa-
  gne, Angleterre, Grèce
  moderne.* V, 802
Hortense de Blengie. VII, 625
Hospice des enfants-assistés (L').
  III, 635
Hospitalière, drame rustique (L').
  III, 636
Hospitalité du travail (L'). III, 315
Hôtel de Beauvais (L'). II, 1058
— *de Cluny au moyen âge
  (L').* VI, 1189
— *de Petau-Diable (L').* II, 317

*Hôtel de ville de Paris me-
  suré, dessiné, gravé et
  publié par Victor Cal-
  liat.* V, 229
— *des commissaires-priseurs
  (L').* II, 198
— *des haricots (L').* V, 71
— *Dieu de Paris au moyen
  âge (L').* IV, 140
— *Drouot et la curiosité
  1881-1891 (L').* III, 610
— *Godelot, comédie (L').*
  VII, 382
— *Pimodan (L'),* I, 373
Hôtellerie des Coquecigrues (L').
  VI, 5
Hotelleries (Les). III, 586
Hôtels historiques de Paris (Les).
  I, 857
Hôtes du logis (Les). I, 444
Hôtesse de Virgile (L'). III, 781
Houille (La). I, 761
*Huet, Jean-Baptiste et ses trois
  fils (Les).* II, 478
Huguenots et les Gueux (Les).
  IV, 710
Hugues Capet, chanson de geste.
  VI, 745
— *Quéru de Fléchelles dit
  Gaultier-Garguille.* V, 81
Huit jours au château. VII, 618, 619
Humbles (Les). I, 718 ; II, 970
*Humour. Angleterre, Irlande,
  Écosse. Voyage sur mer en
  quarante-six postes.* III, 216
*Huon de Bordeaux, chanson de
  geste.* VI, 744
Hures-graves (Les). IV, 303
Hydraulique (L'). I, 760
Hygiène (L'). III, 829
— *du fumeur et du pri-
  seur.* I, 977
— *et physiologie des bains
  froids.* VI, 589
Hymne à la cloche. V, 7
Hymnes orphiques. IV, 88

Hymnes sacrés.	VII, 905	*Hystoire plaisante et recreative faisant mention des prouesses... du noble Syperis de Vinevaulx.*	II, 889
Hymnis.	I, 276		
Hystoire et plaisante cronicque du petit Jehan de Saintré.	IV, 155		

I

Iambes, par Aug. Barbier.	I, 311	*Idole* (*L'*).	V, 692
— , par J. Soulary.	VII, 593	*Idoles, poésies* (*Les*).	V, 436
Iconographie bretonne.	III, 1125	*Idylle éternelle* (*L'*).	V, 445
— chrétienne. Histoire de Dieu.	II, 555	*Idylles* (*Les*), *de Théocrite.*	II, 335, 496 ; VII, 784
— de la reine Marie-Antoinette.	IV, 477	— *du Roi* (*Les*).	VII, 776
— de la Vierge.	IV, 934	— *et chansons.*	I, 734 ; IV, 868
— des estampes à sujets galants.	II, 640	— *héroïques.*	I, 737 ; V, 20
		— *parisiennes* (*Les*).	III, 982
— des Fables de La Fontaine.	V, 311	— *prussiennes.*	I, 271, 709
		Ignorance et congnoissance, morallite.	VI, 980
— lilloise, graveurs et amateurs d'estampes de Lille.	III, 270	*I. L. Ybot, poète et comédien dauphinois.*	III, 606
— moliéresque.	II, 643 ; IV, 849 ; V, 964	*Il a sou plumet.*	V, 851
— voltairienne.	III, 219	— *était une fois.*	V, 11
Idéal.	I, 815, 816	— *faut qu'une porte soit ouverte ou fermée.*	V, 1255
— *dans l'art* (*De l'*).	VII, 731	— *faut toujours en venir là.*	I, 935
Idéalisme anglais (*L'*).	VII, 730	— *ne faut jurer de rien.*	V, 1255
Idée de Pierre Gétroz..... sur l'exposition de tableaux de Genève.	VII, 853	— *ne faut pas jouer avec la douleur.*	III, 992
*Idées de M*ᵐᵉ *Aubray* (*Les*).	III, 471	— *ne faut pas jouer avec le feu.*	II, 997
— *de mademoiselle Marianne* (*Les*).	III, 195	— *n'est pas trop jeune.*	V, 595
— *et sensations.*	III, 1052	— *Vivere.*	III, 662
— *sur les romans.*	VII, 3	*Ile de feu* (*L'*).	III, 432
Identité originelle et de la séparation graduelle du Judaïsme et du Christianisme (*De l'*).	VI, 1029	— *des cygnes* (*L'*).	I, 373
		— *des parapluies* (*L'*).	IV, 87
		— *des Rêves* (*L'*).	VII, 912
		— *mystérieuse* (*L'*).	VII, 1013
		Iles d'amour (*Les*).	V, 679
		— *d'or* (*Les*).	I, 741
		— *oubliées* (*Les*).	VII, 1141
		Iliade.	IV, 164, 165
		Ilka.	III, 485
		Ilote, comédie (*L'*).	V, 1054

Illuminations (Les).	VI, 1134
Illuminés, récits et portraits (Les).	VI, 57, 62
Illusion (L').	II, 145
Illusions perdues.	I, 198
Illustrations des Contes de La Fontaine (Les).	IV, 50
— *pour le Théâtre de Molière.*	V, 935
— *pour les œuvres de Alfred de Musset.*	V, 1292
— *pour les œuvres de Bernardin de Saint-Pierre.*	VII, 89
Illustre Brizacier (L').	III, 1005
— *docteur Mathéus* (L').	III, 586
— *Gaudissart* (L').	I, 198
— *Jaquemart de Dijon* (L').	VI, 480
Images ou scènes morales (Les).	II, 175
Imagier de Harlem (L').	VI, 56
Imagination, poème (L').	III, 123
Imitation de Jésus-Christ (L').	I, 787 ; II, 341 ; IV, 484 ; V, 181, 1070
— *de Jésus-Christ... en vers français* (L').	II, 619, 1017
— *de Notre-Dame la Lune selon Jules Laforgue.*	IV, 934
— *et la contrefaçon des objets d'art antiques* (L').	I, 765
Imitatoyre bachique.	VI, 971
Immaculée conception de la Vierge Marie (L').	III, 846
Immolation (L').	VI, 1196
Immortel (L').	II, 700 ; III, 60
Impeccable Théophile Gautier (L').	VI, 68
Impératrice (L'). *Notes et documents.*	V, 591
Impôt sur le capital dans la République de Florence (L').	VI, 908
Impressions de nature et d'art.	III, 73
— *de théâtre.*	V, 184
— *de voyage.*	III, 341
— *de voyage. De Paris à Calais.*	III, 379
— *de voyage en Espagne.*	III, 755
— *de voyage en Russie.*	III, 418
— *de voyage. Suisse.*	III, 391
— *et pensées d'Albert* (Les).	VI, 806
— *et souvenirs.*	VII, 279
— *et symboles rustiques.*	II, 544
— *et visions.*	II, 41
— *littéraires.*	VI, 956
Imprimerie à Toulouse aux XVe, XVIe et XVIIe siècles (L').	III, 192
— *en Bretagne au XVe siècle* (L').	I, 502
— *, les imprimeurs et les libraires à Grenoble, du XVe au XVIIIe siècle* (L').	V, 453
Imprimeurs imaginaires et libraires supposés.	I, 941
— *lyonnais. Jean Pillehote et sa famille.*	II, 872
Impromptu.	I, 275
— *de l'hostel de Condé* (L').	II, 848
— *de Versailles* (L').	V, 957
— *sur le rétablissement des Bourbons.*	VI, 458
Inauguration de la statue de Froissart à Valenciennes.	V, 735

Inauguration de la statue de George Sand. IV, 208
— *de la statue de Jean Houdon à Versailles.* V, 66
— *de la statue de La Fontaine à Paris.* VII, 709
— *de la statue de Lamartine.* VII, 708
— *de la statue de M. Edmond About.* VI, 1032
— *de la statue de Nicolas Poussin aux Andelys.* II, 358
— *de la statue de Voltaire...* VII, 380
— *des statues de Bernardin de Saint-Pierre et de Casimir Delavigne.* V, 1264
— *du Collège royal d'Alençon.* VI, 796
— *du monument à la mémoire de Dom Lobineau.* I, 507
— *du monument érigé à la mémoire de Camille Corot.* II, 976
Incas ou la destruction de l'Empire du Pérou (Les). V, 538
Incendiaires (Les). VII, 1009
Incompatibles, ballet (Les). II, 848
Inconnu (L'). IV, 78
Inconnues (Les). IV, 704
Inconsolables. V, 113
Incunables de la Méjanes (Les). V, 1162
Inde des rajahs (L'). VI, 1225
— *française (L').* I, 979
— *pittoresque (L').* III, 574

Indépendance de l'homme de lettres (L'). V, 865
Indes-Noires (Les). VII, 1013
Index librorum qui Antverpiæ in officina Christophori Plantini excusi sunt. VI, 272
Indiana. VII, 194, 301, 309, 312
Indicateur du Mercure de France. III, 1158
— *nobiliaire de Belgique, de France, de Hollande...* IV, 498
Indications générales pour la mise en scène de Henri III et sa cour. III, 337
Indiscrétions d'un cocher (Les). IV, 498
— *parisiennes.* V, 576
Industrie (L'). I, 378
Industriels du macadam (Les). VI, 639
— *, métiers et professions en France (Les).* IV, 730
Inès de las Sierras. VI, 123, 180, 182
Infamie humaine (L'). VII, 1009
Infernaliana. VI, 151
Infini (L'). IV, 39
Influence de l'esprit français sur l'Europe (De l'). III, 203
— *de l'Italie sur les lettres françaises depuis le XIIIe siècle.* VI, 955
Information contre Isabelle de Limeuil. I, 152
Infortune des filles de joye (L'). II, 653
Infortunes de Touchatout (Les). I, 438
Ingénieux chevalier Don Quichotte de la Manche (L'). II, 159, 161, 540
— *hidalgo don Quichotte de la Manche (L').* II, 155, 160, 162 ; V, 746

Ingénu (L'). I, 610
Ingénue. II, 718 ; III, 399
— , comédie (L'). V, 653
Ingres, sa vie et ses œuvres. II, 734
— , sa vie et ses ouvrages. I, 809
— , sa vie, ses travaux, sa doctrine. III, 96
Initiation sentimentale (L'). VI, 501
Initié (L'). I, 229
Innocent (L'). VI, 803
Inondations (Les). I, 759
Inscription du moissonneur (L'). VI, 528
— hébraïque trouvée au village d'Alma. VI, 1022
— phénicienne & grecque découverte au Pirée. VI, 1033
Inscriptions de la France du Ve siècle au XVIIIe. II, 558
— latines pour toutes les fontaines de Rouen. I, 555
— phéniciennes tracées à l'encre trouvées à Larnaca. VI, 1025
Insecte (L'). V, 834
Insectes (Les). III, 706
Insomnies. I, 78
Inspirations poétiques. VI, 762
Inspiratrices (Les). III, 758
Institut impérial de France. Académie française. Séance publique du jeudi 3 août 1865, présidée par M. Sainte-Beuve. VII, 144
Institutions laïques (Les). I, 50
— militaires de la France (Les). I, 154
Institutrice (L'). VI, 696
Instruction publique et la Révolution (L'). III, 536
Instructions de F. de Malherbe à son fils. V, 473

Instructions du Comité historique des arts et monuments. II, 558 ; V, 716
Instrument de Molière (L'). III, 1087
Instruments à archet (Les). VII, 1039
Insurgé (L'). VII, 950
Intelligence (De l'). VII, 732
— des animaux (L'). I, 760
Inter amicos. V, 307
Interdiction (L'). I, 205, 206
Intermède [de Catulle Mendès]. V, 678
Intermédiaire des chercheurs et curieux (L'). IV, 499
Intermezzo, poème. IV, 57
Interné (L'). IV, 558
Intimes (Les). V, 597
Intimités. I, 718 ; II, 966
Intrigue et amour, drame. III, 379
Intrigues de Molière (Les). II, 588
Introduction à l'histoire des peintres de toutes les écoles. VI, 496
— à l'histoire du Bouddhisme indien. I, 980
— à l'histoire universelle. V, 816
— à la vie dévote. I, 787 ; III, 820
Inutile beauté (L'). V, 622
Inutiles (Les). II, 22
— du mariage (Les). II, 504
Invalidation de Jeanne d'Arc (L'). V, 32
Invasion, souvenir (L'). IV, 5
Invectives. VII, 1000
Inventaire alphabétique des livres imprimés sur vélin de la Bibliothèque nationale. VII, 961
— analytique des archives du minis-

tère des *Affaires
étrangères.* IV, 499
*Inventaire après le décès de
Richard Picque.*
I, 566
— *de la Bibliothèque
du roi Charles VI.*
I, 527
— *de la collection d'estampes relatives
à l'histoire de
France léguée en
1863 à la Bibliothèque nationale
par M. Michel
Hennin.* III, 529
— *de la collection des
ouvrages et documents réunis par
Michel de Montaigne.* V, 1083
— *de la duchesse de
Valentinois, Charlotte d'Albret.* I, 846
— *de Marie-Josèphe de
Saxe.* I, 282
— *de Pierre Sureau.*
IV, 137
— *de tous les meubles
du Cardinal Mazarin.* I, 153
— *des autographes et
documents historiques réunis par
M. Benjamin Fillon.* II, 250
— *des biens et des livres de l'abbaye
des Vaux-de-Cernay au XII*e *siècle.* V, 568
— *des manuscrits de la
Bibliothèque nationale. Fonds de
Cluni.* III, 130
— *des manuscrits de la
Collection Moreau.*
VI, 273

*Inventaire des manuscrits grecs
de Jean Lascaris.*
VI, 204
— *des manuscrits grecs
de la Bibliothèque
nationale.* VI, 269
— *des manuscrits latins conservés à
la Bibliothèque
nationale.* III, 126
— *des marques d'imprimeurs et de libraires de la collection du Cercle
de la librairie.*
III, 100
— *des meubles de Catherine de Médicis en 1589.* I, 845
— *des meubles du château de Pau.* I, 533
— *des sceaux de l'Artois et de la Picardie.* III, 163
— *des sceaux de la collection Clairambault à la Bibliothèque nationale.*
II, 554
— *des sceaux de la
Flandre.* III, 162
— *des sceaux de la Normandie.* III, 164
— *des tableaux, livres,
joyaux et meubles
de Marguerite d'Autriche.* IV, 772
— *des tapisseries de
Charles VI.* III, 1157
— *général des richesses d'art de la
France.* IV, 501
— *général du mobilier
de la couronne
sous Louis XIV.*
III, 1156
— *général et méthodique des manus-*

crits français de la Bibliothèque nationale. III, 128
Inventaire ou catalogue des livres de l'ancienne Bibliothèque du Louvre. VII, 962
— du mobilier du château de Chaillué. I, 551
— du mobilier de Charles V, roi de France. II, 559
— sommaire des Archives du département des Affaires étrangères. IV, 25, 504
— sommaire des manuscrits grecs de de la Bibliothèque nationale. VI, 268
— sommaire des manuscrits du Supplément grec de la Bibliothèque nationale. VI, 266
Invention poétique (L'). V, 865
Invitation à la valse, comédie (L'). III, 411
Ipsiboé. I, 87
Irlande au dix-neuvième siècle (L'). VI, 822
Ironie (L'). III, 294
Irréparable (L'). I, 714, 904
Isaac Laquedem. III, 398
Isabeau de Bavière, reine de France. VII, 951
Isclo d'or (Li). V, 905
Isidora. VII, 227, 313
Isidore-Justin Séverin baron Taylor. IV, 589
Isis. VII, 1089

Islamisme et la science (L'). VI, 1028
Islaor, ou le barde chrétien. VII, 187
Isographie des hommes célèbres. IV, 505
Isolement, méditation première (L'). IV, 968
Isoline. III, 879
—, conte des fées. V, 683
Israël en Égypte. I, 882
Israélite (L'). I, 214
Istar. VI, 503
Istoire et croniques de Flandres. II, 510
Italia. III, 909
— mia. V, 123
Italie (L'). 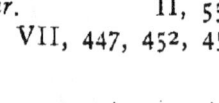 III, 1080
— des gens du monde (L'). V, 141
—, drame. IV, 506
—, drame, par Coquatrix. II, 996
— du nord (L'). V, 223
— et Constantinople (L'). I, 129
— et France ou la Pâques de 1859. VII, 750
— pittoresque (L'). VI, 143
Italiens et flamands. III, 426
Itinéraire archéologique de Paris. III, 1160
— de Paris à Jérusalem. II, 286
—, de Rutilius. I, 694
—, descriptif de l'Espagne. IV, 744
—, du chemin de fer et des bords de la Seine de Rouen au Havre. IV, 544
Itinéraires de Philippe le Hardi et de Jean sans peur. II, 559
Ivanhoe. VII, 447, 452, 456

J

Jacinthe, keepsake français (La).
 IV, 664
Jack. I, 722 ; II, 704 ; III, 47, 48
Jacki, histoire d'un singe philosophe. II, 1004
Jacob van Ruysdael et les paysagistes de l'école de Harlem. II, 480
Jacobites (Les). I, 720 ; II, 981
Japoco de Barbarj dit le Maître au caducée. III, 858
Jacquard-Gutenberg. IV, 1017
Jacqueline. I, 392
— Pascal. II, 1061
Jacques. VII, 202, 302, 309, 313
— Bonhomme, journal des mansardes et des chaumières. III, 143
— Callot, par M. Vachon. II, 483
— Callot, par Mme E. Voïart. VII, 1128
— Callot, sa vie et son œuvre. IV, 202
— Callot, sa vie, son œuvre et ses continuateurs. I, 886
— Damour, pièce. VII, 1222
— Dumont. VII, 297
— Fignolet sortant de la représentation du Vampire. VI, 99
— le Chouan. Madame en Vendée. V, 1190
— le fataliste. I, 44 ; III, 253
— Ortis. III, 348
— Vingtras. VII, 949
Jacquot sans oreilles. II, 725 ; III, 424
Jadis et naguère. Poésies. VII, 993
— ,souvenirs et fantaisies. VI, 663
Jambes folles. VII, 777
Jane. II, 723 ; III, 419

Jane la Pâle. I, 202
Jangada (La). VII, 1015
Janissaires (Les). VI, 1233
Janot, opéra-comique. V, 658
Japon illustré (Le). IV, 467
Japoneries d'automne. V, 406
Jaquerie, scènes féodales (La). V, 705
Jardin de Mademoiselle Jeanne (Le). III, 193
— des plantes (Le), par P. Bernard. I, 429, 430
— des plantes (Le), par Boitard. I, 837
— des Plantes, par Ch. Deslys (Le). VI, 390
— des racines noires (Le). VI, 808
— des rêves (Le). VII, 725
— des roses de la vallée des larmes (Le). II, 640 ; IV, 572
— fruitier du Muséum (Le). III, 88
— parfumé du cheikh Nefzaoui (Le). VI, 47
Jardins, histoire et description (Les). V, 485
— ,poëme (Les). III, 122
Jargon du XVe siècle (Le). VII, 1118
Jason et Médée, par Apollonius de Rhodes. II, 333
J. Barbey d'Aurevilly, impressions et souvenirs. I, 960
J.-B. Greuze. II, 482
J. C. L. de Sismondi. Fragments de son journal et correspondance. VII, 557
Jean. IV, 714, 719
— -Baptiste Rousseau à André Chénier (De). III, 775
— -Bart et Louis XIV. VII, 675
— Baudry. VII, 936

Jean Cavalier ou les fanatiques des Cévennes.	VII, 678
— -de-Jeanne.	VI, 803
— Delbenne.	VII, 947
— de la Réole.	V, 1060
— de la Roche.	VII, 265
— de Mandeville.	II, 1007
— de Schelandre.	I, 124
— de Thommeray.	I, 147 ; VII, 351
.. -des-Figues.	I, 81, 708
— du Seigneur, statuaire. Notice sur sa vie et ses travaux.	IV, 845 ; V, 564
— et Jeannette.	III, 907
— et Sébastien Cabot.	IV, 32, 984
— Galéas, duc de Milan.	III, 740
— -Jacques Rousseau, sa vie et ses ouvrages.	VII, 29
— Lamour.	II, 476
— le paresseux.	I, 440
— le Prince et son œuvre.	IV, 102
— le Trouveur.	V, 1317
— -Louis.	I, 172
— -Marie, drame.	VII, 786
— Monnet, vie et aventures d'un entrepreneur de spectacles au XVIIIe siècle.	IV, 89
— Passerat. Chapitres inédits d'un de ses ouvrages établissant ses véritables opinions religieuses.	IV, 804 ; VI, 428
— qui grogne et Jean qui rit.	I, 780
— Racine.	III, 807
— Reynaud.	V, 564
— Sbogar.	VI, 94, 174, 175, 181
— Zyska.	VII, 250, 313
Jeanne, par J. Breton.	I, 714, 924
— , par G. Sand.	VII, 222, 312
— d'Arc, par Alex. Dumas.	III, 353
— d'Arc, par A. de Lamartine.	IV, 1014
— d'Arc, par H. Martin.	V, 563
Jeanne d'Arc, par J. Michelet.	V, 831
— d'Arc, par Th. de Quincey.	VI, 903
— d'Arc, par Marius Sepet.	VII, 475
— d'Arc, par H. Wallon.	VII, 1150
— d'Arc, poème.	III, 1164
— d'Arc, tragédie.	VII, 630
— d'Arc à Domremy.	V, 426
— d'Arc, allocution prononcée à la maison d'éducation de la Légion d'honneur.	V, 67
— d'Arc, l'héroïne de la France.	V, 255
— Darc, la pucelle d'Orléans.	VII, 701
— la noire.	VI, 287
— Paynel à Chantilly.	V, 427
Jeannette.	VII, 1149
Jeannik.	V, 1149
Jehan de Lagny, badin, Mesire Jehan, etc., farce joyeuse.	VI, 974
— de Paris, varlet de chambre et peintre ordinaire des rois Charles VIII et Louis XII.	VI, 1065
— Perréal.	I, 257
Jehanne la Pucelle.	III, 353
— Thielemant ou le massacre de Vassy.	I, 862
Jéhovah, poème.	III, 568
Jeph Affagard.	IV, 80
Jérôme Paturot à la recherche d'une position sociale.	VI, 1100
— Paturot à la recherche de la meilleure des Républiques.	VI, 1101
— Savonarole, sa vie, ses prédications, ses écrits.	VI, 551
Jérusalem-Damas-Constantinople.	VII, 399

Jérusalem délivrée.	VII, 754	*Jeunesse de Molière (La).*	VII, 843
Jésuites (Les).	I, 96	— *de Pierrot (La).*	III, 400
— *de la maison professe de Paris en belle humeur (Les).*	II, 640	— *des mousquetaires (La).*	III, 361
		— *du grand Frédéric (La).*	V, 120
Jésus.	VI, 1016	— *du temps ou le temps de la jeunesse.*	VI, 287
— *-Christ, par le P. Didon.*	III, 257	— *pensive (La).*	III, 285
— *-Christ, par L. Veuillot.*	VII, 1025	*Jeux (Les).*	I, 679
— *-en Flandre.*	I, 205	— *d'esprit ou la promenade de la princesse de Conti à Eu (Les).*	VII, 895
Jetons de l'échevinage parisien (Les).	IV, 150	— *de cartes tarots.*	I, 522
Jettatura.	II, 728	— *de l'enfance (Les).*	III, 68
Jeu de la Reine (Le).	III, 29	— *de la poupée (Les).*	IV, 578
— *de paume des mestayers (Le).*	VII, 1118	— *des anciens (Les).*	I, 378
— *de paume, son histoire et sa description (Le).*	III, 781	— *du cirque et la vie foraine (Les).*	V, 225
— *des eschets (Le).*	II, 681	— *et leçons en images.*	V, 1108
— *du capitol, moralité (Le).*	VI, 973	*J.-F. Millet.*	VII, 1187
		— *Millet. Souvenirs de Barbizon.*	VI, 661
Jeudis de Madame Charbonneau (Les).	VI, 776	*Jitanilla (La).*	II, 691
Jeune Armée (La).	VI, 1108	*J.-J. Rousseau.*	III, 1120
— *homme et la fille de joie (Le).*	I, 488	— *Rousseau, son faux contrat social.*	IV, 1021
— *infirme, élégie (Le).*	VII, 27	*J.-K. Huysmans.*	V, 580
— *Italie (La).*	III, 201	*J.-L. Gérôme et son œuvre.*	V, 593
— *Sibérienne (La).*	I, 740	*J. Michelet et sa famille.*	V, 847
Jeunes croyances (Les).	I, 20	— *Michelet et ses enfants.*	VI, 200
— *et vieilles barbes.*	VII, 806	*Joaillerie de la Renaissance.*	V, 434
— *fous et jeunes sages.*	V, 22	*Job ou les Pastoureaux.*	V, 809
— *France (Les).*	III, 884	*Jocaste et le chat maigre.*	III, 808
— *peintres militaires (Les).*	III, 1009	*Jocelyn.*	I, 584, 735 ; IV, 975, 1052, 1060, 1066
Jeunesse, par E. Augier (La).	I, 145	— , *opéra.*	VII, 522
— , *par A. de Lamartine (La).*	IV, 1006	*Jocko.*	VI, 792
— *blanche (La).*	VI, 1162	*Joguenet ou les vieillards dupés.*	II, 848
— *de Calvin (La).*	V, 162	*John Brown.*	IV, 327
— *de lord Byron (La).*	IV, 40	*Joie de vivre (La).*	VII, 1210
— *de Louis XIV (La).*	II, 718 ; III, 402	— *fait peur (La).*	III, 992
— *de Madame d'Épinay (La).*	VI, 521	*Joies, poèmes.*	VII, 1045
		Joli Gilles.	V, 1059
— *de Mazarin (La).*	II, 1064	— *mois de mai.*	VII, 597
		— *sentier (Le).*	IV, 38

TABLE DES OUVRAGES CITÉS

Jolie fille de Perth (La). VII, 449, 454, 456
Jolies femmes de Paris (Les). III, 260
Jonathan le visionnaire. VII, 171
— *Swift, sa vie et ses œuvres.* VI, 825
Jongleurs et trouvères. IV, 583
José-Maria, opéra-comique. V, 645
Joseph Autran. V, 33
— *de Laborde et ses fils.* IV, 842
— *de Longueil, sa vie, son œuvre.* VI, 318
— *le rigoriste.* I, 851
— *Prudhomme, chef de brigands.* V, 1024
— *Vernet et la peinture au XVIIIe siècle.* IV, 936
Joséphin Soulary et la pléiade lyonnaise. V, 524
Josette. VII, 802
Joshua Reynolds. II, 475
Jouets (Les). II, 419
— *, ce qu'il y a dedans* (Les). VI, 70
Joueur de flûte (Le). I, 142
Joueurs de mots (Les). V, 45
Joueuses (Les). VI, 639
Joujoux parlants (Les). VI, 234
Jour de l'an d'un vagabond (Le). III, 1000
— *sans lendemain* (Le). VII, 346
Journal (Le). IV, 467
— *anecdotique de Mme Campan.* II, 32
— *d'Olivier Lefèvre d'Ormesson.* II, 560
— *d'un bourgeois de Paris 1405-1449.* IV, 139
— *d'un bourgeois de Paris sous le règne de François premier.* IV, 123
— *d'un diplomate en Allemagne et en Grèce.* IV, 479

Journal d'un diplomate en Italie. IV, 478
— *d'un flâneur.* VI, 214
— *d'un fourrier de l'armée de Condé.* VII, 810
— *d'un homme heureux.* VII, 636
— *d'un lycéen de 14 ans pendant le siège de Paris.* III, 209
— *d'un officier d'ordonnance.* IV, 74
— *d'un officier malgré lui.* II, 25
— *d'un poète.* I, 624, 751 ; VII, 1069
— *d'un volontaire d'un an.* VII, 947
— *d'un voyage à Paris en 1657-1658.* III, 649
— *d'un voyage en Orient, par le Cte J. d'Estournel.* III, 600
— *d'un voyage en Orient, par le Vte de Savigny de Moncorps.* VII, 399
— *d'un voyage en Savoie et dans le midi de la France en 1804 et 1805.* IV, 734
— *d'un voyageur pendant la guerre.* VII, 278
— *d'une femme* (Le). III, 680
— *de Cléry.* II, 820
— *de Colletet* (Le). II, 911
— *de Eugène Delacroix.* III, 99
— *de France.* IV, 594
— *de Jean Heroard.* IV, 76
— *de l'expédition des portes de fer.* VI, 140
— *de la campagne de Russie en 1812.* VII, 137
— *de la comtesse de Sanzay* (Le). IV, 878
— *de lord Henri Clarendon.* II, 833

Journal de marche du sergent Fricasse. III, 834	*Journal inédit de Jean-Baptiste Colbert.* V, 596
— *de Marie-Edmée (Le).* VI, 433	—, *lettres et poèmes [de Maurice de Guérin].* III, 1148
— *de Nicolas de Baye.* IV, 118	*Journaliste, par J. Janin (Le).* IV, 536
— *de Rosalba Carriera.* VII, 473	—, *par S. Luce (Le).* V, 425
— *de Stendhal.* I, 461	—, *par F. Sarcey (Le).* VII, 356
— *de Tristan (Le).* VII, 793	*Journaux de Paris pendant la Commune (Les).* V, 197
— *de voyage d'un officier français (le colonel Louis Mouton).* V, 1169	—, *ou articles publiés dans le Mémorial catholique et l'Avenir.* IV, 1095
— *des dames et des modes.* IV, 1106	*Journée amoureuse ou les derniers plaisirs de Marie-Antoinette (La).* II, 640
— *des états généraux de France... sous le règne de Charles VIII.* II, 562	— *de Fontenoy (La).* I, 934
— *des gens du monde.* IV, 590	— *de Rocroy (La).* I, 155
— *des Goncourt.* III, 1065	— *des madrigaux (La).* VII, 890
— *des guerres civiles de Dubuisson-Aubenay.* IV, 139	— *du 14 juillet 1789 (La).* IV, 144
— *des inspecteurs de M. de Sartines.* III, 276	*Jours d'épreuves.* V, 517
— *du baron de Gauville.* II, 635	— *de combat (Les).* IV, 467
— *du marquis de Dangeau.* III, 3	*Jouvencel (Le).* IV, 120
— *du siège de Paris en 1590.* IV, 594	*Joyaux (Les).* V, 770
— *et le journaliste (Le).* VI, 638	— *de la couronne d'Aragon en 1303 (Les).* VI, 530
— *et lettres [d'Eugénie de Guérin].* III, 1145	*Joyeuses commères de Paris (Les).* V, 685
— *et mémoires de Charles Collé.* II, 461	— *histoires du mess.* I, 136
— *et mémoires de Mathieu Marais.* V, 501	*Joyeusetés galantes.* VII, 521
— *et mémoires du marquis d'Argenson.* IV, 129	— *galantes et autres du vidame Bonaventure de la Braguette.* III, 998, 1003
— *historique.* I, 461	*Joyeusetez, facecies et folastres imaginacions de Caresme prenant.* IV, 597
— *historique et anecdotique du règne de Louis XV.* IV, 129	*Joyeux devis, par Th. Massiac.* II, 947
	— *devis, par A. Silvestre.* VII, 527

Tome VIII

Juan Sbogar. VI, 95
— *Strenner, drame.* III, 185
Jubilé de Shakspeare (Le). V, 799
Judaïsme cmme race et comme religion (Le). VI, 1029
Jugements nouveaux (Les). I, 136
Juif au théâtre (Le). III, 290
— *errant, par G. Paris (Le).* VI, 399
— *errant, par Eug. Sue (Le).* VII, 686
Juifs en Chine (Les). II, 1007
— *rois de l'époque (Les).* VII, 882
Juive de Constantine (La). III, 902
— *errante (La).* VII, 689
— , *histoire du temps de la Régence (La).* III, 748
Jules Barbey d'Aurevilly. III, 543
— *Bastien-Lepage. L'homme et l'artiste.* VII, 796
— *César, par Aug. Barbier.* I, 314
— *César, par A. de Lamartine.* II, 732
— *Clarétie 1840-1878.* III, 94
— *Ferdinand Jacquemart.* III, 511

Jules Janin. VI, 660
— *Janin et sa bibliothèque.* IV, 882
— *Michelet.* V, 1025
— *Simon, sa vie et son œuvre.* VII, 461
Julia de Trécœur. II, 500 ; III, 678
Julie. I, 497
— , *drame.* III, 678
— *ou la Nouvelle Héloïse.* II, 429, 784 ; VI, 1207
Julien l'évangéliste, drame. VII, 393
— *Savignac.* I, 612 ; III, 630
Juliette et Roméo, par Arsène Houssaye. IV, 200
— *et Roméo, par Luigi da Porto.* II, 696
Julius. II, 587
Jumeaux (Les). IV, 371, 415, 425
Jumièges. III, 1183
Junius, chronique des deux mondes (Le). III, 147
Justice (La). I, 748 ; VII, 707
Justine ou les malheurs de la vertu. VII, 4
Juvénile-Keepsake (Le). IV, 664
Juvenilia. II, 583

K

Kallisto, comédie héroïque. III, 958
Kama Sutra de Vatsyayana, manuel d'érotologie hindoue (Les). VII, 974
Kami yo-no maki. Histoire des dynasties divines. VI, 860
Karel Dujardin. I, 386
Karikari. IV, 13
Kassya. V, 661
Kean, comédie. III, 345
Keepsake américain. IV, 664
— *avranchinais.* IV, 665
— *-bijou (Le).* III, 104

Keepsake breton. IV, 665
— *chrétien.* IV, 665
— *d'histoire naturelle.* IV, 669
— *de l'art en province.* IV, 666
— *de la Chronique.* IV, 677
— *de la jeunesse.* IV, 667
— *de Prague (Le).* IV, 666
— *des contes merveilleux.* IV, 668
— *des dames pour 1846 (Le).* IV, 668

*Keepsake des enfants (Le) pour
1835.* IV, 668
— *des hommes utiles.*
IV, 674
— *des jeunes amis des
arts pour 1840.* IV, 668
— *des jeunes gens (Le).*
IV, 668
— *des jeunes personnes.*
III, 29
— *des petits enfans.*
IV, 669
— *français.* IV, 673
— *français ou souvenir
de littérature contemporaine.* IV, 670
— *français pour 1840.*
IV, 704
— *. Hommage aux dames.* IV, 674
— *illustré de la Touraine.* IV, 675
— *illustré du chemin
de fer de Paris à
Bordeaux.* IV, 674
— *. Le messager des dames et des demoiselles.* IV, 676

*Keepsake littéraire des dames
(Le).* IV, 675
— *maritime.* IV, 675
— *mauritien.* IV, 675
— *1841. Génie et bienfaisance.* IV, 673
— *normand.* IV, 676
— *oriental.* IV, 676
— *parisien. Le Bijou.*
IV, 677
— *photographique.* IV, 704
— *pour 1840.* IV, 704
— *pour 1842.* IV, 677
— *religieux.* IV, 678
— *shakspearien.* IV, 704
— *. Souvenir du cœur.*
IV, 704
— *valenciennois.* IV, 679
— *vénitien.* IV, 679
Kenilworth. VII, 447, 452, 456
Kéraban-le-Têtu. VII, 1015
Kerkadec, garde-barrière. I, 717 ;
II, 407
Korrigane (La). II, 977
Koumiassine (Les). III, 1134
Kourroglou. VII, 313
Krumchen-Fee (Die). VI, 111

L

Là-bas. IV, 476
Laboureurs, poëme (Les). IV, 979
— *et soldats.* I, 156
*Labruyère charivarique de la
jeunesse.* II, 1036
— *et La Rochefoucauld.
Mme de La Fayette
et Mme de Longueville.* VII, 127
— *. Quelques notes sur
sa vie et ses œuvres.* III, 781
Lac (Le). IV, 1013
— *de Gers (Le).* VII, 856

Lacenaire, ses crimes, son procès et sa mort. II, 452
La Chaux. Notes & souvenirs.
II, 940
Lacrymæ rerum, poésies. VI, 430
La Fontaine en estampes. IV, 889
— *et la comédie humaine.* VI, 69
— *et les fabulistes.*
VII, 29
— *et Mme de Villedieu.* V, 666
— *et ses fables.* VII, 727
Lafrimbolle. VI, 290

Lai de l'oiselet (Le). VI, 533
— *de la rose a la dame real (Le).* VI, 534
— *des deux amants. Lai du Bisclaveret.* VI, 707
Laird de Dumbicky, drame (Le). III, 358
Lais inédits des XIIe et XIIIe siècles. VI, 1189
Laitière de Montfermeil (La). IV, 713, 719
— *et le pot au lait (La).* VII, 281
Lamartine, par Ém. Deschanel. III, 208
— *1790, par J. Janin.* IV, 558
— , *par Ém. Ollivier.* VI, 265
— , *par P. de Saint-Victor.* VII, 108
— . *Discours prononcé à la réunion publique du 2 mai 1869 au profit de la souscription pour la statue du poète.* V, 26
— *et ses Méditations.* VI, 312
— , *étude de morale et d'esthétique.* VI, 758
— . *Morceaux choisis à l'usage des classes.* IV, 1063
— , *sa vie littéraire et politique.* V, 632
— . *Souvenirs particuliers.* VI, 870
Lambert Thiboust. III, 999
Lamennais, sa vie intime à La Chênaie. II, 489
Lamiel. I, 461
Lampe éteinte (La). VI, 513
Landes fleuries, poésies. VII, 1140
Landscape français (Le). Italie.
— *-France.* IV, 679

Langage équestre (Le). VI, 518
Langue de Corneille (De la). V, 574
— *romane du midi de la France (La).* V, 798
Langues esmoulues pour auoir Parlé du Drap d'or de Sainct Viuien. VI, 980
Lanterne en vers de Bohême (La). VII, 1008
— *en vers de couleur (La).* IV, 80
— *magique (La), par Th. de Banville.* I, 277
— *magique, par J. Girardin (La).* III, 993
— *magique d'Aubert (La).* V, 1234
— *magique, histoire de Napoléon (La).* VII, 609
Lanternes, histoire de l'ancien éclairage de Paris (Les). III, 779
Lanternistes, essai sur les réunions littéraires et scientifiques (Les). III, 192
Laocoon. I, 298
Laquais de Molière (Le). V, 1123
Larmes de Jeanne (Les). IV, 205
— *du poète (Les).* VI, 40
Latium moderne (Le). VII, 1006
La Tour. II, 475
Latréaumont. VII, 676
Laura. Voyages et impressions. VII, 272
Laure. II, 738 ; VII, 251
Laurence Sterne, étude biographique et littéraire. VII, 660
Laurianna, opera. VII, 261
Lauzun. V, 1311
Lavinia. VII, 313
Laz d'amour (Le). II, 878
Lazare, morale à VI personnages (Le). VI, 976
Leben sie wohl, livre d'étrennes. IV, 680
Leçons conjugales (Les). VII, 390

Leçons et modèles d'éloquence.
I, 436
Lectures pour tous. I, 736
— *pour tous ou extraits des œuvres générales de Lamartine.* IV, 1063
Léda ou la légende des bienheureuses Ténèbres. V, 420
—, *poème antique.* V, 112
Ledru-Rollin. Sa vie politique. III, 141
Légat de la vache à Colas (Le). I, 494
Légende d'amour, contes et poèmes (La). III, 974
— *d'Ulenspiegel (La).* V, 164
— *de Croquemitaine (La).* V, 215
— *de l'aigle (La).* III, 591
— *de la femme émancipée (La).* V, 457
— *de la mort en Basse-Bretagne (La).* V, 135
— *de la vierge de Münster.* V, 218
— *de Montfort-la-Cane.* VII, 984
— *de Pierre Faifeu (La).* II, 9
— *de Robert-le-Diable (La).* V, 1150
— *de Sainte Cécile (La).* I, 883
— *de Sainte Radegonde, reine de France (La).* III, 806
— *de Sainte-Wilgeforte.* I, 915
— *de Saint Julien l'Hospitalier (La).* I, 726 ; III, 732
— *de sœur Béatrix (La).* VI, 179
— *des sexes (La).* IV, 28
— *des siècles (La).* I, 616, 732 ; IV, 324, 394, 407, 412, 422

Légende dorée (La). VII, 1139
— *dorée et poèmes sur l'esclavage (La).* II, 648
— *du beau Pécopin et de la belle Bauldour.* IV, 319
— *du cœur (La).* I, 899
— *du juif errant (La).* III, 528
— *du Parnasse contemporain (La).* V, 675
— *et les aventures héroïques, joyeuses et glorieuses d'Ulenspiegel.* V, 166
—, *histoire et tableau de Saint-Marin.* VII, 293
— *joyeuse (La).* VII, 898
Légendes, par Boiteau. I, 782
—, *par S. Pécontal.* VI, 441
— *amoureuses de l'Italie.* II, 737
— *chrétiennes de la Basse-Bretagne.* V, 323
— *d'atelier.* V, 101
— *d'aujourd'hui.* V, 866
— *démocratiques du Nord.* V, 831
— *de la jeunesse (Les).* IV, 196
— *de la place Maubert (Les).* II, 170
— *des bois et chansons marines.* I, 739 ; V, 204
— *du livre (Les).* III, 665
— *et traditions de la Normandie.* III, 661
—, *fantômes et récits du Nouveau-Monde.* III, 624
— *flamandes.* III, 94
— *fleuries.* I, 387
— *françaises.* I, 66
— *françaises. Molière.* VI, 198
— *françaises. Rabelais.* VI, 198
— *rustiques.* VII, 262

Legs d'une Lorraine (Le).	VII, 786
Lélia. VII, 198, 301, 310, 313	
Lendemain de la mort (Le).	III, 711
— des amours (Le).	VI, 262
— du dernier jour d'un condamné (Le).	IV, 250
Lendemains (Les).	VI, 999
Lénore.	VI, 705
Léo Burckart.	VI, 54
Léon Cailhava, bibliophile lyonnais.	VII, 1102
— Cladel et sa kyrielle de chiens.	II, 408
— Duchesne de la Sicotière, avocat, sénateur de l'Orne.	V, 82
— XIII et le Vatican.	VII, 778
Léonard Aubry.	V, 791
Leone Leoni.	VII, 204, 302, 309, 312
— Leoni, sculpteur de Charles-Quint.	VI, 715
Leopardi traduit de l'italien.	V, 211
Léopold Robert d'après sa correspondance inédite.	II, 448
— Robert, sa vie, ses œuvres et sa correspondance.	III, 685
Lépreux à Reims (Les).	I, 566
— de la Cité d'Aoste.	I, 740; V, 465
Lesage.	III, 1121
Lesbia.	V, 679
Lettre à Alphonse Karr, jardinier.	IV, 1013
— à l'auteur de Rabelais et ses éditeurs.	V, 574
— à la Présidente.	III, 943
— à Lerminier.	VII, 313
— à Madame de Genlis sur les sons harmoniques de la harpe.	IV, 742
— à mon domestique.	VII, 426
— à Monsieur Cauchois-Lemaire.	III, 292
Lettre à M. C.-N. Amanton sur deux manuscrits précieux du temps de Charlemagne.	VI, 475
— à M. C.-N. Amanton sur un nouvel usage relatif aux costumes de femmes.	VI, 474
— à M. C.-N. A****** sur un ouvrage intitulé : Les Poètes français depuis le XIIe siècle.	VI, 469
— à Monsieur Crapelet.	II, 471
— à M. le marquis de Carabas sur les partis.	II, 22
— à M. Naquet.	III, 482
— à M. Reinaud sur quelques manuscrits syriaques du Musée Britannique.	VI, 1011
— à M. Renouard, libraire, sur une tache faite à un manuscrit de Florence.	V, 387
— à M. Victor Hugo, par par Ch. Farcy.	III, 647
— à M. Victor Hugo, par X. Forneret.	III, 761
— à un ami d'Allemagne.	VI, 1024
— adressée à M. Degard.	IV, 355
— d'un mobile breton.	II, 969
— d'un paysan de la Vallée-Noire.	VII, 224
— d'un relieur français à un bibliographe anglais.	V, 261
— d'un Sicilien à un de ses amis.	II, 473
— de Christophe Colomb sur la découverte du Nouveau-Monde.	II, 617
— de Fontenelle au marquis de La Fare.	III, 755 ; VI, 448

Lettre de George Sand relative à sa biographie.] VII, 249
— de M. Alphonse de Lamartine à M. Casimir Delavigne. IV, 959
— de M. G. Peignot à M. C.-N. Amanton. VI, 471
— de M. Gustave Flaubert à la municipalité de Rouen. III, 728
— de Toto (La). V, 660
— de Victor Hugo à Juarès. IV, 341
— inédite adressée par M. Alexandre Dumas fils à M. Henry d'Ideville. III, 475
— inédite de l'ambassadeur François de Rochechouart à la Reine de Hongrie. VI, 526
— inédite de Philothée O'Neddy. VI, 276
— neuvième relative à la Bibliothèque de Rouen. III, 247
— sur l'histoire de France. I, 152
— sur la Bibliothèque de Saint-Étienne. IV, 538
— sur la comédie de l'Imposteur attribuée à Molière. II, 847
— sur les affaires du théâtre en 1665. II, 850
— sur Thorwaldsen. III, 77
— sur un ouvrage anglais relatif à la bibliographie et aux antiquités. VI, 467
— sur une nouvelle édition des lettres de Du Cerceau. VI, 474
— trentième concernant l'imprimerie et la librairie. III, 248
Lettres à Alfred de Musset et à Sainte-Beuve. VII, 287

Lettres à César. I, 482
— à Émilie sur la mythologie. I, 640 ; III, 173
— à la Princesse. VII, 147
— à Mimi sur le Quartier latin. VII, 1007
— à M. Ch. Dugast-Matifeux sur quelques monnaies françaises. III, 713
— à M. Hatton, juge d'instruction, au sujet de l'incroyable accusation intentée contre M. Libri. IV, 833
— à M. le comte de Salvandy sur quelques-uns des manuscrits de la Bibliothèque royale de La Haye. IV, 606
— à M. Panizzi. V, 744
— à Rienzi. VI, 566
— à Sophie sur la physique. V, 548
— à un absent. III, 38
— à un ami de collège. V, 1088
— à un gentilhomme russe sur l'inquisition espagnole. V, 460
— à un jeune homme sur la vie chrétienne. IV, 797
— à une autre inconnue. V, 743
— à une honnête femme sur les événements contemporains. V, 220
— à une inconnue. V, 741
— adressées au baron François Gérard. III, 971
— au Mercure sur Molière. II, 854
— au peuple. VII, 232
— autographes composant la collection de M. Alfred Bovet. II, 252
— autographes de Madame Roland. VI, 1175
— autographes recueillies par feu Monsieur A. Sensier. II, 250

TABLE DES OUVRAGES CITÉS

Lettres chimériques. I, 278
— choisies de Madame de Sévigné. VII, 487
— critiques sur la vie..... d'André Chénier. I, 379
— d'Abailard et d'Héloïse. V, 265
— d'Amabed. I, 610
— d'amour, chefs-d'œuvre de style épistolaire. VII, 352
— d'amour d'Henri IV. II, 1086
— d'Antoine de Bourbon et de Jehanne d'Albret. IV, 123
— d'Eugénie de Guérin. III, 1145
— d'exil à Michelet et à divers amis. VI, 913
— d'un bibliographe. V, 443
— d'un bon jeune homme. I, 6
— d'un chien errant. V, 1176
— d'un dragon. III, 297
— d'un passant. I, 835, 836
— d'un voyageur. VII, 302, 310
— d'une honnête femme. VII, 915
— d'une péruvienne. II, 790 ; III, 1088
— de Adrienne Lecouvreur. I, 654
— de Benjamin Constant à Madame Récamier. II, 934
— de Benjamin Constant à sa famille. II, 934
— de Catherine de Médicis. II, 552
— de Charles Weiss à Charles Nodier. VII, 1157
— de Colombine. I, 835 ; V, 267
— de Eugène Delacroix. III, 98
— de femmes. VI, 824

Lettres de Ferragus. VII, 914
— de Frédéric Ozanam. VI, 299
— de Gabriel Peignot à son ami N.-D. Baulmont. VI, 489
— de Gerbert. II, 906
— de Gustave Courbet à l'armée allemande et aux artistes allemands. II, 1040
— de Gustave Flaubert à George Sand. III, 734
— de Henri VIII à Anne Boleyn. II, 464
— de Henri Perreyve à un ami d'enfance. VI, 555
— de Jean Chapelain. II, 552
— de Joachim du Bellay. VI, 202
— de Jules de Goncourt. III, 1064
— de Junius. III, 146
— de l'abbé Galiani à Madame d'Épinay. III, 855 ; V, 270
— de l'abbé Henri Perreyve. VI, 554
— de l'inconnue. V, 271, 742
— de la comtesse de Sancerre. II, 788
— de la comtesse de Ségur... au vicomte et à la vicomtesse de Simard de Pitray. VII, 467
— de la Grenouillère. VII, 941
— de la marquise de Coigny. V, 270
— de la M^{se} du Chatelet. V, 269
— de la présidente Ferrand au baron de Breteuil. V, 269
— de la Reine de Navarre au Pape Paul III. VI, 206, 532
— de Louis XI. IV, 121 ; V, 414
— de ma chaumière. V, 875

Lettres de Mme *de Graffigny.*
　　　　　　　III, 1088 ; V, 269
— *de Madame de Grignan*
　(Les).　　　　IV, 518
— *de Madame de Rému-*
　sat.　　　　　VI, 1010
— *de Madame de Sévigné,*
　de sa famille,... III, 1113;
　　VI, 342 ; VII, 478, 481,
　　　　　　　　　482, 486
— *de M*^{me} *la marquise de*
　Pompadour.　　VI, 760
— *de Madame Swetchine.*
　　　　　　　　　VII, 716
— *de Mademoiselle Aïssé*
　à Madame Calandrini.
　　　　　　　　　II, 323
— *de Mademoiselle de Les-*
　pinasse. II, 748 ; V, 268
— *de Malherbe.*　V, 470
— *de Marguerite d'Angou-*
　lême.　　　　IV, 123
— *de Marie de Rabutin-*
　Chantal, marquise de
　Sévigné, à sa fille et
　à ses amis. VII, 485
— *de Marie Stuart.* V, 524
— *de milady Juliette Ca-*
　tesby.　　II, 787, 791
— *de mistriss Fanny But-*
　lerd à mylord Char-
　les Alfred, comte d'Er-
　ford.　　II, 788, 791
— *de mon moulin.* I, 721 ;
　　　　　　　　　III, 37
— *de M. Guizot à sa fa-*
　mille et à ses amis.
　　　　　　　　III, 1179
— *de Napoléon à José-*
　phine.　　　　VI, 28
— *de noblesse accordées*
　aux artistes français
　(XVIIe *et XVIII*^{e} *siè-*
　cles).　　　　IV, 99
— *de Peiresc aux frères*
　Dupuy.　　　II, 567
— *de Pétrarque à son frère.*
　　　　　　　　　VI, 565

Lettres de piété et de direction
　écrites à la sœur Cor-
　nuau.　　　　I, 786
— *de Piron à Hugues Ma-*
　ret.　　　　　VI, 688
— *de Pline le jeune.* I, 693
— *de Prosper Mérimée à*
　un provincial. V, 753
— *de rois, reines et autres*
　personnages des cours
　de France et d'An-
　gleterre.　　　II, 561
— *de Sainte-Beuve au pro-*
　fesseur Gaullieur.
　　　　　　　　　VII, 149
— *de saint François de*
　Sales adressées à des
　gens du monde. III, 821
— *de Saint-Pétersbourg.*
　　　II, 723 ; III, 418
— *de Silvio Pellico.* VI, 517
— *de Victor Hugo aux Ber-*
　tin.　　　　　IV, 372
— *de V. Voiture.* II, 421
— *du baron Grimm.* V, 858
— *du cardinal Mazarin à*
　la Reine.　　IV, 127
— *du cardinal Mazarin pen-*
　dant son ministère.
　　　　　　　　　II, 562
— *du XVII*^{e} *et du XVIII*^{e}
　siècles.　　　V, 268
— *1825-1842 [du duc d'Or-*
　léans].　　　VI, 281
— *du maréchal Bosquet à*
　sa mère.　　　I, 500
— *du maréchal de Saint-*
　Arnaud.　　　VII, 9
— *du prince de Ligne à*
　la M^{ise} *de Coigny.* II, 329
— *du Révérend Père La-*
　cordaire à des jeunes
　gens.　　　　IV, 798
— *du R. P. Lacordaire à*
　Mme *la baronne de*
　Prailly.　　　IV, 800

*Lettres du R. P. Lacordaire à M*me *la C*tesse *Eudoxie de la Tour du Pin.* IV, 798
— *du R. P. H.-D. Lacordaire à Théophile Foisset.* IV, 800
— *écrites à un provincial.* II, 528
— *écrites de la Vendée à M. Anatole de Montaiglon.* III, 713
— *écrites de Vienne par H. Beyle.* I, 450
— *édifiantes et curieuses concernant l'Asie, l'Afrique et l'Amérique.* VI, 344
— *et billets inédits de Voltaire.* II, 13
— *et les arts (Les).* V, 272
— *et notes intimes.* V, 632
— *et opuscules inédits du comte Joseph de Maistre.* V, 460
— *et pensées d'Hippolyte Flandrin.* III, 720
— *et poésies inédites, de Voltaire.* II, 6
— *facétieuses de Fontenelle.* VI, 449
— *familières écrites d'Italie.* I, 936
— *gourmandes.* V, 1056
— *grecques de Madame Chénier.* I, 859 ; II, 350, 506
— *historiques des archives communales de la ville de Tours* I, 575
— *inédites d'Alexis Piron à l'abbé Dumay.* VI, 688
— *inédites de Béranger à un ami.* I, 416
— *inédites de Diane de Poytiers.* III, 246
— *inédites de Fénelon au maréchal et à la maréchale de Noailles.* III, 660
Lettres inédites de Gabriel Peignot. VI, 492
— *inédites de Henry IV à M. de Pailhès.* IV, 70
— *inédites de J.-C.-L. de Sismondi.* VII, 557
— *inédites de Jean-Jacques Rousseau.* VI, 1214
— *inédites de Jean-Jacques Rousseau à Marc-Michel Rey.* VI, 1213
— *inédites de J.-M. et F. de La Mennais.* IV, 1094
— *inédites de Jean Racine.* VI, 943
— *inédites de Jean Racine et de Louis Racine.* III, 1116
— *inédites de la marquise de Crequi à Senac de Meilhan.* II, 1068
— *inédites de L.-P. d'Hozier.* I, 494
— *inédites [de M*me *de Chateaubriand] à M. Clausel de Coussergues.* VI, 303
— *inédites de Madame de Sévigné à Madame de Grignan.* III, 1118
— *inédites de Mademoiselle de Lespinasse à Condorcet...* V, 262
— *inédites de M*lle *Philipon à Madame Roland.* VI, 1175
— *inédites de Marguerite de Valois.* V, 514
— *inédites de Marie-Antoinette et de Marie-Clotilde de France.* V, 521
— *inédites de Marie Stuart.* V, 523
— *inédites de Paul Manuce.* VI, 202

Lettres inédites de Prosper Mérimée. V, 754
— inédites de Voltaire à Louis Racine. VI, 535
— inédites du cardinal d'Armagnac. II, 836
— inédites du R. P. H.-D. Lacordaire. IV, 799
— inédites du roi Henry IV à Monsieur de Béthune. IV, 70
— inédites du roi Henri IV à Monsieur de Sillery. IV, 68
— inédites du roi Henri IV au chancelier de Bellièvre. IV, 68, 69
— inédites du roi Henri IV à Monsieur de Villiers. IV, 69
— , instructions diplomatiques et papiers d'État du cardinal de Richelieu. II, 570
— , instructions et mémoires de Marie Stuart. V, 523
— intimes de Henri IV. IV, 68
— intimes de Stendhal. I, 466
— parisiennes. III, 992
— persanes. I, 495, 600 ; II, 427, 517, 750, 782
— portugaises. II, 329
— portugaises avec les réponses. V, 268
— posthumes de Prevost-Paradol. VI, 828
— provinciales. II, 521, 533
— rurales. II, 365
— sans titre [de Pétrarque]. VI, 566
— satiriques et critiques. I, 166
— spirituelles. I, 787
— sur Dijon. VI, 490
— sur l'art français en 1850. II, 358

Lettres sur l'histoire de France. VII, 815
— sur l'Islande. V, 535
— sur les contes des fées attribués à Perrault. VII, 1147
— sur les écrivains français. V, 140
— turques. II, 4
Letzte bankett der Girondisten (Das). VI, 109
Leucippe et Clitophon. II, 335
Leur beau physique. V, 115
— cœur. V, 115
Lèvres closes (Les). III, 263
Levrette en pal'tot (La). II, 311
Lexique des œuvres de Brantôme. IV, 945
— des termes d'art. I, 661
— roman ou dictionnaire de la langue des troubadours. VI, 962
Lianes (Les). Album mosaïque. IV, 687
Liaudette. V, 505
Libelliste (Le). V, 555
Liber vagatorum. V, 316
Libération du territoire (La). IV, 350
Liberté (La). VII, 546
— de discussion en matière religieuse (De la). VI, 900
— de l'enseignement (De la). VII, 145
— de la Presse (De la). VI, 116
— de la Presse à Dijon (De la). VI, 485
— , journal des arts (La). V, 316
Libertins en campagne (Les). II, 647
Librairie de Jean, duc de Berry (La). IV, 156
Libres penseurs (Les). VII, 1023
— prêcheurs devanciers de Luther et de Rabelais (Les). V, 695

Libri.	V,	45
Lidoire et la Biscotte.	II,	1054
Lieds de France.	V,	686
Lierre et l'ormeau (Le).	V,	1023
Lieutenant Bonnet (Le).	V,	483
— Cupidon (Le).	II,	858
Lièvre de mon grand'père (Le).	II, 720 ; III,	408
— de Simon de Bullandre (Le).	I, 960 ; II,	17
Ligier Richier, par Ch. Cournault.	II,	476
— Richier, par Aug. Lepage.	I,	492
Ligne brisée (La).	I,	130
Lignes rimées.	III,	761
Ligue, scènes historiques (La).	VII,	1112
Lila et Colette.	II, 859 ; V,	676
Lilas de Courcelles (Les).	III,	1183
Limites de la France et l'étendue de la domination anglaise à l'époque de la mission de Jeanne d'Arc (Les).	V,	379
Lion amoureux (Le).	VII,	613
— amoureux, comédie (Le).	VI,	768
— d'Angélie (Le).	II, 619,	1021
Lionnes pauvres (Les).	I,	144
Lions du jour (Les).	III,	160
— et renards.	I,	147
Lis du Japon (Le).	VII,	274
— et violette.	IV,	680
Lise Fleuron.	VI,	259
— Tavernier.	III,	40
Liseron (Le).	II,	982
Lisette de Béranger (La).	II,	487
Liste alphabétique de portraits français gravés jusque et y compris l'année 1775.	V,	318
— chronologique des maires de Dijon.	VI,	489
— des membres de la noblesse impériale.	IV,	143
— des membres de la Société des Bibliophiles françois.	I,	534
Liste des publications faites depuis le 1er janvier 1861 jusqu'à fin mai 1875 par Jules Gay.	II,	666
— des suspects du département des Basses-Pyrénées.	I,	500
— et origine de tous les ordres de chevalerie militaires et civils.	II,	622
Listoyre de Pierre de Provence.	II,	890
Lit de camp (Le).	I,	974
Lithographiana (Le).	V,	322
Lithographie à Rouen (La).	IV,	51
— mensuelle.	II,	81
Littérature considérée dans ses rapports avec les institutions sociales (De la).	VII,	649
— d'amateur (La).	IV,	216
— de tout à l'heure (La).	V,	1149
— du midi de l'Europe (De la).	VII,	555
— du moyen age. Notice sur le Romancero françois.	VI,	114
— épistolaire.	I,	302
— étrangère.	I,	302
— étrangère. Écrivains et poètes modernes.	VII,	98
— et philosophie mêlées.	IV, 282, 379, 386, 403, 414, 429,	438
— française au moyen âge (La).	VI,	401
— française contemporaine (La).	VI,	885
— indépendante et les écrivains oubliés (La).	III,	771
— orale de la Basse-Normandie.	V,	325
— orale de la Haute-Bretagne.	V,	323

Littérature orale de la Picardie. V, 326
— *populaire en France (De la).* II, 192
— . *Programme.* VII, 144
Littératures populaires de toutes les nations (Les). V, 323
Littoral de la France (Le). I, 133
Liturgies intimes. VII, 998
Livia. V, 1318
Livre (Le), par H. Bouchot. I, 661
—, *par Jules Janin (Le).* IV, 560
— *à la mode (Le).* V, 334
— *à propos de l'ouvrage intitulé : Les amoureux du livre (Le).* III, 665
— *abominable de 1665 (Le).* V, 962
— *amusant (Le).* II, 1036
— *commode (Le).* I, 650
— *couleur de rose (Le).* IV, 680
— *d'amitié dédié à Jehan de Paris (Le).* VII, 176
— *d'amour.* VII, 128
— *d'amour. Histoires d'amour.* VII, 530
— *d'amour ou folastreries du vieux tems.* V, 334
— *d'art des femmes (Le).* III, 282
— *d'étrennes (Le).* IV, 682
— *d'heures complet en latin et en français.* V, 334
— *d'heures d'après les manuscrits de la Bibliothèque royale.* V, 335
— *d'heures de Henri II (Le).* I, 532
— *d'heures de la reine Anne de Bretagne (Le).* V, 335
— *d'heures ou offices de l'Eglise.* V, 338
— *d'offices pour les dimanches.* V, 530
— *d'or de J.-F. Millet (Le).* IV, 507
— *d'or de Victor Hugo (Le).* I, 821

Livre d'or des métiers (Le). III, 779 ; IV, 834 ; V, 339
— *d'or des métiers (Le). Histoire des hotelleries.* V, 810
— *d'or du Salon de peinture et de sculpture 1879-1890 (Le).* IV, 869
— *d'un père (Le).* I, 738 ; V, 30
— *d'une mère (Le).* VII, 915
— *de beauté, keepsake pour 1854 (Le).* IV, 681
— *de beauté (Le). Souvenirs historiques.* IV, 681
— *de bijouterie de René Boyvin, d'Angers.* III, 509
— *de bord (Le).* IV, 642
— *de Censorinus.* I, 694
— *de demain (Le).* VI, 1154
— *de fortune (Le).* I, 684
— *de jade (Le).* III, 879
— *de jeunesse et de beauté.* IV, 681
— *de Job (Le).* VI, 1013
— *de l'amour (Le).* VI, 755
— *de l'art de faulconnerie.* II, 16
— *de l'exilé (Le).* VI, 912
— *de l'internelle consolacion (Le).* I, 654
— *de la chasse du grand Seneschal de Normandye (Le).* V, 339 ; VII, 892
— *de la création et de l'histoire d'Abou-Zéid-Ahmed ben Sahl el-Balkhi.* VI, 868
— *de la nature (Le).* VII, 297
— *de la payse (Le).* VII, 792
— *de la pitié et de la mort (Le).* V, 408
— *de ma fille (Le).* IV, 705
— *de Mathéolus (Le).* II, 644
— *de mes petits-enfants (Le).* III, 101
— *de minuit (Le).* II, 867
— *de mon ami (Le).* III, 809
— *de mon fils (Le).* IV, 705

Livre de M. Trotty (Le).	VI, 232
— de Pochi (Le).	V, 340
— de prières illustré.	V, 340
— de prières tissé.	V, 341
— de Ruth (Le).	V, 341
— des adieux (Le).	I, 737
— des ballades (Le).	I, 681
— des cent ballades (Le).	V, 342
— des collectionneurs (Le).	V, 634
— des conteurs (Le).	VII, 348
— des convalescents (Le).	II, 998
— des demoiselles (Le).	IV, 682
— des douleurs (Le).	I, 207
— des écoliers (Le).	VII, 398
— des enfants (Le).	V, 343
— des fantaisies (Le).	VII, 521
— des fumeurs et des priseurs (Le).	I, 824
— des hirondelles (Le).	V, 345
— des jeunes filles (Le).	VII, 399
— des jeunes mères (Le).	I, 357
— des jeunes personnes (Le).	VI, 164
— des joyeusetés (Le).	VII, 517
— des légendes (Le).	V, 227
— des mères (Les).	IV, 323
— des merveilles (Le).	I, 782
— des mestiers (Le).	V, 346
— des métiers d'Etienne Boileau (Le).	IV, 151
— des miracles de Notre-Dame de Chartres (Le).	V, 190
— des miracles et autres opuscules de Georges Florent Grégoire, évêque de Tours.	IV, 108
— des orateurs.	II, 1009
— des parfums (Le).	VI, 1135
— des peintres (Le).	I, 684
— des peintres et graveurs (Le).	I, 655
Livre des petits enfants (Le).	VI, 227
— des proverbes français (Le).	I, 671 ; V, 227
— des psaumes (Le).	II, 561
— des 400 auteurs (Le).	V, 346
— des secrets aux philosophes (Le).	VI, 1034
— des singularités (Le).	VI, 488
— des sonnets (Le).	I, 681, 740
— des têtes de bois (Le).	V, 347
— des trahisons de France (Le).	II, 508
— des vassaux du comté de Champagne et de Brie.	V, 378
— du Bibliophile (Le).	V, 194
— du centenaire du Journal des Débats (Le).	V, 347
— du chevalier de La Tour-Landry.	I, 653
— du désir (Le).	VI, 499
— du mariage.	V, 348
— du néant (Le).	II, 144
— du peuple (Le).	IV, 1092
— du roi Dancus (Le).	II, 17
— du roy Charles. De la chasse du cerf.	II, 263
— du roy Modus (Le).	V, 349
— du très chevalereux comte d'Artois (Le).	V, 349
— du voir-dit de Guillaume de Machaut (Le).	I, 529
— et l'Image (Le).	V, 349
— et la petite bibliothèque d'amateur (Le).	V, 1161
— -journal de Lazare Duvaux.	I, 528 ; II, 1038
— mignard ou la Fleur des fabliaux.	V, 351
— moderne (Le).	V, 362
— mystique (Le).	I, 201
— posthume. Mémoires d'un suicidé (Le).	III, 305
— , revue du monde littéraire (Le).	V, 354
— , revue mensuelle (Le).	V, 351

Livre rose, récits et causeries de jeunes femmes (Le). VII, 200
— rouge (Le). V, 370
Livres à clef (Les). III, 298
— à gravures du XVIe siècle. I, 690
— à vignettes du XVe au XVIIIe siècle (Les). I, 888
— cartonnés (Les). I, 943
— de divination (Les). II, 742
— de justice et de plet (Li). II, 561
— dou Tresor (Li). II, 559
— du boudoir de la reine Marie-Antoinette. II, 648
— et âmes des pays d'Orient. V, 1093
— liturgiques du diocèse de Troyes. VII, 563
— payés en vente publique 1,000 fr. et au-dessus. I, 942
— perdus. I, 945
— populaires imprimés à Troyes de 1600 à 1800. VII, 563
— populaires. Noëls et chroniques imprimés à Troyes. VII, 564
— sacrés de l'Orient (Les). VI, 325
Livret de folastreries (Le). II, 672
— de l'Académie des Bibliophiles. 1866-67. I, 491
— de l'Exposition du Colisée (1776). II, 774
— de l'Exposition faite en 1673 (Le). V, 1066
— de vers anciens. V, 445
Livrets des expositions de l'Académie de Saint-Luc à Paris. II, 773
Loges d'artistes. III, 974
Logiciens anglais contemporains (Les). V, 314
Loi agraire à Sparte (La). IV, 217

Loi sur la Presse (De la). VII, 145
Loin de Bretagne. VI, 874
— de Paris. III, 929
— du monde. I, 920
Lois morales, religieuses et civiles de Mahomet (Les). II, 868
— pénales de la France (Les). V, 1170
— religieuses, morales et civiles de Manou (Les). II, 868
Loisirs artistiques. VI, 66
— de voyage. VI, 1140
Loix de la galanterie (Les). VII, 889
Lolotte. V, 657
Londres. III, 574
— et les Anglais. IV, 733
Longues et brèves. II, 989
Lord Brougham. Étude biographique et littéraire. V, 59
— Byron, histoire d'un homme. V, 255
— Herbert de Cherbury, sa vie et ses œuvres. VI, 1008
— Ruthwen ou les Vampires. VI, 149
— Strafford. I, 830
Lorely, souvenirs d'Allemagne. VI, 57
Lorenzino, drame. III, 353
Lorette (La). III, 1027
Lorgnette littéraire (La). V, 1039
— philosophique (La). VI, 363
Lorgnon (Le). III, 989
Lorraine (La). V, 400 ; VII, 799
Lotus de la bonne loi (Le). I, 980
Louange des vieux soudards (La). I, 490
— du muliebre et feminin sexe (La). VI, 529
Louenge des femmes (La). II, 648
Louis Bertrand et le romantisme à Dijon. II, 163
— David, son école et son temps. III, 117

Louis de Frotté et les insurrections normandes 1793-1832. V, 81
— XVII. I, 357
— XVII, son enfance, sa prison et sa mort au Temple. II, 232
— XII et Anne de Bretagne. IV, 858
— -Georges Erasme, marquis de Contades, maréchal de France. Notes et souvenirs. II, 937
— -Napoléon Bonaparte jugé par Chateaubriand... VII, 237
— XI est-il l'auteur du Rosier des guerres? IV, 645
— XI et Charles le Téméraire, par Eug. Asse. I, 122
— XI et Charles le Téméraire, par J. Michelet. V, 832
— XI et la Sainte Ampoule. I, 566
— XI, tragédie en cinq actes et en vers. III, 109
— -Philippe, ex-roi des marionnettes. V, 394
— XIV et l'Égypte. VII, 955
— XIV et Marie Mancini. II, 232
— XIV et son siècle. III, 364
— Quinze. III, 386
— XV et Élisabeth de Russie. VII, 954
— XVI, par Al. Dumas. III, 389
— XVI, par le Cte de Falloux. III, 644
— XVI, Marie-Antoinette et Madame Élisabeth. Lettres et documents inédits. V, 415
— VI le Gros. Annales de sa vie et de son règne. V, 428

Louis XIII et l'assemblée des notables. I, 572
Louisa ou les douleurs d'une fille de joie. VI, 1003
Louise. I, 11
— Bernard, drame. III, 357
— & Thérèse. II, 339
— Leclercq. VII, 993
— , poëme. V, 569
Louison, comédie. V, 1257
— d'Arquien. VI, 936
Loulou. V, 655
Loup (Le). I, 511
Louspillac et Beautrubin. V, 790
Louve (La). II, 727
Louves de Machecoul (Les). II, 722 ; III, 417
Lozana Andaluza (La). III, 121
Luccioles. III, 1153
Luciade ou l'âne de Lucius de Patras (La). II, 904
Lucie. VII, 315, 316
— , comédie VII, 256
— , histoire d'une fille perdue. IV, 200
Lucifer. III, 636
Lucile de Chateaubriand, ses contes, ses poèmes, ses lettres. II, 309, 505
Lucina sine concubitu. VII, 559
Lucrèce à Poitiers. VI, 764
— Borgia. I, 732 ; IV, 278, 381, 385, 415, 424, 436
— . De la nature des choses, trad. par Sully Prudhomme. I, 748 ; VII, 706
— et Judith, salade de romaines et de juives. VI, 763
— ou la femme sauvage. V, 1028 ; VI, 764
— , tragédie. VI, 763
Lucrezia Floriani. VII, 228, 313
Ludibria ventis. I, 155
Lugdunum priscum. II, 492

Lui.	V, 430	Lutèce.	IV, 56
—, roman contemporain.	II, 460	Luther, étude historique.	V, 92
— et Elle.	I, 620, 744 ; V, 1319	Luthier de Crémone (Le).	I, 720 ; II, 971
Lulu.	II, 219	Luthiers italiens aux XVIIe et XVIIIe siècles (Les).	I, 495
Lumière (La).	I, 760		
Lundi de la Pentecôte (Le).	V, 848		
Lundis d'un chercheur (Les).	VII, 645	Lutrin (Le).	I, 833
Lune (La).	V, 430	Lutte des Bretons insulaires du Ve au VIIe siècle.	IV, 780
—, histoire, description et particularités (La).	VII, 960	— pour la vie (La).	III, 62
		Luxe des livres (Le.)	III, 183
— de miel (La).	I, 223	— français (Le). L'Empire.	I, 889
— rousse (La).	V, 431		
— rousse, comédie (La).	VII, 599	Luxembourg (Le).	VI, 391
Lunes poétiques des Deux Mondes (Les).	II, 1078	Lycée ou cours de littérature ancienne et moderne.	VI, 339
Lunettes de grand'maman (Les).	VI, 236	Lydie.	V, 513
— des princes (Les).	I, 508 ; II, 12	Lyon marchant, satyre françoise.	II, 876
		— souterrain.	II, 493
Lupanie, histoire amoureuse de ce temps.	II, 1023	Lys dans la vallée (Le).	I, 202

M

Ma biographie.	I, 415	Macbeth et Roméo et Juliette.	VII, 489
— collaboration à L'Oiseau...	V, 847	—, tragédie.	VII, 489
— collection d'escrime.	VII, 1048	Macette du sieur de L'Espine (La).	V, 262
— cousine Pot-au-feu.	VII, 842	Machines (Les).	I, 757
— grande.	V, 518	Maçon, mœurs populaires (Le).	V, 596
— jeunesse.	V, 839		
— jeunesse 1814-1839.	IV, 40	Maçonnerie et des bibliothèques spéciales (De la).	VI, 116
— justification.	I, 327	Madame Acker.	VI, 707
— petite sœur Naïk.	III, 132	— André.	VI, 1115
— République.	IV, 843	— attend Monsieur.	V, 651
— sœur Henriette.	VI, 1015	— Bovary.	I, 726 ; II, 349 ; III, 721
— sœur Jeanne.	VII, 280		
— tante Péronne.	II, 197	— Caverlet.	I, 147
— vocation.	III, 638	— Chrysanthème.	II, 687, 698 ; V, 405
Macaire, chanson de geste.	VI, 745		
Macaronéana.	III, 117		

Madame Dandin et mademoiselle Phryné. VII, 514
— *de Chamblay, drame.* III, 427
— *de Chateaubriand d'après ses mémoires et sa correspondance.* VI, 302
— *de Chevreuse et Madame de Hautefort.* II, 1063
— *de Condé.* III, 372
— *de Favières.* IV, 178
— *de Girardin.* II, 488
— *de Girardin (Delphine Gay), sa vie et ses œuvres.* IV, 53
— *de Hautefort.* II, 1063
— *de Krudener, ses lettres et ses ouvrages inédits.* IV, 856
— *de la Chanterie.* I, 233
— *de La Fayette.* III, 1120
— *de la Guette.* V, 1313
— *de Lamartine.* II, 489
— *de Longueville.* II, 1062
— *de Ludre et Madame de Montespan.* V, 637
— *de Mably.* VII, 106
— *de Maintenon.* I, 720 ; II, 977
— *de Maintenon, d'après sa correspondance authentique.* III, 967
— *de Maintenon et la maison royale de Saint-Cyr.* V, 110
— *de Monflanquin.* II, 732
— *de Montarcy.* I, 892
— *de Pompadour.* III, 1059
— *de Pompadour et la Cour de Louis XV.* II, 34
— *de Pompadour général d'armée.* I, 844
— *de Sablé.* II, 1062
— *de Sévigné, par G. Boissier.* III, 1119

Madame de Sévigné, par A. de Lamartine. IV, 1018
— *de Solms dans l'exil.* VII, 700
— *de Sommerville.* VII, 334
— *de Staël.* III, 1122
— *de Vandeuil.* IV, 177 ; VII, 338
— *Desbordes-Valmore, sa vie et sa correspondance.* VII, 146
— *Ducroisy.* V, 1110
— *Ducroisy, la Presse et la Justice.* V, 1110
— *du Deffand.* III, 409
— *est servie.* VI, 23
— *et Monsieur Cardinal.* IV, 6
— *Eugenio.* II, 203
— *Firmiani.* I, 199
— *Fuster.* III, 636
— *Gervaisais.* I, 614, 729 ; III, 1053
— *Heurteloup.* I, 749 ; VII, 792
— *Hortense Allart.* VII, 261
— *la Boule.* V, 788
— *la comtesse de Genlis, sa vie, son œuvre, sa mort.* II, 1085
— *la comtesse de Maure, sa vie et sa correspondance.* II, 602
— *la duchesse de Bourgogne.* VII, 14
— *le Diable.* V, 659
— *Olympe.* V, 1195, 1201
— *Putiphar.* I, 865
— *Robert.* I, 280
— *Rosetti, 1848.* V, 831
— *Saint-Huberty d'après sa correspondance.* III, 1063
— *Sans Gêne, pièce.* VII, 383
— *Swetchine, journal de sa conversion.* VII, 717

Madame Swetchine, sa vie et ses œuvres.	III, 644
— Thérèse.	III, 587
— Véronique.	VII, 791
— Vigée-Le-Brun.	II, 482
Madeleine, par P. de Kock.	IV, 715, 720
—, par J. Sandeau.	VII, 343
— Bertin.	II, 412
— Férat.	VII, 1200
Madeleines repenties (Les).	III, 472
Madelon.	I, 8
Mademoiselle Abeille (fragments de mon journal.	III, 637
— Clairon, d'après ses correspondances.	III, 1067
— Cléopâtre.	IV, 195
— Constance Mayer et Prudhon.	III, 1149
— Dafné.	I, 613
— de Belle-Isle.	III, 348
— de Bressier.	III, 138
— de Cérignan.	VII, 333
— de Clermont.	II, 326, 792 ; III, 969
— de Combes.	II, 326
— de Kérouare.	IV, 176 ; VII, 338
— de la Gardie ou la vision de Charles XI.	V, 711
— de la Seiglière.	I, 622 ; VII, 341
— de La Vallière et Madame de Montespan.	IV, 194, 211
— de Lespinasse,	I, 122
— de Malavieille.	III, 631
— de Marignan.	VII, 14
— de Marsan.	VI, 110, 176
Mademoselle de Maupin.	I, 612, 728 ; III, 886
— de Maupin. Notice bibliographique.	VII, 643
— de Riville.	II, 730
— de Scudéry, sa vie et sa correspondance.	VI, 955
— Fifi.	I, 514 ; II, 758 ; V, 607
— Giraud ma femme.	I, 388
— Guignon.	VII, 787
— Jaufre.	VI, 823
— Justine de Liron et le mécanicien roi.	III, 115
— Lacour.	V, 1145
— La Quintinie.	VII, 271
— Mariani.	IV, 193
— Marie Sans-Soin.	I, 438
— Mars et sa cour.	VI, 254
— Merquem.	VII, 276
— Mimi Pinson.	II, 546, 736 ; V, 1265
— Musette.	V, 1203
— Poucet.	VI, 214
— Roche.	VII, 806
— Rosa.	IV, 207
— Rousseil, de la Comédie-Française.	VII, 514
— Trente-six vertus.	IV, 200
Madian de Jéthro doit-il être cherché sur la côte orientale du golfe de l'Ackabah (Le).	IV, 762
Madrigaux de La Sablière.	II, 328, 881
Maestro del campo (El).	I, 829
Magali.	I, 781
Magasin des enfants (Le).	V, 221

Magasins du Printemps réédifiés par M. Paul Sédille (Les). IV, 874
Magdeleine, du P. Rémi, de Beauvais (La). VII, 106
Mage, opéra (Le). VI, 1127
Magicien (Le). III, 592
Magie dans l'Antiquité et au moyen âge (La). V, 628
Magnétiseur (Le). VII, 605
Magnétisme (Le). I, 760
Magot, folie-vaudeville (Le). VII, 382
Maguelonne suppliante. I, 541
Mahomet et les origines de l'islamisme. VI, 1011
Maïoli et sa famille. VII, 1103
Main coupée (La). VI, 1140
— *du défunt (La).* III, 365
— *gauche (La).* V, 620
Maïna. VII, 523
Mains pleines de roses, pleines d'or et pleines de sang (Les). IV, 201
Maison à vapeur (La). VII, 1015
— *blanche (La).* IV, 714, 720
— *d'habitation de Michel Montaigne à Bordeaux.* VI, 439
— *d'un artiste (La).* III, 1061
— *de campagne à vendre.* VII, 618
— *de glace (La).* III, 420
— *de glace de Lagetchnikoff (La).* II, 724
— *de Mademoiselle Nicolle (La).* III, 196
— *de Molière (La).* I, 720 ; II, 976
— *de Penarvan (La).* VII, 348
— *de Robespierre (La).* VII, 380
— *des deux barbeaux (La).* I, 749 ; VII, 789
— *des Pocquelins et la maison de Regnard (La).* VII, 1119

Maison du baigneur (La). II, 733 ; V, 500
— *du Berger, poème (La).* VII, 1067
— *du Bon Dieu (La).* I, 776
— *modèle (La).* I, 779
— *mortuaire de Molière (La).* VII, 1118
— *neuve, comédie.* VII, 370
— *Plantin à Anvers (La).* III, 95
— *rouge (La).* VII, 634
— *royale de France (De la).* VI, 459
— *Tellier (La).* I, 513 ; V, 606
— *verte (La).* VI, 216
Maisons comiques (Les). VII, 1110
Maistre Aliborum qui de tout se mesle. II, 885
— *d'escolle, farce ioyeuse (Le).* VI, 981
— *Pathelin.* I, 675
Maitre Adam le Calabrais. III, 351
— *Ambros.* II, 983
— *Cornélius.* I, 205
— *d'armes (Le).* III, 351
— *d'école, drame par P. Meurice (Le).* V, 792
— *d'école, par F. Soulié (Le).* VII, 610
— *de forges (Le).* VI, 257
— *des sujets tirés de Boccace (Le).* III, 511
— *Favilla.* VII, 254, 314, 316
— *Guérin.* I, 146
— *inconnu (Le).* V, 1317
— *Pierre.* I, 5
Maîtres anciens, études d'histoire et d'art. IV, 874
— *bombardiers, canonniers et couleuvriniers (Les).* V, 43
— *contemporains (Les).* VI, 499
— *d'autrefois (Les).* III, 841
— *de la caricature française au XIXe siècle (Les).* III, 85

Maîtres et petits maîtres.	I, 984
— florentins du quinzième siècle (Les).	III, 96
— français (Les).	II, 484
— graveurs français (Les).	II, 484
— hollandais (Les).	II, 484
— italiens en Italie (Les).	V, 304
— modernes — Bastien Lepage, sa vie et ses œuvres — Théodule Ribot, sa vie et ses œuvres.	III, 769
— modernes. Eugène Delacroix à l'École des Beaux-Arts.	VII, 933
— mosaïstes (Les).	VII, 303, 310, 312
— ornemanistes (Les).	III, 1166
— sonneurs (Les).	VII, 248
Maîtresse aux mains rouge (La).	V, 1195
— de Miss Eva (La).	V, 468
Maîtresses (Les).	II, 865
— à Paris (Les).	II, 544
— de Louis XV (Les).	III, 1043
— de Molière (Les).	VI, 665
— du Régent (Les).	V, 251
— parisiennes (Les).	III, 832
Majoliques italiennes en Italie (Les).	V, 967
Majorcains (Les).	VII, 310
Mal contentes, farce joyeuse (Les).	VI, 979
— contents de 1579 (Les).	III, 578
— d'aimer (Le).	II, 947
— d'aventure (Le).	II, 943
— qu'on a dit de l'amour (Le).	II, 716
— qu'on a dit des femmes (Le).	II, 716
— que les poètes ont dit des femmes (Le).	V, 571

Malade imaginaire (Le).	V, 952, 962
Maladie et mort de Louis XV.	IV, 52
Mal'aria (La).	I, 386
Malfilâtre.	I, 335
Malgré tout.	VII, 276
Malherbe à Bossuet (De).	III, 775
Malheur aux vaincus.	I, 321
— d'Henriette Gérard (Le).	III, 534
Malheurs d'un amant heureux (Les).	III, 957
— du commandant Laripète (Les).	VII, 511
— du pauvre (Les).	IV, 571
Malice des choses (La).	III, 1127
Malingreux.	II, 861
Maman Capitaine.	III, 776
Mammifères (Les).	III, 706
Mam'selle Nitouche.	V, 660
— Vertu.	V, 113
Manchon de Francine (Le).	V, 1196
Mandat contractuel arrêté par le Comité de la rue Bréa et par le Comité électoral des travailleurs.	IV, 344
Mandements et actes divers de Charles V.	II, 561 ; III, 128
Mandragore, comédie (La).	V, 442
Manet.	I, 354
Manette Salomon.	III, 1053
Manfred, poème dramatique.	VI, 769
Manie des proverbes (Les).	V, 1153
Manieurs d'argent (Les).	VII, 946
Manifeste de l'autolocomotion aérienne.	VI, 3
Manoël, roman.	VI, 1233
Manoir d'Yolan (Le).	I, 779
— de Beaugency ou la vengeance (Le).	V, 484
— de Pictordu (Le).	VII, 280
Manon, opéra-comique.	V, 659
— Lescaut.	I, 753 ; II, 696 ; VI, 1182
— Lescaut et l'abbé Prévost.	IV, 202

Manteau de Joseph Olenine (Le). VII, 1125

Manuel bibliographique ou essai sur les bibliothèques anciennes et modernes. VI, 445

— *d'archéologie étrusque et romaine.* I, 664

— *d'archéologie grecque.* I, 662

— *d'archéologie orientale.* I, 661

— *d'érotologie classique.* V, 1235

— *de bibliographie biographique et d'iconographie des femmes célèbres.* VII, 918

— *de l'amateur d'estampes, par Eug. Dutuit.* III, 548

— *de l'amateur d'estampes, par Ch. Leblanc.* V, 128

— *de l'amateur d'huîtres.* V, 549

— *de l'amateur d'illustrations.* VII, 499

— *de l'amateur de café.* V, 549

— *de l'amateur de la gravure sur bois et sur métal au XVe siècle.* VII, 430

— *de l'amateur de melons.* V, 549

— *de l'amateur de truffes.* V, 551

— *de l'homme et de la femme comme il faut.* V, 509

— *de paléographie latine et française du VIe au XVIIe siècle.* VI, 833

— *de paléographie. Recueil de fac-similés d'écritures du XIIe au XVIIe siècle.* VI, 834

Manuel de vénerie française. V, 151

— *des œuvres de bronze et d'orfèvrerie du moyen-âge.* III, 263

— *du bibliographe normand.* III, 833

— *du bibliophile ou traité du choix des livres.* VI, 468

— *du Cazinophile.* II, 1027

— *du libraire et de l'amateur de livres.* I, 946

— *du libraire et de l'amateur de livres. Supplément.* III, 206

— *du marié.* V, 550

— *historique et bibliographique de l'amateur de reliures.* III, 1143

Manufactures nationales (Les). IV, 46

— *parisiennes de tapisseries au XVIIe siècle. (Les).* III, 1157

Manuscrit de février 1848. III, 276

— *de juin 1848.* III, 277

— *de « La Vénus d'Ille » de Prosper Mérimée.* V, 719

— *de ma grand'tante.* V, 496

— *de ma mère (Le).* IV, 1022

— *pictographique américain.* III, 282

— *trouvé à la Bastille.* V, 496

— *vert (Le).* III, 293

Manuscrits à miniatures de la bibliothèque de Pétrarque. VI, 207

— *à miniatures de la Bibliothèque de Soissons (Les).* III, 741

— *arabes de l'Escurial (Les).* VI, 858

Manuscrits Bouthier, Nicaise et Peiresc, de la Bibliothèque du Palais des Arts de Lyon (Les). II, 871
— de Diderot conservés en Russie (Les). VII, 880
— de Gabriel Peignot (Les). IV, 847
— de l'histoire Auguste chez Pétrarque (Les). VI, 210
— de la Bibliothèque de l'Université tirés des dépôts littéraires. VI, 527
— de la Bibliothèque du Louvre brûlés dans la nuit du 23 au 24 mai 1871. VI, 403
— de Léonard de Vinci (Les). VII, 1097
— de Lyon et mémoire sur l'un de ces manuscrits (Les). VI, 72
— du comte d'Ashburnham (Les). III, 129
— et la miniature (Les). I, 664
— et les livres annotés de Fabri de Peiresc (Les). VI, 271
— et les miniatures (Les). V, 967
— françois de la Bibliothèque du Roi (Les). VI, 405
— grecs datés des XVe et XVIe siècles (Les). VI, 274
— latins et françois ajoutés aux fonds des nouvelles acquisitions. III, 131

Manuscrits relatifs à l'histoire de France. VI, 270
Marana (Les). I, 199
Marat dit l'ami du peuple. I, 939
— , l'ami du peuple. I, 891
Marâtre (La), I, 230
Marbrier, drame (Le). III, 400
Marc-Antoine Raimondi. I, 685
— Aurèle et la fin du monde antique. VI, 1026
— de Montifaud devant l'opinion publique. V, 1110
— Fane, roman parisien. VI, 1197
Marcel, par Lud. Halévy. IV, 5
— , drame, par J. Sandeau. VII, 350
Marcelle, comédie. VII, 383
— , poëme parisien. III, 541
— Rabe. I, 281
Marchand du Havre (Le). IV, 827
Marchande de journaux (La). II, 975
— de sourires (La). III, 880
Marchant de pommes, farce nouuelle (Le). VI, 981
Marche à l'étoile (La). III, 793
Marchebeau, morallite. VI, 981
Marches et sonneries. III, 187
Marco et Tonino. VI, 233
— Visconti. III, 1141
Marcomir. I, 131
Mare au diable (La). II, 350 ; VII, 224, 312, 314
Marecat chez nos bons villageois. VII, 382
Maréchal (Le), comédie. I, 83
— Bugeaud d'après sa correspondance intime (Le). IV, 480
— Davout, son caractère et son génie (Le). V, 1092
— de Richelieu et Mme de Saint-Vincent (Le). IV, 886
— Ney (Le). VII, 1161

Maréchale d'Ancre (La). I, 751 ; VII, 1057
Marfore de Gabriel Naudé (Le). VI, 42
Marges du code (Les). V, 1053
Margot la ravaudeuse. III, 767
Marguerite, par H. Daniel. III, 5
— , *par F. Soulié.* VII, 616
— *d'Angoulême (sœur de François Ier). Son livre de dépenses.* IV, 878
— *de Sainte-Gemuz.* VII, 263, 316
Marguerites (Les). IV, 682
— *de la marguerite des princesses (Les).* II, 7
Mari à Babette (Le). V, 658
— *d'un jour, opéra-comique (Le).* VII, 520
— *de Jacqueline (Le).* VII, 805
— *de la danseuse (Le).* III, 698
— *de la débutante (Le).* V, 656
— *de la veuve (Le).* III, 341
— *imprévu (Le).* I, 9
Maria Stella. V, 519
Mariage (Le). I, 485
— *blanc, drame.* V, 186
— *d'Olympe (Le).* I, 144
— *de Figaro (Le).* I, 587, 625, 774
— *de Gérard (Le).* VII, 787
— *de Jeanne d'Albret (Le).* VI, 1235
— *de Loti (Le).* V, 402
— *de Victorine (Le).* VII, 244, 315
— *des pendus (Le).* III, 77
— *des quatre filz Hemon.* II, 878
— *forcé (Le).* III, 1116 ; V, 852, 949, 957
— *Monod-Stapfer.* VI, 529
— *sans mariage (Le).* II, 847
Mariages de Paris (Les). I, 2, 45
— *de province (Les).* I, 10

Mariages du père Olifus (Les). III, 386
Marianna. VII, 335
Marie, par A. Brizeux. I, 715, 931, 933
— , *par A. Houssaye et J. Sandeau.* IV, 178 ; VII, 338
— -*Anne-Charlotte de Corday d'Armont.* II, 375
— -*Antoinette à la Conciergerie.* II, 610
— -*Antoinette devant l'histoire. Essai bibliographique.* V, 521
— -*Antoinette et la Révolution française.* VII, 1043
— -*Antoinette et le procès du collier.* II, 34
— -*Antoinette et sa famille.* V, 254
— -*Caroline-Auguste de Bourbon, duchesse d'Aumale.* II, 1097
— *Crie-fort, parodie.* IV, 281
— *de Brabant.* I, 54
— *de Mancini.* III, 957
— *de Médicis, histoire du règne de Louis XIII.* V, 412
— *Dorval 1798-1849. Documents inédits.* II, 1037
— *et Ferdinand.* V, 1027
— *Fougère.* VI, 898
— *Giovanni. Journal de voyage d'une parisienne.* II, 719 ; III, 405
— *l'Espagnole.* I, 160
— *la sanglante.* IV, 18
— -*Laure,* I, 258
— -*Louise à Parme.* V, 141
— -*Lucrèce et le grand couvent de la Monnoye.* VII, 846
— -*Madeleine, par Mme d'Arbouville.* I, 80
— -*Madeleine, par Gabriel Vicaire.* VII, 1033

Marie ou l'esclavage aux États-Unis.	I, 364
— ou le mouchoir bleu.	I, 392
— Stuart.	V, 256
— Stuart et Catherine de Médicis.	II, 375
— Stuart. L'œuvre puritaine.	IV, 710
— Stuart, son procès et son exécution.	II, 231
— Tudor.	I, 732 ; IV, 280, 381, 385, 415, 424, 436
— Tudor racontée par Mme Pochet.	IV, 281
— , tu dors encore!	IV, 281
Marielle, comédie.	VII, 245
Mariette.	IV, 15
Marilhat.	III, 906
Marine, arsenaux, navires, équipages (La).	VI, 301
— (La). Croquis humoristiques.	VII, 7
— d'autrefois (La).	IV, 619
— des anciens (La).	IV, 619
— des Romains (La).	
— Ptolémées et la marine des Romains (La).	IV, 622
— française (La).	V, 371
Marines, poésies.	VI, 761
Marino Faliero.	III, 109
Marins de France.	VI, 948
— du XVe et du XVIe siècle (Les).	IV, 619
Marion Delorme.	I, 732 ; IV, 268, 380, 385, 415, 424, 436
— Delorme et Ninon de Lenclos.	IV, 842
Marionnette, parodie en cinq actes et en vers de Marion Delorme.	IV, 271
Marionnettes chez les Augustins déchaussés de Rouen (Les).	I, 574
— de Paris (Les).	VII, 1021
Maris célèbres anciens et modernes (Les).	II, 644
Mariska, légende madgyare.	V, 570
Marivaux, sa vie et ses œuvres d'après de nouveaux documents.	V, 59
Mark, poème.	II, 222
Marnix de Sainte-Aldegonde.	VI, 909
Maroc (Le).	I, 40
— de 1631 à 1812 (Le).	VI, 860
Marotte de Sainte Pélagie (La).	V, 542
Marottes à vendre.	V, 542
Marques typographiques ou recueil des monogrammes, chiffres...	VII, 540
Marquis de Fayolle (Le).	VI, 59
— de Grignan, petit-fils de Madame de Sévigné (Le).	V, 591
— de Lanrose.	I, 9
— de Lassay et l'hôtel Lassay (Le).	VI, 408
— de Létorière (Le).	VII, 678
— de Pierrerue (Le).	III, 634
— de Sade, l'homme et ses écrits (Le).	II, 608
— de Sade (Les).	IV, 529
— de Villemer ((Le).	VII, 266, 316
— des Saffras (Le).	I, 734 ; IV, 949
— du 1er Houzards (Le).	I, 352
Marquise (La).	II, 503 ; VII, 312
— , comédie.	VII, 382
— Cornélie d'Alfi (La).	VII, 697
— d'Alfi (La).	VII, 697
— d'Escoman (La).	II, 725
— de Brinvilliers (La).	I, 636
— de Chatillard (La).	IV, 828
— de Montmirail (La).	VI, 291

Marquise de Pompadour, bibliophile et artiste (La).	VI, 435
—, Lavinia, Metella, Mattea (La).	VII, 206, 302, 309
Marseillaise, chant patriotique (La).	VI, 1203
Marseille. Ode.	V, 766
Marthe, histoire d'une fille.	IV, 471
Martin et Bamboche ou les amis d'enfance.	VII, 691
— Double. Recherches sur la vie de ce célèbre avocat du quatorzième siècle.	IV, 846
— l'enfant trouvé.	VII, 690
— Schöngauer, peintre et graveur du XVIe siècle.	III, 857
Martyr calviniste (Le).	I, 219
— du bonheur.	V, 1024
Martyres d'amour.	VII, 292
Martyrs (Les).	II, 284
— d'Arezzo (Les).	V, 160
— de l'Italie (Les).	III, 145
— ignorés (Les).	I, 206
— ridicules (Les).	II, 402
Mascarade de l'histoire (La).	VII, 1022
— parisienne (La).	II, 191
Mascarades et farces de la Fronde.	II, 650
Masques et bouffons.	VII, 291, 330
— et visages.	III, 955
— modernes.	II, 221
Massacre (Le).	II, 218
Massacres du Midi. Urbain Grandier.	III, 407
Massimilia Doni.	I, 208
Matelot.	II, 702 ; V, 409
Mateo Falcone.	V, 744
Mater dolorosa.	I, 442
Maternités.	I, 23
Mathias Sandorff.	VII, 1016
Mathilde, drame.	VII, 681
— . Mémoires d'une jeune femme.	VII, 679
Matinées du roi de Prusse (Les).	II, 330
— littéraires.	V, 690
— littéraires (Les).	III, 135
Matrone du pays de Soung (La).	II, 759
Mattea.	VII, 313
Matteo Civitali, sa vie et son œuvre.	VII, 1187
Matutina, poésies.	VI, 1176
Maugis d'Aigremont, chanson de geste.	V, 602
Mauprat.	II, 350 ; VII, 207, 303, 310, 312, 315, 316
Maurice de Saxe, étude historique.	VII, 99
— Quentin de La Tour, peintre du roi Louis XV.	III, 216
— Sand.	III, 1135
Mauvais garçons (Les).	VI, 1232
— ménages (Les).	VII, 792
— œil (Le).	I, 929
Max.	V, 170
— Rigault.	VII, 659
Maximes d'État et fragments politiques du cardinal de Richelieu.	II, 571
— de guerre de Napoléon.	VI, 28
— de La Rochefoucauld.	I, 627 ; V, 53
— de la vie.	II, 867
— de Mme de Sablé.	II, 5
— et pensées de H. de Balzac.	I, 232 ; II, 711
— et pensées du prisonnier de Sainte-Hélène.	VI, 26
— et réflexions morales de La Rochefoucauld.	II, 781 ; V, 50
—, pensées, anecdotes.	II, 713
Mazarinades cyniques (Les).	II, 652
— inconnues.	VI, 703
— normandes.	I, 573

Mazourka, album à la mode (La).	IV, 780
Mea culpa. Histoire tirée à deux exemplaires.	V, 634
Méchant (Le).	II, 327
Médaille d'Anne de Bretagne et ses auteurs (La).	IV, 103
— *de Louis XIV (La).*	III, 288
Médaillés du Salon (1886) (Les).	III, 84
Médailleurs de la Renaissance (Les).	IV, 60
Médaillon (Le).	III, 624
Médaillons (Les).	V, 181
— *de l'Empire romain (Les).*	III, 835
Médecin de campagne (Le).	I, 195
— *des voleurs (Le).*	II, 731
— *au Pecq (Le).*	III, 1083
— *et le badin, farce joyeuse (Le).*	VI, 975
— *malgré luy (Le).*	V, 950, 958
— *volant (Le).*	II, 853
Médecine (De la).	I, 695
Médecins (Les).	III, 830
Médianoches.	IV, 821
Médicaments (Les).	III, 829
Médicis (Les).	III, 370
Méditation sur le saint temps de Carême.	III, 1183
Méditations poétiques.	IV, 949
Méditerranée et ses côtes (La).	III, 343
— *, ses îles et ses bords (La).*	III, 574
Mège de Cucugnan (Lou).	III, 35 ; VI, 1205
Méhul, sa vie, son génie, son caractère.	VI, 795
Meilleurs fruits de mon panier (Les).	I, 374
Meissonier.	V, 70
Melancholia.	II, 144
Mélancolies d'un joyeux (Les).	VII, 515
Mélancolies poétiques et religieuses.	III, 551
Mélancoliques (Les).	I, 317
Mélanges [de la Société de l'histoire de Normandie].	IV, 137
— *, par Goethe.*	III, 1020
— *, par le R. P. Henri-Dominique Lacordaire.*	IV, 801, 803
— *, par D. Nisard.*	VI, 79
— *[par Ch. Nodier].*	VI, 89
— *[par G. Sand].*	VII, 311
— *, par Rodolphe Toppfer.*	VII, 861
— *[par A. Vinet].*	VII, 1100
— *bibliographiques.*	IV, 847
— *biographiques et bibliographiques relatifs à l'histoire littéraire du Dauphiné.*	II, 915
— *biographiques et littéraires.*	III, 1176
— *critiques.*	V, 1095
— *d'archéologie, d'histoire et de littérature.*	II, 23
— *d'art et de littérature [par Montalembert].*	V, 1089
— *d'art et de littérature, par Stendhal.*	I, 466
— *d'histoire et de littérature.*	VI, 82
— *d'histoire et de voyages.*	VI, 1023
— *de bibliographie.*	VII, 663
— *de littérature ancienne et moderne.*	VI, 431
— *de littérature et d'histoire publiés par la Société des Bibliophiles françois.*	I, 518, 522, 524, 525, 528, 530
— *de littérature et de critique.*	V, 1270

Mélanges de littérature et de critique, par Ch. Nodier. VI, 99
— *de littérature et de politique.* II, 933
— *de paléographie et de bibliographie.* III, 128
— *de politique.* II, 287
— *de Schiller.* VII, 423
— *de traditionnisme de la Belgique.* II, 743
— *et questions militaires.* V, 912
— *et variétés.* IV, 563
— *historiques. Choix de documents.* II, 562
— *historiques et littéraires, par le docteur Le Glay.* V, 168
— *historiques et littéraires [par Prosper Mérimée].* V, 734
— *historiques, littéraires, bibliographiques.* I, 503
— *inédits de Montesquieu.* I, 537
— *littéraires, philologiques et bibliographiques.* VI, 464
— *orientaux* VI, 858
— *poétiques.* III, 1180
— *poétiques et discours par Alphonse de Lamartine.* V, 1063
— *politiques et discours.* IV, 985
— *politiques, judiciaires et littéraires.* III, 653
— *religieux et philosophiques.* IV, 1095, 1096
— *religieux, historiques, politiques et littéraires.* VII, 1024
— . *Religion, philosophie, politique...* VI, 298

Mélanges satiriques et amusants tirés de quelques ouvrages curieux anciens ou modernes. II, 621
— *sur l'histoire ancienne de Lyon.* II, 492
— *sur Richard Wagner.* VII, 590
— *tirés d'une petite bibliothèque.* VI, 106
— *tirés d'une petite bibliothèque romantique.* I, 127
Melchior, par Mme C. Bodin. I, 828
— , *par G. Sand.* VII, 312
— *Grimm, l'homme de lettres, le factotum, le diplomate.* VII, 420
Mélicerte. V, 958
Mélisse, tragi-comédie attribuée à Molière. II, 851
Melmoth réconcilié. I, 205
Mélodies. VI, 285
— *françaises.* I, 792
— *intimes (Les).* VI, 430
— *irlandaises.* V, 1125
— *poétiques.* V, 772
— *romantiques.* V, 662
Melænis. I, 713, 892
Melon de Gill (Le). IV, 80
Melusine. I, 646
Mémoire ayant servi à Bossuet pour l'oraison funèbre de Henriette-Marie de France. V, 1159
— *confidentiel adressé à Mazarin.* VI, 42
— *d'une célèbre courtisane des environs du Palais-Royal.* V, 664
— *de l'élection de l'Empereur Charles VII.* I, 497
— *de M. le baron de Goguelat.* II, 821

Mémoire de Velazquez sur quarante et un tableaux. VII, 986
— *du voiage en Russie fait en 1586 par Jehan Sauvage.* VII, 888
— *historique des intrigues de la Cour.* II, 671
— *historique sur l'hôpital Saint-Nicolas de Metz au moyen âge.* V, 39
— *historique sur la réaction royale.* II, 821
— *historique sur les hérésies en Dauphiné.* II, 870
— *pour servir à l'histoire de Germain Pillon.* VI, 642
— *pour servir à l'histoire de la Société polie en France.* VI, 1166
— *pour servir à l'histoire du village et de l'ancienne seigneurie de Medan.* VI, 641
— *sur l'âge du livre intitulé : Agriculture Nabatéenne.* VI, 1013
— *sur l'origine et le caractère véritable de l'histoire phénicienne.* VI, 1013
— *sur la dynastie des Lysanias d'Abilène.* VI, 1019
— *sur la musique à l'abbaye de Fécamp.* I, 559
— *sur la vie et les ouvrages de J.-H. Bernardin de Saint-Pierre.* VII, 82
— *sur le cœur de saint Louis.* VI, 407

Mémoire sur le nombre des citoyens d'Athènes au Ve siècle avant l'ère chrétienne. IV, 217
— *sur le roman historique.* V, 78
— *sur les Bibliothèques publiques.* V, 169
— *sur les vexations qu'exercent les libraires.* V, 663
— *sur M. du Fresnoy, bibliophile.* V, 645
— *sur un vase antique du Musée Barbakion à Athènes.* IV, 215
— *sur vingt-quatre estampes italiennes du XVe siècle.* III, 508
Mémoires anonymes sur les troubles des Pays-Bas. II, 796
— *biographiques et littéraires.* II, 831
— *complets et authentiques du duc de Saint-Simon.* VII, 101
— *contemporains relatifs au faux Démétrius.* V, 732
— *, contes et autres œuvres de Charles Perrault.* VI, 540
— *, correspondance et opuscules inédits de Paul-Louis Courier.* II, 1041
— *curieux sur l'histoire des mœurs et de la prostitution en France aux dix-septième et dix-huitième siècles.* IV, 838
— *d'Agrippa d'Aubigné.* I, 754
— *d'Alex. Dumas.* III, 396
— *d'Armand du Plessis de Richelieu.* VI, 1108
— *d'Audiger.* I, 493

Mémoires d'exil. VI, 915
— d'Olivier de la Marche. IV, 121
— d'Outre-Tombe. II, 290
— d'un âne. I, 780
— d'un baiser. VI, 213
— d'un bibliophile. V, 97
— d'un bourgeois de Paris. VII, 1019
— d'un claqueur. VI, 1143
— d'un galopin (Les). VII, 512
— d'un gommeux. VII, 31
— d'un imbécile écrits par lui-même. VI, 200
— d'un inconnu. VII, 913
— d'un jeune Espagnol. II, 326 ; III, 748
— d'un journaliste. VII, 1087
— d'un lièvre. III, 267
— d'un médecin. III, 377
— d'un orphelin (Les). V, 536
— d'un petit banc de l'Opéra. I, 79
— d'un policeman. III, 419
— d'un préfet de police. I, 791
— d'un prisonnier d'État. I, 63
— d'un royaliste. III, 645
— d'un Sans-Culotte. VII, 634
— d'un seigneur russe. VII, 874
— d'un touriste. I, 457, 463
— d'un veuf (Les). VII, 993
— d'un vieux sou. III, 145
— d'une aveugle. III, 410
— d'une biche anglaise. V, 664
— d'une biche russe. V, 664
— d'une contemporaine. VII, 10
— d'une demoiselle de bonne famille. III, 700
— d'une enfant. V, 846

Mémoires d'une femme de chambre. V, 664
— d'une honnête fille. II, 166 ; III, 153
— d'une jeune grecque. II, 276
— d'une lorette. VI, 555
— d'une petite Académie de province. I, 580
— de Aug. Guil. Iffland. II, 834
— de Bailly. II, 818
— de Benvenuto Cellini. II, 149
— de Bilboquet. VII, 778
— de Brandes. II, 834
— de Brissot. II, 830
— de Canler. II, 40
— de Caussidière. II, 139
— de ce qui s'est passé de plus remarquable dans Montpellier. I, 544
— de Céleste Mogador. II, 165
— de Charles II sur sa fuite. II, 833
— de Ch. Perrault. II, 331
— de Chaumette sur la Révolution du 10 août 1792. IV, 144
— de Chodruc-Duclos. I, 79
— de Claude Haton. II, 557
— de Cléry, de M. le duc de Montpensier, de Riouffe. II, 827
— de Constant, premier valet de chambre de l'Empereur. II, 931
— de Cora Pearl. II, 1001 ; VI, 441
— de Croquemitaine. III, 748
— de Daniel de Cosnac. IV, 128
— de deux jeunes mariées. I, 218
— de Don Juan. V, 477
— de Dulaure. II, 817

Mémoires de Du Plessis-Besançon. IV, 126
— *de Édouard lord Herbert de Cherbury.* IV, 72
— *de Fairfax.* II, 833
— *de Fanny Hill.* II, 447
— *de Fery de Guyon.* II, 795
— *de Fléchier sur les Grands-Jours d'Auvergne.* III, 739
— *de Francisco de Enzinas.* II, 795
— *de Frédéric II, roi de Prusse.* III, 831
— *de Frédéric Perrenot.* II, 797
— *de Frontin (Les).* II, 730
— *de Garat.* II, 817
— *de Garibaldi.* III, 423
— *de Gœthe.* III, 1020
— *de Goldoni.* II, 835
— *de Hector Berlioz.* I, 426
— *Henri de Campion.* I, 647
— *de Henri Heine.* II, 501
— *de Hollande.* IV, 867
— *de Hollis.* II, 833
— *de Huntington.* II, 838
— *de Jacques de Saulx comte de Tavannes.* I, 660
— *de Jacques de Wesenbeke.* II, 798
— *de Jacques II.* II, 833
— *de Jean Philippi.* I, 548
— *de J.-F. Talma.* III, 387 ; VII, 746
— *de John Price.* II, 832
— *de l'abbé de Choisy.* I, 755
— *de l'Académie de Bellesme.* II, 366
— *de la baronne d'Oberkirch.* VI, 249
— *de la cour de France pour les années 1688 et 1689.* II, 794

Mémoires de la duchesse de Brancas. I, 754, 920
— *de Laferrière.* IV, 877
— *de la marquise de Courcelles.* I, 495
— *de la mort.* V, 154
— *de La Revellière-Lépeaux.* V, 49
— *de la Société de l'Histoire de Paris et de l'Ile-de-France.* IV, 141
— *de la Vendée.* II, 823
— *de Lekain.* II, 834
— *de Linguet et de Latude.* II, 829
— *de Linguet sur la Bastille.* II, 822
— *de lord Clarendon.* II, 833
— *de Louvet de Couvrai sur la Révolution française.* I, 756 ; II, 817, 823
— *de Ludlow.* II, 833
— *de Luther écrits par lui-même.* V, 825
— *de Madame de Genlis.* II, 828
— *de Mme de La Fayette.* I, 755
— *de Mme de la Guette.* I, 165, 653
— *de Madame de Mornay.* IV, 125
— *de Mme de Motteville.* II, 794 ; V, 1158
— *de Madame de Rémusat.* VI, 1009
— *de Mme de Staal-de Launay.* I, 607 ; II, 753, 794, 826 ; VII, 647
— *de Madame de Staël.* VII, 654
— *de Mme du Hausset.* I, 755 ; II, 820, 827
— *de Madame Elliott sur la Révolution française.* III, 569

Mémoires de Madame la duchesse de Gontaut. III, 1075
— de Madame la duchesse de Nemours. II, 794
— de Madame la marquise de Bonchamps. II, 819
— de Madame la marquise de la Rochejacquelein. V, 55
— de Madame Roland. I, 640 ; II, 824 ; VI, 1173
— de Mlle Bertin sur la reine Marie-Antoinette. II, 825
— de Mlle Clairon. II, 834
— de Mlle Clairon, de Le Kain... II, 827
— de Mlle de Montpensier. II, 794 ; V, 1114
— de Mlle Dumesnil. II, 835
— de Malouet. V, 483
— de Marguerite de Valois. I, 654
— de Marie Cappelle, veuve Lafarge. IV, 863
— de Marmontel. I, 756 ; II, 827
— de Martin Antoine del Rio sur les troubles des Pays-Bas. II, 797
— de Massena. V, 585
— de Mathieu Molé. IV, 127
— de Meillan, député. II, 823
— de messire Jean de Laval, comte de Chateaubriant. II, 613
— de Michelot Moulin sur la chouannerie normande. VII, 565
— de mistriss Bellamy. II, 835
— de mistriss Hutchinson. II, 833

Mémoires de Molé. II, 834
— de Monsieur Claude. II, 443
— de M. de Coulanges. II, 1037 ; VII, 481, 482
— de M. Fr. Maucroix. I, 566
— de M. Gisquet, ancien préfet de police. III, 996
— de Monsieur Joseph Prudhomme. V, 1015
— de M. le duc de Lauzun. V, 104
— de Nicolas Chorier. II, 395
— de Nicolas Goulas. IV, 126
— de Nicolas-Joseph Foucault. II, 556
— de Ninon de Lenclos. V, 898
— de Pasquier de Le Barre et de Nicolas Soldoyer. II, 797
— de Ph. Chasles. II, 276
— de Philippe de Commynes. II, 926 ; IV, 121
— de Pierre de Fenin. IV, 119
— de Pierre Louette, jardinier de Talma. III, 277
— de Pierre Thomas, sieur du Fossé. IV, 134
— de Pontus Payen. II, 797
— de Préville et de Dazincourt. II, 834
— de Rigolboche. V, 665
— de Rivarol. II, 824
— de Saint-Simon. III, 1112
— de Samson. VII, 192
— de Sarah Barnum (Les). II, 918
— de sir John Reresby. II, 833

Mémoires de sir Philippe War-
　　w.c.. sur le règne
　　de Charles Ier.　II, 832
— de S. A. S. Louis-An-
　　toine-Philippe d'Or-
　　léans.　　　　　II, 823
— de Thérésa écrits par
　　elle-même.　VII, 944
— de Victor Alfieri. II, 829
— de Viglius et d'Hop-
　　perus sur le com-
　　mencement des trou-
　　bles des Pays-Bas.
　　　　　　　　　II, 798
— de Weber concernant
　　Marie-Antoinette.
　　　　　　　　　II, 824
— de Weber, frère de
　　lait de Marie-An-
　　toinette.　　II, 827
— des autres.　VII, 550
— des choses passées en
　　Guyenne (1621-1622).
　　　　　　　　　II, 835
— des intendants sur l'é-
　　tat des Générali-
　　tés.　　　　　II, 563
— des Sanson.　VII, 355
— du baron de Besenval.
　　　　　　　II, 818, 827
— du baron Haussmann.
　　　　　　　　　IV, 39
— du bourreau de Lon-
　　dres.　　　　　V, 665
— du cardinal de Retz.
　　　　　　　　　VI, 1073
— du chevalier d'Éon.
　　　　III, 847 ; V, 665
— du chevalier de Gram-
　　mont.　I, 627 ; IV, 20
— du comte Beugnot. I, 450
— du comte de Coligny-
　　Saligny.　　　IV, 128
— du comte de Com-
　　minges. I, 754 ; II, 788
— du comte de Gram-
　　mont.　I, 698 ; II, 425,
　　　　　786, 790 ; IV, 19

Mémoires du comte Horace de
　　Viel-Castel.　VII, 1044
— du diable (Les). VII, 608
— du duc de Bucking-
　　ham.　　　　II, 833
— du duc de La Roche-
　　foucauld.　　V, 50
— du duc de Lauzun. V, 105
— du duc de Lauzun et
　　du comte de Tilly.
　　　　　　　　II, 829
— du duc de Luynes
　　sur la Cour de Louis
　　XV.　　　　V, 434
— du duc de Montpen-
　　sier.　　　　V, 1115
— du duc de Saint-Si-
　　mon.　　　VII, 104
— du Géant.　　VI, 3
— du général B^{on} de
　　Marbot.　　V, 503
— du général Bon Thié-
　　bault.　　　VII, 810
— du général Dumou-
　　riez.　　　　II, 828
— du général Hugo.
　　　　　　　　IV, 226
— du maréchal de Bas-
　　sompierre.　IV, 126
— du maréchal de Grou-
　　chy.　　　　III, 1142
— du maréchal de Vil-
　　lars.　　　　IV, 129
— du maréchal duc de
　　Richelieu.　II, 828
— du maréchal duc de
　　Richelieu sur la
　　ville, la Cour et les
　　salons de Paris sous
　　Louis XV.　VI, 1109
— du maréchal prince
　　de Beauvau.　I, 368
— du marquis d'Argen-
　　son.　　　　II, 818
— du marquis de Beau-
　　vais-Nangis.　IV, 126
— du marquis de Bouillé.
　　　　　　　II, 819, 829

Tome VIII

Mémoires du marquis de Chouppes. II, 396
— *du marquis de Ferrières.* II, 821
— *du marquis de Sourches.* VII, 632
— *du marquis de Villette.* IV, 128
— *du peuple français.* II, 168
— *du président Bigot de Monville.* IV, 133
— *du président Hénault.* IV, 64
— *du prince de Talleyrand.* VII, 746
— *du vénitien J. Casanova de Seingalt.* II, 120
— *et correspondance de la M^{ise} de Courcelles.* I, 649
— *et correspondance de Madame d'Épinay.* III, 581
— *et correspondance de Mallet du Pan.* V, 478
— *et dissertations.* IV, 772
— *et journal de J. G. Wille, graveur du Roi.* VII, 1166
— *et journal inédits du Mis d'Argenson.* I, 645
— *et lettres de François-Joachim de Pierre, cardinal de Bernis.* V, 596
— *et lettres de Marguerite de Valois.* IV, 125
— *et notes de M. Auguste Le Prévost.* V, 221
— *et pantomimes des frères Hanlon Lees.* V, 249
— *et réflexions du comte de Caylus.* II, 141
— *et révélations d'un page de la Cour impériale de 1802 à 1815.* VII, 19

Mémoires historiques de Napoléon. VI, 25
— *historiques et militaires sur Carnot.* II, 819
— *historiques et philosophiques sur la vie et les ouvrages de D. Diderot.* III, 255 ; VI, 18
— *historiques sur la catastrophe du duc d'Enghien.* II, 823
— *inédits d'André Delort.* I, 547
— *(inédits) de Charles Barbaroux.* II, 818
— *inédits de Charles-Nicolas Cochin.* IV, 97
— *inédits de Lamartine.* IV, 1022
— *inédits de Michel de la Huguerye.* IV, 124
— *inédits et correspondance de Billaud Varenne.* I, 792
— *inédits sur la vie et les ouvrages des membres de l'Académie royale de peinture.* IV, 104
— *-journaux de Pierre de L'Estoile.* V, 263
— *militaires relatifs à la succession d'Espagne sous Louis XIV.* II, 563
— *particuliers de Mme Roland.* II, 827
— *politiques et militaires du général Doppet.* II, 820
— *pour servir à l'histoire de l'Académie royale de peinture.* I, 655

Mémoires pour servir à l'histoire de France en 1815. VI, 26
— *pour servir à l'histoire de la guerre de Vendée.* II, 824
— *pour servir à l'histoire de la Révolution française.* I, 180
— *pour servir à l'histoire de la ville de Lyon.* II, 822
— *pour servir à l'histoire de mon temps.* III, 1175
— *pour servir à l'histoire de Napoléon Ier.* V, 689
— *pour servir à l'histoire des maisons royales.* IV, 96
— *pour servir à la vie de M. de Voltaire écrits par lui-même.* II, 332
— *, révélations et poésies de Lacenaire.* IV, 790
— *secrets de Fournier l'Américain.* IV, 144
— *secrets et inédits de Madame la comtesse du Barry sur les Cours de France.* III, 301
— *secrets sur la Russie, sur le règne de Catherine II, de Paul Ier.* II, 829
— *secrets sur le règne de Louis XIV.* II, 626, 826
— *, souvenirs et anecdotes de M. le comte de Ségur.* II, 828
— *, souvenirs, opinions et écrits du duc de Gaëte.* II, 821

Mémoires sur Béranger. V, 11
— *sur Emmanuel de Lalaing.* II, 796
— *sur Garrick et sur Macklin.* II, 834
— *sur l'affaire de Varennes.* II, 819
— *sur l'ambassade de France en Turquie.* VI, 852
— *sur l'ancienne chevalerie.* VI, 161
— *sur l'émigration (1791-1800).* II, 830
— *sur la Bastille.* I, 756
— *sur la Convention et le Directoire.* II, 824
— *sur la guerre de la Vendée et l'expédition de Quiberon.* II, 830
— *sur la vie de Marie-Antoinette.* II, 827
— *sur la vie privée de Marie-Antoinette.* II, 819
— *sur la vie publique et privée de Fouquet.* II, 376
— *sur le marquis de Varembon.* II, 798
— *sur le siège de Tournay 1581.* II, 798
— *sur les assemblées parlementaires de la Révolution.* II, 831
— *sur les Cent-jours.* II, 933
— *sur les comités de salut public, de sûreté générale et sur les prisons (1793-1794).* II, 831
— *sur les journées de septembre 1792.* II, 822, 828
— *sur les journées révolutionnaires et les coups d'État.* II, 830

Mémoires sur les prisons.	II, 823
— sur les troubles de Gand.	II, 796
— sur Molière et sur M*me* Guérin.	II, 834
— sur Pierre de Craon.	VI, 642
Mémorables aventures de J.-B. Quiès.	II, 148
Memoranda.	I, 297
Memorandum.	I, 297
— du Siège de Paris.	V, 547
Memorial (Le) de Lucius Ampelius.	I, 694
— de Sainte-Hélène.	V, 73 ; VI, 359
— de W. Shakspere (sic).	IV, 683
— illustré des deux sièges de Paris 1870-1871.	V, 45
— religieux et biblique.	VI, 469
Ménage et finances de Voltaire.	VI, 67
Ménagerie intime.	III, 933
Ménagier de Paris (Le).	I, 523
Ménandre.	III, 1179
Mendians, vaudeville (Le).	V, 1003
Mendiants riches (Les).	III, 585
Meneur de loups (Le).	II, 720 ; III, 412
Mensonges.	I, 906 ; II, 699
Menteuse (La), pièce.	III, 63
Menuet de Danaé (Le).	V, 641
Méphistophéla.	V, 684
Méprises de l'amour (Les).	I, 142
— de Lambinet (Les).	V, 645
— du cœur (Les).	VI, 1140
Mer (La), par J. Autran.	I, 155
—, par J. Michelet (La).	V, 835
—, par J. Richepin (La).	VI, 1124
— de Nice (La).	I, 267
— et les marins (La).	II, 1002
— libre du pôle (La).	IV, 49
Mercadet.	I, 231
Merceriana.	V, 698
Mercure de Gaillon (Le).	I, 570
Merdéide (La).	II, 605
Mere de ville, le Varlet, le Garde-Pot, le Garde-Nape et le Garde-Cul, farce nouvelle (Le).	VI, 974
— Gigogne et ses trois filles (La).	VII, 176
—, la fille, le tesmoing, l'amoureulx et l'official (La).	VI, 972
Mères de famille dans le beau monde (Les).	VII, 312
— ennemies (Les).	V, 673
— illustres. (Les).	V, 257
Mérite des femmes (Le).	I, 638 ; V, 174
Merlin.	I, 60
— l'enchanteur.	VI, 909
Mérowig, récit mérovingien.	V, 1111
Merveilles célestes (Les).	I, 758
— de l'art flamand.	IV, 184
— de l'art hollandais (Les).	IV, 42
— de l'électricité (Les).	I, 757
— de l'Inde.	II, 749
— de l'industrie (Les).	III, 711
— de la céramique (Les).	I, 759
— de la chimie (Les).	I, 758
— de la force et de l'adresse (Les).	I, 758
— de la gravure (Les).	I, 758
— de la locomotion (Les).	I, 758
— de la photographie (Les).	I, 761
— de la science (Les).	III, 709
— de la végétation (Les).	I, 760

TABLE DES OUVRAGES CITÉS

Merveilles des fleuves et des ruisseaux (Les). I, 760
— *du monde (Les).* I, 677
— *du monde invisible (Les).* I, 758
— *du monde polaire (Les).* I, 759
— *du monde souterrain (Les).* I, 760
Merveilleuse hystoire de l'esperit. I, 544
Merveilleuses, comédie (Les). VII, 376, 382
Merveilleux récits de l'amiral Le Kelpudubec. VII, 518
Méry, sa vie intime. II, 487
Mes aventures de chasse. III, 267
— *broutilles.* II, 116
— *cocottes.* I, 431
— *confidences.* IV, 1015
— *dernières indiscrétions.* VII, 12
— *douze premières années.* V, 764
— *estampes.* I, 393 ; VI, 312
— *fils.* IV, 350
— *frères et moi.* VI, 235
— *haines, causeries littéraires et artistiques.* VII, 1196
— *heures perdues.* I, 120
— *hôpitaux.* VII, 997
— *inscripcions.* I, 657
— *livres.* VI, 875
— *lundis en prison.* V, 439
— *mémoires.* III, 395
— *mémoires. Enfance et jeunesse. Seconde jeunesse.* VI, 779
— *notes d'infirmier.* VI, 13
— *passe-temps, chansons suivies de l'Art de la danse.* III, 231
— *petits papiers.* VI, 557
— *plagiats!* VII, 379
— *premières années de Paris.* VII, 936

Mes prisons, par S. Pellico. I, 602, 620 ; VI, 513
— *prisons, par P. Verlaine.* VII, 998
— *souvenirs, par Th. de Banville.* I, 277
— *souvenirs, par G. Claudin.* II, 445
— *souvenirs littéraires.* V, 1061
— *vacances en Espagne.* VI, 907
Mésaventures de Jean-Paul Choppart (Les). III, 228
Mesdames les Parisiennes. IV, 81
— *nos aïeules.* VI, 1151
Mesire Jehan, farce novvelle. VI, 974
Mesnil-au-bois (Le). II, 717
Message (Le). I, 198
Messager (Le). I, 276
— *de l'Impératrice (Le).* I, 914
Messe de Guide (La). III, 1135
— *de l'athée (La).* I, 206
— *en ré de Beethoven (La).* I, 882
Messéniennes et chants populaires. III, 111
— *et poésies diverses.* III, 109, 113
— *sur lord Byron.* III, 107
Messieurs les Cosaques. III, 135
— *les Ronds-de-cuir.* II, 1055
Messire Gauvain ou la Vengeance de Raguidel. II, 899
Mestier et marchandise, farce. VI, 981
Mesure du temps (La). III, 829
Meta Holdenis. II, 371
Métamorphoses d'Ovide (Les). VI, 294
— *de Chamoiseau (Les).* V, 1015
— *de Fierpépin (Les).* VII, 32
— *de la femme (Les).* VII, 174

Métamorphoses du jour (Les).
　　　　　　　　　　V, 775
— *du jour ou La Fontaine en 1831 (Les).*
　　　　　　　　　　III, 215
—, *mœurs et instincts des insectes.* I, 814
Métella. VII, 312
Métiers et corporations de la ville de Paris (Les). IV, 151
Métromanie (La). II, 331
Meuble (Le). I, 662
— *en France au XVIe siècle (Le).* I, 848
Meunier d'Angibault (Le).
　　　　　　　VII, 223, 312
Meurtre de la rue Vieille du Temple (Le). II, 123
Meute et vénerie pour lièvre de Jean de Ligneville (La).
　　　　　　　　　　V, 319
Meutte et venerie du haut et puissant seigneur messire Jean de Ligneville (La). V, 319
Meuttes et veneries de Jean de Ligniville (Les). V, 320 ; VI, 640
Meyer & Isaac, mœurs juives.
　　　　　　　　　　VII, 848
Miarka la fille à l'ourse. VI, 1118
Mi-Carême (La). V, 653
Michaïl. II, 696 ; VII, 851
Michel-Ange. VI, 266
— -*Ange Buonarotti.* IV, 1014
— -*Ange et les statues de la chapelle funéraire de Médicis.* V, 1070
— -*Ange et Raphaël Sanzio.*
　　　　　　　　　　III, 370
— -*Ange, Léonard de Vinci, Raphaël.* II, 448
— -*Ange, sa vie, son œuvre.* VI, 1170
— *Colombe.* V, 490
— *de Cervantès, sa vie, son temps.* II, 163

Michel de Marolles, abbé de Villeloin. III, 505
— *Lando.* I, 883
— *Lasne de Caen, graveur en taille douce.* III, 503
— *Strogoff.* VII, 1013
— *Verneuil.* VII, 792
Microphone, radiophone et le phonographe (Le). I, 758
Mi-Diable. II, 408
Midi à quatorze heures. II, 545 ;
　　　　　　　　　　IV, 640
Miens! (Les), I. Villiers de l'Isle-Adam. V, 475
Miette et Noré. I, 22
Miettes d'amour, par F. Belligéra. I, 385
— *d'amour, par L.-V. Meunier.* II, 948
— *d'Ésope (Les).* VI, 1225
— *de l'histoire (Les).* VII, 936
— *littéraires, biographiques et morales.*
　　　　　　　　　　III, 1135
— *poétiques.* VI, 16
Mignard et Rigaud. V, 1312
Mignardises amoureuses de l'admirée. II, 677 ; VII, 724
Mignet Michelet,, Henri Martin. VII, 550
Mil huit cent soixante dix VII, 597
Milianah. I, 156
Militantes (Les). I, 814
Militona. III, 903
Milla. IV, 178 ; VII, 337
Mille et deuxième nuit, conte inédit d'Edgar Poe (La).
　　　　　　　　　　VI, 738
— *et un fantômes (Les).*
　　　　　　　　　　III, 385
— *et un jours (Les).* V, 859 ;
　　　　　　　　　　VI, 335
— *et un souvenirs (Les).* III, 211
— *et une nuits (Les).* I, 594 ;
　　　　　　　III, 860 ; VI, 335
— *et une nuits du théâtre (Les).* VI, 1119

Mille et une nuits matrimoniales (Les). V, 218
— *et une nuits parisiennes (Les).* IV, 203
Mimes. VII, 433
— , *enseignements et proverbes de J.-A. de Baïf (Les).* VII, 898
Mimi Pinson, vaudeville. V, 1265
Miniatures d'une bible du XIVᵉ siècle. I, 567
Ministère de M. de Martignac (Le). III, 74
Minuit et midi. V, 554
Minutes parisiennes (Les). V, 1114
Mionette (La). V, 1177
Miougrano entreduberto (La). I, 133
Mirabeau. III, 1122
— *(Les). Nouvelles études sur la société française au XVIIIᵉ siècle.* V, 377
Miracle de Monseigneur sainct Nicolas. I, 674
— *de nostre Dame de la marqse de la Gaudine.* II, 888
.. *de nostre dame d'Berthe.* II, 887
—, *de Sᵗ Nicolas (Le).* VII, 1032
Miracles de Nostre Dame. I, 56
— *de Saint Benoît (Les).* IV, 109
— *de Sainte Geneviève à Paris.* VI, 531
Mirâdj-Nâmeh. VI, 857
Mire lon la. II, 948
Mireille. I, 741 ; V, 902, 904
Mireio, pouèmo prouvençau. V, 902
Mirliton priapique (Le). II, 1079
Miroir aux alouettes (Le). VI, 3
— *de mariage (Le).* II, 897
— *des passions.* V, 479
— *du monde (Le).* VII, 926

Mirouer des femmes vertueuses. II, 887
— *du bibliophile parisien (Le).* I, 852
Misanthrope (Le). V, 950, 958
Misanthropie sans repentir. II, 733
Miscellanées. I, 556, 559
— *bibliographiques.* V, 900
— *of the Philobiblon Society.* VI, 582
Mise au tombeau du Titien (La). V, 1070
— *en scène et représentation d'un opéra en province vers la fin du seizième siècle.* IV, 804
Miseloque (La). VI, 1128
Misérables (Les). IV, 224, 328, 398, 416, 427
— *de M. V. Hugo (Les).* I, 302
— *de Victor Hugo sur l'air de Fualdès (Les).* IV, 332 ; V, 116
— *pour rire (Les).* IV, 331
Misères des enfants trouvés (Les). VII, 690
— *du sabre.* III, 199
Miss América. II, 217
— *Harriet.* V, 612
— *Mary.* VII, 332
— *Rovel.* II, 371
Missel de Jacques Juvénal des Ursins cédé à la ville de Paris. III, 257
— *gothique.* V, 902
Mission de Jeanne d'Arc (La). III, 1008
— *de Jeanne d'Arc, drame (La).* VII, 859
— *de Phénicie.* VI, 1017
Mississipiens (Les). VII, 312
Mistere du siège d'Orléans (Le). II, 564
— *du viel testament.* I, 57
II, 564

Mistress Branican.	VII, 1018
Moabite, drame (La).	III, 187
Mode (De la).	III, 918
Modernités.	V, 400
Modes et usages au temps de Marie-Antoinette.	VI, 1006
Modeste Mignon.	I, 223
Mœurs (Les).	I, 49 ; VII, 356
— *d'aujourd'hui (Les).*	V, 429
— *de l'Orient.*	IV, 759
— *et coutumes de la vieille France.*	IV, 885
— *et coutumes des Parisiens en 1882.*	III, 827
— *et la caricature en Allemagne (Les).*	III, 1090
— *et la caricature en France (Les).*	III, 1092
— *et vie privée des Français.*	IV, 732
— *parisiennes. Nouvelles.*	IV, 717
— *secrètes du XVIIIe siècle (Les).*	III, 280
— *, usages et costumes au moyen age et à l'époque de la Renaissance.*	IV, 847
Mohicans de Paris (Les).	II, 718 ; III, 404
Moine (Le).	V, 312
— *blanc (Le).*	I, 858
— *sécularisé (Le).*	II, 653
Moineau de Lesbie (Le).	I, 330
Moineaux francs (Les).	VI, 218
Moines (Les), comédie satirique.	II, 1083
— *d'Occident depuis saint Benoît (Les).*	V, 1086
Mois (Les).	II, 972
— *de mai à Londres (Le).*	IV, 546
— *gastronomiques (Les).*	V, 1057
— *illustrés (Les).*	II, 973
— *, résumé mensuel, historique et politique (Le).*	III, 383
Moïse sur le Nil.	IV, 229
Moisson, poésies (La).	V, 865
Molière, par G. Sand.	VII, 244, 315, 316
— *, par J.-J. Weiss.*	VII, 1159
— *à Pezenas en 1650-1651.*	IV, 807
— *en province.*	VI, 665
— *et l'Opéra-comique.*	VI, 794
— *et la Comédie italienne.*	V, 911
— *et le misanthrope.*	II, 997
— *et Rabelais.*	V, 1072
— *et sa troupe.*	VII, 574
— *et Shakespeare.*	VII, 662
— *, illustré par Tony Johannot.*	V, 921
— *, illustré par Tony Johannot. Notice sur sa vie et ses ouvrages.*	VII, 135
— *jugé par ses contemporains.*	II, 590 ; V, 964
— *musicien.*	II, 127
— *, sa femme et sa fille.*	IV, 207
— *, sa vie et ses œuvres.*	I, 702
— *, sa vie et ses ouvrages.*	V, 911
— *, son séjour à Montpellier en 1654-1655.*	IV, 807
Moliériste (Le).	V, 965
Mon ami Norbert.	V, 1157
— *cœur mis à nu.*	I, 351
— *cousin Don Quixote.*	I, 126
— *dernier-né.*	V, 1059
— *franc-parler.*	II, 990
— *frère et moi.*	III, 75
— *frère Yves.*	V, 403
— *grand fauteuil.*	IV, 822
— *journal.*	V, 840
— *journal [de Gœthe].*	III, 1018
— *-joye fait peur, parodie.*	III, 677
— *musée criminel.*	V, 439

*Mon noviciat ou les joies de
   Lolotte.* VI, 48
— *oncle Barbassou.* VII, 910
— *oncle Benjamin.* II, 740 ;
   VII, 840
— *oncle Célestin.* III, 636
— *parapluie en coton vert.*
   V, 1111
— *père.* V, 515
— *petit dernier.* V, 220
— *petit premier.* V, 1026
— *premier crime.* V, 438
— *procès.* I, 374
— *Salon.* VII, 1196
— *secret ou du conflit de
   mes passions.* VI, 563
— *vieux Paris.* III, 299
— *voisin Raymond.* IV, 712, 718
Monacologie. V, 969
— (*La*). II, 1081
Monanteuil, dessinateur et peintre. V, 79
Monarchie au XVIIe siècle (La).
   V, 563
— *constitutionnelle en
   France (La).* VI, 1020
— *de 1830 (La).* VII, 825
Monastère (Le). VII, 447, 452, 456
Monasticon gallicanum. V, 969
Monde aimé (Le). VI, 808
— *amusant (Le).* V, 236
— *comme il est (Le).* II, 1090
— *de la mer (Le).* III, 832
— *des insectes (Le).* I, 443
— *des papillons (Le).* VII, 331
— *dramatique (Le).* V, 971
— *galant (Le).* II, 22
— *nouveau, histoire faisant suite à La Fin
   du Monde (Le).* VI, 1099
— *où l'on patauge (Le).* VI, 7
— *où l'on s'amuse (Le).*
   VI, 304
— *où l'on s'ennuie (Le).*
   VI, 307
— *tel qu'il sera (Le).* VII, 636
— *vu par les artistes (Le).*
   V, 669

Moniteur de la librairie (Le).
   VI, 887
— *du Bibliophile (Le).*
   V, 999
Monnaies et médailles. I, 664
— *juives (Les).* I, 766
— *mérovingiennes (Les).*
   VI, 834
— *royales de France (Les).*
   IV, 163
Monographie de l'œuvre de Bernard Palissy.
   VII, 394
— *de l'église Notre-
   Dame de Noyon,
   par L. Vitet.* II, 571
— *de l'église royale
   de Saint-Denis.*
   III, 1160
— *de la cathédrale
   de Bourges.* V, 552
— *de la cathédrale
   de Chartres.* II, 556
— *de la presse parisienne.* I, 217
— *de Notre-Dame
   de Brou.* III, 262
— *de Notre-Dame
   de Chartres.* II, 555
— *des éditions des
   lettres provinciales.* VI, 426
— *du VIIIe arrondissement de
   Paris.* I, 855
— *du sonnet.* VII, 1028
*Monologue de memoyre tenant
   en sa main un
   monde.* VI, 970
— *dramatique dans l'ancien théâtre français (Le).* VI, 658
— *moderne (Le).* II, 999
Monogrammes historiques (Les).
   I, 498
Monsieur ? comédie-bouffe.
   VII, 510

TABLE DES OUVRAGES CITÉS

Monsieur About et la jeunesse des écoles. VII, 967
— Alphonse. III, 477
— Alphonse Legros au Salon de 1875. VI, 799
— Cherami. II, 732
— Choufleuri restera chez lui. V, 1152
— Coumbes. III, 420
— Cryptogame. VII, 867
— de Balzac. III, 217
— de Boisdhyver. II, 186, 714
— de Camors. II, 348 ; III, 677
— de Chateaubriand, sa vie, ses écrits, son influence littéraire et politique sur son temps. VII, 1086
— de Cupidon. V, 1033
— de l'Étincelle ou Arles et Paris. VI, 654
— de Pourceaugnac. V, 951, 960
— de Saint-Bertrand. III, 699
— de Talleyrand. VII, 146
— Dentscourt. VI, 51
— Dupont ou la jeune fille et sa bonne. IV, 712, 718
— Édouard Detaille. III, 507
— Ernest Gallien. Notice nécrologique. VI, 312
— Garat, comédie-vaudeville. VII, 362
— Hambrelin, serviteur de maistre Aliborum. II, 892
— Henri Martin et son histoire de France. V, 567
— Hurluberlu. I, 438
— Jean. I, 725 ; III, 637

Monsieur l'abbé Bossuet, curé de Saint-Louis en l'île, et sa bibliothèque. IV, 795
— le baron Modeste de Korff. VI, 894
— le Duc s'amuse. V, 1048
— le Grand Turc. II, 856
— le Hulan et les trois couleurs. III, 187
— le marquis de Pontanges. III, 991
— le marquis, esquisses de 1815. VII, 671
— le Ministre. II, 348, 415
— le Vent et Madame la Pluie. V, 1315 ; VI, 235
— Lessore. Notice nécrologique. VI, 312
— Longpérier Grimoard. Notice nécrologique. VI, 312
— , Madame et Bébé. III, 295
— Mars et Madame Vénus. VII, 16
— Nicolas ou le cœur humain dévoilé. VI, 1071
— Parent. V, 615
— Pencil. VII, 865
— Rousset. VII, 312
— Scapin, comédie. VI, 1122
— Sylvestre. VII, 273
— Thiers, cinquante années d'histoire contemporaine. V, 633
— Tringle. II, 197
— Trois Étoiles. II, 715
Monstres marins (Les). I, 759
— parisiens. V, 674
Mont de piété (Le). VI, 390
— Saint-Michel, par H. et G. Dubouchet (Le). III, 304

Mont Saint-Michel, par A. de Montaiglon (Le).	V, 1070
Montagne, par B. Hauréau (La).	IV, 37
— (La), par J. Michelet.	I, 618 ; V, 837
Montagnes (Les).	III, 500
Montaigne. L'homme et l'œuvre.	I, 857
Montbrun.	I, 167
Monte-Cristo, drame.	III, 367
— -Cristo, journal (Le).	III, 413
Monténégrins, opéra-comique (Les).	VI, 55
Montesquieu.	III, 1122
— . Bibliographie de ses œuvres.	II, 4
— , sa réception à l'Académie française.	VII, 1028
Montevideo ou une nouvelle Troie.	III, 388
Montigny - 8 mars 1880.	III, 482
Montjoye.	III, 677
Montlhéry, son château et ses seigneurs.	V, 484
Montmartre à Séville (De).	V, 1046
Montmorency-Luxembourg.	V, 592
— . Voyages, anecdotes.	V, 88
Mont-Oriol.	V, 617
— -Revêche.	VII, 246
Monumens de l'histoire de Sainte Élisabeth de Hongrie.	V, 1085
— de la France classés chronologiquement (Les).	IV, 749
— divers pris dans quelques anciens diocèses du Bas-Languedoc.	VI, 1063
Monument du costume physique & moral à la fin du XVIIIe siècle.	VI, 1068
Monuments de l'Inde (Les).	V, 135
— de la xylographie.	V, 1119
Monuments de Paris (Les), par A. de Champeaux.	I, 680
— . de Paris, par F. Pigeory (Les).	VI, 671
— des arts du dessin chez les peuples.	III, 549
— historiques de France à l'Exposition de Vienne (Les).	V, 750
— historiques. Rapport au Ministre de l'Intérieur.	V, 717, 722, 726, 729
— pour esrvir à l'histoire des provinces de Namur.	II, 511
— typographiques des Pays-Bas au quinzième siècle.	IV, 163
Morale (La).	IV, 517
— de Chou-King (La).	II, 869
— de Jésus-Christ et des apôtres.	II, 869
— de Moïse, David, Salomon... etc.	II, 869
— de Plutarque (De la).	III, 1128
— de Zoroastre.	II, 869
— en action (La).	VI, 145
— en action des Fables de La Fontaine (La).	V, 1126
— en action ou les bons exemples (La).	V, 1127
— en action par l'histoire (La).	V, 1179
— merveilleuse (La).	II, 397 ; V, 1127
— mondaine.	II, 866
Moralistes des seizième et dix-septième siècle.	VII, 1100
— français.	V, 1128
— français du seizième siècle (Les).	III, 212
— grecs.	II, 869
— oubliés (Les).	II, 712

Moralistes sous l'Empire romain (Les).	V, 545
Moralite a IIII personnages.	VI, 976
— de l'aveugle et du boiteux.	VI, 742
— de tout le monde.	VI, 977
— ioyeuse à IIII personnages.	VI, 974
— nouvelle de la prinse de Calais.	VI, 970
— nouvelle tres fructueuse de l'enfant de perdition.	II, 878
— tres excellente a l'honneur de la glorieuse assumption nostre Dame.	II, 886
Moralités.	I, 139
— légendaires.	IV, 934
— polémiques ou la controverse religieuse dans l'ancien théâtre français (Les).	VI, 658
Morceaux choisis de D. Diderot.	III, 253
— choisis de Victor Hugo.	IV, 434
— extraits des travaux de M. Henri Monnin.	V, 1024
More de Venise (Le).	I, 751 ; VII, 1056
Moreau (Les).	II, 481
Morgane, drame.	VII, 1090
Morne au diable ou l'Aventurier (Le).	VII, 682
Mort (Le).	II, 757
— Aymeri de Narbonne (La).	I, 59
— d'un roi (La).	V, 994
— de César (La).	VI, 69
— de Garin le Loherain (La).	VI, 1187
— de Henri III (La).	VII, 1111
— de Jean Chouan et sa prétendue postérité (La).	V, 80

Mort de Jules César (La).	I, 763
— de M. Houzeau-Muiron (La).	VII, 750
— de Rotrou (La).	V, 865
— de Socrate (La).	I, 734 ; IV, 957, 1061, 1064
— de Socrate, drame (La).	VII, 81
— de Talma (La).	VI, 51
— du diable (La).	III, 308
— du duc d'Enghien (La).	IV, 66
— du Juif-errant (La).	III, 1129
— et les funérailles de Michelet (La).	V, 847
Morte (La).	III, 681
Morts bizarres (Les).	VI, 1113
— bizarres, poèmes dramatiques.	V, 170
— et vivants, nouvelles impressions littéraires.	VI, 956
— pour la patrie.	V, 29
— royales.	IV, 52
— vont vite (Les).	III, 426
Mosaïque.	V, 710
— (La).	I, 663
— . Album du monde élégant.	IV, 683
— . Loisirs du grand monde.	IV, 684
— . Peintres-musiciens-littérateurs.	IV, 51
— . Seconda sera.	IV, 685
— . Soirées des salons.	IV, 684
Mot et la chose (Le).	VII, 356
Mouche (La).	V, 1273
— , souvenir d'un canotier.	I, 512 ; V, 623
Moulin (Le).	II, 654
Moulins à vent (Les).	V, 642
Moullah-Nour.	II, 724
Mouny-Robin.	VII, 312
Mousquetaire, journal (Le).	III, 399
Mousquetaires, drame (Les).	III, 361
Moustache.	IV, 717, 721
Moutchas = y = Tchicas.	V, 489

Moyen âge et la Renaissance
 (*Le*).   IV, 832 ; V, 1171
— *de parvenir* (*Le*).   I, 432
Mozart et Richard Wagner à
 l'égard des Français.   IV, 613
Muette (*La*).   VI, 791
— . *12 juin 1871* (*La*).   IV, 561
Mur mitoyen (*Le*).   VI, 304
Murailles politiques françaises
 (*Les*).   V, 1189
—   *révolutionnaires de*
  1848 (*Les*).   V, 1189
Musardises (*Les*).   VI, 1198
Muse à bébé (*La*).   IV, 596
— *à Bibi* (*La*).   III, 979
— *chasseresse* (*La*).   II, 17
— *de l'histoire* (*La*).   VI, 453
— *des chansons* (*La*).   I, 259
— *du Département* (La).   I, 220
— *française* (*La*).   V, 1207
— *juvénile. Études littérai-*
 res, vers-et prose.   III, 529
— *normande de David Fer-*
 rand (*La*).   I, 574
— *pariétaire et la muse fo-*
 raine (*La*).   II, 654
— *populaire. - Pierre Du-*
 pont. Chants et poésies.
    III, 528
Musée céramique de Rouen (*Le*).
    V, 136
— *comique. Toutes sortes*
 de choses en images.
    V, 1209 ; VI, 1086
— *Dantan.*   III, 8 ; IV, 220
— *d'antiquités de Rouen* (*Le*).
    I, 18
— *de la caricature.*   V, 1210
— *de la Comédie-Française*
 (*Le*).   III, 137
— *de la Révolution.*   V, 1224
— *de Lille. Le musée de*
 peinture.   III, 1073
—   — *Le Musée Wicar.*
    III, 1074
— *de portraits d'artistes.*   IV, 587
— *de Versailles.*   I, 977

Musée des arts décoratifs. Pro-
 jet d'organisation et de
 classification du mu-
 sée..   IV, 869
— *des théâtres* (*Le*).   V, 1228
— *du Louvre* (*Le*).   II, 215
— *français* (*Le*).   V, 1229
— *français-anglais.*   V, 1232
— *français, revue artistique*
 (*Le*).   V, 1231
— *municipal de Harlem* (*Le*).
    IV, 875
— *national du Louvre* (*Le*).
    IV, 877
— *ou magasin comique de*
 Philipon.   V, 1232
— *poétique.*   V, 505
— *pour rire* (*Le*).   I, 32
— , *revue du Salon de 1834*
 (*Le*).   III, 92
— *royal* (*Le*).   V, 1231
— *secret de la caricature*
 (*Le*).   II, 210
— *secret de Paris* (*Le*).   II, 736
— *secret du bibliophile.*   V, 1234
Musées d'Allemagne (*Les*).   I, 687
— *d'Allemagne et de Rus-*
 sie (*Les*).   VII, 1029
— *d'Espagne, d'Angleterre*
 et de Belgique (*Les*).
    VII, 1029
— *d'Italie* (*Les*).   VII, 1029
— *de France* (*Les*). *Pa-*
 ris.   VII, 1029
— *de la Hollande. Ams-*
 terdam et La Haye.
    VII, 835
— *de peinture de Londres*
 (*Les*). *Une visite à*
 la National Gallery
 en 1876.   VI, 1007
Muses d'état (*Les*).   V, 23
— *et fées.*   V, 772
— *gaillardes* (*Les*).   II, 655
— *incognues* (*Les*).   II, 655
Musettes et clairons.   V, 866
Muséum d'histoire naturelle (*Le*).
    II, 42

Muséum parisien. IV, 221
Musiciens d'aujourd'hui. IV, 616
— *célèbres depuis le seizième siècle jusqu'à nos jours (Les).* II, 449
Musique (La). I, 758
— *chez le peuple ou l'Opéra national (La).* III, 777
— *dans l'ymagerie du moyen âge (La).* V, 122
— *dans la nature (La).* V, 122
— *des chansons de P. J. de Béranger.* I, 410, 414
— *en famille (La).* VI, 234
— *et la danse dans les traditions des Lithuaniens, des Allemands et des Grecs (La).* II, 742
— *et les philosophes au dix-huitième (La).* IV, 608
— *française (La).* I, 663 ; V, 123
— *française au XVIIIe siècle (La).* III, 220
— *, les musiciens et les instruments de musique (La).* II, 925
Musotte, pièce en trois actes. V, 623
Mutilé (Le). VII, 171
Muse historique (La). V, 396
Myosotis (Le). I, 742 ; V, 1137, 1140
— *(Le). Keepsake des jeunes personnes.* IV, 687
Myreur des histors (Le). II, 512
Myrrha, saynète romaine. VII, 510
Myrtil et Mélicerte. II, 853
Mystère de Grisélidis (Le). II, 877
— *de l'incarnation.* I, 561
— *de la vie et histoire de Monseigneur sainct Martin (Le).* II, 888

Mystère de Robert le Diable. V, 1323
— *de S. Bernard de Menthon.* I, 61
Mystères de l'Inquisition. III, 661
— *de l'Océan (Les).* V, 484
— *de la chemise (Les).* V, 384
— *de la Russie (Les).* IV, 809
— *de la vie du monde (Les).* V, 1324
— *de Londres (Les).* III, 689
— *de Marseille (Les).* VII, 1197
— *de Paris (Les).* VII, 683
— *de Passy (Les).* VII, 685
— *de province (Les).* I, 220 ; VII, 618
— *des théâtres 1852.* III, 1026
— *du boulevard des Invalides (Les).* V, 1052
— *du collège (Les).* I, 23
— *du monde (Les).* VI, 1225
— *du Palais-Royal (Les).* VI, 921
— *du peuple (Les).* VII, 694
— *du sérail (Les).* I, 137
— *inédits du quinzième siècle.* V, 1323
Mystificateurs et mystifiés. IV, 842
Mystifications de Caillot-Duval. I, 762
Mythologie dans l'art ancien et moderne (La). V, 668
— *de la jeunesse.* I, 353
— *des dames.* I, 923
— *du Rhin (La).* VII, 175
— *figurée de la Grèce.* I, 662
— *illustrée (La).* VI, 579
— *pittoresque.* VI, 252

N

N'a-qu'un-œil. I, 717 ; II, 406
Nabab (Le). I, 723 ; III, 49, 50
Nadar jury au Salon de 1853 —
    de 1857. VI, 2
Nadir. Lettres orientales. III, 1180
Nain (Le). VII, 447, 452
— Goëmon (Le). V, 199
— jaune, ou journal des arts (Le). VI, 19
— jaune réfugié (Le). VI, 20
— Jauniana. VI, 22
Nains célèbres (Les). I, 24
Naïs Micoulin. VII, 1222
Naissance du Prince Impérial. III, 917
— et baptême. VI, 22
— et progrès de l'hérésie en la ville de Dieppe. I, 570
Nana. VII, 1207
— -Sahib, drame en vers. VI, 1119
Nanon. VII, 278
— de Lartigues. III, 372
Naples et la Société napolitaine sous le roi Victor-Emmanuel. III, 310
Napoléon, par Al. Dumas. III, 350
— , par G. Delorne. V, 305
— apocryphe. III, 971
— Bonaparte, lieutenant d'artillerie. V, 594
— Bonaparte ou trente ans de l'histoire de France. III, 338
— en campagne. VII, 22
— en Égypte. I, 323
— et Alexandre Ier L'alliance russe sous le premier Empire. VII, 955
— et la France guerrière. VI, 50
— et les femmes. V, 595

Napoléon et Marie-Louise. Souvenirs historiques. V, 689
— et M. de Sismondi en 1815. II, 641
— et sa famille. V, 256
— et ses constitutions. VI, 93
— et ses contemporains. II, 171
— et Talma. VI, 51
— intime. V, 312
— , l'homme, le politique, l'orateur. III, 1164
— le petit. IV, 310, 402, 414, 428
— , poëme, par E. Quinet. VI, 905
— Ier. I, 282
— . Ier à l'école royale militaire de Brienne. I, 580
— Ier et la Garde impériale. III, 702
— Ier et son temps. VI, 569
Napoléone (La). VI, 93
Napoline, poëme. III, 990
Napolitaine (La). I, 339
Narcisse. VII, 263
Narcotique (Le). VI, 308
Natacha. II, 497
Natalie. VII, 189
Natchez (Les). II, 288
Nationales, poésies (Les). III, 695
Nations (Les). I, 259
Nativitaet. Ode auf die gebourt des Kaiserlichen prinzen. III, 917
Nativite de nostre seigneur Jhesuschrist. II, 887
Naturalisme au théâtre (Le). VII, 1221
Nature chez elle (La). III, 934
— des choses (De la). I, 693

Nature et l'âme (La). VI, 758
— et loy de Rigueur, moralite. VI, 977
—, poésies (La). VI, 1180
Naufrage (Le). III, 586
Naufragé (Le). II, 973
Naufrages célèbres (Les). I, 761
Navigation du compaignon à la bouteille (La). II, 656
Ne m'oubliez pas. Keepsake. IV, 688
Nébulos ou les Donquichottes romantiques. II, 124
Nécessité de commencer, achever et publier le catalogue général des livres imprimés (De la). VI, 407
Nécrologie. Alexandre Dufieux. V, 20
Négociations de la France dans le Levant. II, 564
— diplomatiques de la France avec la Toscane. II, 565
— diplomatiques entre la France et l'Autriche. II, 565
—, lettres et pièces diverses relatives au règne de François II. II, 565
—, lettres et pièces relatives à la conférence de Loudun. II, 565
— relatives à la succession d'Espagne. II, 566
Négrier (Le). II, 1003
Nélida. VII, 663
Nell Horn, de l'Armée du Salut. VI, 1196
Nelson. IV, 1007
Néméa ou l'amour vengé. V, 643
Némésis. I, 327
— *de Gavroche* (La). IV, 80

Némésis médicale illustrée. III, 641
Nemrod & Cie. VI, 262
Népenthès (Le). V, 371
Néphélococugie ou la nuée des cocus (La). II, 645
Neridah. I, 777
Nerte, nouvelle provençale. V, 905
Neuf matinées du seigneur de Cholières (Les). II, 615
— *Preux* (Les). V, 1122
Neufgermain, le poète hétéroclite. I, 123
Neuilly, Notre-Dame et Dreux. II, 1095
Neuvaine de Colette (La). VII, 431
— *de Cythère* (La). V, 538
— *de la Chandeleur* (La). VI, 137, 182
Neveu de Rameau (Le). I, 649, 753 ; II, 325 ; III, 250
Névroses (Les). VI, 1179
Nez d'un notaire (Le). I, 6 ; II, 497
Ni jamais, ni toujours. IV, 716, 721
N. I., Ni ou le danger des Castilles. IV, 254
Nice française. I, 266
Nicolas Audebert, archéologue orléanais. VI, 205
— *Nickleby.* III, 248
Nid d'alcyon. I, 915
Nièce de Mélanie (La). VI, 764
Nièvre à travers le passé (La). IV, 617
Nil (Égypte et Nubie) (Le). III, 306
Nina la Tueuse. V, 658
Ninive et l'Assyrie. VI, 698
Ninon de Lenclos et sa cour. II, 916
Noble et furieuse chasse du loup (La). V, 1108
— *et gentil jeu de l'arbalète à Reims* (Le). I, 565
Nobles de la province de Champagne (Les). I, 580
Noblesse de France aux croisades (La). VI, 1168

Noblesse et chevalerie du comté de Flandre, d'Artois et de Picardie. VI, 1168
— *oblige ou les tendres incertitudes d'un bon père.* III, 278
Noce de campagne (La). VII, 226
— *et l'enterrement (La).* III, 336
Noces corinthiennes (Les). III, 807
— *de Cana de Paul Véronèse (Les).* III, 910
— *de Fernande, opéra-comique (Les).* VII, 382
— *de Poutamouphis (Les).* III, 325
Nocturnes. V, 114
— , *poèmes imités de Henri Heine.* VII, 943
Noël Le Mire et son œuvre. IV, 100
— *ou le mystère de la Nativité.* I, 883
Noëls d'Aimé Piron. VI, 685
— *de Jean Daniel dit maitre Mitou (Les).* III, 5
— *de Lucas Le Moigne.* I, 526
— *& chansons nouvellement composez (Les).* VII, 898
— *et vaudevires du manuscrit de Jehan Porée.* III, 874
— *nouueaulx.* VI, 200
— *de Jehan Chaperon.* II, 248
Nœud gordien (Le). I, 427
Noir, drame (Le). VII, 686
— *et rose.* VI, 260
Noirs et rouges. II, 372
Nom de famille (Le). V, 429
Nombre des églises qui sont dans l'enclos et dépendance de la ville de Lyon. II, 775
Nomenclature des fleuves. I, 695
Noms des curieux de Paris. I, 484
— *des rues de Paris sous la Révolution (Les).* IV, 794
Nones fugitives ou le pucelage à l'encan (Les). II, 656

Nonne sanglante (La). I, 68
Nord contre Sud. VII, 1017
Norine. III, 638
Norma, tragédie. VII, 631
Normandie (La). IV, 539
— *inconnue (La).* IV, 225
— *romanesque et merveilleuse (La).* I, 870
Nos adieux à la Chambre des Députés de 1830. VI, 53
— *adieux à la vieille Sorbonne.* III, 1128
— *amis les livres.* VII, 925
— *ancêtres, tragédie nationale.* VI, 1176
— *artistes au Salon de 1857.* I, 4
— *auteurs dramatiques* VII, 1220
— *bonnes villageoises, parodie.* VII, 370
— *bons parisiens.* VII, 465
— *bons petits camarades, parodie de Nos intimes.* VII, 364
— *bons villageois, comédie.* VII, 369
— *contemporains.* VII, 914
— *écrivains.* VII, 32
— *enfants. Scènes de la ville et des champs.* III, 809
— *fils.* V, 837
— *flamands.* V, 195
— *gens de lettres.* III, 543
— *hommes d'état.* VII, 549
— *intimes! comédie.* VII, 364
— *jeunes filles aux examens et à l'école.* V, 181
— *morts contemporains.* V, 1093
— *oiseaux.* VII, 796
— *peintres dessinés par eux-mêmes.* VI, 226
— *petits rois, fables et poésies.* IV, 595
— *plus beaux rêves.* IV, 688
— *vieux proverbes.* V, 47
Nostradamus, par Eug. Bareste. I, 317
— , *par H. Bonnelier.* I, 858

Tome VIII

Notaire de Chantilly (Le). III, 1082
Note sur deux inscriptions nabatéennes. VI, 1021
— *sur l'enlumineur parisien Guillaume Richardière.* VI, 658
— *sur l'histoire des prépositions françaises en, enz, dedans, dans.* VI, 530
— *sur la chapelle des orfèvres.* VI, 644
— *sur la famille maternelle de Jean de La Fontaine.* IV, 26
— *sur la Grèce.* II, 288
— *sur la nécessité de publier la nouvelle édition des Chroniques de Jean Froissart.* IV, 778
— *sur la XXVe nouvelle de la Reine de Navarre.* VI, 642
— *sur le journal de la santé du roi Louis XIV.* IV, 804
— *sur le plan de Gomboust.* VI, 643
— *sur les manuscrits grecs du British Museum.* VI, 267
— *sur les murailles de Sainte-Suzanne.* V, 727
— *sur un monument de l'île de Gavr'innis.* V, 714
Notes bibliographiques sur le catalogue de M. Auguste Fontaine. VII, 109
— *biographiques sur Jacopo de Barbarj.* III, 579
— *complémentaires sur quelques livres à figures vénitiens de la fin du XVe siècle.* VI, 1142
— *d'histoire littéraire et artistique.* I, 125
— *d'un agent.* III, 277
— *d'un assiégé.* V, 152
— *d'un compilateur pour servir à l'histoire du point de France.* II, 364
— *d'un compilateur sur les sculpteurs et les sculptures en ivoire.* II, 359
Notes d'un journaliste. III, 967
— *d'un voyage archéologique dans le Sud-Ouest de la France.* V, 713
— *d'un voyage dans l'Ouest de la France.* V, 713
— *d'un voyage dans le midi de la France.* V, 713
— *d'un voyage en Auvergne.* V, 715
— *d'un voyage en Corse.* V, 717
— *de René d'Argenson.* I, 83
— *de voyage d'un casanier.* IV, 642
— *de voyage sur l'état actuel des arts en province.* II, 359
— *et croquis de Raffet.* VI, 947
— *et documents inédits sur les expositions du XVIIIe siècle.* II, 773
— *et documents pour servir à l'histoire des juifs des Baléares.* V, 1146
— *et documents relatifs à Jean, roi de France.* I, 152
— *et documents sur l'histoire des théâtres de Paris au XVIIe siècle.* II, 852
— *et pensées.* VII, 902
— *et souvenirs de mai à décembre 1871.* IV, 14
— *et souvenirs 1871-1872.* IV, 14
— *et souvenirs sur Charles Meryon.* I, 916
— *historiques sur le général Allard.* II, 1095
— *pour la bibliographie du XIXe siècle.* VII, 929
— *pour servir à l'histoire... de la Nouvelle France.* IV, 31
— *pour servir à l'histoire des jardins et de l'arboriculture dans le département de l'Orne.* V, 80

Notes prises sur l'inventaire de Madame la Comtesse du Barry sous la Terreur. VI, 643
— *remises à MM. les Députés... sur la propriété littéraire.* I, 215
— *secrètes sur l'abbaïe de Longchamp en 1768.* III, 279
— *sur Corneille Blessebois.* VI, 796
— *sur Darès le Phrygien et sa traduction par Charles de Bourgueville.* III, 22
— *sur François Marc.* III, 607
— *sur l'Angleterre.* VII, 733
— *sur l'île de la Réunion.* VII, 270
— *sur le Bas-Vivarais.* VII, 1126
— *sur le théâtre contemporain.* III, 643
— *sur les cuirs de Cordoue, guadamaciles d'Espagne.* III, 81
— *sur les imprimeurs du Comtat Venaissin.* VI, 511
— *sur les lettres de Cicéron.* II, 485
— *sur les livres liturgiques des diocèses d'Autun, Chalon et Mâcon.* VI, 511
— *sur les monuments gothiques de quelques villes d'Italie.* VI, 1062
— *sur les thèses illustrées Dauphinoises.* III, 607
— *sur les xylographes vénitiens du XVe et du XVIe siècle.* VI, 1142
— *sur Paris. Vie et opinions de M. Frédéric-Thomas Graindorge.* VII, 731
— *sur Pirro Ligorio.* VI, 204
— *sur Rome et l'Italie.* VII, 777
— *sur une ville. Nuits à Paris.* III, 27

Notice bibliographique des ouvrages de M. de La Mennais. IV, 1099 ; VI, 892
— *bibliographique et historique sur Auguste Boissier.* III, 608
— *bibliographique sur Montaigne.* VI, 435
— *bio-bibliographique sur La Boëtie.* VI, 439
— *biographique et bibliographique sur M. Adolphe Rochas.* III, 609
— *biographique et bibliographique sur Gabriel Peignot.* III, 205
— *biographique et bibliographique sur Nicolas Spâtar Milescu.* VI, 657
— *biographique sur A.-F. Sergent.* VI, 365
— *biographique sur Estienne Jodelle.* V, 574
— *biographique sur Estienne Jodelle.* VI, 710
— *biographique sur Ian Antoine de Baïf.* V, 575 ; VI, 712
— *biographique sur Ioachim du Bellay.* V, 574 ; VI, 710
— *biographique sur Jacques de Thiboult du Puisact.* II, 936
— *biographique sur le comte de Contades.* II, 938
— *biographique sur le comte de Lurde.* VI, 1235
— *biographique sur Lucien Davesiès de Pontès.* IV, 843
— *biographique... sur M. André Pottier.* I, 553
— *biographique sur M. Benoît Fould.* IV, 550

Notice biograhique sur Pierre Corneille. V, 574
— *biographique sur P. de Ronsard.* V, 576
— *chronologique de tous les souverains, princes et princesse d'Europe qui ont péri de mort violente.* VI, 491
— *de M. Jules Janin sur l'Imitation de Jésus-Christ.* IV, 548
— *de M. Jules Janin sur le Livre d'heures de la reine Anne de Bretagne.* IV, 552
— *de quelques livres provenant de la bibliothèque de M....* VI, 493
— *de XXII grandes miniatures ou tableaux en couleurs.* VI, 480
— *des émaux, bijoux et objets divers exposés dans les galeries du Musée du Louvre.* IV, 774
— *des émaux exposés dans les galeries du Musée du Louvre.* IV, 774
— *des études peintes par M. Théodore Rousseau.* I, 982
— *des livres composant la bibliothèque de feu M. Victor Fournel.* III, 777
— *des livres composant le cabinet de M. Gabriel P•••••••* VI, 493
— *des ouvrages de bibliologie, d'histoire, de philologie... tant imprimés que manuscrits de Gabriel P••••••.* VI, 477
— *des principaux livres manuscrits et imprimés qui ont fait partie de l'Exposition de l'art ancien au Trocadéro.* VI, 1236

Notice des travaux bibliographiques de M. J.-M. Quérard. VI, 892
— *exacte de toutes les personnes, nées ou domiciliées dans le dép^t de la Côte-d'Or qui ont péri sur l'échafaud.* VI, 491
— *historique et bibliographique sur Antoine et Pierre Baquelier.* III, 607
— *historique et bibliographique sur Jean Pélerin.* V, 1067
— *historique et bibliographique sur les imprimeurs de l'Académie protestante de Die.* III, 606
— *historique et descriptive sur la galerie d'Apollon au Louvre.* II, 357
— *historique sur la vie et les ouvrages de M. J. Duchesné ainé.* VI, 408
— *historique sur Raphael Morghen.* III, 685
— *historique sur Vivant Denon.* III, 181, 811
— *nécrologique sur Melchior Frédéric Soulié.* IV, 304
— *nécrologique sur Nicolas Toussaint-Charlet.* IV, 543
— *sur Adolphe-Gustave Huot, graveur.* III, 513
[— *sur Cicéron*].
— *sur Colard Mansion.* VII, 962
— *sur François Villon.* VII, 1117
— *sur Gérard Audran.* III, 181
— *sur Homère.* VI, 312

Notice sur Jacques Guay, graveur sur pierres fines. IV, 100
— *sur Jacques Neilson.* IV, 102
— *sur Jean de Schelandre.* I, 124
— *sur Jehan Chaponneau.* II, 577
— *sur J. M. Audin.* I, 295
— *sur l'ancienne statue équestre... élevée à Louis XIII.* IV, 105
— *sur l'enceinte de Péran.* V, 727
— *sur la Chine.* II, 1007
— *sur la collection des portraits de Marie Stuart.* IV, 725
— *sur la place royale de Pau.* I, 501
— *sur la vie de Gustave Ricard.* V, 1321
— *sur la vie de Marc-Antoine Raimondi.* III, 119
— *sur la vie et les œuvres de Henriquel-Dupont.* III, 515
— *sur la vie et les ouvrages de Léopold Robert.* III, 115
— *sur la vie et les ouvrages de M. C.-N. Amanton.* VI, 485
— *sur la vie et les travaux de Gérard Audran.* III, 503
— *sur la vie et les ouvrages de P. de Corneille Blessebois.* II, 446
— *sur Lazare Bruandet.* I, 124
— *sur le manuscrit de la Chronique des Normands.* VI, 405
— *sur le manuscrit grec 1741 de la Bibliothèque nationale.* VI, 273
— *sur le maréchal de Villars.* VII, 140

Notice sur le plan de Paris de J. de Gomboust. I, 526
— *sur le prince Napoléon Bonaparte.* V, 68
— *sur le transport à Paris des obélisques de Luxor.* IV, 755
— *sur les controverses religieuses en Dauphiné.* III, 607
— *sur les différentes éditions des Heures gothiques... imprimées à Paris.* I, 952
— *sur les écrivains érotiques du quinzième siècle.* II, 638
— *sur les estampes gravées par Marc-Antoine Raimondi.* II, 654
— *sur les études littéraires, historiques et bibliographiques de M. Bajot.* VI, 896
— *sur les faïences dites barbotines.* VI, 782
— *sur les Huguenots.* II, 268
— *sur les manuscrits du collège de Boissy.* VI, 528
— *sur les manuscrits du collège de maitre Gervais.* VI, 527
— *sur les manuscrits du collège des Cholets.* VI, 528
— *sur les mémoires de Perrault.* IV, 855
— *sur les peintures de l'église de Saint-Savin.* II, 564 ; V, 723
— *sur les reliures anciennes de la Bibliothèque impériale de Saint-Pétersbourg.* V, 872
— *sur M. Albert Lenoir.* III, 514
— *sur M. le B*on *Taylor.* II, 367

Notice sur M. Littré, sa vie et ses travaux.	VII, 142
— sur M. Serge Poltoratzky.	VI, 893
— sur M. Vallet de Viriville.	VII, 952
— sur M. Van Praet.	VI, 406
— sur Paulin Paris.	VI, 401
— sur Pierre de Brach.	III, 239
— sur P. de Ronsard.	VI, 712
— sur un bas-relief représentant les figures mystérieuses et symboliques dont les quatre évangélistes sont ordinairement accompagnés.	VI, 487
— sur un ouvrage de médecine orné de miniatures copié en 1379.	VI, 527
— sur un plan de Paris du XVIᵉ siècle.	IV, 138
— sur un très ancien manuscrit grec en onciale des épîtres de Saint Paul.	VI, 271
— sur une nouvelle édition de la traduction françoise de Longus.	V, 387
— sur une précieuse collection des œuvres de Rabelais.	VI, 947
Notices bibliographiques, philologiques et littéraires.	VI, 116
— biographiques et littéraires sur la vie et les ouvrages de Jean Vauquelin de la Fresnaye.	VI, 641
— biographiques sur les trois Marot.	II, 910
— et documents pour servir à l'histoire littéraire et bibliographique de la Bretagne.	IV, 781
Notices et documents publiés pour la Société de l'Histoire de France à l'occasion du cinquantième anniversaire de sa fondation.	IV, 129
— et mémoires historiques.	V, 853
— et panégyriques.	IV, 802
— et portraits.	VII, 551
— historiques.	V, 853
Notions élémentaires de linguistique.	VI, 114, 178
Notre cœur.	V, 622
— -Dame de Lourdes.	V, 82
— -Dame de Paris.	I, 733 ; II, 698, 706 ; III, 886 ; IV, 256, 375, 384, 396, 416, 426, 437
— -Dame de Thermidor.	IV, 196, 213
— France.	V, 839
— gibier à plume.	II, 378
— livre intime de famille.	VI, 716
— patron Alphonse Daudet.	V, 225
Notules sur Honoré de Balzac.	VII, 645
Nourrice (La).	II, 982
Nous tous.	I, 278
Nouveau cabinet des fées.	I, 338 ; VI, 227
— cabinet des muses gaillardes (Le).	II, 656
— décaméron (Le).	III, 89
— décret du manège F....z!	II, 656
— dictionnaire de géographie universelle.	VII, 1120
— dictionnaire des ouvrages anonymes et pseudonymes.	V, 486
— dictionnaire français-espagnol.	VI, 102

Nouveau entretien des bonnes
　　　compagnies. II, 657
— genre ou le café d'un
　　　théâtre (Le). VI, 60
— jardin du Luxembourg
　　　(Le). V, 24
— jeu, roman dialogué
　　　(Le). V, 115
— journal d'un officier
　　　d'ordonnance. IV, 74
— keepsake français. IV, 688
— magasin des enfants
　　　(Le). VI, 227, 237
— Malborough (Le).
　　　　　　　V, 1065
— manuel de bibliogra-
　　　phie universelle.
　　　　　　　III, 176
— -Monde, drame (Le).
　　　　　　　VII, 1091
— Paris (Le). IV, 732
— Parnasse satyrique (Le).
　　　　　　　II, 657
— Parnasse satyrique du
　　　dix-neuvième siècle
　　　(Le). VI, 414
— recueil contenant tous
　　　les airs des chan-
　　　sons de Béranger. I, 408
— recueil d'ouvrages ano-
　　　nymes et pseudony-
　　　mes. V, 486
— recueil de comptes de
　　　l'argenterie des Rois
　　　de France. IV, 115
— recueil de contes, dits,
　　　fabliaux et autres
　　　pièces inédites des
　　　XIIIe, XIVe et XVe
　　　siècles. VI, 239
— recueil de fabliaux et
　　　contes inédits des
　　　poètes français. V, 691
— recueil de farces fran-
　　　çaises des XVe et
　　　XVIe siècles. II, 578 ;
　　　　　　　VI, 240

Nouveau recueil des inscriptions
　　　chrétiennes de la
　　　Gaule. II, 566
— régime (Le). V, 659
— seigneur de village (Le).
　　　　　　　VII, 356
— Spon (Le). V, 998
— système de direction
　　　aérienne. III, 906
— tableau de Paris au
　　　XIXe siècle. VI, 240
— testament de Notre-Sei-
　　　gneur Jésus-Christ (Le).
　　　　　　　I, 788
— théâtre des Pupazzi.
　　　　　　　V, 193
— théâtre gaillard. II, 657
— traité de blason. I, 914
— traité de la gravure
　　　à l'eau-forte. V, 547
— traité des armoiries.
　　　　　　　I, 915
— voyage en Orient (Le).
　　　　　　　IV, 1000
Nouveaux chants du soldat. III, 186
— contes. I, 781
— contes à Ninon. I, 624 ;
　　　　　　　VII, 1217
— contes bleus. IV, 784
— contes cruels. VII, 1092,
　　　　　　　1094
— contes danois. I, 62
— contes d'un coureur
　　　des bois. II, 380
— contes de fées. I, 780
— contes de jadis. V, 687
— contes de tous pays.
　　　　　　　II, 267
— contes du bibliophile
　　　Jacob à ses petits-
　　　enfants. IV, 857
— contes du Bocage.
　　　　　　　VI, 292
— contes du Palais (Les).
　　　　　　　II, 946
— contes incongrus.
　　　　　　　VII, 535

Nouveaux contes philosophiques. I, 187
— *détails historiques sur le siège de Dijon en 1513.* VI, 486
— *documents inédits ou peu connus sur Montaigne.* VI, 437
— *documents pour servir à l'histoire de la bibliothèque du Cardinal Mazarin.* IV, 646
— *documents relatifs à Jean, roi de France.* I, 152
— *documents sur Hercule Grisel.* I, 557
— *documents sur Marc-Antoine Raimondi.* III, 717
— *éclaircissements sur les Mémoires de Hollande.* IV, 868
— *éloges historiques.* V, 855
— *enchantements (Les).* VII, 191
— *entr'actes.* III, 485
— *essais de critique et d'histoire.* VII, 730
— *essais de politique et de littérature.* VI, 826
— *essais de psychologie contemporaine.* I, 905
— *essais poétiques.* III, 989
— *exploits du colonel Ramollot.* V, 234
— *jeux floraux (Les).* VI, 248
— *lundis.* VII, 143
— *mélanges.* IV, 1090
— *mélanges d'archéologie, d'histoire et de littérature sur le Moyen âge.* II, 24
— *mélanges d'histoire et de littérature.* VI, 83

Nouveaux mélanges historiques et littéraires. VII, 1084
— *mélanges orientaux.* VI, 860
— *mémoires d'un bourgeois de Paris.* VII, 1020
— *mémoires des autres.* VII, 550
— *mémoires du maréchal duc de Richelieu.* VI, 1109
— *mondes (Les).* I, 337
— *pastels.* I, 907
— *portraits de Kel-Kun.* VII, 780
— *portraits littéraires.* VI, 701
— *portraits parisiens.* VII, 1183
— *récits de l'histoire romaine aux IVe et Ve siècles.* VII, 812
— *renseignemens sur la ville de Paris.* IV, 754
— *samedis.* VI, 777
— *satires d'Angot l'Éperonnière.* I, 630
— *souvenirs et portraits.* VI, 139
— *souvenirs intimes du temps de l'Empire.* VII, 20
— *voyages en zigzag.* VII, 862

Nouvel Aladin (Le). V, 1318
— *armorial du Bibliophile.* III, 1158
— *art poétique, poëme.* VII, 1103
— *Opéra (Le).* VI, 242
— *Opéra de Paris (Le).* III, 870

Nouvelle ambassade des bartavelles au Dauphiné. VI, 454
— *Babylone (La). Lettres d'un provincial*

en tournée à Paris.
VI, 513
Nouvelle bibliothèque bleue ou Légendes populaires de la France. VI, 171
— bibliothèque classique. I, 625
— bibliothèque de poche. I, 769
— biographie générale. I, 796
— carte d'Europe (La). I, 6
— collection des mémoires pour servir à l'histoire de France (Michaud). II, 810
— collection elzévirienne. II, 578
— collection moliéresque. II, 850
— correpondance de C. A. Sainte-Beuve. VII, 149
— d'un reverend Pere en Dieu (La). II, 657
— édition de Saint-Simon (De la). V, 1086
— encyclopédie théologique. II, 840
— étude sur la chanson d'Antioche. VI, 411
— fabrique des excellents traits de vérité. I, 645
— galerie de femmes célèbres tirée des Causeries du lundi. VII, 15
series du lundi. VII, 150
— galerie des artistes dramatiques. I, 261, 340
— galerie des artistes dramatiques vivants. III, 851 ; IV, 552 ; V, 1014
— galerie des grands écrivains français tirée des Causeries du lundi. VII, 151
— géographie universelle. La Terre et les hommes. VI, 965

Nouvelle Héloïse (La). I, 605
— histoire de Paris et de ses environs. III, 877 ; VI, 169
— invention de chasse pour prendre et oster les loups de France. II, 18
— lettre de Junius à son ami A. D. III, 472 ; VII, 295
— lettre sur les choses du jour. III, 473
— Némésis. I, 329
— Revue de poche (La). VI, 1087
— revue rétrospective. VI, 1099
— vie militaire (La). IV, 220
Nouvelles à l'eau-forte par la Société « Les Têtes de bois ». VI, 241
— acquisitions du département des manuscrits pendant l'année 1891-1892. VI, 274
— additions à la Bibliographie générale des ouvrages sur la chasse. VII, 592
— archives de l'art français. IV, 94
— , avec Le canot de l'amiral. V, 1166
— causeries du samedi. VI, 775
— causeries littéraires. VI, 775
— chansons à dire ou à chanter. VI, 15
— chansons du Chat noir. V, 443
— choisies de Franco Sacchetti. II, 592
— choisies, de G.˙ Fiorentino. II, 586

Nouvelles choisies de Masuccio. V, 600
— confidences. I, 736 ; IV, 1002
— considérations sur le caractère général des peuples sémitiques. VI, 1013
— contemporaines. III, 336
— , d'Al. de Musset. I, 743 ; V, 1245
— , d'A. Theuriet. I, 749
— de Agnolo Firenzuola. III, 719
— de Bandello. II, 582
— de Batacchi. I, 336
— de Edmond et Jules de Goncourt. III, 1057
— , de Léon Gozlan. I, 730 ; III, 1085
— de Mérimée. I, 585 ; V, 711, 732
— de Charles Nodier. VI, 138
— [de George Sand]. VII, 266
— de Jules Sandeau. VII, 346
— diverses. VI, 289
— eaux-fortes et pointes-sèches. III, 1154
— et chroniques. VII, 953
— et contes. I, 620
— et fantaisies humoristiques. V, 1163
— et mélanges. VII, 858
— et plaisantes imaginations de Bruscambille (Les). II, 608
— et seules véritables aventures de Tom Pouce. VII, 657
— études critiques sur l'histoire de la littérature française. I, 956
— études d'histoire et de littérature. VI, 81

Nouvelles études d'histoire religieuse. VI, 1029
— études historiques et littéraires. II, 1096
— études sur la bibliographie elzévirienne. VII, 1167
— études sur la littérature contemporaine. VII, 418
— fables morales et religieuses. II, 29
— filiales, en prose. III, 2
— françoises en prose du XIIIe et du XIVe siècles. I, 656
— galantes. II, 126
— genevoises. VII, 858
— glanes. I, 446
— guêpes. IV, 634
— histoires extraordinaires. I, 350, 713 ; VI, 735
— impressions de voyage (Midi de la France). III, 352
— impressions de voyage. Quinze jours au Sinaï. III, 347
— inédites. I, 465
— intimes. VII, 786
— italiennes et siciliennes. V, 1318
— légendes françaises. I, 66
— lettres d'un voyageur. VII, 283
— lettres de la Reine de Navarre. IV, 123
— lettres de Madame Swetchine. VII, 717
— méditations poétiques. I, 735 ; IV, 955, 1052
— Messéniennes. III, 106, 109
— moscovites. V, 749 ; VII, 876
— nouvelles. V, 774

Nouvelles observations d'épigraphie hébraïque. VI, 1018
— *odes.* IV, 231
— *odes funambulesques.* I, 270
— *œuvres inédites de J. de La Fontaine.* III, 1116
— , *par Théophile Gautier.* III, 901
— , *par M*me *Emile de Girardin.* III, 992
— , *par Édouard Ourliac.* VI, 290
— , *par Claude Vignon.* I, 750
— *pièces sur Molière et quelques comédiens de sa troupe.* II, 35
— *poésies, par M*me *Blanchecotte.* I, 814
— *poésies [d'Ach. Millien].* V, 867
— *poésies [de A. de Musset].* V, 1294
— *réalistes.* VI, 803
— *recherches bibliographiques.* I, 948
— *recherches bibliographiques pour servir de supplément au Manuel du libraire.* VI, 115
— *recherches littéraires, chronologiques et philologiques sur la vie et les ouvrages de Bernard de Lamonnoye.* VI, 479
— *recherches sur la famille de Jeanne d'Arc.* I, 910
— *recherches sur la vie de Froissart.* VI, 409
— *recherches sur la vie et l'œuvre des frères Le Nain.* II, 193
Nouvelles recherches sur le dicton populaire : Faire ripaille. VI, 484
— *récréations et joyeux devis.* II, 961
— *remarques sur le texte des Fastes de Rouen d'Hercule Grisel.* I, 562
— *satires.* I, 313
— *scènes de la vie russe.* VII, 875
— *scènes populaires dessinées à la plume.* V, 1010
— *semaines littéraires.* VI, 776
— *vieilles et nouvelles.* VI, 139
Nouvelliste des campagnes (Le). VI, 462
Nozhet-Elhâdi. Histoire de la dynastie Saadienne au Maroc. VI, 861
Nozze Pometti-Ferri. VI, 530
Nu au Champ de Mars 1889-1893 (Le). VII, 524
— *au Louvre (Le).* VII, 524
— *au Salon 1888-1893 (Le).* VII, 523
— *de Rabelais (Le).* VII, 525
Nuevo diccionario espãno-francés. VI, 103
Nugæ difficiles. VI, 451
Nuit de la Saint-Sylvestre tête à tête (La). III, 1026
— *de mai (La).* V, 1269
— *de Sainte-Hélène (La).* I, 318
— *et le moment (La).* II, 584
— , *premières poésies (La).* III, 26
Nuits attiques (Les). I, 694
— *d'épreuves des villageoises allemandes (Les).* II, 658

Nuits d'hiver, poésies (Les). V, 1202
— *d'un chartreux (Les).* VI, 828
— *d'Young (Les).* VII, 1180
— *de Rome (Les).* VII, 15
— *du Père-La Chaise (Les).* III, 1084
— *italiennes (Les).* V, 1317

Nuits parisiennes (Les). VI, 391
— *persanes (Les).* VI, 1059
— *poétiques.* VI, 525
Numa Roumestan. I, 723; II, 692; III, 53, 54
Nûc dimittis des angloys (Le). I, 678
Nymphes du Palais-Royal (Les). II, 1074

O

Oasis (L'). I, 30
Obélisque de Louqsor (L'). I, 864
Obermann. VII, 288, 472
Obéron, poëme héroïque. VII, 1166
Obituaires français au moyen âge (Les). V, 966
Obole de la vie moderne (L'). VI, 250
Obsèques séraphiques (Les). III, 585
Observations sur le dernier article de la section V du budget du Ministère de l'Intérieur. IV, 754
— sur le Festin de Pierre. II, 849
— sur le Musée de Caen. II, 358
— sur les modes et les usages de Paris. I, 839, 842 ; VI, 250
— sur une inscription arménienne du Sérapéum de Memphis. VI, 1012
Obsession (L'). II, 1072
Obstacle (L'). II, 705 ; III, 63
Occasion perdue recouverte (L'). II, 619, 1019
Occidentales, ou lettres critiques sur les Orientales de M. Victor Hugo. VI, 251
Océanides et fantaisies. VI, 759
Octave Tassaert. Notice sur sa vie et catalogue de son œuvre. VI, 832
Ode à la goinfrerie. II, 685
[— *à M. le comte d'Orsay*]. IV, 996
— *de l'antiquité et excellence de la ville de Lyon.* I, 545
— *élégiaque sur Amédée-Félix M***.* VII, 552
— *sur la mort de Son Altesse Royale Charles-Ferdinand d'Artois, duc de Berri.* IV, 227
— *sur la naissance de Son Altesse Royale Monseigneur le duc de Bordeaux.* IV, 228
— *sur le baptême de Son Altesse Royale Henri-Charles-Ferdinand-Dieudonné d'Artois, duc de Bordeaux.* IV, 229
Odelette guerrière. V, 670
Odelettes. I, 260, 708
Odéon, histoire administrative, anecdotique et littéraire (L'). VI, 785
Odes à Lesbie et épithalame de Thétis et Pélée. II, 333

Odes anacréontiques. IV, 88
— *d'Anacréon.* I, 52, 53
— *d'Horace.* I, 615
— *, de V. Hugo.* I, 615 ; IV, 230, 231
— *d'Olivier de Magny (Les).* I, 634 ; V, 451
— *en son honneur.* VII, 998
— *et ballades.* I, 730 ; II, 731 ; IV, 232, 376, 384, 392, 406, 411, 420, 434
— *et épodes, chant séculaire.* II, 333
— *et poèmes.* I, 737 ; V, 16
— *et poésies diverses.* IV, 229
— *funambulesques.* I, 262, 709
— *nationales.* I, 895
— *, par E. Boulay-Paty.* I, 896
— *, par Ch. de Mazade.* V, 632
— *, sonnets et autres poésies gentilles et facétieuses.* II, 677 ; VII, 725
Odette, comédie. VII, 382
Odeurs de Paris (Les). VII, 1026
Odievse profanation faicte des cercveils royavx de l'abbaye de Sainct-Denys. IV, 53
Odyssée. IV, 164, 165
— *d'un bibliognoste (L').* V, 568
Œdipe roi, tragédie. VII, 582
Œillet blanc (L'). I, 724 ; III, 35
Œillets de Kerlaz (Les). VII, 794
Œufs de Pâques (Les), par R. de Beauvoir. II, 711
— *de Pâques (Les), par Ph. de Chennevières.* II, 362
Œuvre (L'). VII, 1211
— *complet de Eugène Delacroix (L').* VI, 1142
— *complet de Rembrandt (L'), par Ch. Blanc.* I, 805, 806
— *complet de Rembrandt par Eug. Dutuit (L').* III, 547
— *complète de Victor Hugo (L'). Extraits.* IV, 433

Œuvre de H. de Balzac (L'). I, 320
— *de Barye (L').* VI, 1169
— *de Champfleury dressée d'après ses propres notes et complétée par M. Maurice Clouard (L').* II, 451
— *de M. le comte de Chevigné (L').* IV, 807
— *d'Albert Dürer.* III, 511, 858
— *de Jehan Foucquet. Heures de maistre Estienne Chevalier.* III, 766
— *de Gavarni (L').* I, 91
— *de Ch. Jacque (L').* III, 1154
— *de Jules Jacquemart (L').* III, 1073
— *de A. de Lamartine (L').* IV, 1064
— *de M.-Q. de Latour au musée de Saint-Quentin (L').* VI, 432
— *de Lucas de Leyde.* III, 513
— *de A. Mantegna.* III, 510
— *de Martin Schongauer.* III, 512
— *de Moreau le jeune (L'), par H. Beraldi.* I, 393
— *de Moreau le jeune, par Mahérault (L').* V, 452
— *de Alfred de Musset (L').* V, 1272
— *de Notre-Dame-des-Sept-Douleurs.* III, 400
— *de Pen-Bron près le Croisic (L').* V, 408
— *de P. P. Rubens (L').* VI, 1193
— *et la mission de ma vie (L'). Autobiographie inédite [de R. Wagner].* VII, 1145
— *et la vie de Michel Ange (L').* VI, 255
— *gravé de Rembrandt (L').* IV, 3

Œuvre historique et archéologique de M. Ernest Prarond (L'). V, 155
— lithographié de Félicien Rops (L'). VI, 1165
— lithographique de Odilon Redon (L'). III, 236
— originale de Vivant Denon (L'). IV, 881
— posthume. Manières de voir et de penser. III, 956
Œuvres amoureuses de Pétrarque (Les). VI, 562
— badines de l'abbé de Grécourt. III, 1129
— badines d'Alexis Piron. II, 663
— badines et morales... de Jacques Cazotte. II, 146
Œuvres choisies de P. Aretin. I, 82
— de Beaumarchais. I, 362
— de Napoléon Bonaparte. VI, 28, 29
— du chevalier de Bonnard. II, 323
— de N. Chamfort. I, 626
— de Paul-Louis Courier. II, 1042
— de Mme Des Houllières. I, 639
— de Destouches. II, 423, 432
— de D. Diderot. I, 626
— de J. Dorat. II, 325
— de Joachim du Bellay. III, 302
— de Fontenelle. II, 420 ; III, 756
— de Gavarni III, 953
— de Gilbert. II, 327
— de Gresset. II, 433 ; III, 1132
— de Le Sage. V, 247
— du prince de Ligne. II, 421
— de Malherbe. II, 526 ; V, 471

Œuvres choisies de Clément Marot. V, 540
— de Massillon. II, 342
— de Molière. V, 922, 930
— de Parny. II, 528
— de Victor Pavie. VI, 435
— de Ch. Perrault. VI, 539
— d'Alexis Piron. VI, 685, 687
— de Quinault. VI, 902
— de Regnard. II, 435
— de Rivarol. I, 629
— de P. de Ronsard. II, 345 ; VII, 114
— de J.-B. Rousseau. II, 429, 784
— de Saint-Évremond. II, 421
— de Bernardin de Saint-Pierre. VII, 91
— de l'abbé de Saint-Réal. II, 429
— de Sarrazin. II, 881
— de Sénecé. I, 659 ; II, 881
— de Vico. VII, 1038
— de Voltaire. I, 629
Œuvres comiques, galantes et littéraires de Cyrano de Bergerac. I, 669
Œuvres complètes de M. Ancelot. VI, 341
— de Théodore Agrippa d'Aubigné. II, 763
— de J. Autran. I, 157
— de H. de Balzac. I, 247
— de F. Baucher. I, 338
— , de Ch. Baudelaire. I, 349, 712
— de Beaumarchais. I, 360, ; VI, 341
— de Remy Belleau. I, 646
— de P. J. de Béranger. I, 409, 412
— de Berquin. I, 434

Œuvres complètes de Boileau.
II, 343, 519, 530; VI, 332
— de Bossuet. I, 877 ;
VI, 323
— de Branthôme. I, 646 ;
IV, 124 ; VI, 357
— de Auguste Brizeux.
I, 932
— de Buffon. VI, 329
— de lord Byron. I, 989
— de Benvenuto Cellini. II, 150
— de Cervantès. II, 153
— de Chamfort. II, 172
— de M. le vicomte
de Chateaubriand.
II, 293, 300, 301,
302 ; VI, 337
— de Chatterton. II, 316
— d'André de Chénier. II, 351
— de Cicéron. II, 485
— de J. Fenimore Cooper. II, 962
— de François Coppée. II, 991
— de P. Corneille. I, 649 ;
II, 530 ; VI, 333
— de Mme Cottin. II, 1035
— de Paul-Louis Courier. II, 1042
— de Alphonse Daudet. III, 63
— de Casimir Delavigne. III, 113 ;
VI, 334
— de J. Delille. III, 124
— de Démosthène.
VI, 275
— de Émile Deschamps.
III, 204
— de Eustache Deschamps. I, 57
— de Diderot. III, 256
— de Alex. Dumas.
III, 434
— du comte du Pon-

tavice de Heussey. III, 531
Œuvres complètes d'Eginhard.
IV, 109
— de Fénelon. III, 658
— de Gustave Flaubert. III, 736
— de saint François
de Sales. VI, 322
— de Gilbert. III, 977
— de Madame Émile
de Girardin. III, 992
— de Gringore. I, 651
— de Victor Hugo.
IV, 389, 411 ; VII, 118
— de Jacques Jasmin.
IV, 572
— de Flavius Joseph.
VI, 345
— d'Estienne de La
Boëtie. IV, 740
— de J. de La Bruyère.
II, 345, 531
— de La Fontaine. I, 652 ;
II, 343 ; IV, 926,
930 ; VI, 331
— de M. A. de Lamartine. IV, 1044,
1046, 1054, 1065
— de F. de La Mennais. IV, 1094
— de E. F. de Lantier. VI, 343
— de La Rochefoucauld. II, 345 ;
V, 54, 55
— de G. Legouvé. V, 176
— de Pierre Loti. V, 410
— de N. Machiavelli.
VI, 328
— de J. de Maistre. V, 461
— du comte Xavier
de Maistre. V, 467
— de Malherbe. III, 1108
— de Marivaux. V, 531
— de Clément Marot.
II, 749 ; V, 539

Œuvres complètes de Massillon. V, 589
— de Melin de Sainct-Gelays. I, 655
— d'Élisa Mercœur. V, 698
— de Prosper Mérimée... inscrites dans leur ordre chronologique de publication. VII, 644
— de Millevoye. V, 862
— de Molière. II, 340, 434, 526, 532, 694, 749; V, 915, 930, 934
— de Montesquieu. II, 344; V, 1105 ; VI, 326
— de Hégésippe Moreau. I, 742; V, 1139
— de Alfred de Musset. V, 1276
— de Gérard de Nerval. VI, 61
— d'Ossian. VI, 285
— de Frédéric Ozanam. VI, 296
— de Bernard Palissy. VI, 315
— de Pigault-Lebrun. VI, 669
— de F. Ponsard. VI, 769
— de P.-J. Proudhon. VI, 834
— de Racan. I, 657
— de J. Racine. II, 342, 528; VI, 937, 938, 940
— et posthumes, II, 534
— de J. Regnard. VI, 996 997
— de Mathurin Régnier. I, 657, 673 ; II, 752, 768; VI, 1001
— de H. Rigault. VI, 1133
— de Rivarol. VI, 1138
— de W. Roberston. VI, 349
— de Rollin. VI, 345
— de P. de Ronsard. I, 658

Œuvres complètes de J.-J. Rousseau. VI, 338, 1218, 1220
— de Rutebœuf. I, 658 ; VI, 1239
— de Saint-Amant. I, 659
— de Horace de Saint-Aubin. I, 239
— de Jacques-Henri-Bernardin de Saint-Pierre. VII, 82
— de George Sand. VII, 298
— de sir Walter Scott. VII, 435
— de Sénèque le philosophe. I, 693
— de W. Shakespeare. I, 704; VI, 334; VII, 491
— de B. de Spinoza. VII, 639
— de Madame la baronne de Staël-Holstein. VI, 343 ; VII, 655
— de Stendhal. I, 462
— de Sterne. VII, 668
— de Suger. IV, 111
— de Tabarin. I, 660
— de Théophile. I, 660
— de Thucydide et de Xénophon. VI, 347
— de Paul Verlaine. VII, 1001
— de Alfred de Vigny. I, 750; VII, 1073
— de François Villon. I, 661 ; II, 754, 768
— de C.-F. Volney. VII, 1129
— de Voltaire. VI, 340 ; VII, 1137

Œuvres de L. Ackermann. I, 707
— d'Apulée. I, 692
— de Paul Arène. I, 708
— d'Aurelius Victor. I, 694
— d'Ausone. I, 694
— d'Avienus. I, 694

Œuvres de Balzac illustrées. I, 247
— de J. Barbey d'Aurevilly. I, 710
— du cardinal de Bernis. I, 432
— de Blondel de Néele (Les). II, 896
— de Robert Blondel. IV, 137
— de Boileau-Despréaux. I, 697, 830, 831, 832 ; II, 422, 431, 522, 539, 778
— de Napoléon Bonaparte. VI, 26
— de Louis-Napoléon Bonaparte [Napoléon III]. VI, 37
— de Louis Bouilhet. I, 713
— de Bourdaloue. VI, 322
— de Paul Bourget. I, 714
— de Brantôme. I, 668
— de Auguste Brizeux. I, 715
— de lord Byron. I, 715, 988
— de Chapelle et Bachaumont. I, 648
— de Georges Chastelain. II, 278
— de Chateaubriand. I, 716 ; II, 301, 302
— en prose de André Chénier. II, 352, 354
— du seigneur de Cholières. II, 961
— de Cicéron. I, 692
— de Léon Cladel. I, 716
— de Jules Claretie. I, 718
— de Claudien. I, 692
— de Mme Louise Colet. II, 458
— de Roger de Collerye. I, 648
— de Collin d'Harleville. II, 912
— de Benjamin Constant. I, 718
— de Fenimore Cooper. II, 963
— de François Coppée. I, 720 ; II, 990

Œuvres de Guillaume Coquillart (Les). I, 648 ; II, 893
— de P. Corneille. II, 432, 523, 1013, 1015 ; III, 1104
— de Cornelius Nepos. I, 692
— de P. L. Courier. I, 626, 721
— de Crébillon. II, 524, 779, 1067
— de Dante Alighieri. III, 11
— de Alphonse Daudet. I, 721
— de M. C. Delavigne. III, 113
— de J. Delille. VI, 332
— de Descartes. III, 198
— d'un désœuvré. V, 161
— de Philippe Desportes. I, 671
— de Denis Diderot. III, 254
— de J.-F. Ducis. II, 423 ; III, 322
— de Mme d'Épinay. III, 582
— de François Fabié. I, 725
— de Ferdinand Fabre. I, 725
— de Fénelon. VI, 323
— de J. Fièvée. III, 704
— de Gustave Flaubert. I, 726 ; III, 735
— de l'abbé Fleury. V, 324
— de saint François de Sales. VII, 177
— de Froissart. III, 835, 838
— de Frontin. I, 695
— de Gautier d'Arras. I, 667
— de Théophile Gautier, I, 727
— de Gilbert. II, 424 ; VI, 148
— de Albert Glatigny. III, 1005
— de Gœthe. III, 1019
— de Edmond et Jules de Goncourt. I, 729
— de Léon Gozlan. I, 730
— de Gresset. II, 424 ; III, 1131 ; VI, 173
— du comte Antoine Hamilton. IV, 21
— de Henri d'Andeli. I, 572

Œuvres d'Horace.   I, 693, 698 ;
                           IV, 168
— de Arsène Houssaye.
                           IV, 211
— de Victor Hugo.   I, 730 ;
    IV, 374, 384, 394 —
    illustrées,   IV, 387
— de saint Jérôme.   VI, 321
— de Jean, sire de Join-
    ville.   IV, 580
— de Jornandès.   I, 695
— de Paul de Kock.   IV, 711
— de Louise Labé.   I, 632 ;
    II, 8 ; IV, 728
— de La Bruyère.   III, 1105 ;
                           IV, 787
— du R. P. Henri-Domi-
    nique Lacordaire.
                           IV, 800
— de Jules Lacroix. Théâ-
    tre.   IV, 811
— de J. de La Fontaine.
    II, 521, 525, 764; III, 1106;
                    IV, 894, 913, 929
— de A. de Lamartine.
    I, 734 ; IV, 1043,
    1053, 1062, 1065
— de La Rochefoucauld.
    II, 433 ; III, 1107 ; V, 55
— de Jean de la Taille.
                           VII, 896
— de Le Sage. I, 700; VI, 342
— du prince de Ligne. V, 318
— de Locke et Leibnitz.
                           VI, 327
— de A. de Longpérier.
                           V, 382
— de Guillaume de Ma-
    chault (Les).   II, 893
— de Macrobe.   I, 695
— de Xavier de Maistre.
                           I, 740
— de Clément Marot.
                II, 342 ; V, 540
— de Massillon.   V, 588 ;
                           VI, 322
— de Ephraïm Mikhael.
                           I, 741

Œuvres de Millevoye.   V, 862
— de Frédéric Mistral.
                           I, 741
— de Molière (Les). I, 701 ;
    II, 426, 765, 781; III, 1109;
         V, 913, 922, 932, 937
— de Michel de Montai-
    gne.   V, 1080 ; VI, 327
— de M. le comte de Mon-
    talembert.   V, 1088
— de Montesquieu.   II, 527 ;
                           V, 1103
— de Alfred de Musset.
              I, 742 ; V, 1283
— de Charles Nodier. VI, 175
— d'Ovide.   I, 693
— de maistre Bernard Pa-
    lissy (Les).   VI, 315
— du chanoine Loys Pa-
    pon.   VI, 362
— d'Évariste Parny. VI, 418
— de Blaise Pascal. II, 346 ;
                           III, 1110
— de Philippe de Vitry
    (Les).   II, 894
— de Piron.   VI, 686
— de Platon.   VI, 326
— de Prud'hon à l'École
    des Beaux-Arts (Les).
                           III, 506
— de Quintilien.   I, 693
— de F. Rabelais.   I, 656 ;
    II, 541, 667, 751, 767 ;
         VI, 339, 923, 925, 927
— de Jean Racine (Les).
    I, 702 ; II, 428, 435, 783 ;
    III, 1111 ; VI, 333, 936, 940
— de Louis Racine.   VI, 943
— de J.-F. Regnard. I, 703 ;
    II, 428, 783 ; VI, 334
— de Mathurin Regnier.
    I, 485, 629, 703 ; II, 517,
         541 ; VI, 1001, 1002
— du cardinal de Retz.
                           III, 1111
— de Jean-Paul-Frédéric
    Richter.   VI, 1131

TABLE DES OUVRAGES CITÉS

Œuvres de Rigord le breton. IV, 113
— de Rivarol. VI, 1139
— du comte P. L. Rœderer. VI, 1166
— de P. de Ronsard. VI, 712
— de Jean Rotrou. VI, 1200
— de J.-B. Rousseau. II, 343
— de Jean-Jacques Rousseau. II, 541 ; VI, 1213 1214
— de Jean Rus. II, 837
— de C. A. de Sainte-Beuve. I, 745
— de Jacques-Henri-Bernardin de Saint-Pierre. VI, 337 ; VII, 90
— de Salluste. I, 693
— de George Sand. VII, 306
— de Scarron. I, 704
— de Schiller. VII, 422
— de Walter Scott. VII, 445, 451
— de Madame de Souza. VII, 637
— de Spinoza. VII, 638
— de Stace. I, 694
— de Laurence Sterne. I, 706
— de Suétone. I, 694
— de Sully Prudhomme. VII, 711
— de Sulpice Sévère. I, 695
— de Tabarin (Les). I, 673
— de Tacite. I, 694
— de André Theuriet. I, 749 ; VII, 808
— de C. Tillier. VII, 841
— de Léon Valade. I, 749 ; VII, 944
— de Vauvenargues. VII, 981
— de François Villon. II, 519 ; VII, 1095
— de Virgile. I, 694, 707
— de Voiture. Lettres et poésies. VII, 1128
— de Voltaire. Romans. I, 707

Œuvres diverses de Émile Augier. I, 149
— de Fénelon. II, 524
— de Jules Janin. IV, 563
— de Maucroix. V, 602
— de Paul de Molènes. V, 912
— , par Montesquieu. II, 427
— de M. Roger. VI, 1168
— en prose et en vers de Jean Vauquelin, sieur de la Fresnaie. VII, 980

Œuvres dramatiques de N. Destouches. III, 235
— dramatiques de F. Schiller. VII, 420
— en prose de Ph. O'Neddy. VI, 277
— et les hommes (Les). I, 299
— et meslanges poetiques d'Estienne Iodelle (Les). VI, 710
— facetieuses de Noël du Fail. I, 649
— françoises de B. Despériers. I, 649
— françoises de Ioachim du Bellay. VI, 709
— françoises d'Olivier Maillard. I, 502
— historiques de Schiller. VII, 423
— illustrées de Victor Hugo. IV, 387
— illustrées de George Sand. VII, 312

Œuvres inédites d'Eustache Deschamps. II, 893
— de Diderot. III, 255
— de J. de La Fontaine. IV, 933
— de F. de Lamennais. IV, 1098
— de La Rochefoucauld. III, 1116 ; V, 55

Œuvres inédites de G. Legouvé.
V, 177
— de X. de Maistre.
I, 740 ; V, 467
— d'Hégésippe Moreau. II, 488
— de Pierre Motin. II, 11
— de Piron. VI, 686
— de P. de Ronsard.
VII, 889
— de J. J. Rousseau.
VI, 1213, 1219
Œuvres littéraires de Napoléon Bonaparte. VI, 34
— et politiques de Napoléon. VI, 29
— de Granier de Cassagnac. III, 1126
— de Machiavel. V, 441
Œuvres mêlées de Saint-Évremond. VII, 12
— morales de la M^{ise} de Lambert. I, 639
— morales de La Rochefoucauld. II, 531
— morales de Vauvenargues. II, 534
— nouvelles de Desforges Maillard. I, 504
— oratoires de Victor Hugo.
IV, 317
— oratoires de Mirabeau.
V, 872
— pastorales et oratoires de Mgr Perraud. VI, 537
— philosophiques de Descartes. VI, 327
— philosophiques et politiques, par le R. P. Henri-Dominique Lacordaire. IV, 802
— philosophiques, morales et politiques de François Bacon. VI, 326
Œuvres poétiques de Jean Bastier de la Péruse. I, 336
— de Remy Belleau.
VI, 711

Œuvres poétiques de Jacques Béreau. II, 11
— de M. Bertaut (Les).
I, 646
— de N. Boileau. I, 625, 833
— de Pierre de Brach.
I, 919
— de Jules Breton. I, 714
— de Marc-Claude de Buttet (Les). I, 987 ; II, 10
— de André Chénier.
I, 626, 716 ; II, 346
— de Christine de Pisan. I, 60
— de Pierre de Cornu (Les). II, 620
— de Courval Sonnet.
II, 8
— de Marceline Desbordes-Valmore.
I, 724
— de Jean Dorat. VI, 710
— françoises de Nicolas Ellain (Les).
II, 682
— en patois percheron de Pierre Genty (Les). II, 684
— d'Ars. Houssaye.
IV, 192
— de Victor Hugo.
IV, 432
— de Amadis Jamyn.
IV, 516 ; VII, 897
— de Lamartine. IV, 1060
— de Victor de Laprade. I, 737
— de Malherbe. I, 628 ; V, 473
— de François de Maynard. I, 635; II, 651
— de Ph. de Remi. I, 59
— de Pontus de Tyard.
VI, 711
— de J. Racine. II, 521, 533

Œuvres poétiques d'André de
    Rivaudeau. VI, 1139
— de Marie de Romieu. II, 9; VI, 1190
— de J.-B. Rousseau.
    II, 435, 522, 529
— de Joséphin Soulary.
    I, 746 ; VII, 600
— de Vauquelin-des-Yveteaux (Les).
    VII, 981
Œuvres polémiques et diverses [de Montalembert]. V, 1090
— politiques de Machiavel. V, 441
— politiques et littéraires d'Armand Carrel. II, 119
Œuvres posthumes de J. F. Ducis. II, 424; III, 323
— de F. de Lamennais. IV, 1098
— de Alfred de Musset. V, 1267, 1282
— et autographes inédits de Napoléon III. VI, 39
— de P. J. Proudhon.
    VI, 834
— de J.-M. Quérard.
    VI, 897
— de Jacques-Henri-Bernardin de Saint-Pierre. VI, 338
— de Sénecé. I, 659
— de Madame la baronne de Staël-Holstein. VI, 343
— et inédites de Vauvenargues. VII, 982
Œuvres satyriques de P. Corneille Blessebois.
    II, 1023
— scientifiques de Gœthe.
    III, 1020
Offrande (L'). VI, 255
Og. IV, 238 ; VI, 96

Oh! qu'nenni, ou le mirliton fatal. IV, 255
Oies et le chevreuil (Les). VI, 490
Oiseau (L'), par Ph. de Chennevières. II, 363
— , par J. Michelet (L').
    V, 833
Oiseaux bleus, par J. Janin (Les).
    IV, 555
— bleus, par C. Mendès (Les). V, 683
— chanteurs des bois et des plaines (Les). VI, 262
— de passage (Les). VII, 464
Oisivetés du sieur du Puitspelu, lyonnais (Les). VII, 846
Okoma, roman japonais. VII, 743
Olim ou registres des arrêts rendus par la Cour du Roi (Les). II, 566
— , sextines et sonnets. III, 1089
Olivier, par H. de Latouche.
    V, 88 ; VI, 263
— , par J. Sandeau. VII, 347
— , poème par F. Coppée.
    I, 719 ; II, 972
— Basselin et le vau de vire. I, 630
— Cromwell, sa vie privée. II, 271
— de la Marche, historien, poète et diplomate bourguignon. VII, 662
— de Magny à la Sorbonne.
    V, 60
— de Serres, agronome du XVIᵉ siècle. VII, 473
— Maugant. II, 373
Olympe de Clèves. III, 394
Ombrages, contes spiritualistes (Les). III, 293
Ombre de Callot (L'). III, 997
— de Diderot et le bossu du Marais (L'). IV, 513
— de Molière (L'). II, 852
Ombrelle, le gant, le manchon (L'). VII, 923

Ombres chinoises de mon père (Les). III, 613
— *et vieux murs.* VII, 1117
— *sanglantes (Les).* II, 1075
Omega. VII, 1042
Omissions et bévues du livre intitulé La Littérature française contemporaine. VI, 892
Omnibus à 30 centimes (Les). I, 436
— *complet (L').* IV, 556
Ompdrailles le tombeau-des-lutteurs. II, 404
On ne badine pas avec l'amour. V, 1268
Oncle Boni (L'). I, 779
— *et le neveu (L').* V, 1024
— *Million (L').* I, 893
— *Philibert (L').* I, 782
— *Sam, comédie (L').* VII, 376
— *Scipion (L').* VII, 804
Onéirocritie (L'). I, 773
Onyx. II, 1001
Onze jours de siège, comédie. VII, 381
— *maîtresses délaissées (Les).* V, 176
— *mille vierges (Les).* IV, 210
Opale (L'). IV, 689
Opéra (L'). I, 374 ; VI, 390
— *(L'). Eaux-fortes et quatrains.* VI, 278
— *en 1788 (L').* IV, 607
— *-comique pendant la Révolution (L').* VI, 795
— *secret au XVIIIe siècle (L').* IV, 612
Opérettes de G. Nadaud. VI, 10
Opinions de mon ami Jacques (Les). II, 738; VII, 658
— *de M. Jérôme Coignard (Les).* III, 812
Opposition sous les Césars (L'). I, 835
Optique (L'). I, 759
Opulence sordide (L'). III, 585
Opuscules de Gabriel Peignot. VI, 491

Opuscules en vers. VI, 444
— *historiques relatifs à Jeanne Darc.* VII, 890
— *humoristiques de Swift.* VII, 722
— *philosophiques et poétiques du frère Jérôme.* VI, 442
— *(vers et prose) de Pierre Constant.* II, 934
Or considéré dans les fluctuations qu'ont subies les produits des mines (De l'). IV, 761
— *des couchants (L').* VII, 536
— *et l'argent (L').* I, 761
Oraison dominicale. V, 1120
— *funèbre du grand Condé.* I, 873
— *de Molière.* II, 851
— *du chevalier Adrien Peladan.* VI, 508
— *du Docteur Adrien Peladan fils.* VI, 500
Oraisons funèbres de Bossuet. I, 625, 872 ; II, 422, 432, 520, 523, 530, 778
— *de Bossuet, de Fléchier et autres orateurs.* I, 871
— *de... Fléchier.* I, 871 ; II, 432, 520, 524, 531, 780
Orderici Vitalis Augligenæ... historiæ ecclesiasticæ libri tredecim. IV, 111
Ordonnance cabochienne (L'). II, 907
— *faicte pour les funérailles... pour l'enterrement du corps du bon roy Charles huitiesme.* II, 883

Ordonnances contre la peste. I, 549
— faictes et publiées à son de trompe par les carrefours de ceste ville de Paris (Les). II, 573
Orestie (L'). II, 494 ; III, 408
Orfèvrerie depuis les temps les plus reculés jusqu'à nos jours (L'). I, 759
Orfèvres de Paris en 1700 (Les). IV, 102
Organisation des Bibliothèques dans Paris (De l'). IV, 764
Organt, poème en vingt chants. VII, 25
Orient (L'). III, 941
— et Italie. III, 311
— et le moyen âge (L'). IV, 759
Orientales (Les). I, 43, 615, 730 ; II, 731 ; IV, 244, 377, 384, 392, 406, 411, 421, 435
Originaux de la dernière heure (Les). II, 917
— du XVIIᵉ siècle. I, 745 ; V, 1315
— du siècle dernier (Les). V, 1038
— et beaux esprits. VII, 152
— et beaux esprits de l'Angleterre contemporaine. III, 757
Origine de l'imprimerie à Paris. VI, 580
— de la semaine (De l'). VI, 476
— des cartes à jouer (L'). IV, 822
— des grâces, poème (L'). III, 273
— du langage (De l'). VI, 1010
Origines de l'art gothique (Les). II, 1040
— de l'artillerie française. V, 43

Origines de l'imprimerie à Albi en Languedoc. II, 443
— de l'institution des intendants des provinces. IV, 25
— de l'Opéra français (Les). VI, 242
— de la Curée de Barbier (Les). VII, 886
— de la France contemporaine (Les). VII, 733
— de la France depuis les premières migrations jusqu'aux maires du Palais (Les). V, 566
— de la porcelaine en Europe (Les). I, 685
— du droit français. V, 826
— du palais de l'Institut (Les). III, 822
— du théâtre moderne (Les). V, 449
— littéraires de la France. V, 910
Orléanais (L'). Histoire des ducs et du duché d'Orléans. VI, 580
Ornement des noces spirituelles (L'). VII, 963
— polychrôme (L'). VI, 944
Ornementation des reliures modernes (L'). V, 530
Ornements de la femme (Les). VII, 923
— des anciens maîtres du XVᵉ au XVIIIᵉ siècle. III, 506
Ornières de la vie (Les). II, 411
Orphée aux enfers. II, 1068
Orphelinat d'Auteuil et l'abbé Roussel (L'). III, 314
Orphelin et l'usurpateur (L'). III, 833
Orphelines de Valneige (Les). IV, 999
Orphelins d'Amsterdam (Les). III, 550

Ostracisme littéraire (De l').	VII, 1007
Othello, quinze esquisses à l'eau-forte.	VII, 497
Othon l'archer.	III, 350
Otinel, chanson de geste.	VI, 743
Ou la mort ou la liberté!	VII, 748
Oubliés et les dédaignés (Les).	V, 1037
Oublieux (L').	I, 491
Oubreto de Roumanille (Lis),	VI, 1205
Oumâra du Yémen, sa vie et son œuvre.	VI, 867
Ourika.	II, 325 ; III, 535
Ousâma ibn Mounkidh. Un Émir syrien au premier siècle des croisades.	VI, 859
Outamaro.	III, 1068
Outils de l'écrivain (Les).	I, 823
Outre-Mer.	V, 631
Ouvrages historiques de Polybe, Hérodien et Zozime.	VI, 348
— inédits d'Abélard.	II, 548
Ouvrier, drame (L').	VII, 611
— de huit ans (L').	VII, 546
Ouvrière (L').	VII, 546
Ouvriers, drame (Les).	V, 494
Ovide ou le poète en exil.	IV, 549

P

Pacha (Le).	I, 304
— Bonneval (Le).	VII, 954
Pacte de sang (Le).	II, 737
Padoche en Alger.	VI, 302
Page du duc de Savoie (Le).	II, 718 ; III, 403
— Fleur-de-Mai (Le).	II, 737
Pages.	V, 475
Pages choisies de Mérimée,	V, 753
— de Renan.	VI, 1036
— de Sainte-Beuve.	VII, 153
— de George Sand.	VII, 287
Pages d'un album.	IV, 940
— de la vie intime.	VII, 1149
— en prose.	III, 26
— intimes, poésies.	V, 494
— retrouvées [d'Edmond et Jules de Goncourt].	III, 1064
Païda ou la rage en amour.	VI, 733
Païenne (La).	V, 102
Paillasse.	I, 975
Painter Albert Besnard (The).	V, 581
Paix conquise (La).	III, 201
Paix du ménage (La), par H. de Balzac.	I, 196
— du ménage, par G. de Maupassant (La).	V, 624
Palais de Saint-Cloud, résidence impériale.	VII, 8
— de Trianon (Le). Histoire. Description.	V, 255
— du Conseil d'État et la Cour des comptes (Le).	VII, 931
— Mazarin et les grandes habitations de ville et de campagne au dix-septième siècle (Le).	IV, 766
— nationaux (Les).	I, 680
— Pompéien (Le).	III, 930
— Royal (Le).	VI, 391
— -Royal ou les filles en bonne fortune (Le).	VI, 314
Palestine (La).	VII, 982
Palissot et les philosophes.	V, 636
Pallida mors.	III, 1183
Palma ou la nuit du vendredi saint.	III, 670
Paméla Giraud.	I, 221

Paméla, marchande de frivo-
  lités. VII, 383
Pamphlet des pamphlets. II, 1041
Pamphlets anciens et nouveaux.
  II, 1012
Pancharis de Jean Bonnefon
  (La). II, 583
Panégyrique de l'École des
  femmes. II, 853
Panier aux ordures (Le). II, 659
— fleuri. V, 1052
Pantagruéliques (Les). II, 647;
  V, 315
Pantcha-Tantra (Le). VII, 1037
Pantéléïa. V, 677
Panthée (Le). VI, 505
Panthéon (Le). VI, 390
— de la jeunesse. II, 18
— de poche (Le). VII, 1022
— et temple des ora-
  cles (Le). I, 651
— littéraire. VI, 318
— révolutionnaire dé-
  moli (Le). V, 253
Pantomime de l'avocat (La). II, 196
Pantoufle de Cendrillon (La).
  IV, 186
Papa Gobseck (Le). I, 199
Pape (Le). I, 733; IV, 358, 407,
  413, 423
— et le Conclave (Le). V, 594
Papesse, de Casti (La). II, 584
— Jeanne (La). I, 945; II, 627
Papiers d'État du cardinal de
  Granvelle. II, 556
— de Barthélemy ambas-
  sadeur de France en
  Suisse. IV, 500
— de Noailles de la Bi-
  bliothèque du Lou-
  vre (Les). VI, 404
— inédits du duc de Saint-
  Simon. VII, 106
— inédits trouvés chez Ro-
  bespierre, Saint-Just,
  Payan. II, 825
Papillon de Cupido (Le). II, 650
Papillonne, comédie (La). VII, 364

Papillons (Les). V, 479
— (Les). Métamorpho-
  ses terrestres des
  peuples de l'air.
  VI, 246
— noirs du bibliophile
  Jacob (Les). IV, 829
— noirs, sonnets. VII, 594
Papillotes, comédie (Les). VII, 943
— du perruquier d'A-
  gen (Les). VI, 119
— , scènes de tête, de
  cœur et d'épigas-
  tre (Les). IV, 578
Papillôtos (Las). IV, 572
Paquerette, ballet. III, 909
Par devant notaire. II, 405
— droit de conquête. V, 172
— le glaive, drame en vers.
  VI, 1128
— les champs et par les grèves. III, 318, 734
Parade de la dette (La). III, 282
Parades inédites de Collé. II, 617
— de Th. S. Gueul-
  lette. II, 1085
Paradis artificiels (Les). I, 345,
  350, 713
— d'amour (Le). III, 1185;
  VII, 897
— des gens de lettres (Le).
  I, 126
— perdu (Le). V, 870
— , poëme du Dante (Le).
  III, 9
Parallèlement. VII, 994
Parangon des nouvelles hon-
  nestes et délectables (Le). II, 659
Parasite, comédie (Le). VI, 303
Parasites (Les). VI, 303
Paravents et tréteaux. VI, 218
Parc-aux-cerfs du roi Louis XV
  (Le). IV, 804
Parce que de Mademoiselle Su-
  zanne (Les). III, 194
Parcs et boudoirs. VII, 975
Parement et triumphe des Da-
  mes. I, 675

Parémiologie musicale de la langue française. IV, 645
Parens pauvres (Les). I, 227
Parfait potache (Le). VI, 366
— *préfet (Le).* III, 101
Parfum de Rome (Le). VII, 1025
Parfumeur, poème (Le). V, 188 ; VI, 1136
Parfums, chants et couleurs. V, 600
— *de Magdeleine (Les).* V, 15
Paria (Le), tragédie en cinq actes. III, 106
Pariétaires (Les). I, 144
Paris, par G. Claudin. II, 445
— , *par A. Vitu.* VII, 1119
— *à Astrakan (De).* II, 723 ; III, 418
— *à Baden. Voyage d'un étudiant (De).* VII, 659
— *à Calais (De).* III, 379
— *à cheval.* II, 1065
— *à l'eau-forte.* VI, 368
— *-à-l'Exposition.* VI, 368
— *à la loupe.* III, 983
— *à Paris (De).* III, 985
— *à Samarkand (De).* VII, 911
— *à table.* I, 926
— *à travers les âges.* VI, 371
— *à Venise (De).* I, 808
— *à vol d'oiseau.* VI, 376
— *-Actrice.* VI, 367
— *amoureux.* VI, 520
— *anecdote.* VI, 829
— *au bal.* IV, 222
— *au bois.* II, 1066 ; III, 1082
— *au cap Nord (De).* III, 986
— *au XIXe siècle.* VI, 376
— *au hasard.* V, 1113
— *au Tonkin (De).* I, 903
— *au treizième siècle.* VII, 894
— *-Auteuil, revue.* V, 583
— *avant l'histoire.* I, 441
— *aventureux.* VI, 519
— *-Avocat.* VI, 368
— *bienfaisant.* III, 316
— *-Bohême.* VI, 367
— *bombardé.* VII, 597
— *-Boursier.* VI, 366

Paris-Capitale. III, 788
— *capitale du monde.* VII, 779
— *-capitale pendant la Révolution française.* VII, 838
— *chantant.* VI, 378
— *chez soi.* VI, 1238
— *-Comédien.* VI, 366
— *comique.* VI, 379
— *dans l'eau.* I, 925
— *dans sa splendeur.* VI, 381
— *dansant.* V, 1114
— *démoli.* III, 779
— *depuis ses origines jusqu'en l'an 3000.* II, 418
— *dilettante au commencement du siècle.* IV, 615
— , *drame en cinq actes.* V, 791
— *effronté.* VI, 519
— . *Élévation.* VII, 1057
— *en Amérique.* IV, 783
— *en chansons.* VI, 382
— *en 1794 et en 1795.* III, 30
— *-en-omnibus.* VI, 367
— *-en-voyage.* VI, 367
— *et la Province.* V, 1021
— *et le nouveau Louvre.* I, 264
— *et les Parisiens au XIXe siècle.* VI, 385
— *et Rome.* IV, 349
— *et ses environs.* VI, 386
— *et ses environs. Promenades pittoresques.* V, 480
— *et ses historiens aux XIVe et XVe siècles.* IV, 148
— *et ses ruines en mai 1871.* III, 772 ; VI, 382
— *et Versailles il y a cent ans.* IV, 562
— *-Étranger.* VI, 368
— *-Étudiant.* VI, 367
— *-Faublas.* VI, 368
— *-Fumeur.* VI, 368
— *-Gagne-petit.* VI, 367
— *-Grisette.* VI, 367
— *grotesque. Les célébrités de la rue.* VII, 1181
— *Guide.* VI, 388 ; VII, 369

Paris historique.	VI, 390	*Paris qui souffre.*	III, 1165
— *historique. Promenade dans les rues de Paris.*	VI, 126	— *-Rapin.*	VI, 368
		— *-Restaurant.*	VI, 367
— *. Illustrations.*	IV, 689	— *ridicule et burlesque, au dix-septième siècle.*	I, 672
— *inconnu.*	VI, 830	— *-Saltimbanque.*	VI, 367
— *intime.*	VI, 519	— *-secret.*	VI, 704
— *(introduction au livre Paris-Guide).*	IV, 340	— *, ses organes, ses fonctions et sa vie.*	III, 312
— *, journal du siège.*	VI, 916	— *sous Louis XVI.*	V, 501
— *-Journaliste.*	VI, 366	— *sous Philippe le Bel.*	II, 566
— *l'été. Le jardin Mabille.*	VII, 1116	— *tel qu'il est.*	VI, 217
— *-Londres. Keepsake français.*	IV, 690	— *-un-de-plus.*	VI, 368
		— *vécu.*	I, 277
— *-Lorette.*	VI, 366	— *-vivant.*	VI, 395
— *malade, esquisses du jour.*	VI, 1153	— *-Viveur.*	VI, 367
		— *viveur (Le).*	VI, 519
— *-mariage.*	VI, 367	— *, voici Paris.*	III, 542
— *marié.*	I, 225	*Parise la duchesse, chanson de geste.*	VI, 744
— *-Médecin.*	VI, 367	*Parisienne (La).*	VI, 639
— *municipe ou tableau de l'administration de la ville de Paris.*	IV, 756	— *peinte par elle-même (La).*	V, 1113
— *mystérieux.*	VI, 519	*Parisienneries.*	IV, 83
— *nouveau et Paris futur.*	III, 772	*Parisiennes (Les), par A. Grévin et A. Huart.*	IV, 220
— *, ou description de cette ville.*	II, 472	— *, par A. Houssaye. (Les).*	IV, 198
— *ou le livre des Cent-et-un.*	VI, 392 ; VII, 334	— *, chant de la Révolution de 1830 (Les).*	III, 334
— *Pantin. Deuxième série des Pupazzi.*	V, 193	— *d'à présent (Les).*	V, 1113
— *pendant la domination anglaise.*	IV, 138	— *de Paris (Les).*	I, 266
— *pendant la Révolution.*	II, 817	*Parisiens bizarres (Les).*	IV, 85
		— *et provinciaux.*	III, 430
— *pittoresque.*	VI, 393	*Parisine.*	VI, 1195
— *pittoresque, par A. de Champeaux.*	II, 175	*Parlement de Paris, sa compétence (Le).*	IV, 777
— *, poème humouristique.*	VI, 760	*Parnasse contemporain (Le).*	VI, 412
— *-Portière.*	VI, 367	— *des Muses (Le).*	II, 660
— *-Propriétaire.*	VI, 368	— *satyrique XVIIIe siècle.*	II, 660
— *qui consomme.*	III, 1078	— *satyrique du dix-neuvième siècle (Le).*	VI, 413
— *qui crie (1890).*	I, 46		
— *qui s'amuse.*	VII, 1177		
— *qui s'en va.*	VI, 394		

Parnasse satyrique du sieur Théophile (Le).	VI, 415 ; VII, 1030
Parnassiculet contemporain (Le).	VI, 416
Parodie (La).	VI, 418
— *chez les Grecs, chez les Romains et chez les modernes (La).*	III, 118
— *de 93.*	IV, 352
— *des Misérables.*	IV, 332
— *du Juif errant.*	VI, 576
Paroisse du jugement dernier (La).	III, 635
Paroissien du célibataire (Le).	VII, 927
Parole de Blaise Bonnin aux bons citoyens.	VII, 235
Paroles, comédie.	V, 788
— *d'un croyant.*	II, 328 ; IV, 1091, 1096, 1097
— *du vaincu (Les).*	III, 264
— *restent (Les).*	IV, 79
— *sans musique.*	VI, 806
— *sincères (Les).*	I, 719 ; II, 988
Parrain magnifique (Le).	III, 1131
Parricide, poëme (Le).	V, 160
Part de la famille et de l'État dans l'éducation (La).	VI, 1020
— *des peuples sémitiques dans l'histoire de la civilisation (De la).*	VI, 1015
— *du roi (La).*	V, 671
Parterre de Flore.	V, 480
Parthénie.	I, 561
Parthenon (Le).	IV, 767
Parti libéral sous la Restauration (Le).	VII, 839
Particule dite nobiliaire (De la).	VI, 410
Partie carrée.	III, 908
— *de chasse (La).*	VII, 669
— *de dames (La).*	III, 680
— *inédite des Chroniques de Saint-Denis.*	II, 401
Partonopeus de Blois.	II, 470
Parysatis.	III, 266
Pas d'armes de la bergère (Le).	II, 466
— *de chance (Les).*	II, 757
— *de fumée sans un peu de feu.*	V, 1153
— *de lendemain.*	I, 982
Pascal Géfosse.	V, 516
Pasquette (La).	II, 205
Passage de Vénus (Le).	V, 654
Passant (Le).	I, 719 ; II, 968
Passavant de Théodore de Bèze (Le).	II, 582
Passé et présent. Mélanges.	VI, 1008
— , *le présent, l'avenir de la République (Le).*	IV, 994, 996
Passe-temps des mousquetaires (Le).	II, 661
Passevent parisien respondant à Pasquin.	II, 590
Passion d'un auteur (La).	V, 742 ; VI, 429
— *illustrée sinon illustre de N.-S. Gambetta.*	VI, 6
— , *mystère (La).*	IV, 29
Passions dans le monde (Les).	III, 765
Pastels.	I, 906
Pasteur d'Ashbourn (Le).	III, 398
Pastiches critiques des poètes contemporains.	V, 191
Pastorales de Longus ou Daphnis et Chloé (Les).	I, 681 ; II, 748, 904 ; V, 387, 388, 389, 392
Patara et Bredindin.	V, 211 ; VI, 626
Paté et la tarte, farce du XVe siècle (Le).	VI, 430
Patelin (Maistre Pierre).	VI, 431
Patenôtres d'un surnuméraire (Les).	II, 867 ; III, 102
Pater, drame (Le).	II, 987
Patrie (La). A nos fils.	V, 20
— *avant tout (La).*	VI, 232
— *! drame historique.*	VII, 371

Patrie, drame de Victorien Sardou. Édition fantaisiste. VII, 372
— *en danger, par A. Lemoyne (La).* V, 200
— *en danger, par E. et J. de Goncourt (La).* III, 1055, 1061
— *en deuil (La).* V, 200
—, *opéra.* VII, 372
Patriote Palloy et l'exploitation de la Bastille (Le). III, 777
Patrologie latine et greco-latine. II, 838
Patrouille grise (La). VI, 919
Pattes de mouche, comédie (Les). VII, 362
Pauca paucis. VII, 846
Paul Baudry, sa vie et son œuvre. III, 580
— *Briolat.* V, 765
— *de Saint-Victor.* III, 162
— *et son chien.* II, 732
— *et Virginie.* I, 606, 683, 704, 751 ; II, 495, 696, 753, 792 ; VI, 1183 ; VII, 35
— *et Virginie dans une mansarde.* VII, 79
— *Féval, souvenirs d'un ami.* I, 959
— *Forestier.* I, 146
— *Huet, notice biographique et critique.* I, 982
— *Jones, drame.* III, 347
— *Lacroix bibliophile Jacob.* IV, 862
— *-Louis Courier, écrivain.* VII, 356
— *Rouillon. A propos d'une faïence républicaine à la date de 1868.* VI, 798
— *Verlaine.* V, 1148
— *Véronèse.* II, 484
Paula Monti ou l'Hôtel Lambert. VII, 685
Paule Méré. II, 369
Paulin Paris et la littérature française au moyen âge. VI, 399

Paulinade (La). VI, 434
Pauline.. VII, 215, 305, 310, 312
— *Foucault.* II, 741
Pauvre fille, roman fataliste. V, 161
— *Mathieu.* II, 711
— *Pierrot.* VII, 1167
— *Trompette.* II, 177
Pauvres saltimbanques (Les). I, 259
Pavane d'après l'orchesographie de Thoinot Arbeau (La). VI, 434
Pavé (Le). VI, 1118
—, *comédie (Le).* VII, 268
— *de Paris (Le).* VII, 1021
Payens innocents (Les). I, 165
Pays-Bas, impressions de voyage (Les). V, 1091
— *des fourrures (Le).* VII, 1012
— *des roses, poésies nouvelles (Le).* VII, 513
— *du soleil de minuit (Le).* III, 321
— *latin (Le).* V, 1197
Paysage. VII, 593
Paysages d'Auvergne. VI, 206
— *de Chateaubriand (Les).* V, 23
— *de mer et fleurs des prés.* I, 739 ; V, 203
Paysagiste aux champs (Le). IV, 71
Paysans (Les). I, 235
— *de l'Argonne (Les).* VII, 786
Peau de chagrin (La). I, 184, 204
— *de tigre (La).* III, 912
Pêche et les poissons (La). IV, 739
Péché caché ou A quelque chose malheur est bon. V, 639
— *d'Eve (Le).* II, 948 ; VII, 512
— *de Madeleine (Le).* II, 118
— *de Monsieur Antoine (Le).* VII, 230, 312
— *mortel.* VII, 795
Péchés capitaux, sonnets (Les). VI, 754
— *de jeunesse..* III, 449
— *de vieillesse.* VI, 780
— *mortels.* II, 861

TABLE DES OUVRAGES CITÉS

Péchés véniels. V, 857
Pêcheur d'Islande. V, 404
Pedro de Zalamea, opéra. VII, 517
Peine de mort jugée par Victor Hugo et Lamartine (La). IV, 305
— *(La). Procès de l'Événement.* IV, 308
Peines de cœur. II, 949
— *de cœur d'une chatte anglaise (Les).* I, 233
Peintre de Saltzbourg (Le). VI, 88, 174, 176
— *des coulisses, salons, mansardes, boudoirs... (Le).* II, 1076
— *Émile Garbet (Le).* I, 917
— *-graveur (Le).* VI, 427
— *-graveur français (Le).* VI, 1144
— *Louis David (Le).* III, 77
— *ordinaire de Gaspard Deburau (Le).* II, 211
Peintres de l'ancienne école hollandaise (Les). Gérard de Saint-Jean de Harlem et le tableau de la résurrection de Lazare. VI, 1064
— *de Laon et de Saint-Quentin (Les).* II, 185
— *de la vie (Les).* V, 196
— *des fêtes galantes (Les).* I, 807
— *du cabaret (Les).* IV, 184
— *et bourgeois.* V, 1015
— *et sculpteurs contemporains.* II, 415
— *et statuaires romantiques.* II, 381
— *européens en Chine (Les).* III, 685
— *militaires (Les).* V, 1117
— *modernes.* V, 1117
— *vivants (Les).* III, 914 ; IV, 189
Peints par eux-mêmes. IV, 79

Peinture (La). I, 680
— *à l'Exposition de 1855 (La).* III, 1030, 1068
— *à l'Exposition universelle (La).* V, 86
— *anglaise (La).* I, 662
— *antique (La).* I, 663
— *espagnole (La).* I, 664
— *et des peintres des duchés italiens du XIII⁰ au XVII⁰ siècle (De la).* IV, 933
— *et la sculpture au Salon de 1831 (La).* IV, 936
— *flamande (La).* I, 665
— *française à l'Exposition universelle (1789-1889) (La).* IV, 876
— *française au XIX⁰ siècle (La).* II, 380
— *française et les chefs d'école du XIX⁰ siècle (La).* V, 67
— *italienne (La).* I, 663 ; IV, 874
Peintures de Jean Mosnier de Blois (Les). V, 1066
— *des manuscrits de Virgile (Les).* VI, 203
— *décoratives de Paul Baudry.* I, 423
Pèlerin passant, monologue seul (Le). VI, 979
— *passionné (Le).* V, 1131
Pèlerinage. V, 30
— *(Le).* III, 584
— *de Hadji-Abd-el-Hamid-Bey.* III, 409
— *de mariage, farce (Le).* VI, 972
Pèlerinages de Suisse (Les). IV, 666
Pelléas et Mélisande. V, 448
Pendant l'exil. IV, 348, 404, 430
— *l'invasion, poëmes.* VII, 598
— *la guerre. Poèmes.* V, 28
— *la guerre, poésies.* V, 495

Pendant le bal.	VI, 307
Pénélope normande (La).	IV, 641
Péninsule (La). Tableau pittoresque de l'Espagne et du Portugal.	VI, 120
Pénitent (Le).	II, 123
Pénitente (La).	V, 648
Pensées d'août.	I, 745 ; VII, 123
— *d'automne.*	II, 867
— *d'un emballeur.*	II, 922
— *d'un gamin de Paris.*	III, 1092
— *d'un sceptique.*	II, 867
— *d'une reine (Les).*	II, 502
— *de Blaise Pascal.*	II, 428, 434, 519, 521, 528, 767, 783 ; VI, 422, 424
— *, fragments et lettres de Blaise Pascal.*	VI, 423 ; VII, 133
— *de Jean-Paul.*	VI, 1131
— *de l'Empereur Marc-Aurèle.*	II, 869
— *de la solitude.*	II, 502
— *de Platon sur la religion.*	II, 870
— *de Shakespeare.*	VII, 489
— *de tout le monde (Les).*	II, 394
— *détachées.*	I, 308
— *du cardinal de Retz.*	I, 621
— *, impressions, opinions et souvenirs d'un campagnard.*	III, 1184
— *, maximes et correspondance de J. Joubert.*	IV, 585
— *morales de Confucius.*	II, 870
— *, opuscules et lettres de Blaise Pascal.*	II, 533
— *, par le président Benoît-Champy.*	I, 391
— *tristes (Les).*	VI, 1059
Pensez à moi ou le charme des Souvenirs.	IV, 693
Pensionnaires du Louvre (Les).	V, 235
Pentecôte.	I, 359
Per nozze.	VI, 526
Perce-neige, choix de morceaux de poésie moderne (La).	VI, 122
Père de la Chaize, confesseur de Louis XIV (Le).	II, 230
— *Duchesne d'Hébert (Le).*	I, 939
— *Gigogne, contes (Le).*	III, 424
— *Goriot (Le).*	I, 199 ; II, 347
— *Lachaise (Le).*	VI, 390
— *Lacordaire (Le).*	V, 1088
— *la Ruine (Le).*	II, 724 ; III, 424
Pères et enfants.	V, 749 ; VII, 875
Péri, ballet fantastique (La).	III, 897
Périchole, comédie (La).	V, 704
— *, opéra-bouffe (La).*	V, 648
Péril en la demeure.	III, 672
Périnet Leclerc.	I, 67
Périnette.	II, 40
Perle de l'île d'Ischia (La).	VI, 249
— *noire (La).*	VII, 365
— *ou les femmes littéraires (La).*	IV, 693
Perles du salon (Les).	IV, 694
— *, pièces d'écrin artistique et littéraire (Les).*	IV, 694
Pernette.	I, 738 ; V, 26
Perrinaïc. Une compagne de Jeanne d'Arc.	VI, 875
Perron de Tortoni (Le).	V, 141
Perroquet de Walter Scott (Le).	VI, 653
Perruque et noblesse.	I, 850
Perse, la Chaldée et la Susiane (La).	III, 265
Persilès et Sigismonde.	II, 154
Personnages célèbres dans les rues de Paris.	III, 1082
— *énigmatiques, histoires mystérieuses.*	I, 960
Personnalités.	VI, 567

Personnel municipal de Paris pendant la Révolution (Le).
   II, 577
Pervenche, livre des salons (La).
   IV, 695
Pervenches.   IV, 810
Pès de Puyane, maire de Bayonne.
   III, 1000
Petit Bob.   III, 1185
— *bonhomme* (Le).   I, 778
— *Bottin des lettres et des arts.*   VI, 558
— *Brantome de poche* (Le).
   VII, 1088
— *bréviaire du parisien.* III, 19
— *Bulletin du Bibliothécaire.*
   V, 44
— *cabinet de Priape* (Le). II, 661
— *caporal des zouaves* (Le).
   III, 145
— *carême de Massillon.* II, 426, 434, 521, 526, 532, 781 ; V, 586
— *chien de la Marquise* (Le).
   III, 943
— *Chose* (Le). I, 722 ; III, 36
— *colporteur* (Le).   I, 778
— *comte* (Le).   I, 779
— *dictionnaire critique... des enseignes de Paris.*   I, 179
— *de cuisine.*   III, 433
— *des locutions vicieuses.*   VI, 449
— *Duc* (Le).   V, 656
— *épicier* (Le).   II, 984
— *hôtel* (Le).   V, 657
— *livre des souvenirs* (Le).
   II, 915
— *manuel d'art à l'usage des ignorants.*   III, 281
— *monde* (Le). *Enfantillage et poésie.*   V, 508
— *neveu de Grécourt* (Le).
   II, 578
— *Paris* (Le).   V, 1057
— *Poucet, conte* (Le). VI, 548

Petit Poucet et la grande Ourse (Le).   VI, 399
— *Roi* (Le).   I, 818
— *Salon* (Le).   V, 693
— *tailleur Bouton* (Le). VI, 233
— *théâtre* (Le).   V, 516
— *théâtre de famille.* VI, 233
— *traité de poésie française.*
   I, 272, 710
— *Trianon, histoire et description* (Le).   III, 213
Petite bibliographie biographico-romancière.   VI, 671
Petite bibliothèque artistique. I, 587
—   *Charpentier.*   I, 611
—   *choisie et classée méthodiquement.*
   VI, 444
—   *d'art et d'archéologie.*   I, 765
—   *de luxe des romans célèbres.*   I, 751
—   *de poche.* I, 773, 774
—   *littéraire.*   I, 695
Petite collection elzévirienne.
   II, 581
— *collection gourmande.* II, 684
— *comédie de la critique littéraire ou Molière selon les trois écoles philosophiques.* VII, 660
— *Comtesse* (La). III, 673
— *critique.*   IV, 565
— *encyclopédie des proverbes français.* III, 503
— *Fadette* (La). VII, 238, 312, 314
— *fée du village* (La). VII, 340, 352
— *fille aux grands-mères* (La).   I, 781
— *Lazare* (La).   IV, 17
— *mademoiselle* (La). V, 657
— *maison* (La).   II, 336
— *maîtresse de maison* (La).
   I, 778
— *marquise* (La).   V, 653
— *mère* (La). III, 635 ; V, 657

Petite Némésis.	V, 857
— patrie (La).	V, 32
— pluie...	VI, 306
— princesse Ilsée (La).	VI, 561
— Revue (La).	VI, 1079
— Roque (La).	V, 616
— Rose.	I, 777
— Rose (La).	II, 205
— sœur (La).	V, 482
— varlope en vers burlesques (La).	II, 661
— vénerie ou la chasse au chien courant (La).	IV, 170
Petites âmes.	VI, 804
— Cardinal (Les).	IV, 6
Petites comédies de l'amour (Les).	V, 129
— du vice (Les).	II, 520
— rares et curieuses du XVIIe siècle.	III, 775
Petites fées en l'air (Les).	V, 685
— femmes (Les).	VI, 957
— fêtes.	V, 114
— filles modèles (Les).	I, 782
— gens (Les).	II, 735; V, 1015
— Heures.	VI, 561
— misères de la vie conjugale.	I, 223
— misères de la vie humaine.	III, 756
— notes sur l'art italien.	VI, 206
— orientales.	V, 182
— tribulations de la vie humaine.	V, 571
Pétition pour les villageois que l'on empêche de danser.	II, 1041
Petits bonheurs (Les).	IV, 549
— Bordeaux (Les).	V, 1035
— Bourgeois (Les).	I, 235
— cahiers de Léon Cladel.	II, 408, 755, 855
— chateaux de Bohême.	II, 546 ; VI, 58
— chefs-d'œuvre (Les).	II, 322
— classiques (Les).	II, 420
— contes.	IV, 565

Petits contes en prose.	V, 1142
— conteurs du XVIIIe siècle.	II, 953
— côtés de l'histoire (Les).	IV, 486
— croquis.	II, 230
— drames de la vertu (Les).	II, 320
— étés de la cinquantaine.	VII, 901
— -fils de Lovelace (Les).	I, 12
— français (Les).	VI, 562
— hommes (Les).	VI, 957
— mélanges.	IV, 565
— mémoires de l'Opéra.	I, 830
— mémoires de Paris (Les).	V, 577
— mémoires littéraires.	V, 1060
— montagnards (Les).	I, 776
— musées d'art scolaire (Les).	V, 492
— mystères de l'hôtel des ventes (Les).	VI, 1159
— mystères de l'Opéra (Les).	VII, 462
— -neveux de Gulliver (Les).	I, 880
— Paris (Les).	VI, 366
— poëmes.	III, 1129
Petits poèmes en prose.	I, 713
— grecs (Les).	VI, 330
— parisiens.	VII, 942
— russes mis en vers français.	V, 687
Petits poètes du XVIIIe siècle.	VI, 747
— poètes français.	VI, 331
— proverbes dramatiques à l'usage des jeunes gens.	II, 395
— Robinsons des caves (Les).	III, 38
— romans.	IV, 565
— romans d'hier et d'aujourd'hui.	IV, 559
— Romantiques (Les).	VI, 1068
— souvenirs.	IV, 566

Tome VIII   16

Petits tableaux de mœurs ou macédoine critique et littéraire. IV, 715
— *traités de M. Fessard (Les).* II, 365
Pétrarque et l'humanisme. VI, 210
— . *Étude d'après de nouveaux documents.* V, 800
Petrus Borel le lycanthrope. I, 762
Peuple (Le). V, 827
— , *ode (Le).* VI, 53
Peuples et voyageurs contemporains. II, 620
Peur de la mort (La). VI, 72
— *(souvenirs d'enfance) (La).* VII, 855
Peveril du Pic. VII, 447, 453, 456
Pharsale (La). I, 693
Phédon (Le). II, 870
Phidias. II, 476
Philandre, poème pastoral (Le). II, 652
Philibert de l'Orme. II, 483
Philiberte. I, 143
Philippe et Jean-Baptiste de Champaigne. II, 478
Philippine de Porcellet, auteur présumé de la vie de sainte Douceline. VI, 1030
Philippiques de Lagrange-Chancel (Les). IV, 936
Philobiblion. VII, 891
Philobiblon Society-Bibliographical and historical miscellanies. VI, 582
Philoméla. V, 670, 677
Philomèle, poème latin (La). VI, 163
Philosophe sans le savoir (Le). II, 332
Philosophes et comédiennes. IV, 185
— *et les écrivains religieux.* I, 299, 301
— *français du XIXe siècle (Les).* VII, 728
Philosophia peripatetica apud Syros (De). VI, 1011

Philosophie dans le boudoir (La). VII, 3
— *de l'ameublement.* I, 340 ; VI, 734
— *de l'art.* VII, 730
— *de l'art dans les Pays-Bas.* VII, 732
— *de l'art en Grèce.* VII, 732
— *de l'art en Italie.* VII, 730
— *de poche.* II, 741
— *du Salon de 1857.* II, 124
Phædri Augusti Liberti fabularum Æsopiarum libri quinque. VI, 572
Phœnix ille. I, 498
Photochromie (La). VII, 109
Photographe (Le). V, 644
Photographie au Palais des Beaux-Arts (La). I, 980
Photoscuplture. III, 928
Phrases courtes (Les). II, 394
Phrénologie (La). I, 957
Physiognomonie (De la). III, 121
— *ou l'art de connaître les hommes (La).* V, 112
Physiologie complète du Rébus. VI, 614
Physiologie de l'amant de cœur. VI, 588
— *de l'amour moderne.* I, 907 ; VI, 628
— *de l'anglais à Paris.* VI, 688
— *de l'antiquaire.* VI, 628
— *de l'argent.* VI, 588
— *de l'Assemblée nationale.* VI, 587
— *de l'écolier.* VI, 598
— *de l'électeur.* VI, 598
— *de l'employé.* I, 215 ; VI, 598
— *de l'employé de l'enregistrement.* VI, 598

Physiologie de l'enfant gâté.
VI, 599
— *de l'épicier.* VI, 599
— *de l'esprit.* VI, 630
— *de l'étranger.* VI, 599
— *de l'étudiant.* VI, 599
— *de l'étudiant belge.*
VI, 625
— *de l'homme à bonnes fortunes.* VI, 604
— *de l'homme de loi.*
VI, 605
— *de l'homme marié.*
VI, 605
— *de l'Hôpital de...*
VI, 631
— *de l'Imprimerie.*
VI, 605
— *de l'imprimeur.* VI, 605
— *de l'industrie française.* VI, 631
— *de l'invasion prus-*
VI, 636
— *de l'omnibus.* VI, 609
— *de l'Opéra, du carnaval, du cancan et de la cachucha.*
VI, 609
— *de l'opinion.* VI, 632
— *de l'usurier.* VI, 619
— *de la bergère.* VI, 622
— *de la chanson.* VI, 593
— *de la Chaumière.*
VI, 594
— *de la Danse.* VI, 596
— *de la ducasse dans les communes rurales de l'arrondissement d'Avesnes.* VI, 624
— *de la femme* VI, 600
— *de la femme entretenue.* VI, 600
— *de la femme honnête.* VI, 600
— *de la femme la plus malheureuse du monde.* VI, 601

Physiologie de la fille sans nom.
VI, 601
— *de la Foire Saint-Romain.* VI, 625
— *de la Galerie Vivienne.* VI, 603
— *de la grisette.* VI, 604
— *de la lorette.* I, 33 ;
VI, 607
— *de la marraine.* VI, 608
— *de la Parisienne.*
VI, 610
— *de la pensée.* V, 180
— *de la poire.* I, 390 ;
VI, 570
— *de la polka.* VI, 611
— *de la portière.* VI, 612
— *de la poupée.* VI, 633
— *de la première nuit des noces.* VI, 612
— *de la Presse.* VI, 613
— *de la toilette.* VI, 618
— *de la vertu.* VI, 635
— *de la vie conjugale.*
VI, 619
— *de quelques employés de chemins de fer.* VI, 630
— *des amoureux.* VI, 588
— *des bals de Paris — et de ses environs.* VI, 589
— *des barrières et des musiciens de Paris.* VI, 590
— *des Cafés de Paris.*
VI, 592
— *des Casinos, du Théâtre-Lyrique et de leurs habitués.*
VI, 623
— *des Champs-Élysées.*
VI, 593
— *des chemins de fer.*
VI, 629
— *des défenseurs de la Patrie.* VI, 636

Physiologie des demoiselles de magasin. VI, 596
— *des diligences et des grandes routes.* VI, 597
— *des écrivains et des artistes.* III, 207
— *des employés de ministère.* VI, 599
— *des enfants.* VI, 630
— *des étudiants.* VI, 600
— *des foyers de tous les théâtres de Paris.* VI, 602
— *des gens qui marient les autres (La).* VI, 630
— *des nègres dans leur pays.* VI, 627
— *des noms propres.* VI, 631
— *des odeurs.* VI, 632
— *des Physiologies.* VI, 611
— *des quartiers de Paris.* VI, 614
— *des rats d'église.* VI, 614
— *des rues de Paris.* VI, 616
— *des saltimbanques et du peuple.* VI, 616
— *des vieux garçons périgourdins.* VI, 627
— *des villes d'eaux.* VI, 627
— *des voyageurs du commerce.* VI, 636
— *du bal Mabille.* VI, 589
— *du barbier-coiffeur-perruqier* (sic). VI, 622
— *du Bas bleu.* VI, 590
— *du billard (La).* VI, 628
— *du billet doux.* VI, 628
— *du blagueur.* VI, 590
— *du Bois de Boulogne.* VI, 590

Physiologie du bonbon. I, 78 VI, 590
— *du bon vivant.* VI, 591
— *du boudoir et des femmes de Paris.* VI, 591
— *du Bourbonnais.* VI, 622
— *du bourgeois.* VI, 591
— *du buveur.* VI, 592
— *du cabaret.* VI, 629
— *du cabotin.* VI, 636
— *du calembourg.* VI, 592
— *du carnaval.* VI, 593
— *du célibataire et de la vieille fille.* VI, 593
— *du chant.* VI, 593
— *du chapeau de soie et du chapeau de feutre.* VI, 594
— *du chasseur.* VI, 594
— *du chicard.* VI, 594
— *du cocu.* VI, 595
— *du coiffeur.* V, 192; VI, 595
— *du commerce des arts.* VI, 629
— *du conscrit.* VI, 623
— *du Conseil de révision.* VI, 623
— *du conseiller municipal.* VI, 623
— *du contribuable récalcitrant.* VI, 623
— *du cornard.* VI, 636
— *du correcteur d'imprimerie.* VI, 595
— *du corset.* VI, 623
— *du courtier d'assurances lyonnais.* VI, 624
— *du créancier et du débiteur.* I, 33; VI, 595
— *du curé de campagne.* VI, 624
— *du curieux.* I, 846

Physiologie du débardeur. I, 34 ;
VI, 596
— *du député.* I, 431 ;
VI, 596
— *du diable.* VI, 597
— *du douanier dans les marais-salants de l'ouest.* VI, 624
— *du duel.* VI, 629
— *du flâneur.* VI, 601
— *du franc-maçon.* VI, 602
— *du fumeur (La).* I, 977 ; VI, 602
— *du fumeur et du priseur.* VI, 602
— *du gamin de Paris.* I, 903 ; VI, 603
— *du gant.* VI, 603
— *du garde national.* VI, 603
— *du général en chef.* VI, 630
— *du goût.* I, 589, 926
— *du grand-papa et de la grand'maman.* VI, 604
— *du jardin des plantes.* VI, 606
— *du jardin des Tuileries.* VI, 619
— *du Jésuite.* VI, 606
— *du jour de l'an.* VI, 606
— *du journaliste de province.* VI, 625
— *du Lectourois et de la Lectouroise.* VI, 625
— *du lion.* VI, 607
— *du Macaire des Macaires.* VI, 607
— *du maitre de pension.* VI, 607
— *du malade.* VI, 608
— *du maquillage.* VI, 636
— *du marchand de contremarques.* VI, 625
— *du mariage.* I, 181, 224

Physiologie du marin. VI, 625
— *du matelot.* VI, 626
— *du mazet.* VI, 626
— *du médecin.* VI, 608
— *du Moulinois.* VI, 627
— *du musicien.* VI, 608
— *du notaire.* VI, 632
— *du Palais-Royal.* VI, 609
— *du parapluie.* VI, 609
— *du Parisien en province.* VI, 610
— *du parrain.* VI, 610
— *du parterre.* VI, 610
— *du patineur.* VI, 632
— *du pâtissier.* VI, 632
— *du pêcheur à la ligne.* VI, 637
— *du pif (La).* VI, 637
— *du pochard.* VI, 611
— *du poëte.* VI, 611
— *du prédestiné.* VI, 612
— *du prêtre.* VI, 613
— *du protecteur.* VI, 613
— *du provincial à Paris.* VI, 613
— *du réactionnaire.* VI, 637
— *du recensement.* VI, 615
— *du rentier de Paris.* I, 216 ; VI, 615
— *du ridicule.* III, 957
— *du Robert Macaire.* VI, 615
— *du séducteur.* VI, 616
— *du sentiment.* VI, 633
— *du soleil.* VI, 617
— *du suicide (La).* VI, 634
— *du surnuméraire et du receveur de l'enregistrement.* VI, 634
— *du tabac.* VI, 635
— *du tailleur.* VI, 617
— *du théâtre.* I, 139 ; VI, 617

Physiologie du théâtre à Paris et en province. VI, 618
— *du troupier.* VI, 618
— *du vieux garçon.* VI, 620
— *du vin de Champagne.* VI, 620
— *du viveur.* VI, 620
— *du vol au XIX⁰ siècle.* VI, 635
— *du voyageur.* I, 33; VI, 621
— *et hygiène de la barbe et des moustaches.* VI, 628
— *historique, politique et descriptive du château des Tuileries.* VI, 618
— *historique, politique et descriptive du palais et du jardin du Luxembourg.* VI, 607
— *inodore.* VI, 606
— *populaire de l'aristo.* VI, 636

Physiologies. VI, 587
— *méridionales. L'Académicien des jeux floraux.* VI, 622
— *parisiennes.* V, 858
— *parisiennes (Les).* VI, 621

Physionomie comparée. Traité de l'expression dans l'homme. V, 1167

Physionomies contemporaines. II, 711
— *de danseurs. I. La Closerie des Lilas.* VI, 830
— *parisiennes.* VI, 637
— *parisiennes. Le journal et les journalistes.* VII, 780

Physionomies parisiennes. Restaurateurs et restaurés. II, 320

Pianto (Il). I, 312

Pic aux regrets, conte roumain (Le). III, 568

Piccinino (Le). VII, 231, 313

Picciola. VII, 172

Piccolino, comédie. VII, 363
— , *opéra-comique.* VII, 363
— , *opéra.* VII, 364

Pièce de pièces, temps perdu. III, 760

Pièces de Molière (Les). V, 954
— *désopilantes recueillies pour l'esbatement de quelques Pantagruélistes.* II, 662
— *et documents relatifs au siège de la ville de Péronne en 1536.* II, 883
— *inédites concernant le Poitou et les Poitevins.* I, 498
— *rares et curieuses relatives à l'histoire du Dauphiné.* I, 517
— *sur la Ligue en Normandie.* I, 571
— *sur la querelle du Cid.* I, 563

Piécettes. I, 935

Piero Vettori et Carlo Sigonio. VI, 207

Pierre. V, 699
— *Arétin. Notice sur sa fortune (De).* VI, 485
— *de touche (La).* I, 143
— *du Bois, légiste.* VI, 1021
— *& Jean.* V, 618
— *Gringoire, vers.* III, 104
— *Gringore et les comédiens italiens.* VI, 656
— *l'irrésolu.* I, 440
— *Patient.* II, 406
— *-Paul Rubens. Sa vie et ses œuvres.* VI, 1234

Pierre Puget, peintre, sculpteur, architecte. IV, 936
— qui roule. VII, 276
— Schlémihl ou l'homme qui a perdu son ombre. II, 174, 691
— Trichet. Un bibliophile bordelais au XVIIe siècle. III, 239
Pierres, esquisses minéralogiques (Les). VII, 558
Pierrette. I, 215
Pierrille, histoire de village. II, 411
Pierrot. I, 778
— (Le). VI, 664
— assassin de sa femme. V, 515
— divin. V, 446
— en prison. V, 249
— et Caïn. VI, 1141
— héritier. I, 81
— magnétiseur. V, 552
— ministre. VI, 1
— posthume. III, 905
— sceptique. IV, 66
— suppôt du diable. VI, 829
— valet de la mort. II, 176
Pierrots (Les). V, 661
Pieuses recreations du R. P. Angelin Gazet (Les). II, 635
Pigeons de Saint-Marc (Les). VI, 233
Pignerol, histoire du temps de Louis XIV. IV, 822
Pilote, opéra (Le). VII, 535
Pilotes de l'Iroise (Les). II, 1002
Pinceau (Les). I, 533
Pintor de Salsburgo (El). VI, 88
Pionniers (Les). II, 965
Pipe cassée (La). II, 1080; VII, 940
Pipeaux (Les). VI, 1198
Piquillo, opéra-comique. III, 345
Pirate (La). VII, 447, 452, 456
Piron. Complément de ses œuvres inédites. VI, 687
Pirouettes. II, 1000
Pistola que fo tramesa au Gaston Paris (La). V, 797 ; VI, 532

Pitchoun ! II, 503
Pitié, poëme (La). III, 123
— sous la Terreur (La). VII, 886
— suprême (La). I, 733; IV, 359, 407, 413, 423
P.-J. Proudhon et l'écuyère de l'Hippodrome. III, 278
— , sa vie et sa correspondance. VII, 147
Plages de la France (Les). I, 759
Plagiats Reiffenbergiens (Les). VI, 893
Plaidoyer de Me Chaix d'Est-Ange pour M. le ministre du commerce. IV, 275
— de Mr Freydier, avocat à Nismes, contre l'introduction de cadenas ou ceintures de chasteté. II, 634
Plaintes de la Bibliothèque nationale au peuple français. VI, 680
— et révélations nouvelles adressées par les filles de joie de Paris à la Congrégation. VI, 698
Plaisantes idées du sieur Mistanguet (Les). II, 653
— journées du sieur Favoral (Les). II, 632
— recherches d'un homme grave sur un farceur. V, 124
Plaisir des champs (Le). I, 651 ; III, 876
— et l'amour (Le). V, 1046
Plaisirs de l'Isle enchantée (Les). V, 952
— de Paris (Les). III, 160
— du poète (Les). V, 864
— rustiques. VII, 543

Plan d'éducation pour les enfans pauvres. IV, 748
— *d'une bibliothèque universelle.* VI, 320
— *de Paris, de Jacques Gomboust.* I, 525
— *de Paris sous le règne de Henri II.* IV, 138
Plans de restitution. Paris en 1380. IV, 148
Plant et pourtrait de la ville, cité et université de Paris. II, 473
Plantes étudiées au microscope (Les). I, 758
Plaque de cheminée (La). I, 858
Plaquettes gontaudaises. VI, 702
Plat de Carnaval (Le). I, 858
Plâtres. Caricatures et bustes sérieux. IV, 221
Plays of Clara Gazul (The). V, 702
Pléiade (La). Ballades, fabliaux, nouvelles et légendes. VI, 704
— *françoise (La).* VI, 709, 713
— *(La). Légendes, poèmes, nouvelles, fabliaux.* VI, 709
Pleurs, poésies nouvelles (Les). III, 197
Plik et Plok. VII, 671
Pline le jeune et Quintilien. IV, 542
Plume et pinceau. VII, 901
Plumeurs d'oiseaux (Les). VI, 216
Pluralité des mondes (La). I, 612
Plus ancienne gravure du cabinet des estampes de la Bibliothèque royale est-elle ancienne (La). IV, 762
— *anciens monuments de la langue française (Les).* I, 58
— *belles églises du monde (Les).* I, 901
— *de bourreau.* IV, 305
— *de sang.* I, 718 ; II, 969
— *jolies chansons du pays de France (Les).* VI, 716
— *jolis tableaux de Téniers (Les).* II, 166

Plus tard. I, 777
Plutarque français (Le). VI, 717
Pochards et pochades. VII, 1176
Poches de mon oncle (Les). I, 780
Poème de la mort (Le). VI, 1176
— *de Lucrèce (Le).* V, 545
— *de Myrza (Le).* VII, 313
— *des beaux jours (Le).* I, 156
— *des heures (Le).* I, 986
— *inédit de Iehan Marot.* V, 541
Poèmes à tous crins (Les). V, 545
— *anciens et romanesques.* VI, 1000
— *antiques.* I, 738 ; V, 141
— *antiques et modernes.* VII, 1051, 1069
— *barbares.* I, 738 ; V, 144
— *bourguignons.* VI, 685
— *bretons du moyen âge.* VI, 739
— *civiques.* I, 737 ; V, 29
— *d'amour.* III, 1102
— *d'amour sur les tableaux vivants de Cyprien Godebski.* VII, 536
— *d'Auvergne.* V, 505
— *d'Edgar Poe (Les).* VI, 738
— *de Bourgogne.* VI, 430
— *de Jules Breton, étude (Les).* III, 807
— *de Fortunat.* I, 695
— *de Gresset.* III, 1134
— *de l'amour (Les).* VI, 1058
— *de l'amour et de la mer (Les).* I, 881
— *de l'Annam (Les). Kim Vân Kiêu tân truyên.* VI, 859
— *de l'Annam (Les). Luc Vân Tiên Ca Diêm.* VI, 855
— *de la guerre.* I, 423
— *de la libellule.* III, 880
— *de la nuit (Les).* V, 866
— *de la Révolution.* III, 211
— *de Louis Ménard.* V, 666

Poèmes de Paris.	V, 694
— de Paulin de Périgueux.	I, 695
— des bardes bretons du VIe siècle.	VI, 739
— dorés (Les).	III, 806
— dramatiques.	III, 1129
— et discours en vers.	II, 430
— et légendes.	IV, 56
— et paysages.	IV, 790
— et poésies, par P. Blanchemain.	I, 815, 816
— et poésies, par L. Dierx.	III, 263
— et poésies, par Leconte de Lisle.	V, 142
— et récits.	II, 983
— et romans de Gœthe.	III, 1019
— et sonnets, par Ach. Millien.	V, 868
— et sonnets, par Elzéar Pin.	VI, 681
— évangéliques.	I, 737; V, 18
— fantasques.	VI, 953
— . Helena, la Somnambule.	VII, 1049
— incongrus.	V, 442
— ironiques.	III, 1077
— . Les Illuminations. Une saison en enfer.	VI, 1135
— mobiles.	V, 442
— modernes.	I, 718; II, 967
— , odes, épitres et poésies diverses.	VII, 170
— , par M. de Norvins.	VI, 226
— , par M. le comte Alfred de Vigny.	VII, 1052
— populaires.	V, 494
— saturniens.	VII, 989
— tragiques.	I, 738; V, 146
— virils.	III, 530
Poésie catholique.	VII, 905
— dans les bois (La).	IV, 181
— de Lamartine (La).	V, 28

Poésie des bêtes (La).	I, 725; III, 627
— du Barrois (La).	VII, 790
— du moyen âge (La).	VI, 400
— et du style au XVIIIe siècle (De la).	V, 19
— et l'éloquence à Rome temps des Césars (La).	IV, 554
— française au quinzième siècle (La).	VI, 401
— en 1872-1873.	IV, 869
— populaire (La).	II, 743
— sur la mort du fils de Bonaparte.	V, 82
Poésies allemandes... Morceaux choisis et traduits par M. Gérard.	VI, 53
— barbares.	V, 144
Poésies choisies de J. A. de Baïf.	I, 168
— de Gentil-Bernard.	VI, 748
— de Gresset.	VI, 748
— et pièces inédites de Alexis Piron.	VI, 749
— de P. de Ronsard.	VI, 1192
Poésies complètes de E. Augier.	I, 143
— de Giorgio Baffo.	I, 167
— de Th. de Banville.	I, 274, 275
— de H. de Bornier	I, 869
— de Léon Dierx.	III, 264
— de Théophile Gautier.	III, 899
— de Mme Emile de Girardin.	III, 991
— d'Albert Glatigny.	I, 728
— d'Edouard Grenier.	III, 1130
— de Arsène Houssaye.	IV, 185

Poésies complètes de Jean Lahor. II, 145
— *de Antoine de Latour.* V, 92, 96
— *de Leconte de Lisle.* V, 143
— *de G. Levavasseur.* V, 309
— *de Malherbe.* II, 748; V, 492
— *de Charles Monselet (Les).* V, 1058
— *de Alfred de Musset.* V, 1251
— *de Gérard de Nerval.* VI, 62
— *de Charles d'Orléans.* II, 745
— *, strophes & couplets de Claudius Popelin.* VI, 783
— *de Sainte-Beuve.* VII, 124
— *du comte Alfred de Vigny.* I, 623 ; VII, 1066, 1072

Poésies, par L. Ackermann. I, 13
— *d'Agnès de Navarre-Champagne.* II, 895
— *de Anacréon et de Saho.* II, 333, 493
— *de Th. de Banville.* I, 263, 708
— *, de J. Barbey d'Aurevilly.* I, 294
— *de Benserade.* I, 391 ; VI, 745
— *de maistre Adam Billaut.* I, 793
— *de Prosper Blanchemain.* I, 534, 815
— *, par Ch. Brugnot.* I, 938
— *, par Max Buchon.* I, 959
— *, par A. Busquet.* I, 987
— *de Catulle Gallus.* I, 692
— *d'Auguste de Chatillon (Les).* II, 310

Poésies de André Chénier I, 612; II, 352, 353, 745
— *de M.-J. Chénier.* II, 355
— *de Mme Louise Colet.* II, 459
— *de Germain Colin Bucher (Les).* II, 461
— *de François Coppée.* I, 718
— *de Charles Coran.* II, 1001
— *d'Antoine Corneille.* I, 570
— *de Mme Desbordes-Valmore.* III, 197
— *d'Antoni Deschamps.* III, 200
— *de Émile Deschamps.* III, 203
— *de Madame Evelines Desormery.* II, 881
— *de Charles Dovalle.* III, 290
— *de Pernette du Guillet, lyonnaise.* III, 330
— *de Étienne Eggis.* III, 567
— *de J. Froissart.* II, 515
— *de Théophile Gautier.* III, 881, 925
— *de Théophile Gautier mises en musique.* VII, 647
— *de Th. Gautier qui ne figureront pas dans ses œuvres.* III, 939
— *de Albert Glatigny.* III, 1001
— *d'Arsène Houssaye.* IV, 176
— *de A. Lacaussade.* IV, 790
— *de Léopold Laluyé.* IV, 947
— *, par Jules Le Fevre-Deumier.* V, 161
— *, par F. Lélut.* V, 180
— *d'André Lemoyne.* I, 738 ; V, 205
— *de G. Leopardi.* I, 617
— *de Hippolyte Lucas.* V, 422
— *de Magu.* V, 452 ; VII, 288
— *de Malfilâtre.* VI, 749
— *de Malherbe.* II, 426, 434, 781 ; V, 470, 471
— *de Stéphane Mallarmé (Les).* V, 474
— *de Marie de France.* V, 521

TABLE DES OUVRAGES CITÉS

Poésies de Méléagre (Les). V, 420
— de Catulle Mendès (Les).
    V, 672, 676, 686
— de Mlle Elisa Mercœur.
    V, 698
— de feu Jonathas Miser.
    II, 997
— de M. de Montreuil. VI, 746
— d'A. de Musset. I, 619, 742;
    V, 1259, 1271, 1294
— de Charles Nodier. VI, 104
— do Charles d'Orléans.
    II, 263 ; VI, 279, 280
— de Lucien Paté. VI, 430
— de Pétrarque. VI, 562
— , par Frédéric Poisson.
    VI, 755
— , par Jean Polonius. IV, 735
— , par Amédée Pommier.
    VI, 758
— de Charles Poncy. VI, 761
— de Priscien. I, 695
— , par Jean Reboul. VI, 964
— d'Anne de Rohan-Soubise. VI, 1171
— de Sainte-Beuve. VII, 133, 154
— de Saint-Lambert. II, 429
— de François Sarasin.
    VI, 746 ; VII, 388
— de Schiller. VII, 421
— , par Mme Anaïs Segalas. VII, 464
— de Armand Silvestre.
    I, 746 ; VII, 296, 508
— de Sully Prudhomme.
    I, 747 ; VII, 710
— de Marguerite-Éléonore-Clotilde de Vallon-Chalys, depuis Madame de Surville.
    VII, 714
— de Jacques Tahureau. II, 4
— d'Hippolyte Tampucci.
    VII, 748, 750
— par Madame Amable Tastu. VII, 760

Poésies de André Theuriet. VII, 807
— de Édouard Turquety.
    VII, 906
— de Louis Uhland. VII, 911
— , par M. le comte Horace de Viel-Castel.
    VII, 1043
— , par A. de Vigny. I, 750
— de Voltaire. II, 785
— d'un passant. I, 836
— d'un voyageur. V, 535
— de l'âme. III, 651
— des XVe et XVIe siècles.
    VI, 739
Poésies diverses du Cardinal de Bernis. VI, 747
— du chevalier de Bonnard. VI, 747
— du chevalier de Boufflers. VI, 747
— de Desforges-Maillard. VI, 748
— de Gilbert. VI, 748
— et pièces inédites de Lattaignant.
    VI, 748
— de François de Maynard. II, 651
— de Millevoye. V, 865
— attribuées à Molière. I, 635
— de Ch. Nodier. II, 882
— de Ste-Beuve. VII, 134
— de Voltaire. II, 436
— , pensées, divan oriental-occidental. III, 1019
— , précédées d'un poème sur la vaccine par M. Casimir Delavigne. III, 107
— tirées de la Muse chrestienne de Pierre Poupo. II, 12; VI, 802
Poésies du cœur. VII, 1148

Poésies du foyer et de l'école. V, 495
— *en patois du Dauphiné.* I, 813
— *et lettres facétieuses de Joseph Vadé.* VI, 749
— *et nouvelles de Mme d'Arbouville.* I, 80
— *et œuvres diverses du chevalier Antoine Bertin.* VI, 747
— *et œuvres morales de Leopardi.* I, 739
— *et poèmes.* I, 899
— *européennes.* IV, 4
— *, festons et astragales.* I, 893
— *françoises de J. G. Alione (d'Asti).* I, 953
— *françaises de Charles de Bovelles.* VI, 527
— *françaises (Les) de Jean Passerat.* I, 636 ; VI, 428
— *fugitives de Gustave Levavasseur.* V, 306

Poésies inédites de Madame Desbordes-Valmore. III, 198
— *de Gresset.* III, 1133
— *, par Henri Heine.* IV, 59
— *de A. de Lamartine.* I, 736 ; IV, 1023
— *d'Antoine de Latour.* V, 97
— *de Marguerite-Eléonore-Clotilde de Vallon - Chalys depuis Madame de Surville.* VII, 715

Poésies morales et historiques d'Eustache Deschamps. II, 468
— *nationales de la Révolution française.* VI, 742
— *nouvelles, par Thalès Bernard.* I, 431
— *parisiennes.* III, 210

Poésies. Pensées d'août. VII, 154
— *populaires de la Gascogne.* V, 324

Poésies posthumes, par Aug. Barbier. I, 316
— *et inédites, d'André Chénier.* II, 351
— *de Philothée O'Neddy.* VI, 277
— *de Henri-Charles Read.* VI, 963
— *d'Edmond Roche.* VI, 1159
— *, par L. Valade.* I, 750

Poésies romaines. VII, 13
Poète extravagant (Le). II, 658 ; VI, 285
— *(Le). Mémoires d'un homme de lettres écrits par lui-même.* III, 211
— *mourant (Le).* IV, 1064

Poetæ minores. I, 695
Poètes (Les). I, 299
— *(1889).* I, 302
— *contemporains de l'Allemagne (Les).* V, 569
— *d'aujourd'hui.* V, 476 ; VI, 1135
— *de Champagne antérieurs au siècle de François Ier.* II, 895
— *de combat (Les).* V, 102
— *de ruelles au XVIIe siècle.* VI, 745
— *du siècle de Louis XIV.* VII, 1100
— *épiques anciens.* VI, 330
— *et amoureuses.* I, 817
— *et artistes contemporains.* VI, 66
— *et artistes de l'Italie.* V, 1092
— *& bibliophiles. Les Devises des vieux poètes.* V, 1161
— *et romanciers.* II, 118
— *et romanciers de la Lorraine.* VI, 870

Poètes français, recueil des chefs-d'œuvre de la poésie française (Les). VI, 750
— *français depuis le XII*ᵉ *siècle jusqu'à Malherbe (Les).* VI, 749
— *franciscains en Italie au seizième siècle (Les).* VI, 297
— *historiens Ronsard & d'Aubigné sous Henri III.* VI, 807
— *maudits (Les).* VII, 992
— *normands.* I, 285
Pœuf. IV, 67
Point de lendemain. II, 585, 1082; III, 178
Points obscurs de la vie de Molière (Les). V, 373
Poires faites à la Cour d'assises de Paris (Les). VI, 579
Poisson d'or (Le). III, 693
Poissons des eaux douces de la France (Les). I, 813
—, *les reptiles et les oiseaux (Les).* III, 706
Poitou et Vendée, études historiques. III, 713
Polémiques d'hier. I, 308
Police parisienne (La). V, 438
Polichinel, ex-roi des marionnettes. V, 393
Polichinelle, drame en trois actes. VI, 520
Polissouniana. II, 664
Politique à l'usage du peuple. IV, 1097
— *de Diderot (La).* VII, 879
— *de Lamartine (La).* IV, 1025, 1063
— *et la Révolution (La).* V, 562
Politiques et moralistes du dix-neuvième siècle. III, 644
Polka enseignée sans maître (La). VI, 557
Polkeuses, poème étique (Les). VI, 40

Pologne et Rome. VI, 910
— *et Russie. Légende de Kosciusko.* V, 831
— *martyr (La).* V, 836
Poltrono, tyran..... on ne sait pas d'où. IV, 285
Polyeucte martyr. II, 1019
Polyhistor. I, 695
Polyptique de l'abbaye de Saint-Germain des Prés. IV, 139
— *de l'abbé Irminon.* IV, 504
Pomme (La). I, 268
Pommes d'Ève. II, 860
— *du voisin, comédie (Les).* VII, 368
Pompeia décrite et dessinée par Ernest Breton. I, 923
Pompon vert (Le). VII, 870
Poniatowski. I, 408
Pont de Neuilly (Le). III, 1182
Pontons, drame (Les). VII, 681
Popularité (La). III, 111
Populations finnoises des bassins de la Volga et de la Kama (Les). VI, 867
Porcelaine (La). I, 665
— *de Chine (La).* III, 540
— *tendre de Sèvres (La).* III, 872
*Porcelaines de Sèvres de M*ᵐᵉ *Du Barry (Les).* III, 78
Porcherons (Les). II, 338
Pornographe ou idées d'un honnête homme (Le). VI, 1070
Port de Créteil (Le). VII, 604
— *-Royal.* V, 1069; VII, 125
— *-Tarascon.* II, 688, 704; III, 61
Porte du soleil (La). I, 373
Portefeuille d'un journaliste (Le). V, 423
— *d'un talon rouge.* II, 664
— *d'un très vieux garçon (Le).* VI, 1149
— *de mil huit cent treize.* VI, 219

Portefeuille de Monsieur le comte de Caylus. II, 141
Porteur de Pacience, moralité (Le). I, 973
— *de sachet (Le).* II, 695
Portrait de La Rochefoucauld par lui-même. V, 54
— *de Pierre Aretin par Marc-Antoine (Le).* III, 717
— *de Prosper Mérimée tour à tour en femme et en homme (Le).* VI, 800
— *du Louvre (Le).* VII, 1124
— *du peintre (Le).* II, 851
— *du sage (Le).* VI, 452
— *intime de Balzac.* VII, 1161
Portraits à l'encre. Jules Vallès, sa vie et son œuvre. VII, 461
— *à la plume.* II, 449
— *après décès.* V, 1048
— *aux crayons des XVIe et XVIIe siècles (Les).* I, 884
— *contemporains.* VII, 135
— *contemporains. Littérateurs — Peintres — Sculpteurs — Artistes dramatiques.* III, 939
— *cosmopolites (Les).* VII, 1183
— *d'artistes, peintres et sculpteurs.* VI, 700
— *d'auteurs forésiens.* II, 230
— *d'écrivains.* III, 288
— *d'hier et d'aujourd'hui. Attiques et humoristes.* V, 762
— *d'histoire morale et politique du temps.* V, 632
— *d'Ignotus.* VI, 703
— *de Christophe Colomb.* III, 686

Portraits de cire. V, 226
— *de famille (Les).* VI, 292
— *de femmes, par Ste-Beuve.* VII, 132
— *de femmes, par C. Selden.* VII, 471
— *de Kel-Kun (Les).* VII, 780
— *de la marquise (Les).* III, 675
— *de Mérimée (Les).* VII, 877
— *de Rabelais (Les).* I, 24
— *des personnages français les plus illustres du XVIe siècle.* VI, 70
— *des plus belles dames de Montpellier.* II, 672
— *du duc de La Rochefoucauld (Les).* III, 1124
— *du grand siècle.* V, 332
— *du siècle (Les).* VII, 1123
— *et biographies.* IV, 1019
— *et caractères de personnages distingués de la fin du dix-huitième siècle.* VII, 471
— *et études d'histoire littéraire.* VI, 82
— *et fantaisies.* II, 939
— *et souvenirs, par A. de Belloy.* I, 387 ; II, 711
— *et souvenirs, par A. Silvestre.* VII, 532
— *et souvenirs littéraires, par Th. Gautier.* III, 940
— *et souvenirs littéraires, par H. Lucas.* V, 424
— *historiques.* II, 233
— *historiques et littéraires.* V, 742
— *inédits d'artistes français.* II, 359

Portraits intimes du XVIIIe siècle.	III, 1034	*Pour lire au couvent.*	V, 682
— *littéraires, par Gustave Planche.*	VI, 699	— *mes amis 1832-1872.*	IV, 578
— *littéraires, par C. A. Sainte-Beuve.*	VII, 130	— *qui fut peint le portrait d'Érasme par Hans Holbein du musée du Louvre.*	III, 717
— *littéraires, par Eugène Woestyn.*	VII, 1170	— *se damner.*	II, 949
— *parisiens.*	VII, 1182	— *un cheveu blond... Arsène Guillot.*	V, 723
— *politiques et révolutionnaires.*	II, 1096	— *un soldat.*	IV, 353
Positivisme anglais, étude sur Stuart Mill (Le).	VII, 729	— *une épingle.*	I, 621 ; VII, 752
Possédée (La).	I, 1140	*Poures deables, farce nouvelle (Les).*	VI, 971
Possessions du prieuré d'Alix en Lyonnais (Les).	II, 872	*Pourquoi de Mademoiselle Suzanne (Les).*	III, 194
Posthumes et revenants.	II, 1098	— *l'Exposition de 1832 a-t-elle été inférieure aux précédentes.*	VII, 854
Post-scriptum (Le).	I, 146		
Potaches et bachots.	V, 181		
Potages Feyeux (Les).	V, 1049		
Pot-Bouille.	VII, 1208	— *les femmes à l'Académie?*	VII, 271
Poterie et la porcelaine du Japon (La).	I, 985	*Pourtraict de l'iconophile parisien (Le).*	I, 853
Potiron.	II, 1054	*Prairie (La).*	II, 965
Poudre à canon (La) et les nouveaux corps explosifs.	I, 759	*Praxède.*	III, 352
		Préceptes médicaux de Serenus Sammonicus.	I, 695
— *d'or (La).*	VII, 384	*Précieuses ridicules (Les), par Molière.*	I, 487 ; V, 948, 955
Poulailler (Le).	IV, 507		
Poulet-Malassis et Corneille Blessebois. Notices bibliographiques.	II, 937	*Précieux et précieuses.*	V, 332
		Précis chronologique du règne de Louis XVIII.	VI, 460
Poupée (La).	VI, 309	— *chronologique, généalogique et anecdotique de l'histoire de France.*	VI, 458
— *parlante (La).*	IV, 516		
Pour et le contre (Le).	III, 671		
— *éviter Clichy.*	V, 755	— *d'anatomie à l'usage des artistes.*	I, 662
— *faire rire.*	VII, 513		
— *la monarchie de ce royaume contre la division.*	II, 683	— *d'histoire de l'art.*	I, 661
— *le drapeau.*	II, 978	— *de l'histoire de France.*	V, 817
— *le drapeau de l'école Saint-Thomas-d'Aquin.*	V, 32	— *de l'histoire de la Bibliothèque du Roi.*	III, 824
— *le mariage d'Olga Herzen avec Franck Abauzit.*	VI, 532	— *de l'histoire de la littérature française depuis ses premiers monumens.*	VI, 79
— *les amants.*	VII, 537		
— *les pauvres.*	IV, 256		
— *lire au bain.*	V, 675		

Précis de l'histoire du moyen âge.
V, 815
— *de l'histoire moderne.* V, 815
— *des guerres de César.* VI, 29
— *des opérations militaires auxquelles a pris part la brigade Porion pendant le siège de Paris.*
V, 590
— *historique de la guerre entre la France et l'Autriche en 1809.* IV, 752
— *historique des événements qui ont conduit Joseph Napoléon sur le trône d'Espagne.* IV, 223
— *historique et analytique des pragmatiques concordats.* VI, 463
— *historique, généalogique et littéraire de la maison d'Orléans.* VI, 477
Précurseurs de la Renaissance (Les). I, 683
— *des Félibres (Les).*
III, 283
Prédécesseurs et contemporains de Shakspeare. V, 799
Prédicatoriana. VI, 488
Prédictions extraordinaires du grand Abracadabra. VI, 808
Préface de l'inventaire des layettes du Trésor des Chartes. IV, 777
— *des œuvres de M. de Molière.* V, 937, 1123
— *du catalogue de la Bibliothèque Mazarine.*
III, 823
Préfaces et manifestes littéraires. III, 1067
Premier acte du Synode nocturne des tribades (Le). II, 665
— *duel de Pierrot.* V, 248
— *duo.* IV, 159
— *établissement des Néerlandais à Maurice (Le).*
I, 839

Premier grenadier de France (Le). La Tour d'Auvergne.
III, 187
— *livre du labyrinthe d'amour (Le).* II, 665
— *mariage du duc de Berry (Le).* VI, 43
— *registre de la Thorillière.* II, 854
— *registre de Philippe-Auguste (Le).* III, 130
— *siège de Paris (Le).* IV, 216
— *supplément à la notice bibliographique sur Montaigne.* VI, 436
— *texte de La Bruyère (Le).*
II, 3 ; IV, 788
— *texte de La Rochefoucauld (Le).* II, 3
— *texte des lettres de Mme de Sévigné (Le).* II, 10 ; VII, 488
Première absence (La). II, 20
— *Babylone. Sémiramis la grande.* III, 213
— *bibliothèque de l'Hôtel de Ville de Paris (La).* IV, 150
— *campagne de Henri IV en Normandie (La).*
I, 557
— *communion (La), par Delécluze.* III, 115
— *communion (La), par P. Féval.* III, 693
— *de Le Roi s'amuse (La).*
VII, 953
— *jeunesse de Marie Stuart (La).* VI, 1237
— *maîtresse (La).* V, 680
— *partie des sonnets exotériques de Gérard Marie Imbert.* II, 836
— *représentation du Misanthrope (La).* V, 121
Premières armes de Figaro (Les).
VII, 361, 959

Premières armes du symbolisme.		*Presbytère (Le).*	VII, 854
(Les).	V, 1131	*Présidence s'il vous plait (La).*	
— *feuilles..*	I, 869		III, 141
— *illustrées (Les).*	VI, 809	*Président Hénault et Madame*	
— *méditations poétiques.*		*du Deffand (Le).*	VI, 523
I, 734 ; IV, 953, 1045,		*Presomptions des femmes (Les).*	
1046, 1052			II, 874
— *œuvres du sieur Pe-*		*Presse nouvelle (La).*	III, 1005
doue (Les).	VI, 442	*Pressoir, drame (Le).*	VII, 249, 315,
— *œuvres & souspirs*			316
amoureux de Guy		*Prétendante, comédie (La).*	VII, 681
de Tours.	III, 1185 ;	*Prétendue trilogie d'Albert Du-*	
	VII, 897	*rer (La).*	III, 579
— *poésies, de F. Cop-*		*Prétendus (Les).*	VII, 617
pée.	II, 967	*Prêtre chatré (Le).*	II, 665
— *poésies, de Th. Gau-*		— *de Nemi (Le).*	VI, 1031
tier.	I, 727	— *marié (Le).*	VI, 757
— *poésies de Robert de*		*Prevosté de Paris et l'Isle-de-*	
La Villehervé (Les).		*France.*	II, 474
	V, 117	*Priape et la Comtesse.*	V, 694
— *poésies d'Ach. Mil-*		— , *opéra en musique.*	II, 619
lien.	V, 866	*Priapées de Maynard.*	II, 651
— *poésies de Alfred de*		*Priapeia (Les), note de Lessing.*	
Musset.	I, 618; V, 1262		II, 646
— *poésies de Gaston*		*Prière pour la France.*	VI, 305
Schefer.	VII, 417	— *sur l'Acropole.*	VI, 1037
— *poésies d'Aug. Vil-*		*Priez pour elles!*	I, 937
liers de l'Isle-Adam.		*Prima Donna et le garçon bou-*	
	VII, 1089	*cher (La).*	I, 974
— *représentations célè-*		*Primavera.*	VII, 905
bres (Les).	V, 1049	*Primel et Nola.*	I, 932, 933
— *satires de Dulorens.*		*Primerose.*	V, 1148
	II, 10	*Prince, comédie (Le).*	V, 655
Premiers beaux jours (Les).	II, 189	— *Coqueluche (Le).*	VI, 236,
— *essais de X. de Mais-*			289
tre.	I, 740 ; V, 465	— *d'Aurec, comédie (Le).*	
— *lundis.*	VII, 148		V, 116
— *monuments de l'im-*		— *des sots (Le).*	VI, 61
primerie en France		— *des voleurs (Le).*	III, 432
au XVᵉ siècle.	VII, 820	— *royal (Le).*	IV, 537
	VII, 820	— *Vitale (Le).*	II, 369
Préparatifs de l'entrée de Louis		*Princes d'Orléans (Les).*	VII, 1183
XII à Milan (Les).	VI, 534	*Princesse!*	IV, 12
Près et de loin, roman conjugal		— *Aurélie (La).*	III, 108
(De).	IV, 823	— *d'Élide (La).*	V, 957
Prés Saint-Gervais, comédie(Les).		— *de Babylone (La).*	I, 610
	VII, 365	— *de Bagdad (La).*	
— *opéra bouffe.*	VII, 366		III, 482

Tome VIII 17

Princesse de Clèves (La). I, 638, 752 ; II, 747, 787, 790 ; IV, 865
— *de Guéméné dans le bain (La).* I, 486
— *de Lamballe (La).* V, 253
— *de Montpensier (La).* IV, 864
— *éblouissante (La).* V, 216
— *Flora (La).* III, 426
— *Georges (La).* III, 475
— *Maleine (La).* V, 447
— *Méduse (La).* III, 19
— *nue (La).* V, 684
Princesses (Les). I, 274, 709
— *artistes (Les). La Famille impériale.* V, 593
— *de comédie et déesses d'opéra.* IV, 194, 212
— *de la ruine (Les).* IV, 207
Princessin Mathilde (Die). VII, 142
Principes de caricatures. III, 1141
— *de la philosophie de l'histoire.* V, 815 ; VII, 1038
— *élémentaires de morale.* VI, 452
Printemps (Le). II, 8
— *du cœur (Les).* VII, 1007
— *parfumé.* II, 690
— *passé.* V, 693
Prise d'armes de Montgommery. I, 552
— *de Jeanne d'Arc devant Compiègne (La).* VII, 585
— *de la Bastile et ses anniversaires (La).* V, 139
Prisme (Le). Album mosaïque. IV, 685
— , *encyclopédie morale du dix-neuvième siècle (Le).* III, 798
— , *par Sully Prudhomme (Le).* I, 748 ; VII, 709
Prismes poétiques (Les). VI, 1067

Prison d'Édimbourg (La). VII, 446, 452, 456
Prisonnier de la Bastille (Le). III, 362
Prisonnière de Blaye. I, 72
Prisonniers du Caucase (Les). I, 740 ; V, 466
Prisons de Paris (Les). I, 35
— *de Paris sous la Révolution (Les).* III, 31
Privilèges accordés à la couronne de France par le Saint-Siège. II, 567
— *du cocuage (Les).* II, 666
Prix d'adjudication des livres et manuscrits provenant du grenier de Charles Cousin. II, 1058
— *de vertu... Discours prononcé par M. Alexandre Dumas.* III, 478
— *de vertu... Discours prononcé par M. Sainte-Beuve.* VII, 144
— *Martin (Le).* I, 147
Pro aris et focis. V, 21
— *Patria, stances.* III, 186
Problèmes du XIXᵉ siècle (Les). IV, 517
— *historiques.* V, 372
Procédés de la gravure (Les). I, 664
Procédures politiques du règne de Louis XII. II, 567
Procès criminel de Jehan de Poytiers. VI, 831
— *de Charles Iᵉʳ* II, 833
— *de condamnation et de réhabilitation de Jeanne d'Arc.* IV, 119
— *de François Anneessens.* II, 801
— *de Martin-Étienne van Velden.* II, 800
— *de M. Léon d'Aurevilly.* I, 309
— *des raretés bibliographiques faits à Paris en 1863 et en 1865.* II, 666

Procès des Templiers. II, 567
— du tres meschant et detestable parricide Fr. Ravaillac. VII, 893
— entre Nicolas Piedevant... et les moines de S. Wandrille. I, 570
— fait aux chansons de P. J. de Béranger. I, 399
— Pictompin (Le). II, 319
— relatifs aux œuvres d'Alexandre Dumas. III, 438
— Rousseil-Tessandier et biographie de Mademoiselle Rousseil. VII, 539
— -verbal du pillage par les Huguenots des reliques... de St-Martin de Tours. I, 576
— -verbaux de l'Académie royale de peinture. IV, 96
— -verbaux des cérémonies publiques célébrées à Rouen. I, 569
— -verbaux des Etats généraux de 1593. II, 567
— -verbaux des séances du Conseil de régence du roi Charles VIII. II, 568
— -verbaux du comité d'instruction publique de l'Assemblée législative. II, 572
— -verbaux du Comité d'instruction publique de la Convention nationale. II, 572
Procession de Soissons (La). II, 884
Procope le grand. VII, 313
Prodigalités d'un fermier général (Les). II, 37, 506
Prodiges de l'industrie (Les). IV, 222
— (Les) de Julius Obsequens.. I, 694
Profils des contemporains. VI, 27
— et grimaces. VII, 935
— étrangers. II, 373

Profils intimes. Nouvelles indiscrétions parisiennes. V, 577
Profundis (De). IV, 173
Projet d'organisation des bâtimens civils dépendans du Ministère de l'Intérieur.. IV, 751
— d'un nouveau théâtre historique. III, 429
— pour multiplier les collèges des filles. I, 488
Projets d'embellissemens de Paris. IV, 750
— de gouvernement du duc de Bourgogne. III, 1117
— de Mademoiselle Marcelle (Les). III, 195
— littéraires de Théophile Gautier (Les). VII, 643
— pour l'amélioration et l'embellissement du 10e arrondissement. IV, 764
Prologue d'ouverture. I, 720
— d'ouverture pour les matinées littéraires et musicales de la Gaité. II, 970
— en vers, par F. Coppée. II, 980
— représenté pour l'ouverture du théâtre des Délassements-Comiques. III, 999
Promenade à l'ile Saint-Ouen-Saint-Denis. II, 311
— à travers deux siècles et quatorze salons. III, 287
— autour d'un tiroir. VII, 599
— autour du monde. IV, 223
— de Dieppe aux montagnes d'Écosse. VI, 99

Promenade de Saint-Cloud (La).
　　　　　　　　　　II, 854
Promenades à cheval. VI, 1134
　— 　à la mode (Les).
　　　　　　　　　　II, 338
　— 　autour d'un village.
　　　　　　　VII, 265, 314
　— 　dans la Touraine.
　　　　　　　　　　I, 575
　— 　dans le vieux Paris.　　　　　IV, 823
　— 　dans les rues de Paris.　　　　　VI, 126
　— 　dans Rome. I, 455, 462
　— 　d'un artiste. VI, 78
　— 　d'un homme de lettres. V, 1061
　— 　d'un touriste. III, 773
　— 　de Paris (Les). I, 38
　— 　japonaises. III, 1167
Prométhée.　　　　VI, 905
　— 　enchaîné.　　II, 1074
　— 　délivré.　　　V, 666
Prophécie du roy Charles VIII (La).　　　　　　　I, 495
Prophètes du passé (Les). I, 291
Prophétie contre Albion. VI, 89
Propos amoureux (Les). II, 714
　— 　d'art et de cuisine. III, 434
　— 　d'exil.　　　　V, 405
　— 　de bibliophile.　I, 396
　— 　de Labiénus (Les). VI, 1167
　— 　de table de la vieille Alsace (Les).　VI, 1005
　— 　de table de Martin Luther (Les).　V, 433
　— 　de table de Victor Hugo.
　　　　　　　　　　V, 250
　— 　de Thomas Vireloque.
　　　　　　　　　　V, 224
　— 　de Valentin (Les). I, 847
　— 　de ville et propos de théâtre.　　V, 1198
　— 　grivois.　　　VII, 527
　— 　littéraires et pittoresques de Jean de la Martrille.　III, 544
　— 　, vaudeville. V, 1024

Propriétaires en 1863 (Les). VI, 633
Propriété (De la).　VII, 828
　— 　littéraire est-elle une propriété (La). V, 1162
　— 　, monologue (La). II, 1073
Proscrit, drame (Le). VII, 611
Proscrits (Les), par H. de Balzac.　　　　　　I, 208
　— 　, par Ch. Nodier (Les).
　　　　　　　　　　VI, 86
Prosodie de l'école moderne.
　　　　　　　　　　VII, 774
Prospectus d'un ouvrage intitulé Annales municipales ou Annales de Paris.
　　　　　　　　　　IV, 796
　— 　des œuvres de Ch. Nodier.　VI, 175
　— 　du théâtre choisi de de G. de Pixerécourt.　　VI, 695
　— 　pour L'Indépendant, journal franco-italien.　　III, 422
　— 　pour les œuvres complètes de Alphonse de Lamartine. IV, 536
　— 　pour les œuvres de Charles Nodier.
　　　　　　　　　　IV, 527
Prosper Mérimée. Sa bibliographie.　　　VII, 877
　— 　Mérimée, ses portraits, ses dessins, sa bibliothèque. II, 506; VII, 878
　— 　Randoce. II, 370
Prostitution en Europe depuis l'antiquité (De la). V, 1175
Proudhon expliqué par lui-même. Lettres inédites.　VI, 834
Provence.　　　　III, 335
　— 　ancienne et moderne (La).　III, 1168
Proverbes. II, 545 ; IV, 641
　— 　communs (Les). II, 886
　— 　dramatiques. V, 137, 746

521 TABLE DES OUVRAGES CITÉS 522

Proverbes en facéties d'Antonio Cornazano. II, 1012
— et dictons populaires. II, 468
— et scènes bourgeoises. VI, 293
— romantiques. VI, 1190
Province à cheval (La). II, 1065
Provinciales (Les). II, 428, 435, 519, 767, 783 ; VI, 425
Prud'hon. II, 478
—, sa vie, ses œuvres et sa correspondance. II, 447
Prussiens chez nous (Les). III, 786
— en Allemagne (Les). VII, 847
Psaphion. II, 338
Psaumes pénitentiaux. VI, 564
Psautier de Metz (Le). I, 666
Pseudonymes du jour (Les). IV, 582
Puxñ, par Th. Carlier. II, 115
—, par J. Favre. III, 652
Psyché. V, 952, 953, 961
—, choix de pièces en vers et en prose (La). VI, 842
—, par La Fontaine. II, 495
—, par V. de Laprade. I, 737
—, poëme. V, 16
— en Espagne. V, 96
P'tit bonhomme. VII, 1018
Publications de l'École des langues orientales vivantes. VI, 850
— de la rue pendant le siège et la Commune. V, 457

Publications de la Société des Bibliophiles de Guyenne. I, 534
Puce de Mme Desroches (La). II, 3
Pucelle d'Orléans (La). II, 952, 959
— de Belleville (La). IV, 715, 720
Pudeur de Sodome (La). III, 1154
Puff, revue (Le). IV, 294
Pulcinella (Il). I, 370
Punch à Paris. II, 170
Puniques (Les). I, 694
Pupazzi (I). V, 192
Pupille du général (Le). I, 779
Pure vérité cachée et autres mazarinades rares et curieuses (La). II, 666
Purgatoire (Le). III, 10, 13
— de Dante (Le). VI, 298
— di Saint-Patrice (Li). I, 567
Puritain de Seine-et-Marne (Le). V, 597
Puritains d'Écosse (Les). VII, 446, 452, 457
P..... cloîtrées (Les). II, 666
Puttana errante (La). II, 580, 600
P.......e de Rome (Le). II, 647
Puylaurens. V, 1319
Pyrénées et le midi de la France pendant les mois de novembre et décembre 1822. VII, 821
— françaises (Les). VI, 553
Pythias et Damon. I, 386

Q

Quais de Rouen (Les). I, 18
Quand on a vingt ans. IV, 220
— j'étais étudiant. VI, 3
— j'étais jeune. IV, 819
— j'étais petit. V, 456

Quand l'amour va tout va. III, 983
— on voyage. III, 928
Quarante lettres inédites de Napoléon. VI, 27
— -cinq (Les). III, 378

Quarante-huit heures de garde au château des Tuileries. IV, 750
— *médaillons de l'Académie française (Les).* I, 303
Quatorze discours [*de V. Hugo*]. IV, 309
— *jours de bonheur.* I, 780
— *livres sur l'histoire de la ville de Louvain.* II, 511
— *octobre 1877 (Le). Laissez passer la République.* VII, 751
— *stations du Salon (Les).* I, 132 ; VII, 291
Quatrains (Les) de Pibrac. I, 636 ; VI, 639
Quatre âges de l'homme (Les). I, 60
— *ages, moralité (Les).* VI, 972
— *contes de Perrault.* VI, 550
— *époques (Les).* VII, 607
— *fils Aymon (Les).* V, 381
— *grands historiens latins (Les).* VI, 82
— *heures d'angoisses.* V, 456
— *heures de la toilette des dames (Les).* III, 651
— *livres de l'Imitation de Jésus-Christ (Les).* IV, 494
— *livres de maistre François Rabelais (Les).* I, 492 ; II, 517
— *livres des Rois (Les).* II, 568
— *métamorphoses, poèmes (Les).* V, 191
— *napolitaines (Les).* VII, 626
— *petits romans.* VI, 1117
— *pièces d'or (Les).* I, 778
— *poésies de Jean de la Martrille (Les).* III, 544
— *saisons (Les).* III, 697
— *sœurs (Les).* VII, 612
— *talismans (Les).* VI, 126

Quatre vents de l'esprit (Les). I, 734 ; IV, 363, 407, 413, 424
— *-vingt-neuf, chant séculaire.* VII, 1032
— *-vingt-treize.* IV, 351, 395, 417, 428
— *voyages du capitaine Lemuel Gulliver (Les).* I, 609
Quatuor pittoresque.... II, 207
Que Saint-Hubert vous garde! V, 71
Quelques additions à la Bibliographie générale des ouvrages sur la chasse. VII, 591
— *chapitres des Misérables de Victor Hugo.* III, 103 ; IV, 332
— *contes de Pogge.* II, 663
— *créatures de ce temps.* III, 1031
— *dames du XVIe siècle et leurs peintres.* I, 885
— *écrivains français.* IV, 65
— *écrivains nouveaux (De).* VI, 806
— *estampes en bois de l'École de Martin Schöngauer (De).* III, 513
— *femmes bibliophiles.* II, 636
— *fleurs pour une couronne.* VII, 749
— *idées sur la direction des arts.* IV, 777
— *langues artificielles qui se sont introduites dans la langue vulgaire.* VI, 118
— *lettres de Henry IV.* I, 575
— *lettres inédites d'Isaac de la Peyrère.* VI, 702

Quelques livres satyriques et de leur clef (De). VI, 116	Quentin le forgeron. II, 717
— monuments inédits de la caricature antique. II, 201	Quérard (Le). Archives d'histoire littéraire de biographie et de bibliographie françaises. VI, 894
— mots sur différentes reliures du Calendrier de la Cour au XVIIIe siècle. VII, 401	Querelle des bouffons (La). VI, 898
	Querelles des deux frères (Les). II, 912
— mots sur la situation actuelle. V, 1023	Qu'est-ce qu'une nation? VI, 1026
	— que le tiers Etat? IV, 143
— mots sur le docteur J.-F. Payen. V, 212	Qveste du Graal (La). VI, 508
	Question d'argent (La), comédie. III, 466
— mots sur le Songe de Poliphile. III, 716	— d'Orient au XVIIIe siècle (La). VII, 584
— mots sur les fables inédites de M. de Savigny. VII, 400	— de la femme (La). III, 473
	— des femmes à l'Académie (La). IV, 807
— mots sur M. Bossange père. VI, 896	— du divorce (La). III, 481
— notes sur Charles Nodier. VI, 183	— romaine (La). I, 5
	— romaine devant l'histoire (La). VI, 911
— observations sur la publication des Mémoires d'un page de la Cour impériale. VII, 19	Questions contemporaines. VI, 1019
	— d'art et de littérature. VII, 284
— pages d'histoire contemporaine. VI, 826	— d'art et de morale. V, 22
	— de littérature légale. Du plagiat. VI, 91
— parisianismes populaires (De). VI, 76	— historiques du XVIIe siècle. V, 372
— recherches sur d'anciennes traductions françaises de l'Oraison dominicale. VI, 487	— politiques et sociales. VII, 285
	Queue d'oseille, souvenirs de jeunesse. III, 740
— recherches sur le tombeau de Virgile. VI, 487	Qui lira rira. VII, 530
— réflexions sur Jean-Jacques Rousseau. VII, 312	Quinti Horatii Flacci opera omnia. IV, 167
— réflexions sur la politique actuelle. V, 1152	Quinzaine bibliographique (La). II, 667
	XV décembre MDCCCXL. III, 933
— sires. II, 408	Quinze jours en Hollande. VII, 999
— vers pour elle. VI, 760	— joyes de mariage (Les). I, 603, 656; II, 751; IV, 603; VI, 917; VII, 107
Quentin Durward. IV, 439; VII, 435, 448, 453, 457	Quiquengrogne (La). II, 383
	Quitte pour la peur. I, 751

R

Rabagas, comédie. VII, 374
Rabat-gaz portatif, vaudeville. VII, 375
Rabbins français du commencement du quatorzième siècle (Les). VI, 1022
Rabelais. III, 1121
— analysé. V, 808
— chirurgien. IV, 89
— de Huet (Les). I, 487
— de poche (Le). VI, 934
— et l'architecture de la Renaissance. V, 209
— et ses éditeurs. II, 384
— et son maître. IV, 89
— légiste. IV, 89
— ressuscité. II, 668
— , sa personne, son génie, son œuvre. VII, 662
— , sa vie et ses ouvrages. IV, 842
— , sa vie et son œuvre. II, 736
— , ses voyages en Italie. IV, 90
Raca. II, 408
Raccolta Napoleonica (Dalla). VI, 531
Races de chiens courans français au XIXe siècle (Les). V, 151
— humaines (Les). III, 707
Rachel, d'après sa correspondance. IV, 54
— et la tragédie. IV, 551
Racine. I, 930
— à Uzès, comédie. III, 784
— et La Voisin. V, 1109
— et Nicole. La querelle des imaginaires. III, 807
— et Shakespeare. I, 453, 462
— et Victor Hugo. VII, 662
Racontars illustrés d'un vieux collectionneur. II, 1056

Raffaella (La). VI, 640
Raffet. II, 479
— et son œuvre. III, 87
— , peintre national. I, 396
— , sa vie et ses œuvres. I, 959
— , son œuvre lithographique et ses eaux-fortes. III, 976
Ragionamenti (Les). I, 83; V, 1236
Raison du moins fort, comédie (La). VII, 944
Rameau d'or, souvenirs de littérature contemporaine (Le). VI, 954
Ramus (Pierre de la Ramée), sa vie, ses écrits et ses opinions. VII, 1145
Rantzau (Les). III, 590
Raoul de Cambrai. I, 58
— de la Chastre. VII, 331
— de Pellevé, esquisse du temps de la Ligue. VI, 429
— Glaber. Les cinq livres de son histoire. II, 906
Raphaël, archéologue et historien. V, 1183
— et Gambrinus. III, 1091
— et la Farnésine. I, 792
— et la Fornarine. V, 773
— , son œuvre, sa vie et son temps. V, 1183
— , pages de la vingtième année. I, 736; II, 349; IV, 989, 1062
Rapinéide ou l'atelier (La). V, 207
Rapport à M. le Ministre de l'Instruction publique et des Beaux-Arts au nom de la Commission des Musées scolaires d'art. V, 491

Rapport à M. le Ministre des travaux publics sur les épopées françaises du XII⁰ siècle. VI, 904
— adressé à M. le Ministre de l'Instruction publique sur une mission philologique à Majorque. V, 1146
— adressé à M. le Ministre de l'Instruction publique sur une mission philologique à Valence. V, 1147
— au Ministre de l'Instruction publique sur les Bibliothèques et Archives. V, 825
— au Ministre de l'Instruction publique sur une collection de pièces curieuses relatives à l'histoire de France. V, 46
— au ministre sur la continuation des travaux de décoration intérieure du Panthéon. V, 63
— au ministre sur les séances de la sous-commission des travaux d'art chargée d'examiner le projet de décoration sculpturale du Panthéon. V, 63
— au Roi sur l'état des travaux exécutés depuis 1835 jusqu'en 1847 pour le recueil et la publication des documents inédits relatifs à l'histoire de France. VII, 189
Rapport au Roi sur la province de Touraine. I, 576
— au Sénat sur la décadence de l'art dramatique. VII, 544
— présenté à S. Exc. le Ministre de l'Instruction publique... V, 735
— [concours musical de la ville de Paris] présenté au nom du jury chargé du classement des poèmes par M. François Coppée. II, 987
— sur l'application des arts à l'industrie. IV, 776
— sur la découverte d'un autographe de Molière. IV, 807
— sur le progrès des lettres. III, 932; VII, 544
— sur les mémoires envoyés pour concourir au prix d'histoire. V, 826
[— sur les prix de vertu], par M. François Coppée. II, 990
[— sur les prix de vertu à l'Académie], par M. Du Camp. III, 315
— sur les travaux de l'année 1867-1868, présenté à l'Académie des Bibliophiles. V, 1069
— sur les travaux de la Société de Paris. IV, 749
— sur une mission en Basse-Bretagne. VI, 873
Rapports au ministre (1839-1883). II, 568

Rapports au Roi et pièces par le ministre secrétaire d'État. II, 568
— inédits du lieutenant de police René d'Argenson. I, 645
Rarahu. V, 402
Rasnes. Histoire d'un château normand. II, 938
Rastaquouères (Les). III, 1146
Raymonde. I, 622 ; VII, 787
Rayon vert (Le). VII, 1015
Rayons d'hiver. III, 1130
— et les ombres (Les). I, 731; II, 731 ; IV, 295, 378, 384, 393, 406, 412, 421, 435
Réactionnaire (Le). VII, 597
Réalisme (Le). II, 187
— et la fantaisie (Le). V, 762
—, journal. III, 533
Réalités fantastiques. III, 204
Rebelles sous Charles V (Les). I, 87
Receptio pvblica vnivs jvvenis medici in Academia bvrlesca Joannis Baptistæ Molière. V, 929
Recherche de l'absolu (La). I, 196
— de la paternité (La). III, 483
— sur un compagnon de Pomponius Lœtus. VI, 204
Recherches archéologiques et historiques sur Pékin et ses environs. VI, 854
— bibliographiques et critiques sur les éditions originales des cinq livres du roman satirique de Rabelais. I, 953
— bibliographiques sur des livres rares et curieux. IV, 855

Recherches et documents inédits sur Michel Montaigne. VI, 437
— et matériaux pour servir à une histoire de la domination française aux XIIIe, XIVe et XVe siècles. VI, 350
— historiques et bibliographiques sur les autographes et sur l'autographie. VI, 483
— historiques et bibliographiques sur les imprimeries particulières et clandestines. VI, 487
— historiques et critiques sur la Morgue. V, 455
— historiques et littéraires sur les danses des morts. VI, 470
— historiques et philologiques sur la philotésie. VI, 484
— historiques, littéraires et bibliographiques sur la vie et les ouvrages de M. de La Harpe. VI, 466
— historiques sur l'origine et l'usage de l'instrument de pénitence appelé discipline. VI, 489
— historiques sur la personne de Jésus-Christ. VI, 474
— historiques sur le collège des quatre nations. III, 822

Recherches historiques sur les enseignes des maisons particulières. V, 37
— *historiques sur les Girondins. Vergniaud, manuscrits, lettres et papiers.* VII, 971
— *historiques sur les maladies de Vénus dans l'antiquité et le moyen âge.* IV, 859
— *sur ce qu'il s'est conservé dans l'Egypte moderne de la science des anciens magiciens.* IV, 764
— *sur diverses éditions elzéviriennes.* I, 941 ; II, 607
— *sur Jean Grolier.* V, 232
— *sur l'auteur des épitaphes de Montaigne.* III, 239
— *sur l'épopée française.* V, 796
— *sur l'histoire du langage et des patois de Champagne.* II, 895
— *sur l'orfèvrerie en Espagne, au moyen âge et à la Renaissance.* III, 82
— *sur l'usage et l'origine des tapisseries à personnages dites historiées.* IV, 605
— *sur la Bibliothèque de la Faculté de médecine de Paris.* III, 823
— *sur la Bibliothèque publique de l'église Notre-Dame de Paris au XIIIe siècle.* III, 822

Recherches sur la dance macabre peinte en 1425. III, 329
— *sur la vie et les œuvres du P. Claude-François Menestrier.* I, 37
— *sur la vie et les ouvrages de Claude Deruet.* V, 635
— *sur la vie et les ouvrages de Jacques Callot.* V, 635
— *sur la vie et les ouvrages de quelques peintres provinciaux de l'ancienne France.* II, 357
— *sur le commerce, la fabrication et l'usage des étoffes de soie.* V, 811
— *sur le cuir doré.* V, 36
— *sur le feu grégeois.* IV, 943
— *sur le luxe des Romains dans leur ameublement.* VI, 486
— *sur le séjour de Molière dans l'ouest de la France.* III, 716
— *sur les almanachs & calendriers artistiques.* VI, 804
— *sur les auteurs de la Chanson de la croisade albigeoise.* V, 796
— *sur les bibliothèques anciennes et modernes.* VI, 560

Recherches sur les cartiers et les cartes à jouer à Grenoble. III, 608
— sur les collections des Richelieu. I, 847
— sur les couvents du XVIe siècle. IV, 813
— sur les diverses opinions relatives à l'origine et à l'étymologie du mot Pontife. VI, 486
— sur les drapeaux français. III, 213
— sur les fables de La Fontaine. IV, 853
— sur les hôtels de l'Archevêché de Sens. VI, 833
— sur les imprimeurs & libraires d'Orléans. IV, 74
— sur les ouvrages de Voltaire. VI, 463
— sur Louis de Bruges. VII, 962
— sur M^{rin} Regnier. II, 1040
— sur Michel Montaigne. VI, 438
— sur Molière et sa famille. VII, 601
— sur Montaigne. VI, 438
— sur quelques artistes lorrains. V, 635
Récit d'une sœur. II, 1066
— de l'arrestation de Louis XVI à Varennes. III, 770
— de l'assassinat du sieur de Boisse Pardaillan. VI, 703
— des funérailles d'Anne de Bretagne. VII, 893
— du sanglant et terrible massacre arrivé dans la ville de Moscou. I, 784

Récit en prose et en vers de la Farce des Précieuses. II, 851
Récits dans la tourelle. Histoire de la belle cordière et de ses trois amoureux. VII, 174
— dans la tourelle. Un rossignol pris au trébuchet. VII, 174
— d'histoire sainte en Béarnais. I, 499
— d'un chasseur. VII, 874
— d'un ménestrel de Reims au treizième siècle. IV, 114
— d'une paysanne. I, 15
— de campagne. VI, 282
— de Jean Féru (Les). V, 333
— de l'histoire romaine au Ve siècle. VII, 812
— de l'invasion. V, 800
— de la grève (Les). III, 214
— de messire Millet. I, 544
— des temps mérovingiens. VII, 815
— du brigadier Flageolet. Souvenirs intimes d'un vieux chasseur d'Afrique. III, 867
— du père Lalouette (Les). III, 164
— enfantins. V, 1178 ; VI, 235
— et les élégies (Les). I, 719 ; II, 973
— historiques à la jeunesse. IV, 816, 831
— variés. V, 424
Réclamation des courtisanes parisiennes. II, 668
Réconciliation (La). VI, 707
Reconnaissance de Sakountala (La). II, 746
Recontemplations (Les). IV, 323
Récréation et passetemps des tristes (La). II, 669
Récréations chimiques. I, 776

Récréations de la campagne (Les). VI, 969
Recueil complet des chansons de Collé. II, 462, 616
— complet des poésies de Saint-Pavin. VII, 32
— curieux de pièces originales, rares ou inédites... sur le costume. IV, 840
— d'estampes relatives à l'ornementation des appartements aux XVe, XVIe et XVIIe siècles. III, 233
— d'itinéraires et de voyages dans l'Asie centrale et l'Extrême-Orient. VI, 852
— de chansons par G. Nadaud. VI, 8
— de chansons populaires. VI, 1178
— de chants historiques français depuis le XIIe siècle jusqu'au XVIIIe siècle. V, 228
— de contes populaires de la Kabylie. II, 536
— de contes populaires de la Sénégambie. II, 537
— de contes populaires grecs. II, 536
— de contes populaires slaves. II, 537
— de dissertations sur différents sujets d'histoire et de littérature V, 126
— de documents relatifs à l'histoire des monnaies frappées par les rois de France. II, 569
— de documents sur l'Asie centrale. VI, 855

Recueil de fac-similé pour servir à l'étude de la paléographie moderne. IV, 646
— de faïences italiennes du XVe, XVIe et XVIIe siècles. III, 20
— de farces, moralités et sermons joyeux. VI, 969
— de farces, soties et moralités du quinzième siècle. I, 672
— de gravures pour l'ouvrage intitulé Charlotte de Corday et les Girondins. VII, 970
— de jugements de l'Echiquier de Normandie au XIIIe siècle. III, 126
— de Maurepas. II, 669
— de motets français des XIIe et XIIIe siècles. I, 666
— de pièces choisies rassemblées par les soins du cosmopolite. II, 670
— de pièces rares et facétieuses, anciennes et modernes. VI, 982
— de pièces rarissimes relatives au siège de Montpellier. I, 543
— de poèmes historiques en grec vulgaire. VI, 851
— de poésies françoises des XVe et XVIe siècles. I, 657
— de textes et de traductions publié par les professeurs de l'École des langues orientales vivantes. VI, 862
— de toutes les pièces connues jusqu'à ce jour

   de la faïence française dite de Henri II et Diane de Poitiers. III, 100
Recueil de voyages et de documents pour servir à l'histoire de la géographie depuis le XIIIe siècle. VI, 984
— de vraye poesie françoyse. II, 670
— des actes du comité de salut public. II, 572
— des chansons du savoyard. II, 669
— des chartes de l'abbaye de Cluny. II, 569
— des chevauchées de l'asne faites à Lyon en 1566 et 1578. VI, 991
— des chroniques de Flandre. II, 512
— des diplômes militaires. II, 569
— des factums d'Antoine Furetière. III, 842
— des inscriptions parisiennes. IV, 153 ; V, 310
— des instructions données aux ambassadeurs et ministres de France. IV, 26; VI, 991
— des lettres missives de Henri IV. II, 557
— des monuments inédits de l'histoire du Tiers-état. II, 569
— des pièces du temps. II, 670
— dit de Maurepas. VI, 994
— general des caquets de l'accouchée. VI, 995
— sur la mort de Molière. II, 853
Recueillements poétiques. I, 735 ; IV, 983, 1052, 1061, 1066

Recuperatione terre sancte (De). II, 907
Redgauntlet. VII, 448, 453, 457
Rédemption. III, 674
Réduction de Rédemption, parodie. III, 675
Reflets de tableaux connus. VI, 946
Réflexions d'un infirmier de l'hospice de la Pitié sur le drame d'Hernani. VI, 995
— de Talma sur Lekain et l'art théâtral. VII, 747
— et menus propos d'un peintre genevois. VII, 861
— , sentences et maximes morales de La Rochefoucauld. I, 489, 653, 699 ; II, 426, 517, 525 ; V, 52
— sur l'art des vers. VII, 709
— sur l'état de l'Eglise en France. IV, 1087, 1095, 1096
— sur la miséricorde de Dieu. V, 111
— sur le divorce. II, 330
Réformation sur les dames de Paris. VI, 741
Réforme de la Bibliothèque du Roi (La). IV, 832
— intellectuelle et morale (La). VI, 1020
Reformeresse, farce (La). VI, 972
Réfractaires (Les). VII, 947
Refrains du dimanche (Les). VII, 1097
— militaires. III, 188
Refuges (Les). III, 758
Regain. La vie parisienne. VI, 1195
Regardez mais ne touchez pas. III, 905 ; V, 393
Regards historiques et littéraires. VII, 1126

Régence (La).	III, 385
— (La). Portefeuille d'un roué.	VI, 1230
Régent Mustel (Le).	III, 461
Régicides (Les).	IV, 144
Régiment, drame (Le).	V, 582
— de la calotte (Le).	II, 1086
Régina.	IV, 1014
Registre criminel du Chatelet	I, 527
— de La Grange.	IV, 935
— des fiefs et arrière-fiefs du bailliage de Caux en 1503.	IV, 136
Registres de l'Hôtel de ville de Paris pendant la Fronde.	IV, 127
— des délibérations du bureau de la ville de Paris.	IV, 152
Règle du Temple (La).	IV, 115
Règlemens sur les arts et métiers de Paris.	II, 549
Règne animal (Le).	II, 1090
— du silence (Le).	VI, 1163
Regret d'honneur féminin (Le).	I, 559
Regrets de Joachim du Bellay (Les).	II, 585
— fidèles.	IV, 38
— sur ma vieille robe de chambre.	III, 253
— de Picardie et de Tournay.	I, 676
Régulateur universel, dithyrambe (Le).	VII, 750
Réimpression des éditions originales des pièces de Molière.	V, 947
Reims. Essais historiques sur ses rues et ses monuments.	VII, 752
Reine d'Espagne, drame en cinq actes (La).	V, 90
— de Jérusalem (La).	VI, 248
— des bois.	VII, 804
Reine des carottes (La).	II, 178 ; V, 1023
— Janvier.	II, 857 ; V, 113
— Jeanne, tragédie provençale (La).	V, 907
— Margot (La).	III, 368
— Marie-Antoinette (La).	VI, 208
Reines du monde (Les).	I, 92
Reisebilder.	IV, 55
Relation d'un congrès tenu par les oiseaux de la Haute-Saône.	VI, 489
— de l'ambassade au Kharezm de Riza, Qouly Khan.	VI, 851
— de l'isle de Bornéo.	III, 755 ; VI, 448
— de la captivité de la famille royale au Temple.	I, 67
— de la captivité de S. A. S. Mgr le duc de Montpensier.	V, 1114
— de la Cour de France en 1690.	IV, 128
— de la découverte faite à Ille, en 1834, d'une statue antique.	V, 719
— de trois ambassades de M. de Carlisle (La).	I, 648
— des campagnes de Rocroi et de Fribourg.	II, 880
— des derniers momens de Louis XVI.	VI, 461
— des désordres arrivés en la ville de Rouen.	I, 555
— des deux missions de Dijon.	VI, 469
— des funérailles de l'amiral de Villars.	I, 571
— des particularitez de la rébellion de Stenko-Razin.	I, 784

TABLE DES OUVRAGES CITÉS

Relation des troubles de Gand sous Charles-Quint. II, 512
— du départ de Louis XVI. II, 819
— du siège de Rouen en 1591. I, 568
— du voyage de Nassiri Khosrau en Syrie, en Palestine... VI, 856
— du voyage des religieuses Ursulines de Rouen à la Nouvelle Orléans. I, 551
— historique des obsèques de M. Manuel. V, 852
— inédite de la défense de Dunkerque. II, 836
— mémorable du siège de Péronne en 1536. II, 883
Relations des ambassadeurs vénitiens sur les affaires de France au XVIe siècle. II, 570
— des campagnes de 1644 et 1646. II, 800
— politiques des Pays-Bas et de l'Angleterre sous le règne de Philippe II. II, 512
Relieurs français (Les). VII, 832
Religieuse (La). II, 692
— de Toulouse (La). IV, 545
Religion considérée dans ses rapports avec l'ordre politique et civil (De la). IV, 1090, 1093
— des imbéciles (La). V, 1016
— et la Grâce (La). II, 428, 435, 783
Religions et religion. I, 733; IV, 360, 407, 413, 423
Reliquaire (Le). I, 718; II, 966

Reliquaire de M.-Q. de La Tour (Le). III, 216
— , poésies. VI, 1135
Relique de Molière, du cabinet du baron Vivant Denon (La). VI, 1108
Reliques d'amour, poëme moderne. III, 325
— de Jules Tellier. VII, 773
Reliquiæ de Louis de Cormenin. II, 1012
— , de J.-G. Farcy. III, 647
— [d'Eugénie de Guérin]. III, 1145
— [de Maurice de Guérin]. III, 1148
Reliure (De la). I, 887
— ancienne et moderne (La). I, 942
— de luxe (La). Le livre et l'amateur. III, 184
— en France (De la). VI, 116
— , poème didactique (La). V, 259
— française, commerciale et industrielle (La). V, 529
— française depuis l'invention de l'imprimerie (La). V, 529
— moderne artistique et fantaisiste (La). VII, 925
Reliures artistiques et armoriées de la Bibliothèque communale d'Abbeville (Les). V, 155
— d'art à la Bibliothèque nationale. I, 885
— remarquables du Musée britannique (Les). VII, 1165
Remarques morales, philosophiques et grammaticales sur le Dictionnaire de l'Académie française. VI, 493

TABLE DES OUVRAGES CITÉS

Remarques singulières de Paris. II, 473
— *sur l'Exposition du Centenaire.* VII, 1125
— *sur les poésies d'André Chénier.* III, 240
Rembrandt. II, 480
— *, conférence.* VI, 496
— *, son œuvre, sa vie et son temps.* V, 808
Remonstrance à vne compaignye de paroisse. VI, 982
— *aux François pour les induire à vivre en paix.* II, 591
— *charitable aux dames et damoyselles de France sur leurs ornemens dissolus.* II, 629
Remontrances du Parlement de Paris au XVIIIe siècle. II, 570
Renaissance des arts à la Cour de France (La). IV, 770
— *en France (La).* VI, 316
— *en Italie et en France à l'époque de Charles VIII (La).* V, 1185
Renaissances (Les). I, 746; VII, 507
Renard et la cigogne (Le). V, 1023
— *(Le), par Gœthe.* II, 728
— *(Reineke fuchs) (Le).* III, 1017
Rencontre, scène dramatique en vers (La). III, 264
Rencontres, fantaisies et coq-à-l'asnes facecieux du baron de Gratelard (Les). II, 671
Rendez-vous (Le). I, 720 ; II, 970
— *de Madame Élisabeth, sœur du roi, avec l'abbé de S. Martin (Le).* II, 671
René. I, 716, 753

René Chouan et sa prétendue postérité. V, 80
Renée Mauperin. I, 614, 729 ; III, 1046
— *, pièce.* VII, 1223
Réparation des vieilles reliures (De la). I, 851
Repas (Les). III, 829
— *anecdotique (Le).* III, 585
Repentir de Marion (Le). IV, 189
Répertoire bibliographique universel. VI, 455
— *de bibliographies spéciales, curieuses et instructives.* VI, 454
— *de la Comédie-française.* III, 1150
— *de la Comédie humaine de H. de Balzac.* II, 153
— *de M. Albert Glatigny.* III, 998
— *détaillé des tapisseries des Gobelins.* III, 974
— *du théâtre comique en France au moyen âge.* VI, 559
— *général de bibliographie bretonne.* IV, 707
— *général des sources manuscrites de l'histoire de France pendant et après la Révolution française.* VII, 903
— *universel de bibliographie.* VII, 772
Réponse à la lettre de M. Michelet sur les épopées du moyen âge. VI, 405
— *à M. de Lamartine.* VI, 36
— *à quelques observations de M. l'Archevêque de Paris.* VI, 906

Réponse à une incroyable attaque de la Bibliothèque nationale. III, 685
— *d'un campagnard à un parisien.* III, 139
— *de la Champenoise à M. de ***.* III, 202
— *de M. de Lamartine à M. le Président de l'Académie de Marseille.* IV, 989
— *de M. Jules Simon au discours de M. Henry Meilhac.* VII, 549
— *de M. Mézières au discours de Pierre Loti.* V, 803
[— *de M. Sainte-Beuve à un article de M. Taxile Delord dans le «Siècle»*]. VII, 143
Représentants du peuple en mission (Les). VII, 1153
— *en déroute ou le Deux-Décembre.* VII, 906
Représentation de quelques pièces d'orfèvrerie ancienne. VI, 648
— *véritable de la communauté (De la).* IV, 747
Représentations du répertoire classique. V, 1122
Reproductions de cartes & de globes relatifs à la découverte de l'Amérique. VI, 990
Républicain des campagnes (Le). VII, 692
République, conditions de la régénération de la France (La). VI, 912
— , *discours au Collège de France (La).* VI, 907

République et la littérature (La). VII, 1219
— *et royauté en Italie.* VII, 289
Requête des enfants à naître. I, 542
Réquisitionnaire (Le). I, 204
Résidences royales de la Loire (Les). V, 371
— *royales et impériales de France.* I, 901
Résignation, poésies. III, 200
Résignée. III, 293
Résignés (Les). II, 148
Ressources de Quinola (Les). I, 218
Restaurateurs et restaurés. II, 320; VI, 638
Restes de la guerre d'Estampes (Les). VII, 898
Résurrection. II, 983
Resurrecturis. Aux Polonais. V, 22
Ressuscités (Les). V, 1055
Rétif de la Bretonne, sa vie et ses amours. V, 1032
Retour à Paris. Révélation. III, 202
— *d'Arlequin (Le).* VI, 24
— *d'Italie (Le).* V, 640
— *de l'Empereur (Le).* IV, 296, 435
— *de Saint-Cloud, par terre.* VI, 45
— *de voyage.* I, 52
Retraict, farce nouvelle et fort ioyeuse (Le). VI, 978
Retraite illuminée (La). III, 414
— , *les tentations et les confessions de Madame la marquise de Montcornillon (La).* II, 627
Revanche de Joseph Noirel (La). II, 370
— *de Lauzun (La).* V, 1319
— *de Séraphine, pièce injouable (La).* VII, 371
Rêve (Le). VII, 1213
— *d'un viveur (Le).* III, 304

Rêve et vie. II, 693
— *ou les effets du romantisme (Le).* VI, 1073
Réveil d'un grand peuple (Le). VI, 911
— *de Paris (Le).* III, 776
— *du poëte.* VII, 749
Réveillon (Le). V, 651
Réveils, poésies (Les). V, 102
Révélateur du globe (Le). Christophe Colomb. I, 824
Révélations d'une femme de qualité sur les années 1830 et 1831. VI, 164
— *puisées dans les cartons des comités de salut public.* II, 825
— *sur l'arrestation d'Émile Thomas.* III, 381
Revenant (Le). III, 585
Revenants. III, 461
— *(Les).* IV, 175; VII, 336
— *de la place de Grève (Les).* II, 170
Rêveries. VI, 176
— *d'un étameur.* II, 923
— *d'un païen mystique.* V, 666
— *du promeneur solitaire (Les).* II, 331
Rêves d'une jeune fille. V, 1133
— *et pensées, poésies.* VI, 758
— *et réalités.* I, 814
Révision. VI, 909
— *de la Constitution. Discours de Michel de Bourges et de Victor Hugo.* IV, 308
Révolte de Stenka Razine. V, 736
— *des fleurs (La).* I, 748 ; VII, 706
— *, drame (La).* VII, 1090
Révoltée, pièce en quatre actes. V, 185
Révolution (La). VI, 910
— *1789-1882 (La).* IV, 73

Révolution d'Angleterre. Charles Ier, sa cour, son peuple et son Parlement. II, 268
— *dans le département de l'Yonne (La).* V, 971
— *dans les mœurs (La).* III, 1028
— *de Thermidor (La).* IV, 73
— *du 31 mai et le fédéralisme en 1793 (Le).* VII, 1153
— *et le livre de M. Quinet (La).* VI, 568
— *française (La).* IV, 554
— *française. Histoire des deux Restaurations.* VII, 977
— *française, revue (La).* IV, 145
— *religieuse au XIXe siècle (La).* VI, 909
Révolutionnaires. VI, 44
Révolutions d'Italie (Les). VI, 908
— *du Mexique (Les).* VII, 292
— *du pays des gagas (Les).* IV, 559
Revue anecdotique. VI, 1076
— *bibliographique.* VI, 884
— *comique à l'usage des gens sérieux (La).* VI, 1081
— *de l'art français ancien et moderne.* IV, 95
— *de l'histoire universelle.* VI, 825
— *de poche, littéraire et anecdotique (La).* VI, 1086
— *des deux mondes.* VI, 1087
— *des documents historiques.* VI, 1094
— *des livres et des estampes.* VI, 498
— *du mouvement historique en Espagne.* V, 1145

Revue du Salon de 1844.	IV, 178
— fantaisiste.	VI, 1095
— parisienne.	I, 215
— poétique du XIXᵉ siècle.	VI, 1096
— poétique du Salon de 1840 — du Salon de 1841.	III, 234
— rétrospective.	VI, 1096
— sans titre (La).	V, 1055
Rhapsodies.	I, 862
Rhin allemand (Le).	V, 1272
— , lettres à un ami (Le). IV, 298, 383, 386, 414, 430, 438	
Rhythmes et refrains.	VI, 1137
Ribaude du Palais-Royal (La).	II, 672
Richard Darlington.	III, 339
— IV, épisode de la rivalité de la France et de l'Angleterre.	VII, 1151
— en Palestine.	VII, 448, 453, 457
— Wagner, par Champfleury.	II, 191
— Wagner, par C. Mendès.	V, 680
— Wagner en caricatures.	III, 1094
— Wagner et son œuvre poétique.	III, 880
— Wagner et Tannhauser.	I, 346
— Wagner, sa vie et ses œuvres.	IV, 615
Riche et pauvre.	VII, 633
Richer, histoire de son temps.	IV, 109
Richesse de la Muse (La).	V, 445
Ridicules du temps (Les).	I, 306
Rienzi, tribun de Rome.	III, 291
Rieurs anglais (Les).	I, 446
Rime of the ancient mariner (The).	II, 458
Rimes buissonnières.	III, 302
— de combat.	III, 1102
Rimes de François Pétrarque (Les).	VI, 563
— de joie.	IV, 23
— de printemps.	III, 266
— inédites en patois percheron.	II, 682
— et jeux de l'enfance.	V, 326
— galantes.	II, 1001
— héroïques.	I, 314
— ironiques (Les).	I, 747 ; VII, 598
— légères.	I, 314
— loyales.	I, 899
— neuves et vieilles.	I, 746 ; VII, 294, 507
Rinconète et Cortadillo.	II, 163
Rip, opéra-comique.	V, 660
Riquet à la houppe.	I, 278
Riquette.	VI, 232
Rire (Le).	II, 1000
Rita l'espagnole, drame.	VII, 674
Rivales.	II, 769, 989
Rivalité de François Iᵉʳ et de Charles-Quint.	V, 855
Rivarol et la Société française pendant la Révolution et l'Émigration.	V, 258
Rive gauche. Chansons d'étudiants.	VII, 1175
Robe de Déjanire (La).	VI, 1
— de mariée (La).	IV, 206
— de Nessus (La).	I, 13; II, 709
Robert Burat.	I, 718
— Darnetal.	III, 75
— Emmet.	IV, 40
— Helmont.	I, 722 ; II, 688, 689 ; III, 46
— , comte de Paris.	VII, 449, 454
— Hood le proscrit.	III, 433
— Macaire.	VI, 616
— Macaire (Les).	I, 32
— Macaire et son ami Bertrand à l'Exposition des tableaux du Musée.	VI, 1146

Robespierre, drame.	VII, 383
— , *monographie bibliographique (Les).*	VI, 897
Robinson Crusoé.	III, 748
— *suisse (Le).*	VII, 1174
Robinsonnette.	I, 779 ; V, 1179
Robinsons français (Les).	III, 115
Rob-Roy.	VII, 446, 452, 457
Robur-le-Conquérant.	VII, 1016
Roche aux mouettes (La).	VII, 350
Rocher de Sisyphe (Le).	VII, 642
— *des fiancés (Le).*	II, 418
Rodolphe et Cynthia.	IV, 211
— *Töpffer, l'écrivain, l'artiste et l'homme.*	I, 822
Rodrigue de Villandrando, l'un des combattants pour l'indépendance française au quinzième siècle.	VI, 900
Roger de Gaignières et ses collections iconographiques.	III, 505
— *-la-honte, drame.*	V, 581
Roi (Le).	IV, 537
— *attend (Le).*	VII, 315
— *au masque d'or (Le).*	VII, 433
— *Candaule (Le).*	III, 943
— *Candaule, comédie (Le). (Le).*	V, 653
— *Carotte, opéra-bouffe-féerie (Le).*	VII, 373
— *chez la Reine (Le).*	I, 332
— *de Bohême et ses sept châteaux (Le).*	V, 792 ; VI, 108
— *de Camargue.*	I, 22
— *des gueux (Le).*	II, 727
— *des montagnes.*	I, 4, 582
— *des Ribauds (Le).*	IV, 815
— *est mort (Le).*	IV, 545
— *est mort : Vive le Roi !*	II, 287
— *Léopold et la reine Victoria (Le).*	VII, 101
— *Ramire (Le).*	III, 637
— *René, sa vie, son administration, ses travaux artistiques et littéraires (Le).*	V, 152
Roi s'amuse (Le).	I, 732 ; IV, 274, 380, 385, 415, 424, 436
— *Voltaire (Le).*	IV, 192, 211
Rois (Les).	V, 187
— *contemporains (Les).*	IV, 542
— *de France (Les).*	V, 179 ; VI, 1171
— *en exil (Les).*	I, 723 ; II, 688 ; III, 51
Roland ou la chevalerie.	III, 116
— *furieux.*	I, 84, 85, 696 ; II, 581
Rôle des fiefs du comté de Champagne sous le règne de Thibaud le chansonnier.	V, 379
Rôles gascons.	II, 571
Rolla.	V, 1295
Romain Kalbris.	V, 482
Roman à l'eau-forte (Le).	VI, 753
— *anglais, origine et formation des grandes écoles de romanciers du XVIII⁰ siècle (Le).*	IV, 624
— *au temps de Shakespeare (Le).*	IV, 624
— *bourgeois (Le).*	I, 650, 753 ; II, 746 ; III, 842
— *chez la portière (Le).*	V, 1014
— *comique (Le).*	I, 606, 659, 704 ; VII, 402
— *contemporain, ses vicissitudes (Le).*	VI, 66
— *d'Aquin (Le).*	I, 503
— *d'Arabelle (Le).*	VII, 13
— *d'Aubery le Bourgoing.*	II, 894
— *d'Elvire, opéra-comique (Le).*	III, 423
— *d'un brave homme.*	I, 10
— *d'un enfant (Le).*	V, 407
— *d'un jeune homme pauvre (Le).*	III, 673
— *d'un peintre (Le).*	III, 636

Roman d'un spahi (Le). V, 402
— *d'une américaine en Russie* (Le). V, 123
— *d'une femme* (Le). III, 456
— *d'une honnête femme* (Le). II, 369
— *d'une nuit* (Le). V, 673
— *de Brut* (Le). VII, 1144
— *de Dumouriez* (Le). VII, 1161
— *de Foulque de Candie* (Le). II, 896
— *de Girard de Viane* (Le). II, 894
— *de Jeanne* (Le). II, 982
— *de Jehan de Paris* (Le). I, 652
— *de la duchesse* (Le). IV, 196
— *de la momie* (Le). I, 614, 728 ; III, 919
— *de la rose* (Le). I, 654 ; III 1161
— *de la vingtième année* (Le). VI, 694
— *de minuit* (Le). II, 727
— *de Molière* (Le). III, 783
— *de Rou et des ducs de Normandie* (Le). VII, 1143
— *de Thèbes* (Le). I, 61
— *de toutes les femmes* (Le). V, 1199
— *des quatre fils Aymon* (Le). II, 896
— *du capucin* (Le). V, 1202
— *du Chaperon-Rouge* (Le). III, 34
— *du chatelain de Couci* (Le). VI, 399
— *du chevalier de la Charrette* (Le). II, 894
— *du lys* (Le). I, 899
— *du renart* (Le). VI, 1180
— *du village* (Le). V, 697
— *en vers de très-excellent, puissant et noble homme Girart de Rossillon*. III, 994

Roman, études artistiques et littéraires (Le). III, 215
— *expérimental* (Le). VII, 1220
— *naturaliste* (Le). I, 957
— *russe* (Le). VII, 1123
Romancero de Champagne. II, 896
— *de l'Impératrice* (Le). VI, 1181
— *du Cid* (Le). VI, 1181
— *françois* (Le). *Histoire de quelques anciens trouvères.* VI, 405, 1189
Romanceiro. Choix de vieux chants portugais. II, 536
Romances sans paroles. VII, 991
Romanciers (Les). I, 300
— *d'aujourd'hui* (Les). V, 169
— *naturalistes* (Les). VII, 1220
Romans champêtres illustrés par Tony Johannot. VII, 314
— *classiques du XVIIIe siècle.* VI, 1181
— *, contes et nouvelles.* III, 116
— *, contes et opuscules.* VII, 91
— *, contes et voyages.* IV, 182
— *de Bauduin de Sebourc* (Li). VI, 1184
— *de Berte aus grans piés* (Li). VI, 1185
— *de Charles Nodier.* VI, 138
— *de Dolopathos* (Li). I, 658
— *de Edmond et Jules de Goncourt.* III, 1057
— *de Garin le Loherain* (Li). VI, 1185
— *de la table ronde.* VI, 1184
— *de Parise la duchesse* (Li). VI, 1186
— *de Raoul de Cambrai* (Li). VI, 1186
— *de Voltaire.* II, 785

Romans des douze pairs de France.	VI, 1185
— du renard examinés, analysés et comparés (Les).	VI, 1199
— en vers du cycle de la Table ronde (Les).	VI, 401
— enfantins.	III, 693
— et contes. Avatar-Jettatura....	III, 925
— et contes philosophiques.	I, 186
— et le mariage (Les).	III, 663
— et nouvelles.	I, 464
— historiques du Languedoc.	VII, 607
— militaires.	II, 139
— nationaux.	III, 588
— , nouvelles et mélanges.	VI, 173
— parisiens.	IV, 193
— poétiques et poésies diverses.	VII, 445
— relatifs à l'histoire de France aux XVe et XVIe siècles.	VI, 336
Romant de Jehan de Paris (Le).	II, 753
Romantisme des classiques (Le).	III, 207
Romantiques (Les).	V, 1109
— . Éditions originales, vignettes... Victor Hugo.	VI, 149
— Honoré de Balzac.	VI, 420
— Pétrus Borel. Alexandre Dumas.	VI, 420
Romantorgo ou la Cause perperdue.	IV, 277
Rome.	V, 840
— ancienne et moderne depuis sa fondation jusqu'à nos jours.	IV, 883
— au siècle d'Auguste.	III, 240
Rome contemporaine.	I, 6
— depuis l'établissement du christianisme jusqu'à nos jours.	IV, 884
— depuis sa fondation jusqu'à la chute de l'Empire.	IV, 884
— , description et souvenirs.	VII, 1165
— , Naples et Florence.	I, 452, 464
— pendant la Semaine sainte.	V, 595
Roméo et Juliette.	VII, 491
— et Juliette, tragédie.	VII, 602
Romulus, comédie.	III, 400
Ronces et gratte-culs.	V, 528
Ronde des saisons et des mois (La).	VII, 806
Rondeau inédit de Malherbe sur l'Immaculée Conception.	V, 473
Rondeaulx et vers d'amour.	V, 526
Rondeaux et autres poésies du XVe siècle.	I, 61
— et ballades inédits d'Alain Chartier.	II, 266
Ronsard. Ballade.	VI, 1192
Rosa et Gertrude.	VII, 857
— mystica.	I, 310
Rose à douze feuilles. Femmes et fleurs.	V, 481
— blanche (La).	II, 733
— de mai.	VII, 527
— et Blanche.	VII, 193, 333
— et l'abeille (La).	V, 1160
— et Ninette.	II, 705 ; III, 63
Rosées.	V, 259
Rosemonde.	VI, 706
Roses (Les).	VII, 836
— d'antan (Les).	I, 738 ; V, 201
— d'octobre, poésies.	VII, 529
— de Noël.	II, 866
Rosette en paradis.	VII, 1034
Rosier de Madame Husson (Le).	V, 619

Rosine et Rosette. IV, 589
Rossini, l'homme et l'artiste.
    VI, 255
— . Notes — Impressions
    — Souvenirs — Com-
    mentaires. VI, 793
Rôti-cochon. I, 532
Rôtisserie de la reine Pédauque
  (La). III, 812
Rouen à La Rochelle sur le steam-
  launch Ruy-Blas (De).
    IV, 647
— disparu. I, 16
— illustré. VI, 1202
— illustré, par R. Aubé. I, 133
— 1431-1870. III, 1003
— qui s'en va. I, 17
Roueries de l'ingénue (Les).
    V, 1202
— de Trialph (Les). V, 82
Roués innocents (Les). III, 904
— sans le savoir (Les).
    VII, 912
Rouge et le noir (Le). I, 455, 456,
    463, 747
Rouget de l'Isle et la Marseil-
  laise. II, 489
Rougon-Macquart (Les). VII, 1201
Rouleaux des morts du IXe au
  XVe siècle. III, 127 ; IV, 110
Roumains de la Macédoine (Les).
    VI, 655
Roussotte (La). V, 658
Route de Varenne (La). II, 722 ;
    III, 415
Routiers au XIVe siècle (Les).
    I, 37
Roy des ribauds (Le). II, 1086
— glorieux au monde (Le).
    II, 849
Royal keepsake (Le). IV, 695
Royalistes et républicains. VII, 839
Royaume des roses (Le). IV, 185
Rue (La). VII, 947
— à Londres (La). VII, 949
— du Puits qui parle (La).
    III, 634

Rue, journal quotidien (La).
    VII, 948
Ruelle mal assortie (La). VII, 888
Ruelles du XVIIIe siècle (Les).
    IV, 737
— , salons et cabarets. I, 769;
    II, 915
Rues de Paris (Les). VI, 1237
— du vieux Paris (Les).
    III, 771
— et églises de Paris vers
  1500 (Les). I, 854
— et les cris de Paris au
  XIIIe siècle (Les). II, 574
— et maisons du vieux Blois
  (Les). IV, 332
Ruines de Paris (Les). II, 735 ;
    V, 1041
— de Paris en 4875. III, 825
Russie à l'Exposition universelle
  (La). IV, 215
— ancienne et moderne (La).
    VI, 1189
— en 1839 (La). II, 1090
— épique (La). VI, 952
— et l'Europe (La). V, 565
— et les Russes (La). Kiew
  et Moscou. VII, 848
— (La). Impressions — portraits — paysages.
    VII, 534
Rustem. IV, 1015
Rut ou la pudeur éteinte (Le).
    II, 1024
Rutebeuf. III, 1120
Ruy-Black ou les noirceurs de
  l'amour. IV, 295
Ruy Blas. I, 733 ; IV, 290, 382,
  385, 386, 415, 425, 437
Ruy-Brac, parodie. IV, 294
Ruysch. I, 371
Rymaille sur les plus célèbres
  bibliotières de Paris en 1649.
    IV, 881 ; VI, 1240
Rymes de gentile et vertveuse
  dame D. Pernette du Guillet.
    III, 331

S

Sabba da Castiglione. I, 847
Sabine, ou matinée d'une dame romaine à sa toilette. I, 828
Sabot de Noël (Le). II, 362
— de Noël, légende (Le). III, 995
— rouge (Le). V, 1201
Sac au dos. IV, 471
Sacerdoce littéraire (Le). I, 86
Sachet (Le). VII, 2
Sacountala. I, 626
— , ballet-pantomime. III, 919
Sacre de Charles dix (Le). IV, 239
— de Paris (Le). V, 145
Sacrifice (Le). I, 724 ; III, 37
Sacs et parchemins. VII, 345
Sagas, légendes des bardes du Rhin. IV, 696
Sagesse. VII, 992
— (De la). V, 1129
— de la mère l'oie (La). II, 712
— de poche. II, 866
Sagettes et ruses d'amour (Les). VII, 6
Sahara et Sahel. III, 839
Saint Anselme. V, 1084
— -Barthélemy (La). IV, 880
— Evremond. Etude historique. V, 763
— -Girons. Une campagne administrative dans les Pyrénées. IV, 38
— Hubert ou quinze jours d'automne dans un vieux château de Bourgogne (La). VII, 23
— Huberty d'après sa correspondance et ses papiers de famille. III, 1062
— Jérôme. La société chrétienne à Rome. VII, 812

Saint-Léon ou les suites d'un bal masqué. V, 908
— Louis. VII, 1151
— Louis et son siècle. VII, 1154
— Louis et son temps. VII, 1151
— Louis, son gouvernement et sa politique. V, 153
— Martin. V, 153
— Michel et le mont Saint-Michel. III, 974
— Paul. VI, 1019
— -Simon. III, 1119
— -Simonienne (La). V, 124
— Vincent de Paul et les Gondi. II, 232
— Vincent de Paul et sa mission sociale. V, 40
— voyage de Jhérusalem (Le). I, 57
Sainte Baume (La). VI, 284
— -Beuve et les Mémoires d'outre-tombe. VII, 150
— -Beuve et ses inconnues. VI, 762
— -Beuve. L'œuvre du poète... V, 304
— Bible (La). I, 470, 472 ; II, 543
— Bohême (La). I, 265
— Cécile et la société romaine. III, 1144
— Elisabeth de Hongrie. V, 1085
— -Hélène. VII, 829
— -Hélène aux Invalides. Souvenirs de Santini (De). VII, 355
— -Hélène. Translation du cercueil de l'Empereur Napoléon. III, 532
— Marguerite de Cortone. II, 368
— Russie (La). VII, 969
— Vierge (La). V, 630
Saintes femmes, fragments d'une

  histoire de l'Église
  (Les). III, 18
Saintes femmes. Keepsake prin-
  cier. IV, 705
Saints évangiles (Les). III, 616, 617
Saisie de livres prohibés faite
 aux couvents des Jacobins
 et des Cordeliers. II, 637
Saisons, poëme (Les). VII, 25
Sakontala à Paris. VII, 180
Salamandre (La). VII, 673
Salammbô. I, 726 ; II, 349 ;
  III, 724
Salaziennes (Les). IV, 789
Salle d'armes (La) Pauline. III, 346
Salles d'armes de Paris (Les).
  VII, 7
Salmigondis, contes de toutes
 les couleurs (Le). VII, 181, 333
Salmis de nouvelles. III, 915 ;
  VII, 185
Salon caricatural, critique en
 vers et contre tous (Le).
  VII, 186
— d'Horace Vernet. IV, 595
— de Joséphin Peladan (Le).
  VI, 506
— de la Rose + Croix. Rè-
 gles et monitoires. VI, 509
— de mil huit cent vingt
 deux. VII, 820
— de 1831. VI, 699
— de 1831. Ébauches cri-
 tiques. IV, 514
— de 1833. Les causeries
 du Louvre. IV, 515
— de 1833 — de 1834 —
 de 1841. V, 118
— de 1839. V, 101
— de 1845 — de 1846, par
 Ch. Baudelaire. I, 339
— de 1845 — de 1846 — de
 1847, par Thoré (Le).
  VII, 834
— de 1847, par Th. Gau-
 tier. III, 903
— de 1847, par Paul Mantz.
  V, 490

Salon de 1852. III, 1026, 1068
— de 1857 — de 1859 — de
 1861 — de 1863 — de
 1864 — de 1865 — de
 1866. III, 307, 309, 310,
  311
— de 1875. Peinture et sculpture. V, 1069
— de 1875 — de 1876. III, 238
— de 1883. I, 985
— de 1884 — de 1890. III, 84,
  85
— de 1885. IV, 46
— de 1885 (Le). Étude. V, 875
— de 1886. VI, 266
— de 1887. VI, 264
— de 1888 (Le). IV, 218
— de 1888 [par Eug. Mont-
 rosier]. V, 1118
— de 1889 (Le). [par Georges Lafenestre]. IV, 876
— de 1889, par P. Mantz.
  V, 493
— de 1890. IV, 19
— de 1891 — de 1892, par
 A. Hustin. IV, 469, 470
— de 1891 [par Antonin
 Proust] (Le). VI, 842
— de 1892 (Le). V, 69
— de 1893, par Gaston Jollivet (Le). IV, 582
— de 1893 [par Olivier Mer-
 son]. V, 765
— de Paris illustré 1884 (Le).
  I, 791
— de Paris illustré 1885 (Le).
  III, 542
— de peinture en 1880. II, 366
— des Aquarellistes fran-
 çais. V, 1118
— des refusés. La peinture
 en 1863. III, 225
— illustré 1888. III, 768
— illustré, 1891 — 1892.
  III, 86
— intime (Le). I, 132
Salons (1857-1870-1892). II, 124

Salons bordelais ou expositions des beaux-arts à Bordeaux au XVIIIe siècle.	V, 527
— célèbres.	III, 957
— de conversation au dix-huitième siècle (Les).	III, 688
— de Paris (Les).	I, 364
— de W. Burger 1861 à 1868.	VII, 835
— de T. Thoré.	VII, 834
Saltcador (El).	II, 718 ; III, 401
Saltimbanque (Le).	VI, 754
Saltimbanques et pantins.	VII, 1007
— . Leur vie, leurs mœurs (Les).	III, 591
Salut d'amour dans les littératures provençale et française (Le).	V, 796
— public (Le).	I, 340 ; II, 177
Salvator.	III, 404
Samuel, roman sérieux.	V, 1311
— Brohl et Cie.	II, 372
Saône et ses bords (La).	VI, 120
San Felice (La).	III, 427
Sandford et Merton.	I, 435
Sandrin ou vert galand (Le).	II, 673
Sang de la coupe (Le).	I, 709
— des dieux (Le).	V, 399
Sans cela! elle serait ma femme.	VII, 477
— famille.	V, 482
— lendemain, poésie.	III, 285
— queue ni tête.	V, 217
— titre.	III, 760
Santé des gens de lettres (De la).	VII, 847
Saphir (Le).	I, 72
— , livre des salons (Le).	IV, 696
— , pierre précieuse.	III, 409
Saphira ou Paris et Rome sous l'Empire.	IV, 705
Sapho, par E. Augier	I, 142
Sapho, par Alphonse Daudet.	I, 723; II, 348, 703; III, 56, 57
— , drame.	VII, 511
Sara ou l'amour à quarante-cinq ans.	VI, 1072
Sarabande du cardinal (La).	V, 639
Sarcophage de Tabnith, roi de Sidon (Le).	VI, 1033
Sarcophages chrétiens de la Gaule (Les).	II, 560
Sarrasine.	I, 199
Sarsifi petafiné (Le).	V, 631
Satania, comédie.	V, 639
Sathaniel.	VII, 607
Satire de J. Du Lorens.	II, 626
— des romans du jour.	V, 864
— en France au moyen age (La).	V, 206
— en France ou la littérature militante au XVIe siècle (La).	V, 206
Satires de Dulorens.	II, 4
— de Juvénal.	I, 693
— [d'Amédée Marteau].	V, 544
— de Perse.	I, 496, 693
— de Louis Petit (Les).	II, 11
— du sieur Nicolas Boileau (Les).	I, 493
— et chants.	I, 315
— et diatribes sur les femmes.	I, 772
— et poèmes.	I, 313
— et portraits.	IV, 58
— inédites de Garaby de la Luzerne.	I, 573
— jacobites (Les).	IV, 227, 351
— , par L. Veuillot.	VII, 1025
Satiricon (Le) de Pétrone.	I, 693
Satyre des satyres (La).	II, 853
— Ménippée (La).	I, 629, 637; II, 674 ; VII, 388
Satyres bastardes et autres œuvres folastres du cadet Angoulevent (Les).	II, 598
Saül, tragédie.	IV, 1025
Savlsaye. Églogue de la vie solitaire.	VII, 477

Sauterelles de Jean de Saintonge (Les). V, 201
Sauvageonne. I, 749 ; VII, 791
Sauvages de Paris (Les). VII, 312
Sauvons-le! I, 776
Sâvitri, épisode du mahabharata. VI, 707
Saynètes. III, 765
— *et monologues.* V, 1056, 1057, 1059
— *que nous venons d'avoir l'honneur..... (Les).* II, 857
Scarabée d'or (Le). II, 695
Sceaux (Les). I, 66
Scènes contemporaines. II, 173
— *de campagne.* V, 1199
— *de la Bohême.* I, 41 ; V, 1192
— *de la vie.* I, 265, 266
— *de la vie castillane et andalouse.* III, 754
— *de la vie cruelle.* V, 1055
— *de la vie de Bohême.* V, 1193
— *de la vie de campagne.* I, 235
— *de la vie de jeunesse.* V, 1194
— *de la vie de province.* I, 197, 198
— *de la vie flamande.* II, 928
— *de la vie italienne.* V, 768
— *de la vie maritime.* IV, 514
— *de la vie orientale.* VI, 55
— *de la vie parisienne.* I, 198, 199, 235
— *de la vie privée.* I, 183, 196, 197
— *de la vie privée et publique des animaux.* VII, 405
— *de la vie russe.* VII, 874
— *de la ville et de la campagne.* V, 1011
— *de mer. Capitaine noir.* II, 1003

Scènes de mer. Deux lions pour une femme. II, 1003
— *de mœurs et de voyages dans le nouveau-monde.* III, 624
— *de ville et de théâtre.* V, 235
— *du beau monde.* VII, 416
— *écossaises.* VI, 265
— *et comédies.* III, 672
— *et épisodes de l'histoire nationale.* VII, 469
— *et proverbes.* III, 671
— *hongroises.* V, 856
— *parisiennes.* II, 735
— *populaires dessinées à la plume.* V, 1004
Sceptiques, comédie (Les). V, 477
Schamyl, drame. V, 791
Scheffer (Ary-Henri). V, 564
Science des armoiries (La). IV, 607
— *et anerie, moralité.* VI, 977
— *positive et la métaphysique (La).* V, 314
Sciences et lettres au moyen âge et à l'époque de la Renaissance. IV, 853
Scorpion (Le). VI, 823
Scot Érigène. Thèse pour le doctorat. VII, 97
Scrapbook. Picardie. V, 308
Scripturæ sacræ cursus completus. II, 843
Scrupule du père Durieu (Le). II, 756
Sculpteur danois Vilhelm Bissen (Le). VI, 713
Sculpteurs de Lyon du quatorzième au dix-huitième siècle (Les). IV, 103
— *italiens (Les).* VI, 525
Sculpture (La). I, 680
— *antique (La).* I, 665
— *française avant la Renaissance classique (La).* II, 1040
Sculptures grotesques (Les). I, 17

Séance publique annuelle du jeudi 20 novembre 1884. VI, 309
Sébastien Le Clerc et son œuvre. IV, 101
— Roch. V, 786
Séchot et Poulard. III, 1159
Second mouvement (Le). VI, 304
— tome du Parnasse des chansons à danser. II, 660
— voyage en zigzag. VII, 865
Seconde chronique de Gargantua et de Pantagruel de Rabelais (La). II, 6
— interdiction de Tartuffe (La). VII, 819
— nuit (La). III, 983
— page (La). VI, 1199
Secondes harmonies poétiques et religieuses. IV, 971
Secret d'État, comédie-vaudeville (Le). VII, 672
— de Fourmies (Le). III, 301
— de Gertrude (Le). VII, 793
— de Laurent (Le). I, 781
— de Mademoiselle Marthe (Le). III, 196
— de M. Ladureau (Le). II, 204
— de Rome au XIXᵉ siècle (Le). I, 926
— des Ruggieri (Le). I, 206
— du précepteur (Le). II, 374
— du Roi (Le). I, 934
Secrétaire intime (Le). VII, 201, 301, 309, 313
Secrets de l'oreiller (Les). II, 740; VII, 700
— de nos pères (Les). I, 773
— des Bonaparte (Les). VI, 44
— des Bourbons (Les). VI, 44
— magiques pour l'amour. I, 491
Seine (La). IV, 149
— à travers Paris (La). III, 137
— et ses bords (La). VI, 121

Seize mois ou la Révolution et les révolutionnaires. VII, 188
— morceaux de littérature. II, 409
Seizième joye de mariage (La). I, 483
— siècle et les Valois d'après les documents inédits du British Museum (Le). IV, 879
Séjour de Henri III à Rouen. I, 555
Sélam, almanach fashionable. VII, 469
—, morceaux choisis (Le). IV, 697
— (scènes d'Orient) (Le). III, 907
Selle chevalière (La). VI, 484
Semaine des trois jeudis (La). IV, 553
Semaines littéraires (Les). VI, 776
Semonce faicte à Paris des coquus (La). I, 483
Sens dessus dessous. VII, 1017
Sensations d'art. I, 301
— d'histoire. I, 301
— d'Italie. I, 908
— d'un juré (Les). I, 166
— de Josquin (Les). II, 190
Sensitives (Les). IV, 697
—, album des salons (Les). VII, 475
S'ensuivent les blasons anatomiques du corps féminin. II, 673
— plusieurs belles châsós nouuelles. I, 678
S'ensvyt l'hystoire de Monseigneur Gerard de Rovssillon. III, 994
— le roman de edipus. II, 891

S'ensvyt le romant de Richart, fils de Robert le diable. II, 885
— le testamêt de la guerre. I, 678
— le testament de Lucifer. II, 891
— la rencôtre et descôfiture des hennoyers. I, 677
— plusieurs belles chansons nouvelles. II, 673
Sensuyuent dix-sept belles chansons nouuelles. I, 679
— plusieurs belles chansons. II, 885
— quatorze belles chansons nouvelles. I, 678
— seize belles chansons. I, 678
Sentiers de France. VI, 916
— perdus (Les). IV, 176
Sentiment de la nature avant le Christianisme (Le). V, 24
— de la nature chez les modernes (Le). V, 25
Sept châteaux du roi de Bohême (Les). VI, 108
— cordes de la lyre (Les). VII, 212, 304, 310
— dessins de gens de lettres. III, 232
— discours touchant les dames galantes (Les). I, 588
— dixains de sonnets tirés de Rabelais. V, 1072
— infans de Lara (Les). V, 476
— journées de la Reine de Navarre (Les). I, 600
— lettres de Mérimée à Stendhal. V, 753
— marchans de Naples (Les). II, 885
— messéniennes nouvelles. III, 108
— péchés capitaux (Les). VII, 692

Sept péchés capitaux de la littérature (Les). I, 130
— petites nouvelles de Pierre Aretin. II, 599
— princesses (Les). V, 448
Septembriseurs, scènes historiques (Les). VI, 1003
Sépultures de l'église Saint-Remi de Reims (Les). I, 567
Séraphina Darispe. II, 713
Séraphine, comédie. VII, 370
— , de V. Sardou racontée par Touchatout. VII, 371
Séraphita. I, 201, 208
Serbes de Hongrie (Les). VI, 655
Screes de Guillaume Bouchet (Les). I, 630
Sérénus, histoire d'un martyr. V, 184
Serge Panine. VI, 256
Serment (Le). IV, 343
— d'Horace (Le). V, 1201
— du jeu de Paume (Le). IV, 144
Sermon d'un cartier de mouton. VI, 970
— joyeux de monsieur saint Hareng. VI, 741
— joyeux des IV vens. VI, 969
— nouveau et fort joyeux auquel est contenu tous les maux que l'homme a en mariage. VI, 740
Sermons choisis de Bossuet, de Bourdaloue et de Massillon. I, 786
— , instructions et allocutions du R. P. Henri-Dominique Lacordaire. IV, 799
Serpent sous l'herbe (Le). IV, 175
Serres chaudes. V, 446
Service de la Sûreté (Le). V, 438
— en campagne, comédie. V, 583

Servilité de la magistrature impériale (La). IV, 344
Servitude et grandeur militaires. I, 45, 586, 623, 750; VII, 1062, 1070, 1072
— *volontaire ou le contr'un.* II, 328
Seul. IV, 29
— ! VII, 175
Severo Torelli. I, 720 ; II, 979
Sextines. III, 1089
Sganarelle ou le cocu imaginaire. V, 948, 955
Shakespeare et l'antiquité. VII, 661
— *des dames.* IV, 698
— *et son œuvre.* IV, 1019
— *et son temps.* III, 1174
— *, ses œuvres et ses critiques.* V, 799
Shylock, par A. de Vigny. I, 751
— *, comédie.* IV, 29
Si jeunesse savait, si vieillesse pouvait. VII, 619
Siasset Namèh. Traité de gouvernement. VI, 862
Sicilien ou l'amour peintre (Le). V, 950, 954, 959
Siècles de Louis XIV et de Louis XV. II, 785
Siège de Calais (Le). I, 754 ; II, 788, 792
— *de la Roche-Pont* (Le). VI, 237
— *de Paris* (Le). I, 87
— *de Paris et la défense nationale* (Le). VI, 912
Siesta (La). IV, 698
Siestes (Les). III, 1102
Signes du temps (Les). VI, 1160
Signification des mots (De la). I, 695
Silhouette, journal des caricatures (La). VII, 500
Silhouettes de mon temps. V, 577
Silvain, de la Comédie-Française. VII, 536
Silves. I, 315
— *et rimes légères.* I, 315

Silvio ou le boudoir. IV, 883
Simon. VII, 205, 302, 310, 313
Simple bon sens (Le). VII, 853
— *causerie sur l'esprit français dans les beaux-arts.* IV, 869
— *lettre d'un petit de sixième à l'élève de seconde Cavaignac.* VI, 4
— *portraicture du manoir-Beauchesne* (La). III, 203
Simples esquisses physiologiques. VI, 634
— *lettres sur l'art dramatique.* III, 364
— *notes sur la vie de François Rabelais.* IV, 855
Singe, comédie (Le). III, 1004
— *de Nicolet* (Le). V, 644
— *, histoire du temps de Louis XIV* (Le). IV, 829
Singularités physiologiques. VII, 559
Sir Lionel d'Arquenay. V, 160
Sire. V, 113
— *de Bacqueville* (Le). I, 554
Sirène (Le). IV, 698
Sirènes (Les). IV, 644
Sirop-au-cul ou l'heureuse délivrance. II, 674
Sites. VI, 999
Six aventures (Les). III, 307
— *couches de Marie de Médicis* (Les). II, 575
— *mille lieues à toute vapeur.* VII, 291, 330
— *mois aux Indes. Chasses au tigre.* VI, 283
— *mois de correspondance. Diane et Louise.* VII, 609
— *mois de la vie d'un jeune homme.* I, 661
— *morceaux de littérature.* II, 405
— *nouvelles nouvelles.* V, 328

Six semaines dans l'île de Sardaigne. III, 120
Smarra ou le démon des mauvais rêves. VI, 100
— ou les démons de la nuit. VI, 100, 174, 176
Smogglers (Les). V, 140
Sobres sotz entremelle auec les Syeurs d'Ays, farce moralle. VI, 980
Socialisme rationnel et le socialisme autoritaire (Le). II, 637
Société au treizième siècle (La). V, 152
— béarnaise au XVIIIe siècle (La). I, 499
— d'histoire contemporaine. VII, 564
— d'histoire de l'art français. IV, 93
— d'histoire de la Révolution française. IV, 143
— de l'histoire de France. IV, 107
— de l'histoire de Normandie. IV, 132
— de l'histoire de Paris et de l'Ile de France. IV, 138
— des Bibliophiles bretons. I, 502
— des Bibliophiles contemporains. I, 509
— des Bibliophiles dauphinois. I, 516
— des Bibliophiles de Guyenne. I, 534
— des Bibliophiles de Montpellier. I, 546
— des Bibliophiles de Reims. I, 565
— des Bibliophiles de Touraine. I, 574
— des Bibliophiles du Béarn. I, 498
— des Bibliophiles françois. I, 518

Société des Bibliophiles languedociens. I, 539
— des Bibliophiles lyonnais. I, 544
— des Bibliophiles normands. I, 548
— des gens de lettres de l'avenir (La). II, 195
— des Jacobins (La). II, 577
— des peintres-graveurs français. Troisième exposition. V, 580
— des Philobiblon. VI, 581
— des Rosati d'Arras (La). III, 270
— française au XVIIIe siècle d'après le Grand Cyrus (La). II, 1063
— œnophile. III, 889
— rouennaise de Bibliophiles. I, 568
Sociétés badines, bachiques, littéraires et dansantes (Les). III, 270
Socrate et sa femme. I, 279
Sodome. I, 84
Sodomia tractatus (De). II, 592
Sodomie (De la). II, 579
Sœur aînée (La). II, 730
— Anne. IV, 713, 719
— de Gribouille (La). I, 780
— du Maugrabin (La). IV, 824
— Fesne, farce nouvelle. VI, 975
— Laure. VII, 567
— Philomène. I, 729 ; II, 700 ; III, 1044
Sœurs de la Charité (Les). V, 480
— Hédouin (Les). V, 662
— Rondoli (Les). V, 612
— Vatard (Les). IV, 471
Soins de toilette. Le savoir-vivre (Les). III, 828
Soir d'une bataille, poème (Le). V, 144
Soirée historique de la Comédie française. II, 546

Soirées amoureuses du général Mortier et de la belle Antoinette.	II, 674
— d'hiver.	IV, 699
— d'hiver, histoires et nouvelles.	IV, 729
— de Jonathan (Les).	VII, 171
— de Médan.	VII, 567, 1229
— de Neuilly (Les).	III, 274
— de Saint-Pétersbourg (Les).	V, 459
— de Walter-Scott à Paris.	IV, 813
— du boulevard Coblenz (Les).	II, 1075
— du docteur Sam (Les).	I, 445
— littéraires de Paris.	IV, 699; VII, 568
— parisiennes (Les).	V, 1155
Soirs (Les).	VII, 988
— de bataille (Les).	IV, 466
— moroses.	V, 677
Soixante ans de souvenirs.	V, 173
— ans du Théâtre Français.	VII, 568
— planches d'orfèvrerie de la collection Paul Eudel.	III, 612
73 journées de la Commune (Les).	V, 671
Soldat et le Chartreux (Le).	III, 585
Soldats de France. Actions héroïques.	VI, 948
— de la Révolution (Les).	V, 839
Soleil de la Liberté (Le).	III, 292
— de minuit (Le).	V, 677
Soleils d'octobre.	V, 504
Solfège poétique et musical.	VI, 15
Soliloques sceptiques, par La Mothe le Vayer.	II, 588
Solitaire (Le).	I, 86
Solitude.	III, 24
Solitudes (Les).	I, 748 ; VII, 706
Solutions conjugales (Les).	VII, 390

Sommités contemporaines (Les).	III, 930
Son Altesse la Femme.	VII, 924
— Altesse Royale Henri d'Orléans, duc d'Aumale, chez les Amis des livres.	VI, 312
— Excellence Eugène Rougon.	VII, 1204
— mouchoir.	II, 41
Sonate de Kreutzer (La).	VII, 851
Songe d'une nuit d'été (Le).	V, 794
— de Khéyam (Le).	I, 884
— de l'amour (Le).	V, 795
— de la thoison d'or (Le).	II, 889
— de Poliphile.	II, 918
— doré de la pucelle (Le).	VI, 741
— du resveur (Le).	II, 849
Songes drolatiques de Pantagruel (Les).	II, 668 ; VI, 933
Sonnailles et clochettes.	I, 281
Sonnette du diable, drame (La).	VII, 608
Sonnettes, comédie (Les).	V, 651
Sonnets de la Chaise (Les).	V, 1072
— de William Shakespeare (Les).	VII, 490
— des vieux maistres françois.	VII, 579
— du docteur (Les).	II, 38
— et eaux-fortes.	VII, 579
— et fantaisies.	I, 816, 817
— & poésies.	I, 319
— humouristiques.	VII, 594
— impossibles (Les).	VI, 753
— inédits d'Olivier de Magny.	VI, 703
— luxurieux du divin Pietro Aretino (Les).	V, 1235
— , par Léon d'Aurevilly.	I, 310
— , par E. Boulay-Paty.	I, 896
— , par le Cte Ferdinand de Gramont.	III, 1088
— parisiens.	V, 505

Sonnets, poèmes et poésies.	I, 746; VII, 595
— tourangeaux.	V, 1072
Sonneurs de sonnets (Les).	III, 161
Sophie Arnould.	III, 1032
— Printems.	III, 463
Sophocle. Traduction nouvelle [par Leconte de Lisle].	VII, 582
Sophonisbe, épisode du poëme de l'Afrique.	VI, 564
Sorbonne et les Gazetiers (La).	I, 486
—, ses origines, sa bibliothèque (La).	III, 825
Sorcier (Le).	I, 209
Sorcière (La).	V, 835
Sottie en France (La).	VI, 656
Sottisier.	II, 863
Souffrances du jeune Werther (Les).	I, 595 ; III, 1010, 1012
— du professeur Delteil (Les).	II, 182
Souffre-douleur.	III, 1076
Souhaits du monde (Les).	VI, 741
Souliers de mon voisin (Les).	VI, 237
— de Sterne (Les).	V, 1053
— rouges (Les).	I, 63
Soupé des Petits-Maîtres (Le).	II, 27
Souper de Beaucaire (Le).	VI, 26
— des funérailles (Le).	V, 1195
Soupers de Daphné (Les).	II, 338
— du Directoire (Les).	VII, 15
— du Lasca (Les).	II, 587
Soupeurs de mon temps (Les).	I, 375
Soupirs de Sifroi (Les).	II, 1022
Source divine (La).	III, 1182
Sources de l'histoire de France, par A. Franklin (Les).	III, 826
Sources de l'histoire de France. par A. Molinier (Les).	V, 967
Sourd, son varlet et l'yvcrongne (Le).	VI, 972
Souris (La).	VI, 310
Sous bois. Impressions d'un forestier.	VII, 788
— l'incendie.	VI, 6
— la Régence et sous la Terreur.	IV, 188
— la tente. Souvenirs du Maroc.	VII, 1181
— le manteau.	V, 1061
— les frises.	VII, 902
— les lilas.	I, 776
— les rideaux. Contes du soir.	VII, 818
— les tilleuls.	IV, 626
— -offs, roman militaire.	III, 199
— -offs en cour d'assises.	III, 199
Souscription en faveur de M. J.-M. Quérard.	VI, 898
— . Œuvres complètes de Victor Hugo.	IV, 247
Souspirs (Les), d'Olivier de Magny.	I, 634 ; II, 650 ; V, 451
Souvenance, poésies.	V, 524
Souvenir de la Bibliothèque impériale publique de St-Pétersbourg.	V, 872
— de la Révolution. Madame Roland.	VI, 1175
— du Banquet-Molière.	VII, 943
Souvenirs (Les).	V, 693
— contemporains d'histoire et de littérature.	VII, 1086
—, correspondance, bibliographie [de Ch. Baudelaire].	VII, 640
— d'âge mûr.	VII, 360
— d'Antony.	III, 344

Souvenirs d'Asnières. Mademoiselle de Fontanges.		IV, 947
—	d'égotisme.	I, 461
—	d'enfance et de jeunesse.	VI, 1027
—	d'Espagne.	II, 1025
—	d'Italie, d'Angleterre et d'Amérique.	II, 287
—	d'Orient.	II, 1025
—	d'un amiral.	IV, 619
—	d'un aveugle.	I, 79
—	d'un canonnier de l'armée d'Espagne.	I, 283
—	d'un directeur des Beaux-Arts.	II, 367
—	d'un enfant du peuple.	V, 599
—	d'un homme de lettres, par A. Daudet.	II, 704 ; III, 60
—	d'un homme de lettres, par A. Jal.	IV, 515
—	d'un jeune premier.	IV, 877
—	d'un médecin de l'expédition d'Égypte.	II, 504
—	d'un musicien.	I, 14
—	d'un préfet de police.	I, 63
—	d'un sexagénaire.	I, 95
—	d'un vieux critique.	VI, 779
—	d'un vieux mélomane.	VI, 778
—	d'un voyage dans l'Inde.	III, 119
—	d'un voyage en Abyssinie.	II, 741
—	d'un voyageur.	IV, 783
—	d'une cocodette.	III, 700
—	d'une cosaque.	III, 830

Souvenirs d'une demoiselle d'honneur de Mme *la duchesse de Bourgogne.*		IV, 40
—	d'une favorite.	III, 429
—	de Barbizon.	VI, 661
—	de Béranger.	VI, 199
—	de Bourgogne.	V, 1092
—	de collège.	II, 980
—	de Félicie.	II, 828 ; III, 969
—	de fidélité.	II, 31
—	de France et d'Italie.	III, 600
—	de Jean-Nicolas Barba, ancien libraire.	VI, 950
—	de jeunesse, par Ch. Nodier.	VI, 110, 177, 180
—	de jeunesse, par F. Sarcey.	VII, 360
—	de J. N. Barba.	I, 286
—	de l'année 1848.	III, 313
—	de l'École de Mars et de 1794.	V, 8
—	de l'Orient.	V, 506
—	de la maréchale, princesse de Beauvau.	I, 368
—	de la marquise de Caylus.	II, 744, 1069
—	de la Présidence du maréchal de Mac-Mahon.	III, 75
—	de la Révolution et de l'Empire.	VI, 109
—	de la Suisse.	I, 86
—	de la Terreur.	VI, 170
—	de la vie intime de Henri Heine.	II, 499
—	de Lavey.	VII, 867
—	de Léonard, coiffeur de la reine Marie-Antoinette.	V, 210
—	de Londres en 1814 et en 1816.	II, 1066
—	de Madame C. Jaubert.	IV, 573

Souvenirs de Mme *de Caylus.*
        I, 639 ; II, 142, 794
— *de Madame Louise-Élisabeth Vigée-Lebrun.* VII, 1048
— *de 1848.* VII, 285
— *de 1830 à 1842.* III, 403
— *de mission. Metz, Strasbourg et Colmar.* V, 48
— *de première jeunesse d'un curieux septuagénaire.* III, 687
— *de quarante ans dédiés à mes enfants.* V, 263
— *de Schaunard.* VII, 416
— [*de Richard Wagner*]. VII, 1145
— *de soixante années.* III, 117
— *de Spa. Histoire du prince et de la princesse Floris.* II, 738
— *de théâtre, d'art et de critique.* III, 942
— *de vingt ans de séjour à Berlin.* II, 829
— *de voyage.* VI, 80
— *de voyages et d'études.* VII, 28
— *des Cours de France, d'Espagne, de Prusse et de Russie.* II, 829
— *des Funambules.* II, 189
— *dramatiques.* III, 430
— *du banquet offert à Victor Hugo.* III, 831
— *du capitaine Parquin.* VI, 419
— *du dernier secrétaire de Sainte-Beuve.* VII, 902
— *du quatre septembre.* VII, 547
— *du théâtre anglais à Paris.* V, 1133

Souvenirs. Enfance. Adolescence. Jeunesse.
        VII, 851
— , *épisodes et portraits pour servir à l'histoire de la Révolution et de l'Empire.* VI, 108
— *et campagnes d'un vieux soldat de l'Empire.* VI, 419
— *et correspondance de Madame de Caylus.* II, 143
— *et impressions littéraires.* VII, 269
— *et indiscrétions. Le dîner du vendredi saint.* VII, 146
— *et mélanges.* IV, 40
— *et notes biographiques.* VI, 83
— *et paysages d'Orient.* III, 305
— *et portraits, par A. de Lamartine.* IV, 1022
— *et portraits, par le duc de Levis.* V, 312
— *et portraits, par Ch. Nodier.* VI, 177
— *et portraits de jeunesse.* II, 203
— *et portraits de la Révolution.* VI, 108
— *et portraits. Études sur les beaux-arts.* IV, 3
— *et réflexions politiques d'un journaliste.* VII, 28
— *et regrets du vieil amateur.* I, 93, 94
— *et visions.* VII, 1124
— *historiques des résidences royales de France.* VII, 972

Souvenirs historiques et littéraires sur le département du Loiret.	III, 778
—, *impressions, pensées et paysages pendant un voyage en Orient.*	IV, 973, 1052
— *intimes de Henri Heine.*	VII, 1156
— *intimes du temps de l'Empire.*	VII, 20, 21
— *littéraires.*	III, 314
— *littéraires. Portraits intimes.*	VII, 1163
— *lyonnais. Lettres de Valère.*	VII, 846
— *personnels.*	I, 315
— *poétiques.*	I, 356
— *poétiques de l'École romantique.*	III, 788
— *relatifs à quelques bibliothèques particulières des temps passés.*	VI, 485
— *relatifs à Saint-Paul de Londres.*	VI, 483
— *sur Th. Rousseau.*	VII, 474
— *Thermidoriens.*	VI, 170
Souvent homme varie.	VII, 935
Spécimens de caractères hébreux, grecs, latins et de musique gravés à Venise.	VI, 271
Spectacle dans un fauteuil.	I, 742
Spectacles contemporains.	VII, 1126
— *de la foire (Les).*	II, 35
— *populaires et les artistes des rues (Les).*	III, 771
Spectateurs sur le théâtre (Les).	IV, 608
Speranza.	II, 737
Speronare (Le).	III, 354
Sphinx (Le).	III, 679
— *aux perles (Le).*	IV, 16
Spinoza. Conférence.	VI, 1022
Spiridion.	VII, 304, 310, 313
Spirite, nouvelle fantastique.	III, 929
Spiritisme, comédie.	VII, 383
Splendeurs de l'art en Belgique (Les).	VII, 640
— *et misères des courtisanes.*	I, 224
Stalactites (Les).	I, 258, 708
*Stances à Monsieur l'abbé L****.*	VII, 958
— *à Monsieur Tollon.*	VII, 958
— *de Béranger.*	I, 414
— *et poëmes.*	I, 747; VII, 705
Statilégie ou méthode Lafforienne pour apprendre à lire.	VII, 297
Statistique monumentale.	II, 556
— *monumentale de Paris.*	II, 560
Statuaire J.-B. Carpeaux, sa vie et son œuvre (Le).	II, 381
Statve et de la peintvre (De la).	VI, 784
Statues de Paris (Les).	I, 680
— *et statuettes contemporaines.*	V, 1030
Statuette d'Oyonnax (La).	II, 871
Statuts de la Charité de Saint-Cosme.	I, 574
Stella maris.	V, 200
— *ou les Proscrits.*	VI, 87, 174
Stello ou les Diables bleus.	I, 623; VII, 1058, 1071, 1072
Stendhal.	III, 1122
— *diplomate.*	III, 648
— *et ses amis.*	II, 1007
Stockholm, Fontainebleau et Rome.	III, 337
Strasbourg, les musées, les bibliothèques et la cathédrale.	VII, 933
Stréga (La).	III, 767
Stromatourgie de Pierre Dupont (La).	IV, 98
Strophes artificielles.	III, 27
— *patriotiques, par E. Grimaud.*	III, 1136

Strophes patriotiques, par V. de Laprade.	V, 27
Stuarts (Les).	III, 350
Style Louis XIV (Le).	I, 686
Styles français (Les), par Lechevallier-Chevignard.	I, 664
Suarsuksciopork ou le chasseur à la bécasse.	VI, 756
Subtils moyens (Les).	II, 795
Substitution.	II, 943
Succès du jour (Les).	VII, 670
Succession Bonnet (La).	V, 1153
— Le Camus (La).	II, 188, 714
Suicide (Le).	VII, 477
Suisse (La).	III, 1081
— et Savoie, souvenirs de voyage.	II, 215
— pittoresque (La).	I, 354
Suite de l'Histoire du chevalier des Grieux et de Manon Lescaut.	VI, 822
— des œuvres poétiques de Vatel (La).	I, 531
— des quatre Facardins.	IV, 22
Suites d'une capitulation (Les).	V, 47
Sultan de Tanguik (Le).	VI, 236
Sultane Rozréa (La).	II, 675 ; III, 1003
Sultanetta.	III, 427
Summa aurea de laudibus beatissimæ Virginis Mariæ.	II, 844
Supercheries littéraires, postiches, suppositions d'auteurs dans les lettres et dans les arts.	III, 118
— littéraires dévoilées (Les).	VI, 889
Supplément à l'inventaire de la collection Godefroy.	IV, 944
— à l'Isographie des hommes célèbres.	IV, 506
Supplément à la 5ème édition du Guide de l'amateur de livres à figures du XVIIIe siècle.	II, 456
— à la Correspondance de Napoléon Ier.	VI, 34
— à la notice historique et bibliographique sur les imprimeurs de l'Académie protestante de Die.	III, 608
— à la notice sur les controverses religieuses en Dauphiné.	III, 608
— à la première édition du Catéchisme dogmatique et moral par M. Couturier.	VI, 467
— au catalogue descriptif de l'œuvre gravé de Félicien Rops.	VI, 1165
— au Glossaire de la langue romane.	VI, 1194
— au Peintre-graveur de Bartsch.	III, 648
— au Viandier de Taillevent. Le manuscrit de la Bibliothèque vaticane.	VII, 844
— aux œuvres du chanoine Loys Papon.	VI, 363
— aux poésies de Germain Colin.	II, 461
Supplice d'une femme (Le).	III, 468, 987
— de Cinq-Mars et de de Thou.	II, 774

Sur Germain Pillon, sculpteur
du roi. VI, 641
— Gœthe. Etudes critiques de
littérature allemande.
VII, 1159
— l'amour. IV, 39
— l'eau. V, 619
— la contrefaçon. I, 846
— la dernière publication de
M. F. de La Mennais.
VII, 313
— la grande route. V, 1152
— la politique rationnelle.
IV, 972
— le rail. VI, 213
— le retour. V, 517
— les chemins de l'Europe.
V, 841
— les inscriptions hébraïques
des synagogues de Kefr.-
Bereim en Galilée. VI, 1018
— les lettres de Henry VIII
à Anne Boleyn. VI, 471
— une inscription trilingue
découverte à Tortose.
VI, 1014
— Voltaire, fragment. IV, 439

Surprise de l'amour (La). II, 329 ;
V, 534, 1056
Surprises d'amour. VII, 807
— du cœur (Les). VII, 921
Surtout n'oublie pas ton para-
pluie. II, 208
Suzanne. VI, 287, 288
— et les deux vieillards.
V, 649
Sylphe, poésies (Le). III, 289
Sylvandire. III, 359
Sylviane. III, 640
Sylvie. III, 698
— , souvenirs du Valois. VI, 60
Symboles (Les). I, 882
Symphonie des vingt ans (La).
IV, 197, 213
Symphonies (Les). I, 737 ; V, 19
— de l'hiver (Les).
IV, 550
Syo-Ki. Le Livre canonique de
l'antiquité japonaise. VI, 860
Syphilis. I, 329
Syrie d'aujourd'hui (La). V, 401
— , Palestine, Mont Athos,
voyage au pays du
passé. VII, 1122
Syrtes (Les). V, 1129

T

Table alphabétique des auteurs
et personnages cités
dans les Mémoires se-
crets de Bachaumont.
II, 675 ; VII, 723
— analytique et synthétique
du Dictionnaire rai-
sonné de l'architecture
française. VII, 1107
— chronologique des char-
tes et diplômes impri-
més concernant l'his-
toire de Belgique. II, 514

Table de nuit (La). V, 1311
— décennale des publica-
tions de la Société de
l'histoire de Paris et
de l'Ile de France. IV, 140
— des documents & fac-si-
milés de la collection
d'autographes réunis
par M. B. Fillon. II, 251 ;
VII, 881
— générale de la bibliothèque dramatique de M.
de Soleinne. VII, 571

Table générale de la Revue
	des documents histo-
	riques.		VI, 1095
— générale des artistes ayant
	exposé aux Salons du
	XVIIIe siècle.	II, 773
— générale des documents
	contenus dans les Ar-
	chives de l'art fran-
	çais.		IV, 106
— générale des lettres et do-
	cuments contenus dans
	L'Amateur d'autogra-
	phes.		VII, 878
— méthodique des Mémoi-
	res de Trévoux.	VII, 576
— tournante (La).	II, 182 ;
				V, 877
Tableau de l'éloquence chré-
	tienne.		VI, 1085
— de la France. V, 838, 1092
— de la littérature du
	Centon chez les An-
	ciens et chez les Mo-
	dernes.		III, 119
— de la littérature fran-
	çaise au XVIe siè-
	cle.		VII, 29
— de la littérature fran-
	çaise 1800-1815. V, 763
— de la nature (Le). III, 705
— de la poésie française
	au XVIe siècle.	I, 745
— de mœurs au dixième
	siècle. II, 469 ; VI, 480
— de Paris.		V, 697
— des piperies des fem-
	mes mondaines (Le).
			II, 675 ; VII, 723
— du siècle de Louis XIV.
				VII, 97
— historique des beaux-
	arts depuis la Re-
	naissance.	V, 666
— historique et critique
	de la poésie fran-
	çaise et du théâtre
	français au seizième
	siècle.		VII, 114, 115
Tableaux à la plume.	III, 941
— algériens.		III, 1163
— anecdotiques de la lit-
	térature française.
				IV, 518
— chronologiques de
	l'histoire moderne.
				V, 814
— de siège. Paris 1870-
	1871.		III, 936
— des mœurs du temps
	dans les différents
	âges de la vie. II, 676;
				V, 222
— et dessins de Rem-
	brandt.		III, 548
— et scènes de la vie
	des animaux.	V, 248
— et statues.		III, 84
— faussement attribués
	à Jacques Callot.
				V, 637
— historiques de la Ré-
	volution (Les).
				VII, 880
— poétiques.	VI, 1067
— poétiques de Paris et
	de ses environs.
				VII, 1130
Tables biographiques et biblio-
	graphiques des scien-
	ces, des lettres et des
	arts.		III, 14
— des œuvres de Fénelon.
				III, 661
— littéraire et bibliogra-
	phique du Bulletin du
	Bouquiniste.	I, 972
— , satire (Les).	III, 1185
Tablettes chronologiques de la
	vie de Napoléon.
				III, 694
— d'un mobile 1870-1871.
				VI, 217
— d'un rimeur.	VII, 8

Tablettes des bibliophiles de Guyenne.	I, 537, 538, 539
— *du Juif errant (Les).*	VI, 903
— *romantiques.*	I, 68
Tabubu.	II, 690
Tachygraphie syllabique (La).	VI, 529
Tailleur de pierres de Saint-Point (Le).	I, 736; IV, 1000, 1062
Taïti, Marquises, Californie, journal de Madame Giovanni.	III, 406
Talisman (Le).	IV, 700
— *(l'opale) (Le).*	IV, 557
— *, morceaux choisis (Le).*	IV, 699
Talismans, drame (Les).	VII, 621
Talmud (Le).	I, 492
Talons rouges, esquisses de mœurs au dix-huitième siècle (Les).	III, 217
Tam Tu Kinh ou le Livre des phrases de trois caractères.	VI, 855
Tamaris.	VII, 269
Tancrède de Chateaubrun.	II, 725
— *de Rohan.*	V, 555
Tangu et Félime.	IV, 940
Tante Aurélie.	VII, 794
Tapisserie (La).	I, 664
— *dans l'antiquité (La).*	I, 691
— *de Bayeux (La).*	II, 926
— *de la chaste Susanne (La).*	III, 1157
Tapisseries (Les).	I, 757
— *, broderies et dentelles.*	I, 688
— *de la cathédrale de Reims.*	V, 399
— *décoratives du garde-meuble (Les).*	III, 20
Tariffa delle putane di Venegia (La).	II, 579
Tartarin de Tarascon.	I, 723 ; II, 703 ; III, 39
Tartarin sur les Alpes.	I, 724 ; II, 686, 702 ; III, 57
Tartuffe.	V, 950. 960
Tasse à Sorrente (Le), par le Mis de Belloy.	I, 387
— *à Sorente (Le), par J. Canonge.*	II, 40
Tasse à thé (La).	IV, 625
Taureaux espagnols au Havre (Les).	III, 431
Taverne, comédie (La).	VII, 361
Tavernes de Rouen au XVIe siècle (Les).	I, 552
Tavernière de la cité (La).	II, 317
Tchèques et magyars... Histoire, littérature, politique.	VII, 99
Tedzkiret en-Nisiān fi Akhbar Molouk es-Soudān.	VI, 869
Tel qu'en songe.	VI, 1000
Télégraphe illyrien (Le).	VI, 90
— *, satire (Le).*	IV, 226
Téléphone (Le).	I, 758
Témoignage d'un contemporain sur saint Vladimir.	I, 785
Tempête, comédie (La).	VII, 491
— *, poème symphonique (La).*	VII, 511
Temple de Gnide (Le).	II, 330 ; V, 1101
— *du Goût et poésies mêlées (Le).*	II, 430
— *et hospice du Mont-Carmel.*	III, 346
Templiers, opéra (Les).	VII, 519
Tentateur, par Jules Lacroix (Le).	IV, 811
— *, par X. Marmier (Le).*	II, 734
Tentation (La).	III, 675
— *de saint Antoine (La).*	I, 726 ; III, 728
— *de Saint-Antoine, féerie (La).*	VI, 1141
— *, poème (Les).*	V, 17
Tenue de gendres en partie double.	II, 737
Teresa, drame.	III, 340
— *Ober.*	VI, 97

Termite, roman (Le).	VI, 1197	*Textes des scènes de société dessinées et lithographiées par Pigal.*	VI, 666
Ternaires (Les).	I, 931		
Terre (La).	VII, 1212		
— *à la lune (De la).*	VII, 1010	— *des scènes populaires dessinées et lithographiées par Pigal.*	VI, 667
— *avant le déluge (La).*	III, 705		
— *de désolation (La).*	IV, 50	*Thadéus le ressuscité.*	V, 598
— *et les mers (La).*	III, 705	*Thaïs.*	III, 811
— *promise (La).*	I, 908	*Thé chez Miranda (Le).*	V, 1130
— *provençale (La).*	V, 525	*Théâtre (Le).*	VII, 360
— *sainte, son histoire (La).*	III, 1148	— *à Reims depuis les Romains jusqu'à nos jours (Le).*	VI, 404
Terreur blanche (La).	III, 74		
— *prussienne (La).*	III, 430	— *à Rouen au XVIIe siècle (Le).*	V, 1124
Terzines et sonnets de France & d'Italie.	V, 1072 ; VI, 532	— *au XVIIe siècle (Le).*	III, 777
Tesi, drame (La).	VII, 522	— *chez Madame (Le).*	II, 502
Tesoro de las habas y flor de garbanzo.	VI, 113	*Théâtre choisi de Beaumarchais.*	II, 529
Testament d'un antisémite (Le).	III, 301	— *de Corneille.*	II, 1016
— *de Carmentrant (Le).*	II, 874	— *de F. A. Duvert.*	III, 552
— *de César Girodot (Le).*	I, 388	— *de Marivaux.*	I, 628 ; II, 532 ; V, 533
— *de Louis XVI.*	VI, 460	— *de Molière.*	V, 936
— *de Marie-Antoinette.*	VI, 461	— *de G. de Pixerécourt.*	VI, 694
— *de M. Chauvelin (Le).*	III, 425	— *[de Ph. Quinault].*	VI, 902
— *du P. Lacordaire (Le).*	IV, 799	— *de J. Rotrou.*	II, 421 ; VI, 1201
— *littéraire de M. C. Leber.*	V, 126	*Théâtre complet de Mme Ancelot.*	I, 55
— *olographe de M. Jules Michelet.*	V, 838	— *d'E. Augier.*	I, 148, 149
		— *d'A. Barthet.*	I, 330
— *politique du duc de Lorraine.*	I, 483	— *de Beaumarchais.*	I, 496
Tête de la sultane (La).	II, 982	— *d'Henry Becque.*	I, 379
— *et le cœur (La).*	V, 1311	— *de Alex. Dumas.*	III, 436
Têtes à prix et liste de toutes les personnes avec lesquelles la Reine a eu des liaisons de débauche.	II, 677	— *de Al. Dumas fils.*	III, 486
		— *d'Octave Feuillet.*	III, 682
Teverino.	VII, 227, 312	— *[d'Edmond Gondinet].*	III, 1071
Texte primitif de la Satyre Ménippée (Le).	II, 9		

*Théâtre complet de Eugène La-
biche.* IV, 738
— *Pièces en vers
[d'Ernest Legou-
vé].* IV, 173
— *de Molière.* I, 628 ;
V, 933, 937
— *de F. Ponsard.* VI, 769
— *de George Sand.*
VII, 315
— *de Scarron.* VII, 405
— *de M. Eugène Scribe.*
VII, 458
— *de Sophocle.* VII, 581
— *de Auguste Vac-
querie.* VII, 938
— *du comte Alfred de
Vigy.* I, 623 ;
VI, 1065, 1073
Théâtre contemporain (Le). I, 307
— *contemporain, Émile
Augier, Alexandre
Dumas fils.* VII, 111
Théâtre d'Émile Augier. I, 148 ;
II, 710
— *de H. de Balzac.* I, 232
— *de Corneille Blesse-
bois.* II, 1022
— *de Bayard.* I, 353
— *de Beaumarchais.* I, 361,
696
— *de campagne.* VII, 281
— *de Alexis de Combe-
rousse.* II, 920
— *de François Coppée.* I, 719
— *de P. Corneille.* I, 626,
697 ; II, 1017
— *d'Alphonse Daudet.*
III, 53
— *de M. C. Delavigne.*
III, 112, 113, 114
— *de Alex. Dumas.* III, 434
— *de A. S. Empis.* III, 573
— *de fantaisie, scènes,
saynètes et comédies.*
VI, 13
— *de Clara Gazul.* V, 700
— *de Gœthe.* III, 1018, 1019

Théâtre de Victor Hugo. IV, 387,
409
— *de Paul de Kock.* IV, 716
— *de Le Sage.* I, 700 ; V, 247
— *de Lunéville... Prolo-
gue d'ouverture.*
III, 997
— *et poésies de Alex. Man-
zoni.* V, 496
— *de Marivaux.* V, 533
— *de Marivaux. Biblio-
graphie des éditions
originales et des édi-
tions collectives don-
nées par l'auteur.*
V, 534 ; VI, 800
— *de Jean-Baptiste Po-
quelin de Molière (Le).*
V, 927
— *de Monte-Carlo (Le).*
III, 541
— *de Alfred de Musset.* I, 585
— *[de G. Nadaud].* VI, 17
— *de Nohant.* VII, 272
— *de Silvio Pellico.* VI, 518
— *de L. B. Picard.* IV, 640
— *de M. Guilbert de Pi-
xerécourt.* VI, 695, 696
— *de Plaute.* I, 693
— *de poche.* III, 916
— *de Polichinelle, prologue en vers (Les).*
III, 225
— *de Jean Racine.* I, 628 ;
VI, 938, 941, 942
— *de J. Fr. Regnard.* I, 628
— *de la Révolution (Le).*
VII, 1159
— *de Saint-Cyr (Le).* VII, 751
— *de George Sand.* VII, 314
— *de Schiller.* VII, 421
— *de Sedaine.* VII, 463
— *de Séraphin ou des om-
bres chinoises.* VII, 781
— *de Frédéric Soulié.*
VII, 612
— *[d'A. de Vigny].* VII, 1071

Théâtre de la Ville de Paris.
       II, 472
— des boulevards. VII, 781
— des D^{lle} Verrières (Le).
       IV, 609
— des gens du monde. VI, 23
— des marionnettes, par
  Duranty. III, 535
— des marionnettes (Le),
  par Maurice Sand.
       VII, 333
— des marionnettes du
  jardin des Tuileries.
       III, 534
— des Pupazzi. V, 193
— du Figaro. V, 1042
— du petit chateau. V, 440
— du seigneur, Croqui-
  gnolle. VI, 291
— en Angleterre depuis
  la conquête jusqu'aux
  prédécesseurs immé-
  diats de Shakespeare.
       IV, 623
— en France (Le). His-
  toire de la littéra-
  ture dramatique. VI, 560
— en liberté. IV, 367
— érotique de la rue de
  la Santé. VI, 5; VII, 782
— érotique français sous
  le Bas-Empire (Le).
       III, 151
— et les mœurs (Le).
       VII, 1157
— (études et copies). V, 793
— français au moyen age.
       VI, 332
— français au XVIe et au
  XVIIe siècles (Le).
       III, 786
— français avant la Re-
  naissance (Le). III, 787
— français sous Louis XIV
  (Le). III, 231
— françois (Le). II, 249, 613
— gaillard revu et aug-
  menté (Le). VII, 783

Théâtre. Henriette Maréchal.
  La Patrie en danger.
       III, 1061
— impossible. I, 8
— journal. III, 431
— libre illustré (Le). VII, 27
— lyonnais de Guignol.
    VI, 1229 ; VII, 783
— mondain. II, 864
— . Mystères, comédies
  et ballets. III, 937
— mystique. II, 578
— , par Charles Garnier
  (Le). III, 869
— , saynètes & récits.
       III, 1007
— sous le chêne (Le). VI, 808
— . Thérèse Raquin. Les
  Héritiers Rabourdin.
  Le Bouton de rose.
       VII, 1218
Théâtres de Gaillon à la Reine
  (Les). I, 556
— de Paris depuis 1806
  jusqu'en 1860 (Les).
       VII, 1021
Thémidore et mon histoire.
       III, 1007
Theo-Critt à Saumur. II, 25
Theodora, drame. VII, 382
Théodore Chassériau, souvenirs
  et indiscrétions. I, 917
Theologiæ cursus completus.
       II, 844
Théophile Gautier, par Th. de
  Banville. I, 272
— Gautier, par Ch. Bau-
  delaire. I, 345
— Gautier, par M. du
  Camp. III, 1120
— Gautier, par E. de
  Goncourt. III, 1061
— Gautier, entretiens,
  souvenirs... I, 424
— Gautier peintre. I, 424
— Gautier. Sa biblio-
  graphie. VII, 877

*Théophile Gautier, souvenirs in-
      times.* III, 699
*Théophraste Renaudot d'après
   des documents inédits.* III, 982
*Théorie de l'amour et de la ja-
      lousie.* II, 739; VII, 658
— *de l'élégance.* II, 250
— *de la démarche.* I, 232 ;
      II, 543
— *pratique de l'escrime.*
      VI, 813
*Thérésa ou Comme s'en va le
   bonheur.* II, 737
Thérèse, par Bruys d'Ouilly. I, 958
— , *par A. Dumas fils.*
      III, 478
— *Aubert.* VI, 96, 182
— *Dunoyer.* VII, 682
— *& Marianne.* V, 840
— *Monique.* V, 196
— *Raquin.* I, 624; VII, 1200
Thermidor, drame. VII, 383
*Theveneau de Morande, étude
   sur le XVIIIe siècle.* VI, 1153
*Thiers à l'Académie et dans l'his-
      toire.* VI, 265
— , *Guizot, Rémusat.* VII, 549
*Thorvaldsen, sa vie et son œu-
      vre.* VI, 713
*Thrésor des joyeuses inventions
   du Parangon des poésies (Le).*
      II, 678
Tigre de 1560 (Le). IV, 169
*Tigresse Mort aux rats ou Poi-
   son et contrepoison.* IV, 280
*Timbale d'histoires à la pari-
   sienne.* IV, 84
Tiphaine. II, 504
Tiré à cent exemplaires. VII, 668
Tirelire aux histoires. I, 385
Tireurs au pistolet (Les). VII, 983
Tiroir aux souvenirs (Le). VII, 463
— *du diable (Le).* III, 243
Titi Foyssac IV. I, 717
*Titime? histoires de l'autre
   monde.* II, 249
Tobie. I, 883
Tocasson (Les). VII, 514

*Toiles peintes et tapisseries de
   la ville de Reims.* VI, 402
*Toilette, almanach des femmes
      pour 1843 (La).* I, 925
— *d'une romaine au temps
      d'Auguste.* IV, 516
Toine. V, 613
*Tolède et les bords du Tage,
   nouvelles études sur l'Espagne.* V, 94
Tolla. I, 3, 611
Tom Jones ou l'enfant trouvé.
      III, 703
Tombe de Michelet (La). V, 846
*Tombeau de Mlle de Lespinasse
      (Le).* II, 335
— *de Napoléon premier
      aux Invalides (Le).*
      V, 208
— *de Robert et Antoine.
      Le Chevalier d'Ai-
      gneaux.* I, 559
— *de Théophile Gautier
      (Le).* VII, 851
— *de Watteau à Nogent-
      sur-Marne (Le).* II, 1059
— *du Louvre, les Re-
      grets de la France
      et l'Hymne des morts.*
      IV, 274
Tombeaux (Les). I, 757
— *de Molière et de
      La Fontaine (Les).*
      V, 1123
Topazes (Les). IV, 700
*Topographie historique du vieux
   Paris.* IV, 147
Toquades (Les). I, 987
Toquemalade, parodie. IV, 366 ;
      VI, 285
Toqués (Les). I, 387
Torquato Tasso, bibliophile.
      VI, 312
Torquemada. IV, 364, 415, 425
Tosca, drame (La). VII, 382
Toto chez Tata. V, 652
*Touches du seigneur des Ac-
   cords (Les).* II, 676

Toujours reine. IV, 705
Tour de France d'un petit parisien (Le). I, 39
— *de Londres (La).* I, 937
— *de Marne (Le).* IV, 733
— *de Montlhery, histoire du XIIe siècle (La).* VII, 1046
— *de Nesle (La).* III, 847
— *de Percemont (La).* VII, 282
— *du lac (Le).* VII, 866
— *du Léman (Le).* I, 892
— *du monde (Le).* VII, 870
— *du monde en quatre-vingts jours (Le).* VII, 1012
— *du nord (La).* II, 1005
— *enchantée (La).* VI, 1148
— *Saint-Jacques-la-Boucherie, drame (La).* III, 408
Touraine (La). I, 900
— *ancienne et moderne (La).* I, 383
Tourelles, histoire des châteaux en France (Les). III, 1083
Tourguéneff, sa vie et son œuvre. VII, 876
Touriste au Salon (Le). IV, 701
Tourmente (La). V, 518
Tourniquets, revue de l'année 1861 (Les). V, 192
Tournoiement de l'antechrist (Le). II, 895
Tourterelles de Zelmis (Les). III, 284
Tous les amours. VI, 512
— *les baisers.* V, 675
— *quatre.* V, 516
Toussaint Galabru. III, 637
— *le mulâtre.* VII, 837
— *Louverture, poème dramatique.* IV, 996
Tout ou rien, roman nouveau. III, 765
— *pour les dames!* V, 647
— *un peu (De).* IV, 58
Toute la comédie. V, 117
— *la lyre.* IV, 369, 408
— *seule.* I, 749 ; VII, 790
— *une jeunesse.* I, 721; II, 987

Toutes-les-amoureuses. V, 679
Tra los montes. III, 895
Tracas de la foire du pré (Le). II, 678, 879
— *de Paris (Les).* I, 123
Tradition de l'Église sur l'Institution des évêques. IV, 1088
Traditionnelles, nouvelles poésies (Les). VI, 964
Traditions de Palestine. V, 572
— *et superstitions de la Haute-Bretagne.* V, 325
— *indiennes du Canada.* V, 327
— *japonaises, sur la chanson, la musique et la danse.* II, 742
— *populaires de l'Asie mineure.* V, 328
Traducteurs de Shakespeare en musique (Les). V, 122
Traduction des noëls bourguignons de M. de La Monnoye. II, 643
— *grecque moderne des Devoirs de Silvio Pellico (La).* V, 177
Tragaldabas. VII, 937
Tragédie de Pasiphaé (La). II, 678
— *de Thomas Lecoq.* I, 558
— *des chastes martyrs.* I, 562
— *du monde (La).* V, 210
— *française au XVIe siècle (La).* III, 642
Tragédies de Montchrestien (Les). I, 655
— *de Sénèque.* I, 693
— *de Sophocle.* VII, 581
Tragique aventure de bal masqué. IV, 201
Tragiques (Les). I, 646 ; II, 516
Tragœdie nouvelle dicte le petit razoir des ornemens mondains. II, 606

*Traicté de Getta et d'Amphi-
    trion (Le).* II, 5
— *de peyne, poème allé-
    gorique.* VII, 884
Train de 8 h. 47 (Le). II, 1054
— *de minuit (Le).* V, 643
*Traité complet de la lexicogra-
    phie des verbes fran-
    çais.* VI, 168
— *complet de la science
    du blason.* IV, 586
— *de Cateau-Cambrésis (Le).*
    VI, 1236
— *de l'art des armes.* IV, 740
— *de l'éducation des filles.*
    III, 658
— *de l'épée.* IV, 949
— *de la chasse du lièvre
    à courre en Poitou.* V, 56
— *de la gravure à l'eau-
    forte.* IV, 945
— *de la vie élégante.* I, 233
— *de matériaux manus-
    crits de divers genres
    d'histoire.* V, 1096
— *de Paris du 20 novem-
    bre 1815 (Le).* VII, 583
— *de saint Bernard.* I, 485
— *de vénerie.* VII, 1179
— *des devoirs.* II, 868
— *des Hermaphrodits.* III, 551
— *du choix des livres.* VI, 462
— *médico-gastronomique
    sur les indigestions.*
    V, 550
— *théorique et pratique de
    l'art du relieur.* I, 870
Tranquille et Tourbillon. I, 777
Trapiste, poëme (Le). VII, 1050
Trappiste d'Aiguebelle (Le). I, 39
Travailleurs dans la mer (Les).
    IV, 339
    — *de l'amer (Les).*
    IV, 339
    — *de la mer (Les).*
    IV, 336, 398, 416, 427
    — *de septembre 1792
        (Les).* VII, 1043

Travailleurs et propriétaires.
    VII, 288
*Travaux de Paris, examen cri-
    tique (Les).* V, 85
Travels in Tunisia de M. Ashbee.
    VI, 312
Traversée (La). VII, 856
*Traversin et couverture, paro-
    die.* IV, 997
Treize discours [de V. Hugo].
    IV, 309
*Treizième arrondissement de Pa-
    ris (Le).* V, 433
— *hussards (Le).* III, 845
Trente ans de Paris. I, 724; II, 704;
    III, 59
— *ans ou la vie d'un joueur.*
    III, 319
— *bonnes farces.* VII, 530
— *contes de Cigognibus
    (Les).* IV, 466
— *-deux duels de Jean Gi-
    gon (Les).* III, 868
— *et quarante.* I, 5
— *et un de la Zaffetta (Le).*
    II, 579
— *mélodies populaires de
    Basse-Bretagne.* II, 981
— *-quatre estampes pour
    les œuvres de Molière.*
    V, 935
— *-six ans.* I, 297; VII, 887
— *-six ballades joyeuses.*
    I, 273, 709
— *vignettes pour les œu-
    vres de Walter Scott.*
    VII, 450
Tréport (Le). I, 16
*Très joyeuse, plaisante et ré-
    créative histoire du gen-
    til seigneur de Bayart
    (La).* IV, 122
— *merveilleuses victoires des
    femmes du Nouveau-
    Monde (Les).* II, 664
Trésor (Le). I, 720; II, 974
— *de l'église de Conques.*
    III, 19

Trésor de la curiosité (Le). I, 808	*Trilby ou le Lutin du foyer.* VI, 102
— *de livres rares et précieux.* III, 1087	— *ou la Batelière d'Argaïl.* VI, 101
— *de vénerie (Le).* IV, 29	*Trilles galants pour nos gracieuses camarades.* VII, 902
— *des fèves et Fleur des pois.* VI, 112, 285	*Triolets à Pincebourde.* V, 1051
— *des pièces angoumoismes, inédites ou rares (Le).* VII, 887	*Triomphe de Pétrarque (Le).* III, 940
— *des pièces rares ou inédites (Le).* VII, 888	*Tripes (Les).* V, 308
— *des vieux poètes français.* VII, 896	*Triple almanach gourmand (Le).* V, 1043
— *dou felibrige (Lou).* V, 905	*Tristan le roux.* III, 458
— *littéraire de la France (Le).* VII, 899	*Tristes (Les).* VI, 89
Trésors d'art de la Russie ancienne et moderne. III, 923	*Tristesses, poésies (Les).* VI, 1162
— *de l'art (Les).* I, 92	— *et sourires.* III, 297
Tréteaux de Charles Monselet (Les). V, 1041	*Tristia. Histoire des misères et des fléaux de la chasse en France.* VII, 883
Tribulat Bonhomet. VII, 1092	*Triumvirat littéraire au XVIe siècle (Le).* VI, 73
Tribulations d'un Chinois en Chine (Les). VII, 1015	*Trocadéroscope (Le).* I, 790
— *d'une muse académique.* III, 278	*Trocheur de maris, farce nouvelle (Le).* VI, 979
— *de Duroquet (Les).* III, 536	*Trois actes d'un grand drame.* III, 865
Tribunal révolutionnaire de Paris (Le). II, 33	— *amants (Les).* III, 988
Tribunaux comiques (Les). V, 908	— *amoureuses au XVIe siècle.* IV, 879
Tribune moderne (La). VII, 1086	— *amoureux (Les).* I, 222
— *moderne en France & en Angleterre (La).* VII, 1087	— *années de théâtre 1883-1885.* VII, 1158
— *romantique, continuation de la Psyché (La).* VI, 849	— *apprentis de la rue de la Lune (Les).* V, 1113
Tribuns et courtisans. I, 737; V, 30	— *cent soixante et six apologues d'Ésope.* I, 556
— *et les Révolutions en Italie (Les).* VII, 1194	— *chansons (Les).* V, 678
Tribus impostoribus (De). II, 678	— *conjurations (Les).* VI, 163
Tricoche et Cacolet. V, 651	— *contes.* I, 726 ; III, 730
Tricorne enchanté (Le). III, 900	— *couleurs (Les). France, son histoire.* V, 1114
Trilby ou le Lutin d'Argaïl. I, 50 ; VI, 101, 175, 176	— *coups de foudre.* IV, 12
	— *dames de la kasbah (Les).* II, 501 ; V, 403
	— *déclamations esquelles l'ivrongne, le putier et le joueur de dés debattent...* II, 679

Trois dizains de contes gaulois. IV, 574
— *duchesses (Les).* IV, 205
— *empereurs d'Allemagne.* V, 120
— *énigmes historiques.* V, 373
— *entr'actes pour l'Amour médecin.* III, 388
— *filles à Cassandre (Les).* II, 178
— *galans, farce nouvelle (Les).* VI, 976
— *galants, farce ioyeuse (Les).* VI, 973
— *gallans et Philipot, farce ioyeuse (Les).* VI, 981
— *gendarmes (Les).* V, 248
— *hommes forts.* III, 458
— *inscriptions phéniciennes trouvées à Oumm-El-Awamid.* VI, 1017
— *jours à Londres.* V, 112
— *lettres inédites de Proudhon.* VI, 841
— *messéniennes.* VI, 252
— *messéniennes. Élégies sur les malheurs de la France.* III, 105
— *messéniennes nouvelles.* III, 107
— *mois au pouvoir.* IV, 989
— *mousquetaires (Les).* III, 359
— *musées de Londres (Les).* VII, 900
— *nuits de Napoléon.* III, 291
— *passions.* I, 315
— *pelerins, farce morale (Les).* VI, 980
— *petits mousquetaires (Les).* III, 194
— *poètes italiens. Dante — Pétrarque — Le Tasse.* IV, 1026
— *règnes de la nature (Les).* III, 124
— *reines, chronique du XVe siècle (Les).* VII, 175

Trois romances favorites de Boïeldieu. IV, 528
— *satires politiques.* III, 200
— *sœurs (Les).* IV, 181
— *tableaux de F. Boucher.* II, 198
— *théâtres. Emile Augier, Alexandre Dumas fils, Victorien Sardou.* IV, 803
— *Trilby (Les).* VI, 102
— *vampires (Les).* VI, 98
— *versions rimées de l'évangile de Nicodème.* I, 59
Troisième et dernière encyclopédie théologique. II, 841
Troisièmes mélanges [de Lamennais]. IV, 1092
— *pages du journal Le Siècle (Les).* III, 136
Trombes et cyclones. I, 761
Trombinoscope (Le). I, 788
Trop grande. IV, 86
Trophées (Les). IV, 72
Trou de l'enfer (Le). III, 390
Troubles de Bruxelles de 1619. II, 800
Troupe de Molière et les deux Corneille à Rouen. I, 900
Trouvères artésiens (Les). III, 269
— *brabançons, hainuyers, liégeois et namurois (Les).* III, 260
— *cambrésiens (Les).* III, 268
— *de la Flandre et du Tournaisis (Les).* III, 268
— *, jongleurs et ménestrels du nord de la France et du midi de la Belgique.* III, 268
Troyon, souvenirs intimes. III, 498
Troys libvres de l'art du potier (Les). VI, 783
Truandailles. VI, 1127
Truands et Enguerrand de Marigny (Les). V, 411

Truquage. Les contrefaçons dévoilées (Les). III, 612
Tryptique (Le). II, 497
Tubéreuses (Les). V, 436
Tuileries (Les). V, 191 ; VI, 391
— *en février 1848 (Les)*. III, 277
Tulipe noire (La). III, 389
Tunis et ses environs. IV, 946
Tunisie et la Tripolitaine (La). II, 264
—, *pays de protectorat français (La)*. IV, 946
Turcaret. I, 785 ; II, 329
Turco (Le). I, 9
Turenne, sa vie, les institutions militaires de son temps. VI, 1232
Turgot. III, 1122
Turner. II, 478
Turquie, mœurs et usages des Orientaux au dix-neuvième siècle (La). VII, 907
Turquoises (Les). IV, 702
Types de Paris (Les). VII, 908
— *et uniformes. L'Armée française*. VI, 1107
— *littéraires et fantaisies esthétiques*. V, 1092
— *militaires français*. IV, 172
Typhonia. VI, 506
Typographes parisiens (Les). I, 913
Tyrans de village (Les). II, 735 ; V, 792

U

Ukko-Till, roman de mœurs. III, 28
Ukrainiennes (Les). III, 1077
Ulric de Hutten. Sa vie, ses œuvres, son temps. VII, 1191
Ultramontanisme de l'Église romaine et la Société romaine (L'). VI, 906
Ulysse ou les Porcs vengés. IV, 222
—, *tragédie mêlée de chœurs*. VI, 763
Un administrateur au temps de Louis XIV. Thomas de Grouchy. III, 1142
— *agathopède de l'Empire*. VI, 254
— *alchimiste au dix-neuvième siècle*. III, 357
— *ami de la Reine*. III, 878
— *amour en diligence*. III, 217
— *an de la vie d'un jeune homme*. I, 15
— *an de poésie*. VI, 1206
— *anglais amoureux*. II, 736
Un artiste dans le désert. IV, 761
— *artiste oublié, J.-B. Massé*. II, 37, 506
— *artiste provincial. Léo Drouyn*. I, 856
— *assassin*. II, 411
— *autre monde*. III, 132
— *aventurier littéraire*. III, 1009
— *bal chez Louis-Philippe*. VI, 1004
— *baron béarnais au XVe siècle*. I, 500
— *beau mariage*. I, 145
— *beau-père*. I, 428
— *billet de loterie*. VII, 1016
— *bisaïeul de Molière*. VII, 831
— *bon enfant*. IV, 715, 720
— *bon gros pataud*. I, 779
— *bon petit diable*. I, 780
— *bouquet de nouvelles*. VI, 145
— *bouquiniste parisien. Le Père Lécureux*. VI, 662
— *bourgeois de Rome*. III, 668
— *brillant mariage*. II, 713

Un cadet de famille. III, 421
— *capitaine de quinze ans.* VII, 1013
— *caprice.* V, 1255
— *caractère.* IV, 67
— *carreau brisé.* V, 1028
— *cas de rupture.* III, 463, 464
— *catalogue de fers à dorer au XVIII° siècle.* VII, 402
— *cent de strophes à Pailleron.* VI, 782
— *chancelier d'ancien régime.* V, 634
— *chapitre d'art poétique. La Rime.* V, 308
— *chapitre inédit de l'histoire de Gargantua.* III, 94
— *Chouan à Londres (1796) Louis-Charles-René Collin de la Contrie.* II, 937
— *clair de lune.* I, 24
— *cœur de femme.* I, 907
— *cœur de jeune fille.* V, 599
— *cœur pour deux amours.* IV, 532
— *cœur simple.* I, 726; III, 730, 731
— *comédien amateur d'art. Michel Baron.* V, 1124
— *complot sous la Terreur.* III, 877
— *compte rendu de la Comédie des Précieuses ridicules de Molière.* II, 926
— *condottiere au XV° siècle. Rimini.* VII, 1186
— *cousin de Paul Scarron.* III, 716
— *crime d'amour.* I, 905
— *curé béarnais au XVIII° siècle.* I, 501
— *curieux du XVII° siècle. Michel Bégon.* III, 506
— *début à l'Opéra.* III, 698
— *début au Marais.* VI, 1074
— *début dans la magistrature.* II, 503; VII, 349
— *début dans la vie.* I, 222

Un dernier chapitre de l'histoire des œuvres de H. de Balzac. VII, 641
— *dernier rêve.* VII, 127
— *diamant à dix facettes.* III, 245
— *dilemme.* IV, 474
— *dîner du siècle de Louis XIV.* V, 54
— *dit d'aventures, pièce burlesque et satirique du XIII° siècle.* III, 273
— *divorce, histoire du temps de l'Empire.* IV, 817
— *divorce inutile.* VI, 1229
— *dogme nouveau.* III, 540
— *dossier. La Fiammina contre Odette.* VII, 909
— *douzain de sonnets.* III, 933
— *drame à Calcutta.* II, 713
— *drame au bord de la mer.* I, 204
— *drame dans la montagne.* I, 777
— *drame dans la rue de Rivoli.* II, 714
— *drame dans les prisons.* I, 228
— *drame dans une carafe.* I, 364
— *duel aux lanternes.* I, 81
— *duel sans témoins.* IV, 830
— *duel sous le cardinal de Richelieu.* I, 167
— *duel social.* VII, 1198
— *écolier américain.* VI, 231
— *enfant du peuple.* V, 1023
— *enfant gâté.* I, 777
— *enlèvement au XVIII° siècle.* II, 415
— *entr'acte de Rabagas.* VII, 376
— *été à la campagne.* III, 600
— *été à Meudon.* VII, 606
— *été dans le Sahara.* III, 838
— *été en Espagne.* II, 168
— *feuillet pour les Supercheries littéraires dévoilées.* VI, 891
— *Gil Blas en Californie.* III, 394
— *grand bibliophile (James de Rothschild).* VI, 312
— *grand coupable.* III, 634

Un grand enlumineur parisien au XVᵉ siècle. IV, 140
— *grand homme de province à Paris.* I, 212
— *grand homme qu'on attend.* I, 747 ; VII, 598
— *héritage.* VII, 344
— *hiver à Majorque.* VII, 305, 313
— *hiver à Paris.* IV, 538
— *hiver à Vienne.* VII, 848
— *hiver en Égypte.* VI, 756
— *hiver en Laponie.* III, 321
— *hivernage dans les glaces.* VI, 237
— *homme à marier.* IV, 721
— *homme de bien.* I, 140
— *homme sérieux.* I, 428
— *illuminé.* III, 634
— *jeune homme charmant.* IV, 717
— *jeune poète marseillais. Paul Reynier.* V, 1162
— *joli monde.* V, 438
— *livre de sonnets.* VI, 783
— *livre unique. L'Affaire Clémenceau peinte et illustrée.* II, 413
— *maître d'armes sous la Restauration.* VII, 1047
— *maître du roman contemporain. L'Inimitable Boz.* III, 531
— *mâle.* V, 196
— *mari perdu.* IV, 722
— *mariage à Saint-Germain-l'Auxerrois.* III, 2
— *mariage d'amour.* IV, 7
— *mariage dans le monde.* III, 679
— *mariage dans un chapeau.* III, 466
— *mariage sous Louis XV.* III, 351
— *martyr de la bibliographie.* VI, 895
— *martyr littéraire.* IV, 184
— *mauvais ménage.* VI, 763
— *médecin d'autrefois.* III, 642
— *million de rimes gauloises.* I, 891

Un ministre de la Restauration. Le marquis de Clermont-Tonnerre. VI, 1228
— *miracle de Notre-Dame.* V, 679
— *mobilier historique des XVIIᵉ et XVIIIᵉ siècles.* IV, 845
— *mois à Constantinople.* V, 39
— *mot à la classe moyenne.* VII, 233
— *mot sur l'Histoire de France du Père Loriquet.* VI, 312
— *nouveau complot contre les industriels.* I, 454
— *nouveau dit des femmes.* VI, 534
— *palais chaldéen.* I, 765
— *paquet de lettres.* III, 296
— *parisien dans les Antilles.* V, 219
— *pays inconnu.* III, 428
— *peintre de chats. Madame Henriette Ronner.* IV, 47
— *peintre romantique, Théodore Chassériau.* II, 393
— *père prodigue.* III, 466
— *petit-fils de Mascarille.* V, 640
— *petit-fils de Robinson.* I, 137
— *petit héros.* VI, 233
— *petit neveu de Mazarin. Louis Mancini-Mazarini, duc de Nivernais.* VI, 522
— *philosophe sous les toits.* VII, 636
— *poète du foyer. Eugène Manuel.* II, 998
— *poète philosophe. Sully-Prudhomme.* II, 998
— *point curieux des mœurs privées de la Grèce.* II, 663
— *potentat musical, Papillon de La Ferté.* IV, 610
— *premier amant.* VII, 529
— *premier livre. En 18...* III, 1025
— *prétendant portugais au XVIᵉ siècle.* III, 778
— *prêtre marié.* I, 303, 304, 711
— *projet gigantesque en Languedoc.* I, 541

Un prologue de salon. V, 1067
— récit contemporain de la chute du pont aux meuniers à Paris. V, 1068
— rêve au bal de la Redoute. II, 738
— rêve, ballade. V, 1272
— roman d'amour. VII, 646
— roman de cœur. V, 502
— roman parisien. III, 681
— roman pour les cuisinières. II, 1
— Saint. II, 769
— salon de Paris, 1824 à 1864. I, 55
— scandale. IV, 4
— sceptique, s'il vous plaît! V, 313
— scrupule. I, 908 ; II, 769
— seigneur du Beaujolais. VI, 757
— séjour en France de 1792 à 1795. VII, 733
— sermon inédit de Jeanne-Baptiste de Bourbon. VI, 535
— siècle d'art. III, 86
— singulier petit homme. VI, 232
— soir. I, 513
— soir de quatre-vingt-douze. V, 199
— spectacle dans un fauteuil. V, 1239
— tombeau. I, 310
— tourlourou. IV, 716, 721
— trio de romans. III, 913
— vieil hôtel du Marais. IV, 616
— vieillard doit-il se marier ? II, 591
— voyage. 1854. V, 93
— voyage autour du Japon. V, 321
— voyage de désagréments à Londres. II, 545
— voyage en Espagne. III, 897
— voyage inédit d'Albert Dürer. III, 580
— voyageur anglais à Lyon sous Henri IV. II, 871
Une académie sous le Directoire. VII, 548
— actrice au Paradis. IV, 942
— ambassade au Maroc. II, 265

Une ambassade en Russie. V, 1154
— ambassade française en Orient sous Louis XV. VII, 955
— âme en peine. IV, 706
— année à Florence. III, 352
— année dans le Levant. VII, 953
— année dans le Sahel. III, 839
— année en Russie. V, 755
— Arabesque. I, 77
— aventure d'amour. II, 724 ; III, 422
— aventure sous Charles IX. I, 167
— aventure sous Charles IX, comédie. VII, 605
— belle journée. II, 148
— blonde. I, 237
— blonde, histoire romanesque. VI, 950
— bonne affaire. I, 617
— bonne fortune. V, 1264
— bonne fortune de Racine. IV, 831
— campagne. VII, 1221
— chanson de geste au XIXe siècle. V, 26
— chansonnette des rues et des bois. IV, 336 ; V, 1046
— chrétienne et Néron. VI, 802
— cité champenoise au XVe siècle. I, 581
— colonie de comédiens à Conflans-Ste Honorine. V, 1124
— coquette. V, 162
— corbeille de rognures. VI, 122
— correspondance inédite. V, 753
— cour. V, 115
— course à Chamounix. VI, 659
— date nouvelle de la vie de Pétrarque. VI, 209
— destinée. V, 1133
— émeute en 1649. I, 567
— enquête moliéresque. II, 938
— épave de Charles Nodier. VI, 183

TABLE DES OUVRAGES CITÉS

Une excursion à Noirmoutiers
en 1871. III, 1
— excursion en Afrique. III, 649
— excursion en Corse (1891).
I, 839
— exilée. I, 52 ; V, 409
— fabrique de faux autographes. I, 861
— fabrique de faïence à Lyon sous le règne de Henri II.
IV, 879
— famille au temps de Luther. III, 111
— famille, comédie. V, 114
— famille d'artistes brestois au XVIIIe siècle. I, 139
— famille de comédiens au XVIIe siècle. Les Béjart.
V, 60
— famille de peintres parisiens aux XIVe et XVe siècles. II, 575
— fausse maîtresse. VII, 291
— femme à trois visages. II, 732
— femme gênante. III, 297
— femme malheureuse. IV, 823
— fête à Beaune en 1729. VI, 689
— fête brésilienne célébrée à Rouen en 1550. III, 176
— fête de Néron, tragédie.
VII, 631
— fille d'Eve. I, 212
— fille du Régent. III, 369
— fille naturelle. III, 83
— fleur à vendre. IV, 810
— fleur des Savanes. I, 958
— gageure. II, 373
— gauche célèbre. II, 864
— grossesse. IV, 810
— heure à 3 heures, comédie en un acte (De). III, 290
— heure avant l'ouverture. V, 641
— heure chez M. Barrès. I, 359
— heure trop tard. IV, 627
— histoire d'amour. III, 316
— histoire d'hier. VII, 779
— histoire sans nom. I, 305, 712
— idylle. VI, 11

Une idylle normande. I, 739 ;
V, 203, 205
— idylle pendant le Siège.
I, 720 ; II, 971
— illustration rennaise. Alexandre Duval. IV, 783
— journée d'enfant. III, 165
— journée de Pick de l'Isère.
III, 225
— larme du diable. III, 894
— lettre de Madame Cardinal. I, 50
— lettre de Mme de Krudener.
II, 872
— lettre de Mérimée. V, 754
— lettre de M. Victor Hugo.
IV, 333
— de Peiresc à son relieur Corberan. VI, 495
— lettre sur les choses du jour. III, 473
— maîtresse de Louis XIII.
VII, 172
— maladresse. IV, 4
— manufacture de tapisseries de haute lisse à Gisors. III, 81
— mauvaise économie. VI, 39
— mauvaise soirée, poëme.
II, 984
— mélodie de Schubert. VI, 197
— mendiante au Congrès scientifique. VII, 592
— mosaïque de faïence au Musée de Sèvres. II, 210
— muse normande inconnue (Mlle Cosnard, de Sées).
V, 80
— nouvelle inscription nabatéenne trouvée à Pouzzoles. VI, 1021
— nuit à Florence sous Alexandre de Médicis. III, 425
— nuit dans la cité de Londres. III, 120
— nuit dans les bois. IV, 832
— ouverture de chasse en Normandie. VI, 1074

Une page d'amour. I, 586 ; VII, 1206
— page d'histoire. I, 307, 712
— page d'histoire. Quentin-Bauchart. VI, 877
— parodie curieuse de l'Art poétique de Boileau. II, 1082
— partie de campagne. I, 515
— passion dans le désert. I, 207
— passion en province. II, 712
— pécheresse. IV, 174
— philippique inconnue et une strophe inédite de Lagrange-Chancel. IV, 937
— physionomie lyonnaise. VII, 599
— poignée de pseudonymes français. VII, 577
— préface aux Annales de Tacite. I, 490
— première par jour. VII, 590
— princesse parisienne. I, 216
— promenade à Versailles et aux Trianons. III, 982
— pugnition divinement envoyée aux hommes et femmes (D'). VI, 483
— question d'histoire littéraire résolue. VI, 896
— réaction. II, 452
— rivalité d'artistes au XVIe siècle. V, 1185
— Saint-Hubert. V, 384
— saison à Aix-les-Bains. I, 12
— soirée dans l'autre monde. II, 729
— statue à Machiavel. V, 22
— ténébreuse affaire. I, 219
— troupe de comédiens. V, 1057
— vaillante enfant. I, 779

Une vente d'actrice sous Louis XVI. Mlle Laguerre, de l'Opéra. III, 79
— vie. V, 608
— vie artiste. III, 401
— vie du diable. V, 1322
— vieille maîtresse. I, 292, 293, 710
— vieille rate. II, 755
— ville flottante. VII, 1011
— visite à la chapelle des Médicis. VI, 265
— visite aux Catacombes. VII, 313
— visite de noces. III, 474
— voiture de masques. III, 1030
— voix d'en bas, poésies. V, 11
— volée de merles. III, 281
— vraie femme. II, 728
Union des arts et de l'industrie (De l'). IV, 776
— mal assortie (L'). III, 585
Unisson (L'). III, 538
Unité des arts, de leur division, de leurs limites (De l'). V, 18
Univers ou les 300 vues les plus pittoresques du globe (L'). IV, 532
Université moderne (L'). II, 419
Universités et Facultés. V, 315
Uns et les autres, comédie (Les). VII, 997
Uranie. II, 702, 706
Urbain Grandier, drame. III, 387 407
Urbains & ruraux. I, 717 ; II, 407
Ursule Mirouet. I, 217
Uscoque (L'). VII, 304, 310, 313
Usurier Blaizot (L'). II, 189
Usuriers (Les). Floueurs et floués VI, 639
Usurpateur (L'). V, 688
Ut nubes nebulæque. V, 1068

V W

Vacances (Les). I, 782
— d'Élisabeth (Les). I, 779
— d'un grand'père (Les). I, 780
— d'un journaliste. III, 773
— de Camille (Les). V, 1201
— de la Comtesse (Les). I, 9
— de Pandolphe (Les). VII, 246, 315
— du lundi (Les). III, 942
Vagabond ou l'histoire et le charactère de la malice... II, 679
Vague (La). II, 1089
Vaillance et Richard. VII, 338
Vaines tendresses (Les). I, 748 ; VII, 707
Valcreuse. VII 341
Valence et Valladolid, nouvelles études sur l'Espagne. V, 96
Valentine. VII, 196, 301, 309, 312
Valérie. I, 640, 752 ; IV, 723
Valet du diable (Le). VI, 920
Valida, ou la réputation d'une femme. III, 582
Valise de Molière (La). III, 785
Vallée aux loups (La). VII, 296
— aux loups. Souvenirs et fantaisies. V, 90
— de Montmorency (La). V, 191
— de Trient (La). VII, 857
— des lys. Heures sacrées. IV, 702
— -Noire (La). VII, 313
Vallées vaudoises (Les). I, 355
Valvèdre. VII, 268
Vamireh, roman des temps primitifs. VI, 1198
Vampire (Le). III, 391
— ; mélodrame (Le). VI, 98
Va-nu-pieds (Les). I, 717 ; II, 403
Van de Velde (Les). II, 481
— der Meer de Delft. II, 479

Van Dyck et ses élèves. V, 850
— Ostade, sa vie et son œuvre. IV, 184
Vandalisme révolutionnaire (Le). III, 230
Vapeur (La). I, 759
Vapeurs, ni vers, ni prose. III, 759
Variations des costumes français, à la fin du dix-huitième siècle. IV, 1360
— sur un vieux thème. VII, 596
Variétés bibliographiques. II, 679
— gastronomiques. III, 829
— historiques et littéraires. I, 660
— littéraires. IV, 551
— littéraires, morales et historiques. VII, 544
— , notices et raretés bibliographiques. VI, 467
Varlet à louer à tout faire. II, 875
Vaticane, de Paul III à Paul V (La). I, 765
Vaticanus 90 de Lucien (Le). VI, 203
Vauquelin des-Yveteaux. VI, 955
Vautrin. I, 214
Vauvenargues. III, 1121
Vaux de Vire, d'Olivier Basselin (Les). I, 334, 667
— de Vire, de Jean Le Houx (Les). I, 633
Veau d'or (Le). VII, 626
Veillée (La). II, 974
Veillées d'hiver. Simples récits. IV, 702
— d'un malade (Les). II, 339
— de famille. VI, 167
— de Saint-Pantaléon (Les). VII, 520

Veillées écossaises.	II, 30
— flamandes (Les).	II, 928
— noires (Les).	VI, 1169
— vendéennes.	II, 30
Veilles poétiques (Les).	III, 76
Velasquez.	II, 479
Veloce, ou Tanger, Alger et Tunis (Le).	III, 384
Vendée et Madame (La).	III, 183
Vendéen, épisode (Le).	III, 625
Vendéens, poëmes (Les).	III, 1136
Vendetta (La).	I, 196
Vendredi soir.	IV, 627
Vénerie de Jacques du Fouilloux (La).	III, 327
— française (La).	V, 150
— royale (La).	VII, 186
Venez, je m'ennuie.	V, 1052
Venezia la bella.	VI, 1233
Vengeance des marquis (La).	II, 849
Vengeur (strophes nationales) (Le).	V, 199
Venise. Histoire, art, industrie, la ville, la vie.	VII, 1185
—, ses arts décoratifs.	I, 687
Vénitienne (La).	I, 68
Vénitiens ont-ils trahi la Chrétienté en 1202? (Les).	IV, 23
Vente du mobilier du château de Versailles pendant la Terreur (La).	III, 81
— en lots de la troisième partie des livres... composant la bibliothèque de feu M. Sainte-Beuve.	VII, 156
— Hamilton (La).	III, 612
Ventes de tableaux, dessins, estampes et objets d'art aux XVIIe et XVIIIe siècles (Les).	III, 506
Ventre de Paris (Le).	VII, 1202
Vénus d'Anatole (La).	IV, 84
— dans le cloître ou la Religieuse en chemise.	II, 680
Vêpres siciliennes (Les).	III, 105
— siciliennes ou Histoire de l'Italie au XIIIe siècle (Les).	VI, 791
Verdi, histoire anecdotique de sa vie et de ses œuvres.	VI, 795
Verdugo (El).	I, 204
Véridique histoire de la conquête de la Nouvelle Espagne.	I, 632
Véritable édition originale des œuvres de Molière (La).	IV, 850
— histoire de « Elle et Lui » (La).	VII, 646
Veritables pretieuses (Les).	II, 850
Vérité à cheval (La).	VII, 395
— sur la mort d'Alexandre le Grand (La).	I, 763
— sur le cas de M. Champfleury (La).	I, 165
— sur le livre des Sauvages (La).	III, 283
— vraie sur la publication des Mémoires de Madame Roland (La).	III, 649
Verrerie antique (La).	III, 835
— depuis les temps les plus reculés (La).	VII, 395
Verrou de la Reine (Le).	III, 469
Vers de 1873.	VI, 807
— de François-Marc de la Boussardière.	II, 356
— de Guignol dans Paul et Virginie.	VII, 79
— de maître Henri Baude (Les).	VII, 890
— et prose, morceaux choisis.	V, 476
— faits pour l'entrée du roi Henri IV à Rouen.	I, 560
— inédits de Tasse tirés d'un nouvel autographe.	VI, 208, 533
— les saules, comédie.	III, 999
—, par Emm. Arago.	I, 78

Vers, par G. Levavasseur, E. Prarond....	V, 305
— sur la mort.	II, 463
Versailles.	III, 288
— ancien et moderne.	IV, 756
— et les Trianons.	I, 680
— et son musée historique.	IV, 532
— Galeries historiques dédiées à S. M. la Reine des Français.	III, 950
Versiculets.	VI, 802
Vert et blanc.	IV, 703
Vertu.	IV, 16
— de Célimène (La).	V, 641
— de Rosine (La).	II, 545 ; IV, 188
— en France (La).	III, 315
— et tempérament.	IV, 818
— et travail.	III, 210
Vertus célestes, keepsake religieux (Les).	IV, 703
— des animaux (Les).	V, 1167
Vert-vert ; le Carême impromptu ; le Lutin vivant.	II, 327
— , opéra-comique.	V, 649
— , poëme.	III, 1132
Vespillon adultère ou le triomphe de l'Innocence (Le).	II, 680
Vespres de l'abbaye du Val (Les).	V, 161
Vestale (La).	III, 189
Veuve (La).	V, 654
— à la mode (La).	II, 852
— . Le voyageur (La).	III, 681
Viandier de Taillevent (Le).	VI, 645 ; VII, 843
Vicaire de Wakefield (Le).	I, 596 ; III, 1022 ; VI, 230
— des Ardennes (Le).	I, 173, 174
Vice suprême (Le).	VI, 498, 500
Vicente Noguera et son discours sur la langue et les auteurs d'Espagne.	V, 1146
Vichy-Sévigné, Vichy-Napoléon.	VII, 463
Vicomte de Béziers (Le).	VII, 604
— de Bragelonne (Le).	III, 381
Vicomtesse de Cambes (La).	III, 372
Victoire du mari (La).	VI, 503
— spirituelle de la glorieuse Sainte Reine.	II, 1022
Victor, poëme en cinq chants.	VII, 477
— Bouton, le calligraphe au XIXe siècle.	VI, 312
— Cousin.	III, 1122
— Cousin et son œuvre.	IV, 518
— de Laprade, sa vie et ses œuvres.	I, 797
— Hugo, par L. Mabilleau.	III, 1121
— Hugo, par P. de St-Victor.	VII, 111
— Hugo, par B. Vacquerie.	VII, 939
— Hugo à Louis Bonaparte.	IV, 318
— Hugo à ses concitoyens.	IV, 305
— Hugo aux habitants de Guernesey.	IV, 317
— Hugo après 1830.	I, 797
— Hugo avant 1830.	I, 797
— Hugo chez lui.	VI, 1139
— Hugo de la jeunesse.	IV, 433
— Hugo en Zélande.	IV, 225
— Hugo et la Restauration.	I, 797
— Hugo homme politique.	IV, 431
— Hugo. L'Homme qui rit.	VII, 747
— Hugo raconté par un témoin de sa vie.	IV, 403, 417, 466

Victor Hugo, revu et corrigé à la plume et au crayon. III, 978
— *Hugo, ses portraits et ses charges* I, 916
— *Louis, architecte du théâtre de Bordeaux. Sa vie, ses travaux, sa correspondance.* V, 527
— *Pavie, sa jeunesse, ses relations littéraires.* VI, 435
Victorien Sardou et l'oncle Sam. VII, 1170
Vie à grand orchestre. (La). V, 216
— *à grandes guides (La).* V, 484
— *à Montmartre (La).* V, 1114
— *à Paris (La).* II, 414
— *à Paris, chroniques du Figaro (La).* VII, 1088
— *à vingt ans (La).* III, 457
— *admirable de Saint Nicolas (La).* I, 785
— *artistique (La).* III, 968
— *au désert (La).* III, 421
— *au temps des Cours d'amour (La).* V, 696
— *au temps des libres prêcheurs (La).* V, 695
— *au temps des trouvères* (La). V, 696
— *aux États-Unis notes de voyage (La).* III, 625
— *d'Eustorg de Beaulieu.* II, 911; VI, 702
— *d'un artiste (La).* I, 924
— *d'un poète (La). Édouard Turquety.* VII, 392
— *d'un patricien de Venise au seizième siècle (La).* VII, 1184
— *d'une comédienne (La).* I, 260
— *de Alexandre le Grand.* IV, 1013
— *de Bohême (La).* V, 1190, 1193
— *de Bouchard le vénérable.* II, 908
— *de César.* IV, 1011
— *de Charles-Henry comte de Hoym.* I, 530; VI, 643

Vie de Charles Nodier. VII, 1163
— *de Claire-Clémence de Maillé-Brézé.* I, 130
— *de E. T. A. Hoffmann (La).* IV, 162
— *de garçon dans les hôtels garnis (La).* II, 1078
— *de Guy du Faur de Pibrac.* II, 910
— *de Henri Brulard.* I, 461
— *de Jean-Pierre de Mesmes.* II, 911
— *de Jésus.* VI, 1016
— *de Jésus-Christ.* I, 876
— *de Jésus-Christ et des apôtres (La).* III, 970
— *de la reine Anne de Bretagne.* V, 232
— *de la Sainte Vierge (La).* V, 519
— *de la Vierge Marie (La).* VII, 1144
— *de Lazarille de Tormès.* VII, 1040
— *de Louis le Gros.* II, 906
— *de Madame de La Fayette.* V, 87
— *de Madame Élisabeth (La).* I, 358
— *de Marianne (La).* I, 639; V, 532
— *de Mirabeau.* V, 803
— *de mon père (La).* VI, 1072
— *de Mgr Saint Martin de Tours.* I, 574
— *de Mr de Molière (La).* II, 589
— *de Napoléon.* I, 466
— *de Napoléon Buonaparte.* VII, 434, 444
— *de Notre-Seigneur Jésus-Christ (La).* VII, 1025
— *de Pierre Corneille.* V, 305
— *de Polichinelle et ses nombreuses aventures.* III, 669; VI, 233
— *de Rancé.* II, 289
— *de Rodrigue de Villandrando.* VI, 900
— *de Rossini.* I, 454
— — *(1854).* I, 463

Vie de Saint-Dominique. IV, 796, 801, 802
— *de sainte Opportune (La).* I, 552
— *de saint Gilles (La).* I, 58
— *de saint Ignace de Loyola (La).* II, 409
— *de saint Louis, roi de France.* IV, 114
— *de S. Mandé.* VI, 534
— *de saint Thomas le martyr (La).* II, 898
— *de Scaramouche (La).* V, 798
— *de soldat (La).* V, 469
— *de Victor Hugo (La).* IV, 431
— *des boulevards (La).* V, 1113
— *des fleurs (La).* VI, 199, 235
— *des fleurs et des fruits (La).* II, 736
— *des grands hommes.* IV, 1010
— *des plantes (La).* I, 757
— *des Romains illustres.* I, 780
— *des Saints (La).* VI, 1103
— *des savants illustres de la Renaissance.* III, 708
— *des savants illustres depuis l'antiquité.* III, 707
— *des savants illustres du moyen âge.* III, 708
— *du poète normand Robert Angot.* I, 569
— *du Tasse.* IV, 1021
— *élégante à Paris (La).* V, 1154
— *errante (La).* V, 622
— *et actes trumphans d'vne damoiselle nommée Catharine des Bas-Souhaiz.* II, 643
— *et aventures de la princesse de Monaco.* III, 402
— *et aventures de Nicolas Nickleby.* III, 248
— *et aventures de Robinson Crusoé.* I, 593 ; III, 752
— *et aventures de Trompette.* I, 54
— *et l'œuvre de Chintreuil (La).* IV, 882

Vie et l'œuvre de Jean Bologne (La). III, 212
— *et l'œuvre de J. F. Millet (La).* VII, 474
— *et l'œuvre de Pierre Vaneau.* VII, 933
— *et l'œuvre de Titien (La).* IV, 875
— *et la légende de Madame Sainte-Notburg.* I, 358
— *et les mémoires du général Dumouriez (La).* II, 820
— *et les mœurs des animaux (La).* III, 706
— *et les œuvres de Jean-Baptiste Pigalle (La).* VII, 752
— *et mort du génie grec.* VI, 913
— *et office de saint Adjuteur (La).* I, 551
— *et opinions de M. Frédéric-Thomas Graindorge.* VII, 731
— *et opinions de Tristram Shandy.* I, 706 ; VII, 567
— *et trespassement de Caillette (La).* II, 877
— *et voyages de Christophe Colomb.* VI, 1195
— *hors de chez soi (La).* I, 439
— *humoristique (La).* II, 999
— *inquiète (La).* I, 714, 903
— *intime, poésies (La).* V, 92
— *intime de Voltaire aux Délices et à Ferney (La).* VI, 521
— *juive (La).* II, 27
— *littéraire (La).* III, 809
— *meilleure (La).* VI, 758
— *militaire et religieuse au moyen âge et à l'époque de la Renaissance.* IV, 849
— *militaire sous le premier Empire (La).* I, 820
— *nouvelle, comédie (La).* V, 793
— *parisienne, pièce en cinq actes (La).* V, 646
— *parisienne sous Louis XVI (La).* II, 505

TABLE DES OUVRAGES CITÉS

Vie, poésies et pensées de Joseph Delorme. I, 745; VII, 115
— privée d'autrefois (La). III, 828
— privée de Michel Teissier (La). VI, 1161
— privée des anciens (La). V, 668
— rurale (La). I, 156
— rustique (La). VII, 801
— souterraine ou les mines et les mineurs (La). VII, 558
— végétale, histoire des plantes (La). III, 572
— , vers fantasques, La Campagne (La). III, 226
Vieille fille (La). I, 198
— France (La). VI, 1150
— Fronde (La). V, 554
— idylle. V, 1150
— ou les dernières amours d'Ovide (La). VII, 895
— Roche (La). I, 9
Vieilleries lyonnaises de Nizier du Puitspelu (Les). VII, 845
Vieilles actrices (Les). I, 307
— chansons pour les petits enfants. II, 228 ; VII, 1042
— filles, comédie (Les). VII, 381
— villes d'Espagne (Les). VI, 1147
— villes d'Italie (Les). VI, 1147
— villes de Suisse (Les). VI, 1147
Vieillesse de Richelieu (La). III, 670
Viel amoureulx et le ieune amoureulx (Le). VI, 970
Vierge du travail (La). V, 433
Vierges de Lesbos (Les). V, 773
— et courtisanes. VII, 14
— folles (Les). III, 592
— martyres (Les). III, 592
— sages (Les). III, 592
Vies d'Octovien de Sainct Gelais, Melin de Sainct Gelais. II, 909

Vies de Haydn, Mozart et Métastase. I, 451, 463
— de plusieurs personnages célèbres des temps anciens et modernes. VII, 1147
— de quelques hommes illustres. IV, 1011
— des hommes illustres (Les). VI, 347
— des Dames galantes (Les). I, 920
— des peintres, sculpteurs et architectes. VII, 968
— des poètes agenais. II, 910
— des poètes bordelais et périgourdins. II, 836, 910
— des poètes françois du siècle de Louis XIV. III, 1172
— des poètes gascons. II, 910
— des savants illustres du XVIIIe siècle. III, 709
— des savants illustres du dix-septième siècle. III, 709
Vieux arts du jeu (Les). VI, 781
— auteurs castillans (Les). VI, 870
— chasseur (Le). III, 237
— chateau (Le). I, 778
— cordelier (Le). II, 820
— conteurs françois (Les). VI, 336
— de la forêt (Le). I, 781
— garçons, comédie (Les). VII, 368
— glaçons, parodie (Les). VII, 369
— -neuf (Le). III, 781
— papiers d'un imprimeur. VII, 1101
— Paris, fêtes, jeux et spectacles (Le). III, 775
— Paris, ses derniers vestiges (Le). III, 329
— pêcheur (Le). III, 237
— poëtes français. Morceaux choisis. II, 436
— sergent, vaudeville. V, 1024
Vigie de Koat-Ven (La). VII, 673

Vigne (La).	I, 439
Vignes du Seigneur (Les).	V, 1034
— folles (Les).	I, 728; III, 997
Vignettes pour les Dernières Chansons de Béranger.	I, 418
— romantiques (Les).	II, 209
Vilains dans les œuvres des Trouvères (Les).	II, 743
Villa Balbianino (La).	II, 715
— Palmieri (La).	III, 355
Village (Le).	III, 672
— sous les sables (Le).	III, 768
Villanelles.	II, 584, 899
Villars d'après sa correspondance.	VII, 1127
Ville et la Cour au XVIIIe siècle (La).	IV, 613
— et village.	III, 575
— noire (La).	VII, 266
Villefort, drame.	III, 367
Villes de la Pamphylie et de la Pisidie (Les).	V, 5
— de marbre (Les).	V, 693
— retrouvées (Les).	IV, 24
Villiers de l'Isle-Adam. L'écrivain, l'homme.	III, 531
Villonie littéraire.	II, 471
Vingt années de Paris.	III, 980
— ans après.	III, 368
— -cinq eaux-fortes par les premiers artistes modernes.	V, 578
— -cinq dessins de Eugène Fromentin....	I, 984
— contes nouveaux.	I, 720 ; II, 978
21 janvier (Le), par M. de Chateaubriand.	II, 287
Vingt-un janvier, par Ch. Nodier (Le).	VI, 94
— -huit jours d'un réserviste (Les).	VII, 960
— jours dans le nouveau monde.	VII, 928
— jours en Espagne.	II, 865
Vingt mille lieues sous les mers.	VII, 1011
— mois ou la Révolution de 1830 et les révolutionnaires.	VII, 188
— -neuf lettres d'Eugène Delacroix adressées à Constant Dutilleux.	III, 98
— portraits contemporains.	VI, 1124
— -quatre février (Le).	III, 389
— -quatre février, drame (Le).	VII, 1163
— -trois trente-cinq.	III, 759
Vingtième siècle (Le).	VI, 1149, 1152
23e anniversaire de la Révolution polonaise. Discours de Victor Hugo.	IV, 316
Vins à la mode et cabarets au XVIIe siècle.	IV, 881
Viole d'amour (La).	V, 525
Violettes, poésies (Les).	VI, 1199
Violier des histoires romaines (Le).	I, 661
Violon de faïence (Le).	II, 193
— de Franjolé (Le).	IV, 189
Virgile travesti (Le).	I, 673
Virgille virai en borguignon.	VI, 478
Virginie de Leyva.	II, 274
Virtuoses du trottoir (Les).	VII, 1110
Vision du frère Albéric (La).	VII, 106
— du grand canal royal des deux mers (La).	II, 1073
Visions (Les).	IV, 1006
— de la nuit dans les campagnes (Les).	VII, 313
Vita tristis.	II, 143
Vitraux.	VII, 726
Vivante (La).	III, 308
Vivants et les morts (Les).	I, 836
Viviane, poème.	VII, 775
Vocabulaire de la langue française.	VI, 121

| TABLE DES OUVRAGES CITÉS |

Vocabulaire des enfants.	VII, 1122
Vocation du comte Ghislain (La).	II, 373
Voceri de l'île de Corse (Les).	II, 537
Vœu d'une morte (Le).	VII, 1197
— de la justice et de l'humanité en faveur de l'expédition de D. Pedro.	IV, 755
— de Nadia (Le).	III, 1134
Voie sacrée (La).	VI, 808
Voix de Guernesey (La).	IV, 339
— de la nuit (Les).	VI, 10
— de Paris (Les).	IV, 644
— des ruines.	V, 866
— du silence (Les).	I, 737; V, 23
— errantes, poésies (Les).	III, 878
— gallo-romaines.	V, 31
— intérieures (Les).	I, 731 ; II, 731 ; IV, 288, 378, 384, 393, 406, 411, 421, 435
Volberg, poëme.	VI, 441
Volcans et tremblements de terre, par Zurcher et Margollé.	I, 761
— et les tremblements de terre (Les), par A. Boscowitz.	I, 870
Voleurs et volés.	VI, 314
Volière des dames (La).	V, 479
Volontaires 1791-1794 (Les).	VI, 1226
Volonté.	VI, 261
Vols d'autographes (Les) et les archives de la Marine.	III, 720
Voltaire.	VI, 199
—, documents inédits.	II, 36
— et la Société française au XVIIIe siècle.	III, 218
Volupté.	VII, 121, 154
Vosges (Les).	III, 923
Vous et les Tu (Les).	I, 44
— et moi.	II, 866
Voyage (Le).	I, 346
— à Chamonix.	VII, 864
Voyage à Gênes.	VII, 863
— à l'île de l'azyvoir.	I, 851
— à la Grande Chartreuse.	VII, 863
— à la Nouvelle France.	I, 560
— à ma fenêtre.	IV, 186, 212
— à Milan.	VII, 863
— à Montbard.	II, 337
— à Montbard et au château de Buffon.	VI, 473
— à Paphos (Le).	II, 338 ; V, 1102
— à Pontchartrain (Le).	V, 1273
— à travers mes livres.	VI, 1190
— à travers Paris, I. Le Prado.	VI, 829
— à Trois-Étoiles (Le).	II, 1073
— à Venise, par A. Houssaye.	IV, 184
— à Venise, par R. Toppfer.	VII, 866
— au centre de la terre.	VII, 1010
— au Parnasse (Le).	II, 612
— Voyage au pays des défauts.	VI, 231
— au pays des milliards.	VII, 847
— au pays enchanté.	V, 1090
— au pôle nord des navires La Hansa et La Germania.	III, 1080
— au Soudan français	III, 864
— autour de ma chambre.	I, 599, 682, 740, 775 ; II, 329 ; V, 463, 466
— autour de ma maîtresse.	V, 248, 1028
— autour de mon clocher.	VII, 913
— autour de mon jardin.	IV, 639
— autour du bonheur.	III, 19

Voyage autour du Dictionnaire.
                    VI, 41
—   *autour du grand monde.*
                    V, 215
—   *autour du monde.*   I, 369
—   *autour du monde à l'Exposition universelle.*
                    IV, 216
—   *autour du monde sans la lettre A.*   I, 79
—   *autour du Mont-Blanc.*
                    VII, 866
—   *autour du IVe arrondissement.*   VII, 819
—   *autour du Salon carré au Musée du Louvre.*
                    III, 1144
—   *aux Alpes.*   III, 24
—   *aux Alpes et en Italie.*
                    VII, 865
—   *aux Champs Élysées.*
                    III, 566
—   *aux eaux des Pyrénées.*
                    VII, 727
—   *aux pays annexés.* VII, 847
—   *aux Pyrénées.*   VII, 727
—   *aux sept merveilles du monde.*   I, 757
—   *bibliographique, archéologique et pittoresque en France.* III, 247
—   *d'exploration en Indo-Chine.*   III, 872
—   *d'Horace Vernet en Orient.*   III, 1080
—   *d'outremer de Bertrandon de la Broquière (Le).*   VI, 989
—   *d'outremer (Égypte, Mont-Sinay, Palestine) de Jean Thenaud.*   VI, 987
—   *d'un Chinois en Angleterre.*   II, 728
—   *d'un homme heureux (Le).*   IV, 536
—   *d'un iconophile.* III, 322

Voyage d'une famille autour du monde.   I, 921
—   *dans l'Inde par V. Jacquemont.*   IV, 511
—   *dans l'Inde par le prince A. Soltykoff.* VII, 575
—   *dans la basse et la haute Égypte.*   III, 177
—   *dans la Russie méridionale et la Crimée.*
                    III, 165
—   *dans la Suisse française et le Chablais.*   I, 892
—   *dans le Fayoum.*   I, 758
—   *dans les glaces du pôle arctique.*   I, 778
—   *dans les mers du Nord.*
                    III, 564
—   *dans les yeux (Le).* VI, 1163
—   *dans un grenier.* II, 1055
—   *de Chapelle et de Bachaumont.*   II, 248, 324, 880
—   *de fiançailles au XXe siècle.*   VI, 1152
—   *de l'Arabie Pétrée.* IV, 758
—   *de l'Asie mineure.* IV, 760
—   *de la Bouille.*   I, 19
—   *de Laponie.*   II, 331
—   *de la saincte cité de Hierusalem (Le).* VI, 985
—   *de la Syrie.*   IV, 759
—   *de la Terre Sainte (Le).*
                    VI, 988
—   *de Lister à Paris.*   I, 529
—   *de 1840.*   VII, 865
—   *de 1839. Milan, Côme, Splügen.*   VII, 865
—   *de Monsieur d'Aramon, ambassadeur pour le Roy en Levant.* VI, 987
—   *de M. Dumolet (Le).*
                    VI, 1149
—   *de Normandie.*   VI, 998
—   *de Paris à Dieppe.* IV, 543
—   *de Paris à la mer.* IV, 543
—   *de Paris à Saint-Cloud.*
        II, 759 ; VI, 45, 46

Voyage de Piron à Beaune. VI, 478
— de S. A. R. Monseigneur de duc de Montpensier à Tunis, en Égypte, en Turquie et en Grèce. V, 93
— de Sarah Bernhardt en Amérique (Le). II, 918
— de Victor Ogier en Orient. IV, 529
— du jeune Anacharsis en Grèce. VI, 344
— du Levant de Philippe Du Fresne-Canaye. VI, 990
— du puys Sainct-Patrix (Le). II, 681, 879
— du roi Louis XIII en Normandie (Le). I, 554
— en Angleterre. V, 1
— en Danemark. III, 24
— en Espagne, par Th. Gautier. III, 896
— en Espagne, par Eugène Poitou. VI, 756
— en France. VII, 761
— en Grèce. II, 21
— en Italie, par Th. Gautier. III, 909
— en Italie, par J. Janin. IV, 534
— en Italie, par H. Taine. VII, 730
— en Italie et en Sicile. V, 1314
— en Orient, par A. de Lamartine. I, 736 ; IV, 974, 1066
— en Orient, par G. de Nerval. VI, 56, 61
— en Orient 1890 [du prince E. E. Oukhtomsky]. VI, 286
— en Palestine. II, 265
— en Perse. VII, 575
— en Russie. III, 931

Voyage en Savoie et dans le midi de la France en 1804 et 1805. IV, 734
— en Suisse. V, 536
— en zigzag par monts et par vaux. VII, 864
— et aventures autour du monde de Robert Kergorieu. I, 137
— fantastique du petit Trimm à la queue d'un chat. III, 979
— littéraire en Angleterre et en Écosse. VI, 652
— musical en Allemagne. I, 426
— où il vous plaira. II, 736 ; V, 1252
— pittoresque à Naples et en Sicile. VII, 30
— pittoresque en Allemagne. V, 536
— pittoresque en Autriche. IV, 752
— pittoresque en Bourgogne. VI, 492
— pittoresque en Espagne. I, 381
— pittoresque en Hollande et en Belgique. VII, 779
— pittoresque en Italie. V, 1314
— pittoresque en Russie. VII, 24
— pittoresque en Suisse. I, 380
— pittoresque et anecdotique dans le nord et le sud des États-Unis d'Amérique. II, 925
— pittoresque et historique de l'Espagne. IV, 742
— pittoresque et romantique sur la cheminée. I, 923
— pittoresque sur les bords du Rhin. VII, 779

Voyage poétique et pittoresque sur le chemin de fer du Nord. V, 570
— *sentimentale, de Sterne.* I, 608, 629 ; II, 696
— *sentimental en France et en Italie.* VII, 664
Voyages au pays du cœur. III, 566
— *d'Arlequin (Les).* VI, 806
— *d'un critique à travers la vie et les livres.* II, 275, 276
— *d'un fantaisiste.* V, 858
— *d'un parisien.* II, 411
— *d'une famille à travers la Méditerranée.* I, 921
— *dans l'Amérique du sud.* II, 1070
— *dans les deux océans Atlantique et Pacifique.* III, 121
— *de découvertes du célèbre A'Kempis à travers les États-Unis de Paris.* III, 1078
— *de Gulliver.* I, 781 ; VII, 717
— *de l'esprit (Les).* III, 210
— *de Ludovico di Varthema (Les).* VI, 988
— *de Piron à Beaune.* II, 663, 1086
— *en Abyssinie.* IV, 760
— *en Suisse et Italie.* III, 1020
— *en zigzag.* VII, 859
— *et aventures dans l'Afrique équatoriale.* III, 319
— *et aventures du capitaine Hatteras.* VII, 1010
— *et aventures du capitaine Marius Cougourdan.* V, 1164
— *et aventures du docteur Festus.* VII, 857

Voyages et pensées militaires. V, 912
— *et voyageurs.* II, 1096
— *fantatisques de Cyrano de Bergerac.* II, 1098
— *hors de ma chambre.* III, 774
— *involontaires (Les).* I, 469, 470
— *littéraires sur les quais de Paris.* III, 753
— *merveilleux de Lazare Poban (Les).* V, 1170
— *merveilleux de Saint Brandan (Les).* VII, 1140
— *pittoresques et romantiques dans l'ancienne France.* VII, 763
— *poétiques.* II, 115
— *très extraordinaires de Saturnin Farandoul.* VI, 1148
Voyageur (Le). V, 865
Voyageurs anciens et modernes. II, 266
Voyageuses (Les). II, 393
Vraie ambassade des bartavelles du Dauphiné (La). VI, 454
— *farce de maître Pathelin (La).* III, 785
— *histoire comique de Francion (La).* I, 673
— *Marie-Antoinette (La).* V, 252
— *tentation du grand Saint-Antoine.* I, 82
Vrais créateurs de l'opéra français (Les). VI, 794
— *mystères de Paris (Les).* VII, 1039
— *riches (Les).* II, 701, 988
— *Robinsons (Les).* III, 177
Vraye histoire de Triboulet (La). VII, 1140
Vues, discours et articles sur la question d'Orient. IV, 984

Vues pittoresques de l'Écosse.	VI, 653
Vuidangeur sensible (Le).	V, 507
Walckenaer, Charles-Athanase.	IV, 845
Walter Scott illustré.	VII, 454
Wan-Chlore.	I, 176
Waterloo.	VII, 829
— , suite du Conscrit de 1813.	III, 587
Wattignies.	I, 821
Waverley.	VII, 446, 451, 457
Weber à Paris en 1826.	IV, 610
Werther.	I, 614; II, 693; III, 1010, 1011 ; VII, 288
— . *A propos de la traduction de Werther par Pierre Leroux.*	VII, 313
W. Gœthe. Les œuvres expliquées par la vie.	V, 800
William Hogarth.	III, 687
— *Shakespeare.*	IV, 333, 403, 414, 429
Wolfthurm ou la tour du loup.	V, 553
Woodstock, ou le Cavalier.	VII, 448, 453, 457

X Y Z

Xavière.	III, 638
Yacht (Le).	III, 1143
Yanko le bandit, ballet-pantomime.	III, 920
Yedda, légende japonaise.	III, 980
Yette. Histoire d'une jeune créole.	VI, 231
Yeux verts et les yeux bleus (Les).	IV, 77
Yorck, comédie-vaudeville.	III, 671
Ystoire de li Normant (L').	IV, 110, 137
Yvette.	V, 614
Zadig.	I, 47, 609
Zayde, histoire espagnole.	II, 787, 790
Zelinde, comédie, ou la véritable Comédie de l'Escole des femmes.	II, 850
Zélis au bain.	VI, 570
Zélomir.	V, 1148
Zerbeline et Zerbelin ou la princesse qui a perdu son œil.	VI, 522
Zigzags.	III, 901
— *d'un curieux (Les).*	VII, 926
— *lyonnais autour du Mont-d'Or.*	VII, 1102
Zizine.	IV, 716, 721
Zoan Andrea & ses homonymes.	VI, 1142
Zo'har.	V, 678
Zoloé.	VII, 1232
— *et ses deux acolytes.*	VII, 3
Zombi du grand Pérou (Le).	II, 1021
Zoologie morale.	V, 1165
Zoppino (Le).	II, 580
Zouaves et les chasseurs à pied.	I, 151
Zoubdat Kachf el-Mamālik. Tableau politique et administratif de l'Égypte.	VI, 865
Zyde, histoire espagnole.	IV, 864

ACHEVÉ D'IMPRIMER

A

MELUN

PAR ÉMILE LEGRAND

LE 28 AOUT

MDCCCCXX